Die geschichtliche Methode in der Forstwirtschaft

mit besonderer Rücksicht auf Waldbau und Forsteinrichtung

Von

Dr. Dr. h. c. **H. Martin**

Geh. Forstrat, Professor der
Forstwissenschaft i. R.

Berlin
Verlag von Julius Springer
1932

ISBN-13:978-3-642-90078-5   e-ISBN-13:978-3-642-91935-0
DOI: 10.1007/978-3-642-91935-0

Softcover reprint of the hardcover 1st edition 1932

Druck von Julius Beltz in Langensalza.

Vorwort.

Die Entstehungsursache der vorliegenden Schrift ist folgende:
Anläßlich der Feier des 100jährigen Bestehens der forstlichen Hochschule Eberswalde am 1. August 1930 wurde ich von verschiedenen Seiten aufgefordert, die Aufsätze, die ich in den letzten Jahren unter der Aufschrift: „Anwendung der geschichtlichen Methode auf die Forstwirtschaft" in der Zeitschrift für Forst- und Jagdwesen niedergelegt hatte, als einheitliche Schrift zu veröffentlichen, weil sie in der Zerstreuung zwischen anderen Aufsätzen nicht gehörig zur Geltung kämen. Nach einiger Überlegung und Vereinbarung mit dem Herrn Verleger entschloß ich mich, dieser Aufforderung zu entsprechen, obwohl ich bald einsah, daß ein Buch in sachlicher und formaler Hinsicht anders zu verfassen sei, als es durch eine Reihe von Aufsätzen geschieht. Vieles mußte gestrichen, manches verändert, anderes zugesetzt werden; das Ganze war neu zu disponieren.

Als ich diese Arbeit begann, stand ich bereits im 82. Lebensjahre. Wer ein so hohes Alter erreicht hat, macht die Erfahrung, daß die menschliche Arbeitskraft — ganz entsprechend der Tätigkeit der Waldbäume, die im laufenden Zuwachs ihren Ausdruck findet — von einem gewissen Alter an stetig abnimmt. Die besten Mittel, um eine umfassende Anschauung und ein gutes Urteil über das Werden und Wachsen der Wälder zu erhalten, liegt in der Bereisung verschiedenartiger Waldgebiete und in der Verbindung mit den Beamten und Behörden verschiedener Länder. Zur weiteren Durcharbeitung des Stoffes ist das Studium in den Büchereien der forstlichen Hochschulen das beste Mittel. Die erfolgreiche Durchführung planmäßiger großer Reisen ist aber in meinem Alter aus naheliegenden Gründen nicht mehr ausführbar; ebenso eine erfolgreiche Verbindung mit den betreffenden Personen und Behörden. Die gründliche Benutzung von Bibliotheken wird von Jahr zu Jahr schwieriger.

Je mehr ich aber durch äußere Hindernisse an der Durchführung der bezeichneten Aufgabe gehemmt war, um so entschiedener mußte ich bestrebt sein, das, was ich in meinem langen, im Jahre 1867 begonnenen beruflichen Leben gesehen und erfahren hatte, zu dem vorliegenden Zwecke zu benutzen. Ich erhielt dadurch zugleich den besten Weg zur Ordnung des Stoffes. Das Wachstum der Wälder und alle seine

Umgestaltungen sind einmal auf die Natur zurückzuführen, zum anderen auf die planmäßige Tätigkeit des wirtschaftenden Menschen. Diese Ordnung suchte ich in dem Buche möglichst einzuhalten, wenn es auch oft nur sehr unvollkommen geschehen konnte.

Die geschichtliche Auffassung des Forstwesens ist für jede Alters- und Bildungsstufe von Wert. Der Förster oder Waldwärter, der Kulturen und Durchforstungen ausgeführt hat, treibt Forstgeschichte, wenn er im späteren Leben die Folgen beobachtet, die seine waldpflegende Tätigkeit gehabt hat. Jeder Revierverwalter, der Hauungs- und Kulturpläne aufstellt, ist, wie er auch dabei verfahren möge, zu forstgeschichtlichem Denken genötigt. Die leitenden Beamten und Behörden können auf die ihnen unterstehenden Beamten keinen besseren Einfluß ausüben, als durch treffende Darstellungen der Geschichte der seitherigen Forstwirtschaft, wie das im besonderen Grade nach der Annexion von Hannover, Hessen und Nassau durch die treffliche Schrift von Hagens über die forstlichen Verhältnisse Preußens für die neuen Beamten sich geltend machte. Am unmittelbarsten und allgemeinsten tritt die Bedeutung der geschichtlichen Behandlung bei der periodischen Betriebsregelung hervor. Es kann keine bessere Begründung für die in den Wirtschaftsplänen angeordneten Maßnahmen gegeben werden, als durch ein gründliches Eingehen auf die seitherigen Wirtschaftsmaßnahmen und die Folgerungen, die aus ihnen gezogen werden können.

Die Anfänge meiner eigenen Tätigkeit auf dem Gebiete der Forstgeschichte liegen in ziemlich weit zurückliegender Zeit. Auf Grund der Arbeiten, die ich in der vom Forstrat O. Kaiser geleiteten Taxationskommission in hessischen und nassauischen Forstrevieren zu leisten hatte, stellte ich im Jahre 1880 im kurhessischen Forstverein den Antrag, daß dieser Verein die hessische Forstgeschichte dauernd in sein Arbeitsprogramm aufnehmen möge. Die dann folgende 12 jährige Verwaltungstätigkeit in der Oberförsterei Jesberg entsprach zunächst meinen auf die akademische Laufbahn gerichteten Wünschen durchaus nicht; aber beim Rückblick auf jene Zeit meines beruflichen Lebens lernte ich sie mehr und mehr schätzen, nicht zum geringsten durch die reichen geschichtlichen Tatsachen, welche in ihr Gestalt gewannen und durch die Erlangung von Urteilen, welche nur durch längere Tätigkeit und Erfahrung aufgenommen und verarbeitet werden konnten. Durch den Übergang von Laubholz zu Nadelholz, von Mittel- und Plenterwald zum regelmäßigen Hochwald, durch die früher an manchen Orten Hessens probeweise eingeführten Hiebsformen des Hochwaldkonservationshiebs und des Seebachschen Betriebs, durch die umfangreichen Verjüngungen des Samenjahres 1869, welche sehr verschiedene Bestände zur Folge hatten, ergab sich eine Fülle von Bestandesbildungen, die ich bis zu den letzten Jahren habe verfolgen können.

Als ich mich 40 Jahre später dem Ruhestande näherte, erließ ich in Erinnerung an die Zeit meiner Verwaltungs- und Einrichtungstätigkeit im Tharandter Jahrbuch (1922) einen „Aufruf zur Förderung der Geschichte des deutschen Waldes", welcher an die leitenden und verwaltenden Forstbehörden, die Forsteinrichtungsanstalten, die Forstvereine und die Schriftleitungen der forstlichen Zeitschriften gerichtet war. Auch an dieser Stelle glaube ich auf diesen Aufruf hinweisen zu dürfen.

Neben den im Amte stehenden Forstbeamten muß aber, wenn die Forstgeschichte gehörig gefördert werden soll, auch der forstlichen Jugend gedacht werden, die noch nicht oder nur in geringerem Maße durch amtliche Pflichten in Anspruch genommen ist. Ihr steht die längste Zeit zur Verfügung, um auf die Entwicklung der zukünftigen Forstwirtschaft einzuwirken. Außer vielen Einzelheiten, die das Studium der Forstwissenschaft verlangt, muß sich eine strebsame forstliche Jugend auch eine bestimmte Richtung aneignen, die sie im späteren Leben zu verfolgen gedenkt. Neben physiologischen, bodenkundlichen, mathematischen und volkswirtschaftlichen Lehren bezeichnet auch die geschichtliche Methode eine solche Richtung. Was ich in dieser Beziehung in der Forstwirtschaft erstrebe, knüpfe ich an die bekannten Worte des Dichters Immermann an, der in seinem Münchhausen einen Schriftsteller einführt und diesem die Worte in den Mund legt:

„Der Geist der Geschichte muß allgemeiner die Geister durchdringen, als bisher geschehen ist."

Tharandt, im November 1931.

H. Martin.

Inhaltsverzeichnis.

	Seite
Einleitung	1

Erster Teil. Waldbau.

Erster Abschnitt. Holzarten.

	Seite
A. Allgemeines.	5
I. Natürliche Kräfte.	6
II. Menschliche Einwirkungen	11
1. Seitens der Bevölkerung	11
2. Durch planmäßige wirtschaftliche Tätigkeit	13
B. Einzelne Holzarten	15
I. Buche	15
1. Geschichtliche Entwicklung	15
a) Zunahme der Buche im Naturwald	15
b) Abnahme der Buche durch Kahlhiebe und andere Ursachen	18
c) Neuere Bestrebungen auf Erhaltung und Wiedereinführung der Buche	20
2. Folgerungen aus der seitherigen Wirtschaftsgeschichte	24
a) Der reine Buchenhochwald	24
b) Der mit anderen Holzarten gemischte Buchenhochwald.	26
II. Eiche	37
1. Geschichtliche Entwicklung	38
2. Folgerungen aus der geschichtlichen Entwicklung	43
III. Kiefer	49
1. Geschichtliche Entwicklung	49
a) Natürliche Bestandesgeschichte	49
b) Menschliche Einwirkungen	50
2. Bestandesformen.	53
3. Die Lehren der Geschichte	61
IV. Fichte	65
1. Geschichtliche Entwicklung	65
a) Natürliche Bestandesgeschichte	66
b) Menschliche Einwirkungen	67
2. Bestandesformen.	70
a) Reine Bestände	71
b) Gemischte Bestände.	78
3. Die Lehren der Geschichte	84

Zweiter Abschnitt. Betriebsarten.

	Seite
I. Niederwald	92
II. Mittelwald	95
III. Der schlagweise, nach Altersklassen geordnete Hochwald	99
IV. Der Plenterwald	103

Dritter Abschnitt. Bestandesbegründung.

Seite

I. Die natürliche Verjüngung 114
  1. Allgemeine Bedingungen 114
  2. Die natürliche Verjüngung der Buche 116
  3. Die natürliche Verjüngung anderer Holzarten 122
II. Künstliche Begründung 127

Vierter Abschnitt. Durchforstung.

I. Geschichtliche Bemerkungen 132
II. Merkmale und Maßstäbe 147
III. Folgerungen 158

Zweiter Teil. Forsteinrichtung.

Einleitung 167

Erster Abschnitt. Wirtschaftliche Einteilung.

I. Ständige Wirtschaftsfiguren 170
  1. Ebenes und schwach geneigtes Gelände 174
  2. Gebirgsforsten 179
  3. Abweichungen und Übergänge 184
II. Die Ausscheidung der Bestandesabteilungen 188

Zweiter Abschnitt. Darstellung der Standorts- und Bestandesverhältnisse.

I. Standort 195
  1. Bestimmende Faktoren 195
  2. Die Bildung der Standortsklassen 204
II. Bestandesverhältnisse 207
  1. Beschreibung 207
  2. Die Schätzung der zu nutzenden Holzmassen 211

Dritter Abschnitt. Das Waldkapital.

I. Vorrat 215
  1. Die wirtschaftliche Natur des Vorrats 216
  2. Die Ermittelung des Vorrats 224
    a) Die Masse des Vorrats 224
    b) Der Wert des Vorrats 229
  3. Die Verzinsung des Vorrats 232
II. Boden 236

Vierter Abschnitt. Die Bildung der Betriebsverbände.

I. Betriebsklassen 239
II. Hiebszüge 240

Fünfter Abschnitt. Die Bestimmung der Umtriebszeit.

I. Allgemeine Bedeutung der Umtriebszeit 245
II. Geschichtliche Bemerkungen 247
III. Der Einfluß der Reinertragslehre auf die Umtriebszeit . 254
  1. Wirtschaftsprinzip 254
  2. Der Unterschied im Verhältnis von Werterzeugung und Kapital
    zwischen Einzelbeständen und Betriebsverbänden 257
  3. Allgemeine Folgerungen 260

Seite

IV. Die Ermittlung der Umtriebszeit 263
   1. Nach Wirtschaftsziel und Zuwachs 263
   2. Nach dem Weiserprozent 265
   3. Nach der Verzinsung des Waldkapitals 267

Sechster Abschnitt. **Die Ermittelung der Abnutzung.**

I. Geschichtliche Entwicklung 272
   1. Flächenteilung 273
   2. Fachwerk 274
   3. Die Vorratsmethoden 278
II. Bleibende Grundlagen 280
   1. Zuwachs 280
       a) Der Gesamtzuwachs 281
       b) Haubarkeits-Durchschnittszuwachs 284
       c) Der auf die Vornutzungen entfallende Zuwachs 286
   2. Vorrat 289

Einleitung.

Die Methoden, welche im wissenschaftlichen und praktischen Betriebe der Forstwirtschaft angewandt werden, können, wie es in allen Zweigen menschlicher Tätigkeit der Fall ist, sehr verschieden sein. Daß die Forstwirtschaft für eine geschichtliche Methode geeignet ist, geht schon aus der langen Lebensdauer der Bäume hervor, die ein Eingehen auf ihre verschiedenen Wuchsperioden nötig macht. Alle Maßnahmen des ausübenden Forstwirts stehen hierzu in Beziehung. Die Pläne für die Ausführung von Kulturen und Verjüngungen können nicht besser begründet werden, als durch den Nachweis des Verhaltens früherer Kulturen der betreffenden Holzart auf gleichem Standort; für die Vornahme von Durchforstungen und anderen Hauungen sind häufig frühere Ausführungen ein Vorbild, oder auch das Gegenteil eines solchen; für die Betriebsregelung kann keine bessere Grundlage gegeben werden, als eine zutreffende Darstellung und Beurteilung der seitherigen Wirtschaft.

Eine geschichtliche Methode kommt stets in Verbindung mit anderen Methoden der Forstwissenschaft zur Anwendung. Dies gilt in erster Linie in bezug auf die Naturwissenschaften, insbesondere auf Physiologie und Bodenkunde, welche für die forstliche Erzeugung die bestimmenden Grundlagen sind. Ihre Fortschritte treten in die Forstwissenschaft ein und bilden wesentliche Bestandteile derselben. Auch die Mathematik hat bleibende Beziehungen zur Forstwissenschaft, die daraus hervorgehen, daß deren Grundlagen und Leistungen in die Form von Größen gebracht werden sollen. Vom Standpunkt eines ganzen Volkes erscheint die Forstwirtschaft als Teil der Allgemeinen Wirtschaftslehre. Sie muß deshalb auch den Regeln, die für das allgemeine Wirtschaftsleben Geltung haben, untergeordnet werden.

In der langen Zeit meiner beruflichen Ausbildung und Wirksamkeit haben sehr verschiedenartige Richtungen der Forstwissenschaft Einfluß auf mich gewonnen. Während der Studienzeit in Münden stand ich in forstlicher Beziehung ganz unter dem Einfluß meines verehrten Lehrers G. Heyer. Die Richtung, die er vertrat, kann am besten aus seiner letzten größeren Schrift, der forstlichen Statik erkannt werden. Sie ist mathematisch gehalten. Die wichtigsten Fragen der forstlichen Betriebslehre, insbesondere die Wahl der Umtriebszeit, der Holzart, der Betriebsart, die Wahl zwischen forst- und landwirtschaftlicher Benutzung des Bodens, der Bestandesbegründungsart und der Bestimmung der vorteilhaftesten Bestandesdichte werden auf die Differenz zwischen Bodenerwartungs- und Bodenkostenwert zurückgeführt. Die Methode der Rechnung kommt entweder im Nachweis des Unternehmergewinns oder der Verzinsung des Produktionsaufwandes zum Ausdruck.

Das praktische Leben, in das ich nach dem Studium in Münden und Leipzig eintrat, trieb mich aber nach einer ganz anderen Richtung, als ich sie unter Heyers Einfluß gewonnen hatte. Vom Preußischen Staatsministerium wurde ich nach Beendigung der beruflichen Vorbereitung zunächst nach Nassau geschickt um dort in einigen Revieren Wegenetze und Einteilungen auszuführen. Daran schloß sich die Ausführung von Wirtschaftsplänen im Regierungsbezirk Kassel, insbesondere in der Oberförsterei Wildeck und ihrer Umgebung. Hier konnte ich von den mathematischen Formeln, die ich von der Hochschule mitgebracht hatte, keinerlei Anwendung machen. Die praktische Tätigkeit mußte ganz andere Wege einschlagen, als sie mir von der Schule her im Sinne lagen. Das Auftreten der sonst in Hessen von Natur nur selten vorkommenden Kiefer, ihre eigenartige Mischung mit der Buche, das treffliche Verhalten der Lärche, der Einfluß der Streunutzung auf den Zustand der Bestände, die Verschiedenheiten der Verjüngungen — das alles waren Fragen, deren Beantwortung wohl auf forstgeschichtlichem Wege nicht ohne Erfolg versucht werden konnte, die sich aber einer mathematischen Behandlung unzugänglich zeigten. Ähnlich ging es mir in der Verwaltung der Oberförsterei Jesberg, die gute und mißlungene Verjüngungen enthielt, deren Wertunterschiede aber rechnerisch nicht dargelegt werden konnten. Neben den regelmäßigen, gleichaltrigen Hochwaldungen traten hier auch, wenn auch nicht dem Namen so doch dem Wesen nach, Bestandesteile mit dem Charakter des Hochwaldkonservationshiebs und des Seebachschen Betriebs auf, deren Charakter auf forstgeschichtlichem Weg erklärt werden mußte, wenn ich auch weitgehende Versuche gemacht habe, das Verhalten der genannten Bestandesformen zahlenmäßig nachzuweisen.

In der Zeit zwischen meiner taxatorischen Tätigkeit und der Anstellung als Oberförster hatte ich Gelegenheit einige größere Reisen zu machen. Sie waren einerseits in süddeutsche und schweizerische Gebirgsreviere, andrerseits nach dem Norden gerichtet, namentlich nach Dänemark und in einige Reviere im südlichen Schweden und Norwegen. Die Pläne der Reise waren durch das Bestreben bestimmt, die Unterschiede, die sich im Verhalten der Holzarten und der Art ihrer Bewirtschaftung in horizontaler und vertikaler Richtung ergeben, so weit kennen zu lernen, als es bei kurzen Besichtigungen möglich ist.

Unter dem Einfluß meiner forstlichen Studien und der erwähnten Reisen verfaßte ich meine Dissertation zur Erlangung der Doktorwürde bei der Philosophischen Fakultät der Universität Leipzig. Sie behandelte den Isolierten Staat J. H. v. Thünens. Ich[1] trat in derselben meinen

---

[1] Die Forstwirtschaft des Isolierten Staates 1882, S. 51 ff.

beiden Lehrern, denen ich am meisten zu verdanken hatte, entgegen, und zwar Borggreve mit Bezugnahme auf das Grundprinzip der Forstwirtschaft, Heyer mit Bezugnahme auf die Methode. Hier wird nur auf den Schluß der Arbeit Rücksicht genommen, welcher lautet: „Fruchtbarer für die forstliche Praxis (als eine einseitig mathematische Behandlung) werden sich wissenschaftliche Methoden erweisen, bei deren Anwendung die wesentlichsten Eigentümlichkeiten der Forstwirtschaft, nämlich die Bedeutung der Wirtschaftsgeschichte und die Abhängigkeit des Betriebs von örtlichen Verhältnissen zur Geltung kommen. Solche sind:

1. Eine geschichtliche Methode, welche, von beschränkten Gebieten ausgehend, den Einfluß der früheren Wirtschaft auf die gegenwärtigen forstlichen Verhältnisse nachweist und daraus Folgerungen für den zukünftigen Betrieb ableitet.

2. Eine kritisch vergleichende Methode, die es sich insbesondere zur Aufgabe setzen muß, die praktischen Betriebsmaßnahmen verschiedener Länder gegenüber zu stellen, die Ursachen ihrer Verschiedenheiten zu untersuchen und die Vorzüge der Forstwirtschaft einzelner Staaten, sofern sie nicht an bestimmte örtliche Verhältnisse gebunden sind, zu verallgemeinern.‘‘

Die zuletzt hier genannte Methode ist seit langer Zeit überall, wo über forstliche Verhältnisse gedacht und planmäßig gehandelt wird, zur Anwendung gelangt. Sie ergibt sich aus der Natur der Sache und brauchte den Fachgenossen nicht erst von einem jungen Forstkandidaten empfohlen zu werden. Sie hat in der neueren Zeit durch die in engeren und weiteren Kreisen abgehaltenen Forstversammlungen, die planmäßige Regelung des Vereinswesens, die häufige Vornahme von Reisen und die besser gewordenen Verkehrsmittel an Bedeutung sehr zugenommen. Auch in meiner eigenen beruflichen Tätigkeit hat sie sich in zunehmendem Maße geltend gemacht. In der Verwaltung der drei Reviere, die mir übertragen war, spielte sie namentlich in der Aufstellung der Wirtschaftspläne eine wichtige Rolle. Als ich nach Eberswalde berufen war und mich mit Danckelmann über die Grundsätze und Methoden, die ich als Dozent befolgen wollte, verständigt hatte, machte ich von jener Methode weitgehende Anwendung. Die Vorlesungen, Übungen, Lehrausflüge, kleineren und größeren Reisen waren von ihr beherrscht. Auch in meiner literarischen Tätigkeit brachte ich sie, insbesondere in der Zeitschrift für Fost- und Jagdwesen (Jahrg. 1901—1907), zur Anwendung. Die geschichtliche Methode trat durch die Verhältnisse der Gegenwart, die mich ausfüllten, lange Zeit in den Hintergrund.

Als ich später umfassende Reisen, namentlich auch solche in auswärtige Länder nicht mehr ausführen konnte, besuchte ich von Zeit zu

Zeit die Reviere, die ich früher taxiert und bewirtschaftet hatte, insbesondere die Oberförstereien Jesberg, Wildeck (im Reg.-Bez. Kassel) und Eberswalde. In den Jahren der Dauerwaldbewegung führten mich die in dieser ausgesprochenen Gedanken, auch in die Wildeck benachbarten Waldungen der Herrn v. Trott zu Solz und in andere hessische Wälder. Bei den Wanderungen in den früher bewirtschafteten Revieren konnte ich sehr deutlich die Veränderungen wahrnehmen, welche namentlich die Bestände und Verjüngungen erfahren hatten. Hierdurch wurde der lange latent gebliebene Gedanke einer Förderung der Forstgeschichte wieder angeregt. Schon 1880 hatte ich einen Antrag im hessischen Forstverein[1] gestellt, daß dieser die Bearbeitung der hessischen Forstgeschichte dauernd in sein Programm aufnehmen möge. Ziemlich gleichzeitig hielt ich einen Vortrag in jenem Verein über Bestandesveränderungen in der Oberförsterei Wildeck, durch den zum Ausdruck gebracht werden sollte, wie ich mir die Bearbeitung der Forstgeschichte dachte. Nun (40 Jahre später) gab der Blick auf jene Zeit und die genannten Waldgebiete Veranlassung, daß ich einen „Aufruf zur Förderung der Geschichte des Deutschen Waldes" veröffentlichte[2], der an die Verwaltungsbehörden, Forsteinrichtungsämter und Versuchsanstalten gerichtet war. In bezug auf die Sächsischen Staatsforsten hatte ich mich mit dem so früh dahingeschiedenen Forstmeister Täger verbündet, der schon 1920 einen Aufsatz über Revier- und Bestandesgeschichte veröffentlicht und dadurch wertvolle Anregungen im Kreise der sächsischen Verwaltungs- und Einrichtungsbeamten gegeben hatte.

Entsprechend dem genannten Aufruf suchte ich zunächst selbst auf dem Gebiete der Forstgeschichte tätig zu sein. Es geschah dies einmal durch Abhandlungen in der Zeitschrift für Forst- und Jagdwesen, über die Anwendung der geschichtlichen Methode auf die Forstwirtschaft. Sodann habe ich seit einiger Zeit im Tharandter Jahrbuch ein ständiges Konto (wenn ich diesen Ausdruck gebrauchen darf), in welchem unter dem Titel „Forstgeschichtliche Beiträge" Gegenstände, die in erster Linie für Sachsen von allgemeinem Interesse sind, mitgeteilt werden sollen.

Das Gebiet der Forstgeschichte und seine Anwendung auf Wissenschaft und Praxis ist nun aber sehr groß. Es kann nie ganz veralten und erhält durch die Fortschritte der Forstwirtschaft und ihre Grundwissenschaften immer neuen Zuwachs. Ich muß mich bei der Wahl des Stoffes auf die Fächer beschränken, welche ich als Oberförster und Professor vorwiegend zu vertreten gehabt habe. Dies sind Waldbau und Betriebsregelung.

---

[1] Verhandlungen des Hessischen Forstvereins 1880.
[2] Thar. Forstl. Jahrbuch 1922.

Erster Teil

Waldbau.

Hier liegt nicht die Absicht vor, eine vollständige Übersicht über die geschichtliche Entwicklung der Waldbaulehre zu geben. Es sollen nur die allgemeinen Gedanken derselben ausgesprochen werden. Dabei ist hauptsächlich auf die wichtigsten Holz- und Betriebsarten, auf Verjüngung und Durchforstung, einzugehen.

Erster Abschnitt.

Holzarten.

Um den Verhältnissen, welche sich auf den Eintritt und die Veränderungen der Holzarten im deutschen Walde beziehen, Ausdruck zu geben, ist einerseits auf die allgemeinen Entwicklungsbedingungen der Waldbäume, sodann auch die einzelnen Holzarten einzugehen. Unter diesen werden aber nur diejenigen zur Untersuchung gezogen, welche auf den Zustand des deutschen Waldes von wesentlichem und bleibendem Einfluß gewesen sind.

A. Allgemeines.

Eine jede tiefergehende Untersuchung forstgeschichtlicher Verhältnisse steht mit der natürlichen Verbreitung der Holzarten in Zusammenhang. Das Streben, über diese Klarheit zu erlangen, richtet sich zunächst auf das erste Erscheinen der Wälder auf der Erde. Wie sind diese entstanden? fragt der erfahrene Pfleger des Waldes und der wißbegierige Jünger der Forstwissenschaft. Die Antwort aber, die ihnen auf diese Frage gegeben wird, ist dieselbe, wie die, welche den Denkern alter und neuer Zeit beim Forschen nach dem Ursprung des Seienden zuteil geworden ist. Wie die Wälder auf unserem Planeten entstanden sind, wissen wir nicht. Wir wissen nicht, ob der Eichbaum älter ist, als die Eichel. Der Baum hat die Frucht, die Frucht den Baum zur Voraussetzung. Wohl aber können wir uns ein Urteil bilden über die Veränderungen, die unsere Wälder, nachdem sie einmal auf der Erde waren, erlitten haben. Diese Veränderungen sind einerseits durch die Kräfte der Natur, andrerseits durch menschliche Einwirkungen verursacht worden.

I. Natürliche Kräfte.

Die tatsächliche Verbreitung der Holzarten, wie sie vor dem Eingreifen des Menschen uns entgegentritt, ist das Ergebnis einmal der natürlichen Fähigkeiten, welche die Holzarten besitzen, um sich zu erhalten und fortzupflanzen, zum anderen der äußeren Einflüsse, welche dieses Streben unterstützen oder hemmen. Innere Anlage und äußere Einflüsse sind die Bestimmungsgründe für die Entwicklung alles Lebenden. Unsere Waldbäume haben, wie andere Lebewesen, mit Individuen ihrer Art, mit anderen Baumarten und anderen Gewächsen einen Kampf um ihre Erhaltung zu führen, aus dem diejenigen als Sieger hervorgehen, die imstande sind, die ihr Wachstum fördernden Einflüsse und Kräfte der Natur am besten auszunutzen und den Faktoren, welche sie in ihrer Entwicklung hemmen, wirksamen Widerstand entgegen zu setzen. Von den äußeren Bedingungen, die auf die Holzarten des deutschen Waldes Einfluß gehabt haben, sind hier folgende hervorzuheben:

1. Die klimatischen Verhältnisse[1]. Hier ist in erster Linie die Wärme von Einfluß, die ja für das Dasein und Verhalten aller organischen Körper nach allen wesentlichen Richtungen bestimmend ist. Die Bäume des Waldes stellen, wie alle anderen Gewächse, bestimmte Ansprüche an die Wärme, die ihnen zuteil wird. Es kommt dabei einmal die jährliche Wärmesumme in Betracht, die in der mittleren Jahrestemperatur ihren Ausdruck findet; sodann die Verteilung der Wärme auf die Jahreszeiten oder auf kürzere Zeiträume. Der Einfluß der Wärme macht sich insbesondere auf die Dauer und Intensität des Wachstums geltend, und damit auch auf den Höhen-, Massen- und Stärkezuwachs; ferner auf die technischen Eigenschaften des Holzes, auf viele waldbauliche Verhältnisse, wie Lichtbedürfnis, Schattenerträgnis, Grad des Bestandesschlusses, Fähigkeit der natürlichen Verjüngung u. a. Mit der Wärme stehen die atmosphärischen Niederschläge im Zusammenhang. Sie sind einerseits eine sehr notwendige Bedingung der Ernährung und der Durchführung aller notwendigen Funktionen des Pflanzenlebens; andrerseits können sie Schäden zur Folge haben, durch welche Waldungen auf großen Flächen zugrunde gerichtet werden. Wie verschieden aber die Wirkungen der klimatischen Verhältnisse, von Frost, Sturm, Schnee- und Eisanhang sind, tritt am entschie-

---

[1] Vgl. hierzu Mayr: Waldbau auf naturgesetzlicher Grundlage 1909, 3. Abschnitt: A. Keime.

densten bei einer Vergleichung des Verhaltens der Kulturpflanzen in
der Mitte und an den Grenzen ihrer natürlichen Verbreitungsgebiete
hervor. Im Standortsoptimum werden alle Naturschäden leicht überwunden. Je weiter ein Standort vom Optimum entfernt liegt, desto
stärker sind die Störungen, welche durch die Wirkung der Natur verursacht werden: Die Jungwüchse gehen oft durch Frost zugrunde;
das Holz reift nicht aus; Gefahren der organischen und anorganischen
Natur treten in verstärktem Maße auf. Die Folge davon ist, daß die betreffenden Holzarten gegen andere, die geringere klimatische Ansprüche
machen, zurückbleiben und von diesen mehr und mehr verdrängt werden.
Von einem umfassenden Standpunkt aus, der weit auseinanderliegende
Gebiete begreift, muß deshalb das Klima als der am meisten bestimmende
Faktor des Daseins und des Verhaltens der Holzarten erscheinen, wie
es von H. Mayr, der einen solchen Standpunkt einnimmt, bestimmt
ausgesprochen und begründet wird. Für ein gegebenes Wirtschaftsgebiet zeichnet sich dagegen das Klima, abgesehen von den Faktoren
der örtlichen Lage (Exposition und relative Höhe), wenigstens innerhalb
der Zeiträume, mit denen es die forstliche Praxis in der Regel zu tun hat,
durch ein gleichmäßiges Verhalten aus. Gleichbleibend sind aber auch
die Eigenschaften der Pflanzen und die Ansprüche, die sie an Wärme
und Feuchtigkeit stellen. Daher wird die Frage, ob unsere Holzarten
die Fähigkeit der Akklimatisation besitzen, von den berufensten Vertretern des Waldbaues negativ beantwortet. Borggreve[1] stellt im
Abschnitt seiner Holzzucht über die Verbreitung der Holzarten den
Grundsatz auf, daß jede Holzart die völlig richtigen klimatischen Bedingungen für ihr Gedeihen im Großen und auf die Dauer nur in solchen Gegenden finde, in welchen sie von Natur häufig vorkommt oder
wenigstens früher vorgekommen ist; und Mayr gelangt bei Erörterung
der Frage, ob die Holzgewächse die Fähigkeit der Akklimatisation besitzen, zu dem Ergebnis: „Die Verbreitung über die natürliche Grenze
hinaus scheitert an der Unmöglichkeit der Bäume, sich einem vom
Heimatgebiet fremden Klima anzupassen.“

2. Die Beschaffenheit des Bodens. Unter gleichen klimatischen Bedingungen ist sie für das Auftreten der Holzgewächse am meisten bestimmend. Wie überall nach einem Samenjahr zu beobachten
ist, sind alle Eigenschaften, die den Boden charakterisieren, namentlich
die chemischen und physikalischen Eigenschaften, der Humusgehalt
und der Überzug auf das Erscheinen und die Entwicklung der jungen
Holzpflanze von Einfluß. Die vielfach erörterte Frage, ob für das Verhalten der Holzarten die chemischen oder die physikalischen Eigenschaften des Bodens von größerer Bedeutung seien, wird mit allgemeiner

---

[1] Holzzucht, 2. Aufl., S. 49.

Gültigkeit nie beantwortet werden können. Mit Recht haben hervorragende Vertreter der Bodenkunde auf die Bedeutung der physikalischen Eigenschaften hingewiesen, in der älteren Zeit G. Heyer[1], in der neueren Erdmann, Albert u. a. Erdmann[2] hebt hervor, daß in den physikalisch-biologischen Faktoren Feuchtigkeit, Durchlüftung, Lockerheit, Tätigkeit, Wärme das Schwergewicht der Beeinflussung durch die Eigenschaften des Bodens liege, nicht im Gehalt an mineralischen Nährstoffen. Die gleiche Tendenz ergibt sich aus Alberts[3] Mitteilungen, in denen nachgewiesen wird, daß der Gehalt der norddeutschen Sandböden an Kali und Phosphor für eine Reihe von Umtriebszeiten ausreichend ist, während hinsichtlich des Kalks die zweifache Rolle, die er spielt, als Nährstoff und Förderer aller Wachstumsvorgänge in Betracht gezogen werden muß. Gleichwohl lehrt die Erfahrung, daß der chemische Gehalt des Bodens ein Faktor von großer Bedeutung ist. Sein Einfluß auf die natürliche Bestandesgeschichte tritt so bestimmt hervor, daß über diese Tatsache ein Zweifel nicht wohl bestehen kann. Übrigens bleibt stets zu beachten, daß die wichtigsten chemischen und physikalischen Eigenschaften des Bodens nicht im Gegensatze stehen, sondern sich wechselseitig in der gleichen Richtung beeinflussen.

Während die tieferen Schichten des Bodens ein ziemlich gleichbleibendes Verhalten zeigen, so daß sie, wenigstens für den praktischen Forstwirt, nicht Gegenstand einer geschichtlichen Untersuchung oder bestimmender Gedanken werden können, sind die oberen Teile desselben, Humus und Überzug, in stetem Wechsel begriffen, so daß die Veränderungen, welche sie erleiden, jederzeit zur Untersuchung gezogen werden können. Die Frage, wie der Humus nach Art und Stärke beschaffen ist und in welcher Richtung er sich verändern soll, ist von bestimmendem Einfluß auf die wichtigsten Maßnahmen der Forstwirtschaft, insbesondere für die Bestandespflege und Durchforstung; in noch höherem Grade ist der Erfolg der natürlichen Verjüngung von der Beschaffenheit des Humus abhängig. Der bei regelmäßigem Luftzutritt gebildete, mit dem Mineralboden sich mischende, milde Humus ist ein sehr wesentlicher Faktor der Bodenfruchtbarkeit. Er enthält die Stoffe, die zur Entwicklung der Holzpflanzen nötig sind, und verbessert auch die physikalischen Eigenschaften des Bodens, besonders die Durchlüftung und das Verhalten zu Feuchtigkeit und Wärme. Wie nachhaltig aber der ungünstige Einfluß sein kann, welchen die Entnahme humusbildender Stoffe nach sich zieht, geht aus der Geschichte und dem Zustand der meisten deutschen Forsten und vieler auswärtiger Länder

---

[1] Lehrbuch der forstl. Bodenkunde 1856, S. 472.
[2] Die nordwestdeutsche Heide in forstl. Beziehung 1907, S. 33 ff.
[3] Zeitschrift für Forst- u. Jagdw. 1905, S. 139.

sehr bestimmt hervor. Während die inneren, von den bewohnten Orten weit entfernten Teile derselben gute Laubholzbestände tragen, sind die äußeren, den Ortschaften nahegelegenen Teile infolge der Entnahme der Streudecke um eine oder mehrere Bonitäten gesunken, so daß sie häufig in Nadelholz haben umgewandelt werden müssen. Auf Standorten, wo die Bedingungen der Zersetzung des Humus, Luft und Wärme, nicht im erforderlichen Maße vorhanden sind, erfolgt dagegen die Zunahme des Humus durch die organischen Abfälle rascher, als seiner Abnahme durch die Zersetzung entspricht. Der in zunehmender Stärke dem Boden sich auflagernde Humus verhält sich aber in allen wesentlichen Richtungen sehr ungünstig. Durch die sich bildenden Humussäuren werden die oberen Bodenschichten, deren Nährsalze gelöst werden, chemisch ärmer. Der Porenraum wird verengt, der Boden verdichtet; das Tier- und Pflanzenleben erstirbt.

Auch der Überzug des Bodens ist ein wichtiges Merkmal des Standorts. Er ist typisch für dessen Charakter. Während der längsten Zeit des Bestandeslebens, in der langen Periode, während welcher die Durchforstungen vorherrschen, soll der bedeckte Bodenzustand vorhanden sein, bei der Vorbereitung und Einleitung der Verjüngung der benarbte. Ist die Verjüngung beendet, so geht die wichtigste Aufgabe in bezug auf die Art der Schlagstellung dahin, daß in dem Konkurrenzkampf, welchen Altholz, Jungwuchs und Forstunkräuter miteinander führen, die letzteren auf ein unschädliches Maß zurückgehalten, die Jungwüchse dagegen tunlichst in ihrer Entwicklung gefördert werden. Wird zu stark gelichtet, so werden die Forstunkräuter zu kräftigem Wuchse angeregt; werden dagegen die lichtenden Hiebe zu schwach geführt, so können Sonne und Feuchtigkeit nicht genügend auf den Jungwuchs einwirken. Die Stellung der Schläge muß dem Bedürfnis des letzteren entgegenkommen. Im allgemeinen ist Regel, daß die freiere Stellung allmählich vorgenommen wird.

3. Naturschäden. Neben den Schäden durch klimatische Verhältnisse auf die oben (unter 1.) hingewiesen wurde, sind auch die Kräfte der organischen Natur für die natürliche Bestandesgeschichte von großer Bedeutung. In welchem Maße durch Kahlhiebe und unvorsichtige Lichtungen die Wälder zur Vernichtung geführt werden können, ist in vielen Ländern in Nord- und Südeuropa und in anderen Weltteilen, durch die vorliegenden Tatsachen in prägnanter Weise zum Nachweis gekommen. Trotz des empfindlichen Schadens, der auf diesem Wege am Zustand der Wälder bewirkt werden kann, wird doch das von H. Mayr ausgesprochene Urteil als zutreffend anerkannt werden müssen, daß abgesehen von Moosen, welche zur Bildung von Mooren Veranlassung geben, die Standortsgewächse beim stetigen Wirken der Natur dem Standort entsprechende Holzarten nicht vollständig verdrängen.

Ähnliches gilt auch in bezug auf Pilze und Insekten. So einflußreich
diese Schädlinge auch sind, so wird man sie doch nicht als ein dauerndes
Hindernis des Auftretens standortsgemäßer Holzarten ansehen dürfen.
Es sind nur der betreffenden Holzart nicht entsprechende Standorte, auf
denen sie durch Insekten und Pilze in Verbindung mit anderen schädlichen Faktoren verdrängt werden.

Unter den Fähigkeiten, die den Holzarten zu ihrer Verbreitung zu
Gebote stehen, sind hervorzuheben:

1. Die Schnelligkeit des Wachstums, namentlich in der
Jugend. Im relativen Höhenwuchs der Holzarten liegt eine Waffe in
dem Kampfe ums Dasein, den sie untereinander und mit anderen Gewächsen zu führen haben. Holzarten, die schneller wachsen als andere,
erhalten durch diese Fähigkeit einen Vorsprung. „Was aber in dem
vorzugsweise um die Nahrung und den Raum geführten Konkurrenzkampf unter den ziemlich gleich organisierten Individuen derselben
Art einmal durch irgendwelchen rein zufälligen äußeren Umstand zu
einem wenn auch noch so geringen Vorsprung gelangt ist, behält — und
steigert im Laufe der Zeit mehr und mehr — sein Übergewicht, so lange
nicht neue zufällige äußere Einwirkungen wieder eine Änderung bedingen (Borggreve)." Die Geschichte der Wirtschaft aller größeren
Waldgebiete enthält hierfür lehrreiche Beispiele: Aus den Kulturen
von Eiche und Kiefer, die früher oft in der Form von Streifen nebeneinander durchgeführt wurden, sind reine Kiefernbestände hervorgegangen, in denen die Eiche nur ein kümmerliches Dasein fristet.
In den Kulturen von Tanne und Fichte bleibt die Tanne meist sehr
zurück. Aus den Saaten von Kiefer und Fichte sind im Hauptbestand
häufig reine Kiefern entstanden, unter denen die Fichte nur unter-
ständiges Schutzholz bietet.

2. Die größere oder geringere Lebensdauer. Die meisten Holzarten, welche den Hauptbestandteil der deutschen Wälder bilden, sind
langlebiger als die Weichhölzer, welche sich auf freien Flächen zuerst
einfinden. In den Mischbeständen von Buche mit Weichholzarten
sterben diese meist im Stangenholzalter ab.

3. Die Fähigkeit, ein größeres oder geringeres Maß von Schatten
zu ertragen. Sie ist im Naturwald die wichtigste, wirksamste Waffe,
die den Holzarten zu ihrer Erhaltung und Ausbreitung zur Verfügung
steht. Ihr großer Einfluß auf den tatsächlichen Waldzustand kann am
besten aus großen abgelegenen Waldgebieten, die sich im Naturzustand
erhalten haben, ersehen werden.

Die Summe der Eigenschaften, welche unsere Holzarten besitzen,
um sich einzufinden, zu erhalten, fortzupflanzen und auszudehnen, und
die Summe der Faktoren, welche dieses Streben hemmen oder fördern,
bedingen das Ergebnis der natürlichen Bestandesgeschichte. Dies Er-

gebnis kommt zum Ausdruck in dem tatsächlichen Vorhandensein der Holzarten. Es wird dadurch das natürliche Verbreitungsgebiet bestimmt, dessen Kenntnis für viele wirtschaftliche Fragen von Bedeutung ist. Grundsatz ist es, daß jede Holzart nur in solchen Gegenden zum Anbau gelangt, deren Wachstumsbedingungen denjenigen im natürlichen Verbreitungsgebiet ähnlich sind. Aus dem Nichtauftreten einer Holzart in einer Gegend kann man jedoch nicht ohne weiteres schließen, daß sie in dieser nicht anbauwürdig ist. Weiteres hierüber folgt bei den einzelnen Holzarten.

Nach den Grundbedingungen der Vorbereitung und den vorliegenden Forschungsergebnissen, unter denen auch die Moorfunde von Bedeutung sind, ist man zu dem Schlusse berechtigt, daß nach dem Schmelzen des Inlandeises, welches in der Diluvialzeit erfolgte, zuerst die Bedingungen für solche Holzarten gegeben waren, welche von weither anfliegen konnten, geringe Ansprüche an die Wärme machten und sich ohne Schutz gegen atmosphärische Schäden entwickeln konnten. Diese Eigenschaften besaßen die weichen Laubhölzer, Aspe, Weide, Erle, Birke in besonderem Grade. Auch für die frostharte raschwüchsige, des Schutzes nicht bedürftige Kiefer waren die Wuchsbedingungen frühzeitig gegeben. Sie nahmen gegenüber den genannten Laubhölzern vorzugsweise die trockenen Gebiete ein. Als das Klima wärmer wurde, siedelten sich auch andere Holzarten an, insbesondere die Eiche. Erst später, als man nach den geringen Ansprüchen an die Wärme erwartet, erscheint die Fichte auf dem Plan. Die letzten Glieder in der Folge der Holzarten machen Buche und Tanne aus.

II. Menschliche Einwirkungen.

1. Seitens der den Wald ausnutzenden Bevölkerung.

In geschichtlicher Zeit hat die natürliche Verbreitung der Holzarten durch die Tätigkeit der Menschen, die seine Erzeugnisse nutzten, umfangreiche Veränderungen erlitten. In welchem Maße dies der Fall gewesen ist, zeigt in allen Ländern ein Vergleich des Zustandes von Wäldern in der Nähe von Ortschaften und Bringungsanstalten mit solchen, die von den Orten des Verbrauches und den Verkehrsanlagen weit entfernt sind. Bei einem Produkt, welches im Verhältnis zu seinem Wert ein so hohes Gewicht besitzt, wie das Haupterzeugnis des Waldes, mußte sich der Einfluß zwischen Erzeugungs- und Verbrauchsorten in hohem Maße geltend machen. Auf den frühesten Kulturstufen erfolgte eine Benutzung des Holzes nur in den den bewohnten Orten nahe gelegenen Waldungen. Mit der Zunahme der Bevölkerung und der weiteren Entwicklung der Bodenkultur wurde die Benutzung ausgedehnt. Je weitere Gebiete zur Befriedigung der Holzbedürfnisse herangezogen

werden mußten, um so größere Verschiedenheiten machten sich geltend.
Ein so allgemein und in so starken Mengen gebrauchtes Gut, wie es
das Brennholz in bäuerlichen Wirtschaften war, konnte nicht aus weiter
Ferne herbeigeholt werden. Die den Verbrauchsstätten nahen Waldungen, waren es daher, die mit der jährlichen Brennholzbefriedigung
belastet blieben. Um wertvolle Nutzhölzer herbeizuschaffen, wurden die
Kosten, Mühen und Gefahren eines weiteren Transportes weniger ge-
scheut. Die hierdurch verursachten Unterschiede im Zustand der Wälder waren um so stärker, als die den bewohnten Orten nahe gelegenen
Waldungen auch durch die Nebennutzungen am stärksten in Anspruch
genommen wurden. Fast alle Länder zeigen den hieraus hervorgehenden
Unterschied der Waldzustände in auffallendem Maße.

Die unmittelbaren Ursachen für die Veränderungen der Holzarten
durch menschliche Einwirkungen sind folgende:

1. Rodungen. Es war natürlich, daß bei den ersten Ansiedlungen
die besten Böden und die günstigsten Lagen, die vorzugsweise mit Laubholz bestanden waren, in Angriff genommen wurden. Dieses erlitt dadurch eine Verminderung, die auch aus den Zahlen der Statistik hervorgeht.

2. Die Ausübung der Nebennutzungen. Auch sie hat meist zu
einer Verminderung des Laubholzes beigetragen. Eine direkte Begünstigung dieses letzteren erfolgte nur durch die Wertschätzung der
Mast. Viele Forstordnungen enthalten die Vorschrift, daß masttragende
Eichen und Buchen in den Schlägen erhalten bleiben sollten. Sehr
allgemein war die schädliche Wirkung der Streunutzung. Sie hat bekanntlich an vielen Orten zu Umwandlungen von Laub- in Nadelholz
Anlaß gegeben. Auch die Weide hat nachteilige Folgen für den Holz-
anbau gehabt, wenn sie auch durch Zurückhaltung starker Bodenüberzüge und Verwundung des Bodens unter Umständen für die natürliche Verjüngung günstig gewirkt hat. Eine Nutzung, deren Schädlich-
keit weit größer ist, als meist angenommen wird, ist die Gräserei, durch
die in Verjüngungen der junge Aufschlag oft starke Schädigungen
erleidet. Daß auch andere Nebennutzungen, insbesondere der Entzug
des Wassers, die anspruchsvolleren Laubholzarten in ihrem Wuchse
stark beeinträchtigt hat, ist in der neueren Zeit, namentlich in der Nähe
von Großstädten, öfter hervorgetreten.

3. Die Holznutzung. Das Bedürfnis der in der Nähe des Waldes
wohnenden Bevölkerung an Nutz- und Brennholz konnte lange Zeit
hindurch in den ihr zugänglichen Waldungen befriedigt werden. Bis
zu einem gewissen Grade hatten sich bei längerem gleichmäßigen Betriebe
die Nutzungen dem Waldzustand angepaßt. Im größten Teil der mitteldeutschen Forsten waren im 17. und 18. Jahrhundert vorzugsweise
der Mittelwald und ähnliche Bestandesformen (Stangenholzbetrieb,

Hochwaldkonservationshieb u. a.) vertreten. Der starke Bedarf an geringen Brennholzsortimenten und der unbedeutende Bedarf an Nutzholz konnten bei diesen Betriebsformen meist in genügendem Maße befriedigt werden. Die später eintretende Furcht vor Holzmangel beruhte zum großen Teil auf Unkenntnis der wirklichen Produktionsfähigkeit, namentlich solcher Waldungen, die wegen ihrer Entlegenheit lange Zeit nicht benutzt werden konnten.

2. Durch planmäßige wirtschaftliche Tätigkeit.

Neben der negativen Wirkung der umwohnenden Bevölkerung war es die planmäßige Tätigkeit der Forstwirte, durch welche auf den Zustand der Waldungen und die herrschenden Holzarten ein Einfluß ausgeübt wurde. Die Wirtschaft mußte einerseits den zu starken Ansprüchen der Bevölkerung und einer Überschreitung der ihr zustehenden Berechtigungen entgegentreten; andrerseits aber auch den schaffenden Naturkräften oft eine andere Richtung geben, als dies ohne menschliches Zutun geschehen wäre. So hoch man auch die Wirkung der Natur für die Entwicklung der Wälder und für alle Zweige der Forstwirtschaft schätzen muß, so darf man sie doch nicht als den ausschließlichen Bestimmungsgrund dessen, was erzeugt werden soll, ansehen. Die Natur läßt in reinen und gemischten Beständen Stockausschläge, Verwüchse und Weichhölzer zum Siege gelangen und langsam wüchsige, edle Holzarten unterdrückt werden; die Wirtschaft muß dagegen diese letzteren erhalten und pflegen. Es ist nicht die Natur allein, die den Wirtschaftswald erzeugt und erhält; es sind vielmehr zwei verschiedene Faktoren in dieser Richtung tätig. Die eine Grundlage ist die Natur, die andere liegt in menschlichen Werturteilen.

Der mangelhafte Zustand des regellosen Plenterwaldes, namentlich die Schwierigkeit, im Rahmen desselben regelmäßige Kulturen durchzuführen und der räumlichen Ordnung im Aufbau des Waldes gerecht zu werden, gab den denkenden Forstwirten des 18. Jahrhunderts zur Begründung regelmäßiger Kahlschläge Veranlassung. Die meisten Forstordnungen enthalten die Vorschrift, daß das plätzige Hauen im Innern des Waldes aufhören sollte. Auch die ältesten Vertreter der forstlichen Literatur, an erster Stelle I. G. Beckmann, erkannten, daß man im Rahmen der bestehenden Wirtschaft die Verjüngungen nicht in genügendem Maße herbeiführen und dem befürchteten Holzmangel nicht entgegentreten könne. Es müßten vielmehr regelmäßige Schläge geführt werden, auf denen sich die Jungwüchse ungehemmt durch die Beschattung des Altholzes entwickeln könnten. Der Kahlschlag erhielt so seine Begründung. Er bedeutete zweifellos einen wesentlichen Fortschritt gegenüber der damaligen Forstwirtschaft. Hinsichtlich der Holzarten aber war seine Folge, daß schutzbedürftige Holzarten, besonders

Buche und Tanne, unter seiner Herrschaft an vielen Orten nicht zu bleibender Entwicklung gelangen konnten.

Im Gegensatz zu den Wirkungen des Kahlschlages wurden die letztgenannten Holzarten, insbesondere die Buche, durch allmählich geführte Schirmschläge, welche ihren bekanntesten Ausdruck in den Wirtschaftsregeln G. L. Hartigs gefunden haben, am sichersten erhalten und gefördert. Das Ergebnis dieser Regeln war in der Mehrzahl der Fälle der reine Buchenbestand, da, abgesehen von der Tanne, keine andere Holzart unter den von Hartig gegebenen Vorschriften die erforderlichen Wachstumsbedingungen findet. Alle größeren Laubholzgebiete zeigen die Folgen der von Hartig ausgegangenen Richtung.

Der nach den Regeln G. L. Hartigs durchgeführte Buchenhochwald bedeutet einen der größten Fortschritte, die in der Forstwirtschaft gemacht worden sind. Er verhält sich sehr günstig in bezug auf den Bodenzustand, da durch die gleichmäßige Lockerung der Kronen der Humus allmählich zersetzt wird und sich mit dem Mineralboden zur Bodengare verbindet. Auch in bezug auf den Massenzuwachs sind die einleitenden Hiebe der Verjüngungsschläge von gutem Erfolg, wie aus den umfangreichen Nachweisungen aus den Versuchswesen zu entnehmen ist. Daß die Qualität der Stämme durch die geschlossene Erziehung in der Jugend gefördert wird, ergibt sich durch zahlreiche Beispiele in den meisten größeren Waldgebieten. Auch zur Erhöhung der Widerstandsfähigkeit gegen manche Gefahren der anorganischen Natur trägt eine allmähliche Erweiterung des Wachsraums der stehenbleibenden Stämme, wie sie von Hartig vorgeschrieben wurde, wesentlich bei.

Aber trotz dieser Vorzüge konnten die Forderungen der Hartigschen Betriebsführung nicht aufrecht erhalten werden. Ihnen lag das Prinzip der Gleichheit zugrunde, während eine genügende Erzeugung der lichtkronigen Nutzhölzer, insbesondere Eiche und Kiefer, eine Ungleichheit der Behandlung der Buche gegenüber erforderlich machte.

In der Erkenntnis der Mängel reiner Bestände, auf die Carl Heyer nachdrucksvoll hingewiesen hatte, lagen aber schon die Keime des Fortschrittes. Gayers Femelschlagbetrieb bedeutete eine Reaktion gegen den reinen Buchenhochwald und die Stellung gleichmäßiger dunkler Schläge auf großen Flächen. Er ging aus der richtigen Forderung hervor, daß den Lichtholzarten, in erster Linie der Eiche mehr Licht zuteil werden müsse, als es in gleichmäßig gestellten Buchenverjüngungsschlägen, wenn die Kronen sich beinahe berühren, der Fall ist. Was Gayers Femelschlagbetrieb nicht nur in Deutschland, sondern auch über Deutschlands Grenzen hinaus so viel Sympathie der Fachgenossen erworben und seine tatsächliche Anwendung so sehr gefördert hat, war nicht die Rücksicht auf den Bodenzustand und eine günstige Einwirkung auf den Zuwachs; seine bleibende Berechtigung liegt vielmehr in dem günstigen Einfluß auf die lichtfordernden Holzarten und damit auf die Erzeugung der wichtigsten gemischten Bestände. Durch die senkrecht freie, seitlich geschützte Stellung der Jungwuchshorste liegen die besten Bedingungen vor, unbestimmte Holzarten, die in gleichmäßig gestellten dunklen Schirmschlägen zugrunde gehen, zu erhalten.

Dem wichtigen Grundgedanken, daß den Ansprüchen verschiedener Holzarten durch die Art der Schlagstellung genügt werden muß, entspricht auch Wagners Blendersaumschlag. Neben der Rücksicht auf die Erhaltung der Frische für Boden und Jungwuchs, die durch die Leitung der Verjüngung von Norden her bewirkt wird, ist es der verschiedene Grad der Lichtung, der den einzelnen Streifen der Hiebszüge zuteil werden soll. In den noch dunkel gehaltenen Teilen der zur Verjüngung herangezogenen Bestände stellen sich, wenn sie im Altholz vertreten sind, Buche und Tanne ein und erhalten hierdurch einen Vorsprung vor schnellwüchsigen Holzarten, namentlich Fichte und Kiefer, welche erst, wenn stärkere Lichtungen vorgenommen sind, die ihnen am besten entsprechenden Entwicklungsbedingungen finden. Der Verschiedenheit der Lichtansprüche kann nun wohl auch durch forstweise Lichtung Rechnung getragen werden. Der Blendersaumschlag hat aber den großen Vorzug, daß er die räumliche Ordnung bestimmter ins Auge faßt, der an vielen Orten lange Zeit hindurch keine genügende Beachtung geschenkt worden ist, obwohl sie schon von H. Cotta in seinen bekannten Thesen mit Entschiedenheit betont worden war.

B. Einzelne Holzarten[1].

I. Buche.

1. Geschichtliche Entwicklung.

a) *Zunahme der Buche im Naturwald.*

Wie schon oben (unter A) hervorgehoben wurde, darf man nach den allgemeinen Bedingungen, welche die Buche für ihr Gedeihen stellt,

---

[1] Von neueren hier benutzten Schriften, die sich auf die natürliche Verbreitung der Holzarten teils allgemein, teils mit Bezug auf einzelne Waldgebiete beziehen, seien hervorgehoben: Hoops: Waldbäume und Kulturpflanzen im germanischen Altertum, 1905; Hausrath: Die Verbreitung der wichtigsten einheimischen Waldbäume usw., 1901; Der deutsche Wald, 1907; Pflanzengeographische Wandlungen der deutschen Landschaft, 1911; Dengler: Horizontalverbreitung der Kiefer, 1904; Der Fichte und Weißtanne, 1912; Jentsch: Fruchtwechsel in der Forstwirtschaft, 1911; Jakobi: Die Verdrängung der Laubwälder durch die Nadelwälder, 1912. Ferner die Schriften über die allgemeine Forstgeschichte: Bernhardt: Geschichte des Waldeigentums usw., 1872; Schwappach: Handbuch der Forst- und Jagdgeschichte, 1886; sowie Borggreve: Holzzucht, 1891, S. 48 ff., Verbreitung; Heide und Wald, 1875.

annehmen, daß sie erst spät und sehr allmählich ihren Einzug in die
Wälder Deutschlands gehalten hat, wie es auch von allen, die sich mit
dieser Frage eingehend beschäftigt haben, übereinstimmend angenommen wird. Nachdem sie aber einmal im deutschen Walde vertreten
war, konnte sie sich im Laufe langer Zeiträume auch ausbreiten. Abgesehen von der Verschleppung ihres Samens durch Tiere trug hierzu
die Fähigkeit, Schatten zu ertragen, wesentlich bei. In dem natürlichen
Plenterwald, der sich in den meisten Waldungen ohne menschliche Einflüsse ausbildet, ist in der Regel eine starke Beschattung vorhanden.
Daher werden beim ausschließlichen Walten der ständig wirksamen
Naturkräfte, sofern der Boden keine Änderungen bedingt, diejenigen
Holzarten begünstigt, welche am meisten Schatten zu ertragen vermögen. Es ist hiernach sehr erklärlich, daß die Buche häufig in stärkerem
Grade an der Zusammensetzung der Bewaldung teilnahm, als es den
wirtschaftlichen Interessen der Waldbesitzer entsprach. Beim Rückblick auf die Geschichte der mittel- und süddeutschen Waldungen traten
daher schon im Mittelalter Bestrebungen hervor, die auf eine Zurück-
drängung der im Übermaß vorhandenen Buche gerichtet waren. Insbesondere fanden solche in Gegenden statt, wo ein Holzhandel bestand,
wie namentlich im Bereich der großen Flüsse, denen das Holz leicht
zugeführt werden konnte. So war es in Baden[1], in Teilen des Schwarz-
waldes der Fall. Geschichtliche Urkunden erwähnen in diesem Sinne
das durch gute Floßstraßen ausgezeichnete Tal der Murg, eines Neben-
flusses des Rhein, auf dem schon im Mittelalter Nutzholz vom Schwarzwald nach Holland befördert wurde. Der Erzeugung dieses Handels-
objektes stand die Buche hindernd entgegen. Man sah sie, wie es nach
von Gerwig geschieht, als ein Forstunkraut an, das man schon zu da-
maliger Zeit verdrängen, ja gewaltsam vertilgen zu sollen glaubte.
Ähnliches wird aus Württemberg berichtet. Nach Tschernings[2] Angaben trat man der Buche in Gegenden, in welchen die Erziehung von
Floß- und Sägeholz besondere Bedeutung hatte, oft geflissentlich entgegen, weil man fand, „daß sie auf den ihr günstigen Standorten in
einer Häufigkeit und Menge sich ansame, welche im Verein mit einer
sie begünstigenden Hiebsführung nicht nur der Weißtanne, sondern
selbst der Fichte gefährlich wird“. Daß hiergegen schon im 16. Jahrhundert Maßnahmen getroffen wurden, wird aus einer Urkunde vom
Jahre 1547 ersichtlich, die sich auf einen Vergleich des Herzogs Ulrich
mit den Waldgedingsinsassen von Dornstetten, einem bei Freuden-
stadt gelegenen Städtchen, bezieht. Hier wird ausgesprochen, daß jeder
Waldgedingseingesessene berechtigt sein solle, Buchen auszuhauen und

---

[1] Kettner: Beschreibung des badischen Murg- u. Oostals 1843, S. 46.
[2] Beiträge zur Forstgeschichte Württembergs 1854, S. 33.

gegen Entrichtung von einem Pfennig für eine Klafter abzufahren. Ebenso verhielt es sich auch in vielen Waldgebieten Mitteldeutschlands. Als charakteristisch möge hier eine Mitteilung über die fränkischen Waldungen[1] im 16. und 17. Jahrhundert hervorgehoben werden. In einer sie betreffenden Forstbesichtigung des Steinheider Forstes wird bemerkt: „So geht auch jung Buchenholz dicke auf, welches billig, je eher desto besser, verkohlet werden muß, denn sie die jungen Tannen und Fichten unterdrücken.“ In Sachsen bestanden ähnliche Richtungen. Wie von Berg[2] und Bernhardt[3] unter Bezugnahme auf H. v. Carlowitz mitteilen, befürchtete man noch um 1700 das Verdrängen „der Tangelhölzer“ durch die Buche. Auch im Nordosten Deutschlands war diese weit stärker vertreten, wie Pfeil[4] für die einzelnen Provinzen Preußens eingehend nachweist.

Daß die Buche, wo sie mit anderen Holzarten gemischt ist, beim ungestörten Walten der Natur, auch unter den Verhältnissen der Gegenwart die Tendenz und Fähigkeit besitzt, sich in gemischten Beständen auszudehnen, ist in fast allen größeren Waldgebieten zu beobachten. Am bestimmtesten tritt diese Fähigkeit in der Mischung mit der Eiche hervor[5], die früher in weit stärkerem Grade an der Zusammensetzung der deutschen Wälder Anteil hatte. Sie ist durch den Kampf, den sie mit der Buche führen mußte, an vielen Orten, auch an solchen, wo sehr gutes Eichenholz wächst, zum Verschwinden gebracht. Ähnlich wie die Eiche verhalten sich in der vorliegenden Richtung auch die meisten anderen Laubholzarten, die zu ihrem Gedeihen mehr Licht bedürfen, als ihnen im Schatten des natürlichen Plenterwaldes zuteil wird. Aber auch dem Nadelholz gegenüber besitzt die Buche die Fähigkeit, das durch die geschichtliche Entwicklung ihr zugefallene Bereich zu erweitern, noch immer. Diese Fähigkeit tritt im stärksten Maße der Kiefer gegenüber in Wirksamkeit. Aber auch in mit Fichte gemischten Beständen gewinnt die Buche dieser gegenüber bei dunkler Haltung der Schläge durch ihre Fähigkeit, mehr Schatten zu ertragen, häufig einen Vorsprung, der unter Umständen für die weitere Entwicklung solcher Bestände ausschlaggebend ist. Die Tanne besitzt nun allerdings die Fähigkeit des Schattenertragens in noch höherem Grade als die Buche; aber diese ist von jener durch schnelleres Wachstum in der Jugend ausgezeichnet. Übrigens bleibt stets zu beachten, daß das Verhalten der natürlichen Mischbestände durch die besonderen Verhältnisse des Standorts und der Wirtschaftsgeschichte beeinflußt wird. Hieraus er-

---

[1] Freysold: Die fränkischen Wälder im 16. u. 17. Jahrhundert 1904, S. 96 ff.
[2] Kritische Blätter Bd. II (1861) S. 128.   [3] Forstgeschichte I, S. 114.
[4] Forstgeschichte Preußens bis zum Jahre 1806, S. 41.
[5] Vgl. Vanselow: Wirtschaftsziele usw. im Hochspessart. Forstwiss. Zentralblatt 1923.

geben sich manche Abweichungen in den Urteilen erfahrener Forstwirte über die natürliche Bestandsgeschichte. Insbesondere spielt der Zustand des Humus in dieser Beziehung eine wichtige Rolle. Buche und Tanne sind empfindlicher gegen unzersetzten Humus, als Fichte.

Wie im natürlichen Plenterwalde, so erfolgt auch beim schlagweisen Betrieb eine Zunahme der Buche, wenn die Stellung der Schläge nach den Regeln geführt wird, wie sie in den meisten deutschen Wirtschaftsgebieten im 19. Jahrhundert eingehalten worden sind. Die Lehren G. L. Hartigs haben die weitgehendste Anwendung gefunden. Wenn die Verjüngungsschläge nach den Vorschriften G. L. Hartigs vorgenommen werden, die für die Buche (und ebenso auch für die meisten anderen Holzarten) dahin gingen, daß sich die Kronen der Mutterbäume im Besamungsschlag beinahe berühren (bzw. in rauhen Lagen, noch ineinandergreifen) so entstehen nicht nur in reinen Buchenbeständen, sondern auch in solchen, die mit Leichtholzarten gemischt sind, reine Buchenverjüngungen. Die Buche kann sich bei solchen Schlagstellungen wuchskräftig erhalten, während die Eiche und andere Holzarten mit Ausnahme der Tanne wieder zugrunde gehen. Je besser die Verjüngungen im Sinne Hartigs eingeleitet und durchgeführt wurden, um so bestimmter trat als Ergebnis der Verjüngung reiner Buchenhochwald hervor.

b) Abnahme der Buche durch Kahlhiebe und andere Ursachen.

Während die Buche beim ungestörten Walten der Natur durch die genannten Eigenschaften eine Zunahme erfahren hat, lagen an anderen Orten gleichzeitig — und beim Fortschreiten der wirtschaftlichen Entwicklung in zunehmendem Maße — Verhältnisse vor, welche in entgegengesetzter Richtung wirksam gewesen sind. Zu einer Verminderung der Buche haben, wie aus der Geschichte des deutschen Waldes während des vorigen Jahrhunderts in den meisten forstlichen Kulturgebieten bekannt ist, vozugsweise folgende Ursache beigetragen:

1. Stärkere Naturschäden, welche größere Blößen und Räumden bewirkt haben. Auf diesen konnte sich die Buche wegen der Schwere ihres Samens nicht einfinden und, wenn sie sich auch eingefunden hatte, wegen des fehlenden Schutzes gegen Frost, Hitze und das starke Auftreten von Standortsgewächsen nicht behaupten. Auch die im Zeitalter der Waldweide so häufig stattgehabten Waldbrände haben in bezug auf die Erhaltung der Buche ungünstig gewirkt. Wo sie vorhandenen Waldwuchs vernichtet hatten, siedelten sich vorzugsweise frostharte Holzarten mit leichtem Samen an.

2. Die Ausübung der Nebennutzungen, auf die nach ihrer allgemeinen Bedeutung für die Abnahme des Laubholzes schon unter A hingewiesen wurde. Auf keine Holzart hat eine übertriebene Ausübung

der Nebennutzungen so einschneidend und nachhaltig gewirkt wie auf die Buche. Am meisten gilt dies von der Streunutzung. Durch die wiederholte starke Ausübung derselben sind die chemischen und physikalischen Eigenschaften des Bodens verschlechtert, die Humushaltigkeit vermindert und das Eintreten der für die Verjüngung wichtigsten Bedingung, der Mischung von Humus und Mineralboden, erschwert oder aufgehoben. Die Geschichte aller größeren Waldgebiete liefert hierfür eine Menge von Zeugnissen. Auch das Sicheln und Rupfen des Grases in den Verjüngungsschlägen hat die Buchen an vielen Orten in starkem Maße beeinträchtigt.

3. Die auf Beseitigung des Plenterwaldes und die Ausführung regelmäßiger Kulturen gerichteten Bestrebungen des 18. und 19. Jahrhunderts. Auf J. G. Beckmanns in dieser Beziehung charakteristische und einflußreiche Schrift: „Von der zu unserer Zeit höchst nötigen Holzsaat" wurde bereits hingewiesen. Beckmann ist einer der originellsten Vertreter einer ganz bestimmten Richtung des Waldbaus, die trotz ihrer Einheitlichkeit nicht nur für seine Zeit große Bedeutung gehabt hat, sondern eine solche noch immer besitzt und noch lange behalten wird. Die von ihm befolgte Richtung wird am bestimmtesten durch die Aufstellung und Beantwortung mehrerer Fragen charakterisiert, die sich auch jetzt jedem praktischen Wirtschafter beim Verjüngungsbetriebe entgegenstellen. Die eine lautet: Ist der Schatten dem jungen Holze überhaupt nützlich oder schädlich? Die Antwort lautet: „Er ist ihm schädlich." Die zweite Frage betrifft eine kritische Vergleichung zwischen Kahlhiebe und Ausleuchten (Lichtungsbetrieb, Verjüngungsschläge, Durchforstungen). Hier wird ganz allgemein der Kahlschlag als Regel aufgestellt.

Die durch Beckmann angebahnte Richtung bezeichnet gegenüber dem damals vorherrschenden regellosen Plenterbetrieb einen bedeutenden Fortschritt der Forstwirtschaft. Aber in ihrer Einseitigkeit hatte sie auch nachteilige Folgen. Gerade bei der Buche (und Tanne) machten sich diese wegen ihrer Empfindlichkeit gegen Frost und Hitze und ihres langsamen Wuchses geltend. An vielen Orten trat ihr völliger oder teilweiser Untergang infolge des zunehmenden Kahlschlages ein. Unter seiner Herrschaft ist die Buche sowohl in der norddeutschen Ebene, wo der Kiefernkahlschlag herrschend wurde, als auch in den Gebirgsforsten Mittel- und Süddeutschlands, wo der Anbau der Fichte auf freien Flächen mehr und mehr die Regel der Verjüngung bildete, im Laufe des 19. Jahrhunderts sehr zurückgegangen.

4. Die mangelhafte Rentabilität der Buche. Wie die ersten Kämpfe (im 15. und 16. Jahrhundert), die gegen die Buche geführt wurden, durch ökonomische Ursachen veranlaßt waren, so ist es auch — und zwar viel allgemeiner und mit tiefer gehender Begründung — im

19. Jahrhundert der Fall gewesen. Die große finanzielle Überlegenheit der Fichte trat bei allen Rechnungen und gutachtlichen Erwägungen, die in der Literatur und Praxis angestellt und bekannt gegeben wurden, bestimmt hervor. Die Masse, welche die Fichte erzeugt, beträgt mehr als das Eineinhalbfache von dem, was die Buche auf gleichem Standort hervorbringt; die Nutzholzprozente übertreffen die der letzteren um ein Vielfaches. Durch seine vielseitige Verwendungsfähigkeit erschien das Nadelholz auch in volkswirtschaftlicher Beziehung der Buche weit über-legen. Es ist zweifellos, daß die Kultur der Fichte und Kiefer außer-ordentlich viel zur Hebung des Waldzustandes und des Ertrags bei-getragen hat. Insbesondere gilt dies in bezug auf die Aufforstung der früher sehr umfangreichen Huteflächen und der rückgängigen Mittel- und Niederwaldungen mit sehr geringer Massen- und Werterzeugung. Von der in der forstlichen Literatur gegebenen Begründung dieser Rich-tung sei hier nur die einflußreichste, die G. L. Hartig[1] zum Verfasser hat, hervorgehoben. Hartig gab den zahlenmäßigen Nachweis, daß der Anbau der Fichte nicht nur auf mittleren und geringen Böden empfehlens-wert sei, sondern daß diese auch auf den für Buche und Eiche tauglichen Böden weit höhere Holz- und Gelderträge zur Folge habe, als diese Laubholzarten. Infolge der von Hartig und anderen gegebenen Anregun-gen wurde die Umwandlung von Laub- in Nadelholz in großem Umfange durchgeführt. Tatsächlich hat sich auch im Laufe der Zeit gezeigt, daß die Wirtschaft in denjenigen Ländern, in welchen dieser Übergang am frühesten und am vollständigsten durchgeführt war, sich durch höhere Erträge vor anderen auszeichneten.

Wägt man nun die auf Vermehrung und Verminderung der Buche gerichteten geschichtlichen Tatsachen und wirtschaftlichen Maßnahmen gegeneinander ab, so ergibt sich für die Gesamtheit der deutschen Forsten, daß die Einflüsse, die auf den Bestand der Buche negativ gewirkt haben, in den letzten zwei Jahrhunderten weit größer gewesen sind als die posi-tiven. Das Nadelholz zeigt, namentlich in den jüngeren Altersstufen, eine starke Zunahme.

c) Neuere Bestrebungen auf Erhaltung und Wiedereinführung der Buche.

Gegenüber ihrer Geringschätzung, welche die Umwandlung vieler Buchenbestände in Nadelholz zur Folge gehabt hat, wird ihr Wert in der neuesten Zeit von den Vertretern der Forstwirtschaft in zunehmen-dem Maße anerkannt. Am stärksten tritt diese Wandlung des Urteils in Sachsen hervor, wo die Buche durch volkswirtschaftliche und forst-technische Verhältnisse auf wenige Prozent der Waldfläche zurück-

---

[1] Gutachten über die Frage: Welche Holzarten belohnen den Anbau am reichlichsten? 1833.

gedrängt war. Als die wesentlichsten Ursachen, welche auf die Erhaltung und Wiedereinführung der Buche wirksam sind, müssen die nachfolgenden, auf den geschichtlichen Erfahrungen des letzten Jahrhunderts beruhenden Umstände hervorgehoben werden.

1. Die Sicherheit der Betriebsführung. Der Buche ist bei entsprechenden klimatischen Verhältnissen nicht nur selbst ein hohes Maß von Sicherheit eigentümlich, sondern sie verleiht es auch den Holzarten, die mit ihr gemischt sind. Dies gilt sowohl in bezug auf die Einwirkungen der anorganischen als auch der organischen Natur. Die größere Widerstandsfähigkeit gegen Sturm und Anhang ergibt sich daraus, daß in mit Buche gemischten Beständen besser auf die Höhe des Kronenansatzes und die Gleichmäßigkeit der Kronenbildung eingewirkt werden kann, als es in reinen Beständen geschieht.

2. Der Einfluß auf den Bodenzustand, dessen Erhaltung als die wichtigste Bedingung einer guten Wirtschaftsführung anzusehen ist. Die Bestandesgeschichte ergibt hierfür eine Fülle von Beispielen. Durch den Einfluß der Buche werden die chemischen und physikalischen Eigenschaften des Bodens verbessert; die chemischen durch den Gehalt der Blätter und des Reisigs an den zur Hitzeerzeugung nötigen Stoffen, die physikalischen durch die formale Beschaffenheit des Buchenblattes und die Ergebnisse seiner Zersetzung. Wie Kautz[1] ausführlich dargelegt hat, wirken die sich kräuselnden, Luft und Feuchtigkeit in ihren Zwischenräumen aufnehmenden Buchenblätter in bezug auf die wichtigsten physikalischen Eigenschaften des Bodens sehr günstig ein. Durch die Mischung des aus den Buchenblättern gebildeten Humus wird ein Waldboden erzeugt, der sowohl für den Wirtschaftswald, als auch für die Aufgaben des Schutzwaldes von bestem Einfluß ist. Daß die Buche auch auf die Bodenoberfläche durch die Zurückhaltung der Standortsgewächse auf die natürliche und künstliche Verjüngung günstig einwirkt, lehren die Erfahrungen der Praxis in reichem Maße.

3. Die Steigerung der Massenerzeugung. Sie erfolgt einmal durch die große Nachhaltigkeit des Zuwachses, die der Buche eigentümlich ist, sodann durch die Fähigkeit ihrer Blätter und Wurzeln, jede Erweiterung des Wachsraumes auszunutzen. Die größere Nachhaltigkeit des Zuwachses, die sie den meisten anderen Holzarten gegenüber besitzt, ergibt sich aus dem Verhältnis des laufenden Zuwachses der höheren zu dem der mittleren Altersstufen; die Fähigkeit zur Ausnutzung der Standortskräfte geht aus den neueren Ertragstafeln der Buche hervor. Von praktischer Bedeutung ist dies Verhalten namentlich in bezug auf ihre Mischungen mit Fichte und Kiefer. Beim Vergleich regelmäßiger reiner Fichtenbestände mit solchen, die mit Buche gemischt sind, wird

---

[1] Wasserpflege usw. im Harz. Zeitschr. f. Forst- u. Jagdw. 1909, S. 157 ff.

allerdings der reine Fichtenbestand den mit Buche gemischten oft übertreffen[1]. Die erzeugte Holzmasse verschiedener Holzarten entspricht annähernd ihrem spezifischen Gewicht, zudem sie in umgekehrtem Verhältnis steht. Trotzdem lehrt die Geschichte und der tatsächliche Zustand der meisten größeren Waldgebiete wesentliche Abweichungen von dem, was die Zahlen von reinen Musterbeständen zu beweisen scheinen. Die Schlüsse, die von normalen Beständen abgeleitet werden, lassen sich auf die unregelmäßigen der Praxis nicht unmittelbar anwenden. Die meisten Altholzbestände sind durch den Einfluß von Sturm und Anhangschäden mit großen Lücken versehen. Diese sind mit Beerkraut, Gras u. a. Standortsgewächsen überzogen. Sie entziehen dem Boden Nährstoffe, die der Buche, wenn sie vorhanden wäre, zugute kommen und den Gesamtzuwachs vermehren würden. Noch stärker tritt die Überlegenheit der mit Buche gemischten Bestände bei der Kiefer hervor. In den Tafeln von Schwappach (1908) wird der Zuwachs der Kiefer wie folgt angegeben:

Alter	40	60	80	100	120	140 Jahre
auf II. Standortsklasse .	11,2	8,2	7,1	6,0	4,4	2,8 fm
„ III. „ .	9,3	7,1	5,4	4,6	3,8	1,6 „

Ist aber die Buche in den Kiefernbeständen vertreten, so leistet die Kiefer fast dasselbe wie in reinen Beständen. Die Buche ergibt ein Plus an Masse und Zuwachs, um das die Gesamterzeugung an Holz erhöht wird[2].

4. **Die Zunahme des Werts der Buche.** Sie ist in den letzten Jahrzehnten vor dem Weltkriege und auch in der neuesten Zeit bestimmt hervorgetreten. Lange Zeit war die Buche nur als Brennholzerzeugerin geschätzt und diente fast ausschließlich diesem Zweck. Nach den Tafeln von König[3] nimmt der Wert der Buche nach dem Alter in etwa 110 Jahren nicht mehr zu. Grebe gibt das Nutzholzprozent des Buchenhochwaldes zu 5 an. Nur besonders günstige lokale Absatzverhältnisse steigern sie wohl ausnahmsweise auf 7 bis 10 Prozent. Die Wertziffer wird demgemäß angegeben für das Alter von

	40	50	60	70	80	90	100	110	120 Jahre
zu	1,0	1,12	1,23	1,33	1,41	1,47	1,50	1,53	1,55

Ähnlich verhielt es sich auch in größeren ausländischen Buchengebieten.

In den meisten deutschen Staaten blieb das Nutzholzprozent der Reviere mit reichem Gehalt an Buchen gegen solche, in denen andere

---

[1] Vgl. Lorey: Allgem. Forst- u. Jagdzeitung 1896 u. 1902.

[2] Vgl. Borgmann: Grundzüge der Geschichte usw. der Oberförsterei Eberswalde 1905. Hier wird der laufende Zuwachs des 120jährigen Kiefern-Buchen-Mischbestandes zu 6,51 fm Derbholz angegeben, während der laufende Zuwachs reiner Kiefern nur 4,2 fm Derbholz beträgt.

[3] Forstmathematik, 4. Ausg., S. 531 (Wertzuwachs normaler Holzbestände).

Holzarten vorherrschten, erheblich zurück. Die bekannten Mängel des Buchenholzes (geringe Dauer, starkes Schwinden, geringe Elastizität, Fehler) drücken die Nutzholzprozente und Preise herab. Für Bayern betrug vor dem Kriege (1913) der Wert des Durchschnittsfestmeters

für Eiche	Buche	Nadelholz
34,8	11,3	17,0

So sehr nun auch die Buche in ihren ökonomischen Leistungen der Eiche und dem Nadelholz nachsteht, so läßt doch der Blick auf die tatsächliche Entwicklung der Buchennutzholzpreise in der neueren Zeit die Tendenz einer absoluten und relativen Steigerung bestimmt erkennen. Auf eine solche hat die Forstwirtschaft durch waldbauliche Mittel, die Forstpolitik durch Maßnahmen der Beförderung und des Handels, die Technik durch künstliche Verbesserung des Buchenholzes einzuwirken. Daher sind schon seither die Nutzholzprozente gegen die oben angegebenen Zahlen sehr gestiegen. In Zukunft wird dies voraussichtlich in noch höherem Maße der Fall sein.

Zur Beurteilung des Wertes des Buchenstammholzes sind die Mitteilungen aus Forstwirtschaft und Forstwissenschaft, herausgegeben vom Preußischen Ministerium für Landwirtschaft usw. von weitgehendem Interesse. Wenn auch die absoluten Zahlen der letzten Jahre zur Begründung von Preisregeln wenig geeignet erscheinen, so sind sie doch wegen des Verhältnisses, in welchem verschiedene Holzarten zueinander stehen, beachtenswert. Es waren z. B. nach Tafel 9c die Durchschnittspreise 3. Klasse (von 30 bis 39 cm Mittendurchmesser)[1] folgende:

	Eiche	Buche	Hain-buche	Esche
1926	26,70	19,30	26,76	40,84
1927	32,32	22,74	34,93	43,68
1928	31,08	26,48	26,92	36,69
1929	27,88	21,16	26,54	29,95

5. Die Zunahme der Rentabilität. Eine strenge, auf zahlenmäßigen Grundlagen aufgebaute Rentabilitätsnachweisung kann hier wegen Mangels an Material und Raum nicht gegeben werden. Aber ein allgemeines Urteil ergibt sich schon durch das günstige Verhältnis, in welchem die Massen- und Werterzeugung zu dem Wert des Bestandeskapitals steht, welches ihr zugrunde liegt. Die Buche selbst besitzt, wie die vorliegenden Ertragstafeln und andere Untersuchungen im reichen Maß bestätigen, bei richtiger Bestandesbehandlung ein hohes Massen- und Wertzuwachsprozent. Sie reagiert in besonderem Grade auf jede Er-

---

[1] Mitteilungen aus Forstwirtschaft u. Forstwissenschaft, herausg. vom Preuß. Ministerium für Landwirtschaft usw. 1930, Heft 2 ff.

weiterung des Wachsraumes, was sich namentlich bei Durchforstung und
Verjüngung zu erkennen gibt. Sie wirkt aber auch auf die ihr beige-
mischten Holzarten dadurch günstig ein, daß sie eine freiere Stellung
derselben gestattet, zumal dann, wenn infolge gut durchgeführter Durchforstungen die Buche im Unterstand in schwächeren Stämmen vertreten
ist. Endlich ist auch auf die Einsparung von Kulturkosten hinzuweisen.
Sie erfolgt einmal durch die Erleichterung der natürlichen Verjüngung, für
welche mit Buchen gemischten Beständen günstigere Bedingungen dargeboten werden, als in reinen; sodann durch die Verbilligung der Kulturen, die daraus hervorgeht, daß das Auftreten eines starken Boden-
überzugs durch die Buche verhindert wird.

2. Folgerungen aus der seitherigen Wirtschaftsgeschichte.

a) *Der reine Buchenhochwald.*

Als ich vor fast 40 Jahren meine erste größere Schrift veröffentlichte,
habe ich, obwohl sie von der Theorie des größten Bodenreinertrags
beherrscht war, zur Verwunderung mancher Fachgenossen, den Satz
an die Spitze gestellt, daß der reine Buchenhochwald seine Bedeutung
nicht nur in der Vergangenheit gehabt habe, sondern daß er sie auch in
der Gegenwart (1893) besitze und in Zukunft behaupten werde. Dies
damals ausgesprochene Urteil habe ich seitdem jederzeit beibehalten und
es in akademischen Vorlesungen, sowie auf Lehrausflügen und forstlichen Reisen vielfach vertreten. Auch an dieser Stelle, wo es sich um
die Anwendung der geschichtlichen Methode handelt, muß es geschehen,
und zwar mit größerer Bestimmtheit, als wenn die Begründung einer
wirtschaftlichen Theorie in Frage kommt. Der reine Buchenhochwald
hat seine große Bedeutung durch die Geschichte der deutschen Forstwirtschaft und die Tatsache seines Daseins. Eine geschichtliche Betrachtung forstlicher Zustände hat sich überall und jederzeit in erster Linie auf
Tatsachen zu stützen. Sie sind für den Forsteinrichter, der die Wirtschaftspläne fertigt, und den Revierverwalter, der sie ausführt, wichtiger als Untersuchungen über das Verhältnis der Leistungen verschiedener Holzarten und Wirtschaftsprinzipien. Stets muß auch beachtet
werden, daß bei einer guten Wirtschaftsführung beim Eintritt von
Samenjahren die Buche in einem solchen Maße erscheint, daß sich auf
größeren und kleineren Flächen reine Buchenbestände ungewollt von
neuem bilden. Sodann ist bei der Würdigung der vorliegenden Frage der
Umstand von Bedeutung, daß es viele Buchenstandorte gibt, die für ihre
wertvollsten Mischhölzer nicht geeignet sind. Dies gilt in erster Linie von
der Eiche, die der Buche in den rauheren Lagen nicht zu folgen vermag,
aber auch für andere Holzarten, die mehr Licht beanspruchen, als es mit
Rücksicht auf den Bodenzustand auf größeren Flächen gegeben werden

kann. Borggreves[1] originelle Kritik der horstweisen Verjüngungen und Lichtungen behält, trotzdem sie übertrieben und einseitig ist, für die Führung der Verjüngungsschläge ihren hohen Wert. Die von ihm und früheren Buchenhochwaldzüchtern gegebenen Verjüngungsregeln, die meist zu reinen Buchen geführt haben, erhalten den Boden in bestem Zustand. Mit den zugunsten von Lichtholzarten geführten lichten Schlagstellungen sind Opfer an Bodengüte verbunden. Solche sind aber nur da am Platze, wo sie durch hohe Wertleistungen aufgewogen werden. Unter vielen Verhältnissen ist dies aber nicht oder nicht in genügendem Maße der Fall.

Sucht man nun auf Grund der Standortsverhältnisse und der Bestandesgeschichte auf die in der großen Wirtschaft vorherrschenden Waldzustände näher einzugehen, so führen alle dahingehenden Erfahrungen und Forschungen zu der Erkenntnis, daß die tiefste und bleibende Ursache für die Erzeugung guter Buchenbestände in den Bodenzuständen gefunden werden muß. Wie die ökonomischen Bestimmungsgründe der Wirtschaftsführung auf den Boden zurückzuführen sind, trotzdem er nur einen kleinen Teil des Waldkapitals ausmacht, so muß auch die technische Seite der Wirtschaft ihre bleibende Begründung im physischen Bodenzustand finden. Die Führung der Verjüngungsschläge, der Durchforstungen und Lichtungen, die Ausübung der Nebennutzungen und andere grundlegende Maßnahmen wirken, wie die Geschichte der meisten großen Waldgebiete lehrt, in einer solchen Richtung. Die Folgen einer Bodenverschlechterung machen sich stets in der nachfolgenden Bestandesentwicklung geltend. Da die Massen- und Werterzeugung in erster Linie vom Boden bestimmt wird, so laufen die Veränderungen des physischen Zustandes und der ökonomischen Leistung des Bodens in paralleler Richtung. Die Wirtschaft soll ein Optimum des Bodenzustandes herbeizuführen und zu erhalten suchen. Einem solchen entspricht von einem Standpunkt, der durch dauernde Nachhaltigkeit charakterisiert ist, auch ein Optimum des Ertrages.

Während der längsten Lebenszeit der Buchenbestände, vom Dickungsalter bis zur Einleitung der Verjüngung, ist unter den meisten in Deutschland vorliegenden Verhältnissen der bedeckte Bodenzustand (im Sinne der Anleitung zur Standortsbeschreibung beim forstlichen Versuchswesen) der beste: im Laubholz die reine Laubdecke, im Nadelholz eine schwache Moos- und Nadeldecke. In der Periode der Verjüngung muß das Ziel der Wirtschaft dahin gerichtet werden, daß die Zersetzung des Humus durch den Einfluß von Licht und Feuchtigkeit gefördert und die Mischung des Humus mit dem Mineralboden herbeigeführt wird. Alle guten Buchenzüchter haben in der Erzeugung der so bestimmten Bodengare die beste

---

[1] Holzzucht, 2. Aufl., S. 185 ff. (Kritische Würdigung sonstiger Schlagführungen).

Grundlage für das Zustandekommen der natürlichen Verjüngung erblickt. Ihr Dasein wird durch eine leichte Begrünung von Süßgräsern und anderen Gewächsen gekennzeichnet. Vor und unmittelbar nach der Besamung müssen die Schläge mit Rücksicht auf die Schwere des Samens, die Entstehung von Forstunkräutern und die Frostgefahr bei der Buche in der Regel ziemlich dunkel gehalten werden. Viele deutsche Laubholzwaldungen sind reich an Nachweisen, daß frühzeitige starke Lichtungen die erfolgreiche Verjüngung verhindert und den Boden verschlechtert haben. Für die weitere Führung der Verjüngungsschläge ist der leitende Gedanke, daß die Jungwüchse in dem Kampfe, den sie mit den Standortgewächsen und den Wurzeln der Mutterbäume zu führen haben, als Sieger hervorgehen. Unter Herrschaft dieses Grundsatzes sind die besten Buchenbestände unter Erhaltung guter Bodenzustände erwachsen. Als der einflußreichste Vertreter der Buchenhochwaldwirtschaft gilt G. L. Hartig. Aber schon vor ihm waren wertvolle Regeln gegeben. Als negative Folge einer der Buche angepaßten Schlagführung darf man jedoch nicht verkennen, daß dadurch reine Buchenbestände erzeugt werden.

b) *Der mit anderen Holzarten gemischte Buchenhochwald.*

Trotz Anerkennung der großen Bedeutung, welche reine Buchenbestände noch immer haben, muß das Ziel der Wirtschaft in den meisten Waldgebieten, doch auf die Herstellung von gemischten Beständen gerichtet werden. Volkswirtschaftliche, naturwissenschaftliche und finanzielle Erwägungen fordern Vielseitigkeit in der Holzerzeugung. Geht man auf Natur und Geschichte, die Quellen der Bestandesbildung, zurück, so ergibt sich, daß in den meisten Waldgebieten die vorherrschenden Bestände durch das Auftreten verschiedener Holzarten ausgezeichnet waren. Das Dasein gemischter Bestände im Naturwald ist dadurch begründet, daß die meisten Standorte mehreren Holzarten die erforderlichen Entwicklungsbedingungen gewähren, und diese hatten, wenn auch in sehr verschiedenem Grade, Gelegenheit sich einzufinden.

Unter der Herrschaft des Kahlschlags und der gleichmäßigen dunklen Schlagstellungen, wie sie von G. L. Hartig vorgeschrieben wurden, bildeten sich vorzugsweise reine Bestände. Erst unter dem Einfluß der bahnbrechenden Schriften von K. Heyer und Gayer sind die Maßnahmen zur Erzeugung von gemischten Beständen in Nord- und Süddeutschland entschiedener und erfolgreicher betrieben worden. Als die nach der Geschichte und den Zielen der deutschen Forstwirtschaft wichtigsten Holzarten, die für die Einmischung in Buchen in Frage kommen, sind hier besonders folgende hervorzuheben:

1. Die Eiche. Die Mischung von Buche und Eiche hat seit langer Zeit im größten Teil der deutschen Laubholzwaldungen die wichtigste

Bestandesart gebildet. Auch in Zukunft wird das voraussichtlich der Fall sein. Für die richtige Durchführung dieser Mischung müssen aber, wie es in vielen forstlichen Dingen der Fall ist, zwei Grundsätze beachtet werden, die häufig im Gegensatz stehen und sich gegenseitig hemmen oder ganz aufheben. Der eine beruht auf den vortrefflichen Eigenschaften des Eichenholzes, die Anlaß gaben, von ihrem Anbau möglichst weitgehende Anwendung zu machen. Die andere geht aus der Erkenntnis der Notwendigkeit einer Beschränkung hervor, die verlangt, daß nur solche Standorte für den Anbau der Eiche bestimmt werden, welche gutes Eichenholz zu erzeugen imstande sind. Die tatsächlichen Verhältnisse zeigen, daß in dieser Beziehung die nötigen Schranken seither oft überschritten sind. Auf den sandigen Böden der norddeutschen Ebene sind, sofern ihnen kein reicher Gehalt an Humus zur Verfügung stand, die Ergebnisse des eigenen Anbaues oft unbefriedigend geblieben; in den höheren Lagen und an den Nordhängen der deutschen Gebirgsforsten hat das Eichenholz meist viele Fehler, die seinen Wert herabdrücken; auf den kräftigen, aber häufig flachgründigen Böden der Eruptivgesteine können sich die Wurzeln der Eiche oft nicht so ausbilden, wie es für die Entwicklung eines guten Schaftes nötig ist. Daher machen sich in der neueren Literatur und Praxis öfter Reaktionen gegen zu weit gehenden Eichenanbau geltend.

Für die Beurteilung der vorliegenden Frage bildet stets eine gute Preisstatistik eine wichtige Grundlage. Wegen Mangels an Zeit und Druckraum können hier nur einige wenige Beispiele für das Verhältnis von Eichen und Buchenstämmen angeführt werden.

Nach Mitteilungen des Deutschen Forstwirts waren im Regierungsbezirk Kassel März/April 1923 die Durchschnittspreise für die nach Stärke und Beschaffenheit geordneten Stammklassen der Eiche und Buche folgende:

		Eiche A	Eiche B	Buche A	Buche B
Stämme	I. Klasse . . .	261	136	187	108 RM.
„	II. „ . . .	234	120	160	103 „
„	III. „ . . .	207	131	137	120 „

Wenn solche Einzelergebnisse auch nicht als endgültige Maßstäbe des Werts anzusehen sind, so können sie doch in Verbindung mit anderen wirtschaftlichen Ergebnissen zu dem Urteil führen, daß die starke Überlegenheit der Eiche über die Buche nur da hervortritt, wo gutes Eichenholz erzogen werden kann. Die Beseitigung guter Buchen zur Begünstigung mittelmäßiger Eichen erscheint daher nicht begründet.

Als ein zweites Beispiel, das in bezug auf den Anbau der Eiche von allgemeinem Interesse ist, möchte ich hier die hessische Oberförsterei Eichelsdorf hervorheben, die ich sowohl bei der Abfassung meiner Folgerungen der Bodenreinertragstheorie, als auch auf akademischen

Reisen besucht und in Vorlesungen behandelt habe. Der Anbau der Eiche war von Trautwein[1], einem der früheren Wirtschafter, sehr energisch in Angriff genommen worden. Durch den Hieb aus dem Vollen sollten die durch Saat auszuführenden Eichenkulturen von vornherein gefördert werden. Von seinem Nachfolger (Bechtel[2]) ist aber mit Rücksicht auf das Wertverhältnis von Buche und Eiche und auf die Kulturkosten eine Einschränkung der Eiche in die Wege geleitet worden. Der Eiche sollen nur noch die frischen Süd- und Südostlagen und auch hier nur die besten und tiefgründigsten Böden vorbehalten bleiben. Die Buche soll wieder herrschende Holzart werden. Ihr Massen- und Wertertrag ist höher als der der Eiche; dazu kommen ihre bodenbessernden Eigenschaften und nicht zuletzt ihre billige Begründung. Hält man Umschau in anderen Wirtschaftsgebieten, so wird man häufig Beispiele ähnlicher Art finden. Nur gutes Eichenholz deckt durch seinen Wert die Kosten der Erzeugung.

2. Andere harte Laubhölzer. Was hinsichtlich der Beschränkung ihres Anbaus bei der Eiche zu bemerken ist, gilt in noch höherem Grade für andere edle Laubhölzer, namentlich für Esche und Ahorn. Wenn sie auch an manchen Orten sehr Gutes leisten, so ist doch ein zu weitgehender Anbau ein wirtschaftlicher Fehler. Aus der neuen Zeit liegt eine sehr lehrreiche Abhandlung über die Erziehung von Eschen und Ahorn aus der Schwäbischen Alb vor, die auch gelegentlich der Versammlung des Deutschen Forstvereins zu Stuttgart (1897) besucht wurde. Nach den von Forstdirektor v. Speidel aufgestellten Grundsätzen sollte die Buche aus ihrer herrschenden Stellung verdrängt, in dienender Stellung aber erhalten werden. Trotz vielseitiger Bemühungen ist es jedoch nicht gelungen, Esche und Ahorn vorwüchsig zu erhalten. Nach den Erhebungen von Hofmann[3] überragen in 10—20jährigen, aus natürlicher Ansamung entstandenen Dickungen von Buchen, Eschen und Ahornen die Lichthölzer ohne künstlichen Eingriff die vorhandenen Buchen vielfach um ein bis drei Meter. Doch schon mit 30 Jahren sind die Buchen den Eschen und Ahornen im Höhenwuchse gleich und haben dieselben mit 40—50 Jahren erheblich überholt. In den Althölzern haben sich die Verhältnisse noch mehr zugunsten der Buche verschoben. Das Ergebnis der genannten Versuche und Erfahrungen geht dahin, daß Esche und Ahorn in natürlich entstandenen Laubholzjungwüchsen nur auf den besseren Standorten gepflegt werden sollen. Auf Standorten

---

[1] Allgem. Forst- u. Jagdz. 1903, S. 5ff., Begründung u. Erziehung von Eichenmischbeständen.

[2] Allgem. Forst- u. Jagdz. 1922, S. 257ff., Waldbauliches aus d. Obf. Eichelsdorf.

[3] Hofmann: Erziehung von Eschen- und Ahornnutzholz im Laubholzgebiet der Schwäbischen Alb. Allgem. Forst- u. Jagdzeitung 1922.

mittlerer Güte sollen, sie auf frische Mulden beschränkt bleiben. Die Pflege von Esche und Ahorn soll ohne große Opfer an Buche stattfinden. Ihre Erziehung hat nicht in Einzelmischung mit der Buche, sondern in kleinen (etwa 1 Ar großen) Gruppen, die allseitig von Buchenbändern umgeben sind, zu erfolgen.

3. Weiche Laubhölzer. Den Aristokraten des Waldes, Eiche, Esche usw. stehen als Proletarier die weichen Laubhölzer, Birke, Erle, Aspe usw. gegenüber. Sie haben in der Geschichte der Forstwirtschaft einerseits eine erhebliche Überschätzung erfahren, andrerseits sind sie aber zu gering bewertet worden. Ihre Überschätzung trat namentlich ein, als man unter dem Eindruck wirklicher oder vermeintlicher Holznot nach Mitteln einer Ertragssteigerung suchte und in dem Anbau der Birke ein solches gefunden zu haben glaubte. Sehr bald erwies sich aber dieses Mittel als verfehlt. Eine Unterschätzung der wirtschaftlichen Bedeutung der weichen Laubhölzer erfolgte dagegen auf Grund der Autorität G. L. Hartigs, der in seinem „Lehrbuch für Förster" die Vorschrift gab, daß man alles in den jungen Buchenschonungen angeflogene weiche Holz gründlich aushauen lassen solle. Der reine Buchenhochwald erschien als das Ideal, das dem Förster bei seinen Auszeichnungen vor Augen stehen sollte. Indessen Hartigs Generalregeln sind hier, wie nach vielen anderen Richtungen, zu einseitig. In guten Buchenverjüngungen können sich die leichten Laubhölzer überhaupt nicht im verderblichen Maße einfinden. Will man gegen sie einschreiten, so ist der rechtzeitige Anbau von Nadelholz das beste Mittel, um ihnen die Bedingungen des zu starken Wachstums zu entziehen. Eine solche Richtung hat die Buchenwirtschaft tatsächlich an vielen Orten genommen. Am meisten wirtschaftliche Bedeutung unter den weichen Laubhölzern hat die Erle. Abgesehen von den Bruchböden, die im Nordosten Deutschlands große Flächen bedecken, findet sie ihren Standort in feuchten Mulden und in der unmittelbaren Nähe von Wasserläufen, wo sie in Form von unregelmäßigen Streifen entweder reinen Bestand bildet und für sich bewirtschaftet wird, oder sich mit Buche oder Hainbuche zu einem einheitlichen Bestand vereinigt. Eine mäßige Einsprengung von Aspen, Birken usw. ist in übrigens gutverjüngten Buchenschonungen für den Ertrag sehr förderlich; insbesondere da, wo wertvollere Laubhölzer die erforderlichen Wachstumsbedingungen nicht finden.

4. Die Tanne. Dem Zusammenleben von Buche und Tanne stehen, da die klimatischen Bedingungen für beide Holzarten annähernd übereinstimmen, keine bleibenden Hindernisse entgegen. Wendet man die geschichtliche Methode auf diese Mischung an, so lehrt der Rückblick auf die Vergangenheit, daß sie in Deutschland und außerhalb Deutschlands einen hervorragenden Anteil am Waldbestand gehabt hat. In der Schweiz und in Österreich, in den Vogesen und im Schwarzwald, im

Thüringer- und Frankenwald, im Erzgebirge und anderen mitteldeutschen Gebirgsforsten war die Tanne, wie aus schriftlichen Urkunden, mündlichen Überlieferungen, alten Überhaltstämmen und sonstigen Bestandsresten hervorgeht, früher weit stärker vertreten, als in der Gegenwart. In der neueren Forstwirtschaft hat nun aber die Verbreitung der Tanne eine entgegengesetzte Richtung genommen. Trotz ihrer größeren Sicherheit gegen manche Schäden der anorganischen und organischen Natur, durch die sich die Tanne vor der Fichte auszeichnet, ist sie im Laufe des 19. Jahrhunderts mehr und mehr zurückgegangen. Als der wesentlichste Grund dieser bekannten Tatsache muß der Kahlschlagbetrieb angesehen werden. Bei ihrem langsamen Jugendwuchs, ihrer großen Empfindlichkeit gegen Frost, Hitze und Standortsgewächse, dem starken Verbissenwerden durch Wild und Weidevieh fand sie hier keine entsprechenden Entwicklungsbedingungen; sie wurde überall durch weniger empfindliche Holzarten verdrängt. In der neueren Zeit ist bekanntlich auch in älteren Orten ein allmähliches Absterben der Tanne eingetreten, für das physiologische, klimatische und waldbauliche Ursachen angegeben werden. So beachtenswert die hierüber in vielen Waldgebieten Nord- und Süddeutschlands gemachten Erfahrungen auch sind, so können sie doch nicht Veranlassung geben, den Anbau der Tanne zu vernachlässigen. Die wichtigsten und bleibenden Bestimmungsgründe für die Würdigung einer Holzart liegen in den Standortsverhältnissen, und diese sind der Tanne in Gegenden, wo sie früher heimisch war, auch jetzt noch entsprechend. Wohl aber hat man Anlaß, die früheren Bedingungen, unter welchen sich gute Bestände entwickelt und erhalten haben, nach Möglichkeit wieder herzustellen; und hierher gehört in erster Linie die Mischung mit der Buche.

Erscheint diese Unterstellung zutreffend, so ist die nächste Frage, die an den ausführenden Wirtschafter gestellt wird, wie die Mischung der beiden Holzarten eingeleitet und durchgeführt werden soll, welche Art und Form der Mischung zu empfehlen sind und wie das zeitliche und räumliche Verhältnis der beiden Holzarten am besten herbeizuführen ist. Dabei kommt insbesondere das relative Höhenwachstum in der Jugend, die Zeit des Eintritts und die Wiederholung der Besamung in Betracht. Von Einfluß ist ferner der Anspruch an Licht und die Fähigkeit Schatten zu ertragen, sowie die Beschaffenheit des Bodens, sowohl nach seinen chemischen, als auch nach seinen physikalischen Eigenschaften. Da die Tanne in der ersten Jugend langsamer wächst als die Buche, muß sie bei annähernd gleichzeitiger Entstehung gegen die voranwachsende Buche geschützt werden, und zwar um so entschiedener, je besser der Boden durch seinen chemischen Gehalt für die in dieser Beziehung anspruchsvollere Buche geeignet ist. Hat aber die Tanne einmal die Periode des langsamen Jugendwuchses überwunden, so bleibt sie dauernd vorwüchsig. Alsdann bedarf die Buche der Begünstigung ihrer Krone durch Freihiebe, wenn sie am Hauptbestand teilnehmen und zur natürlichen Verjüngung Verwendung finden soll.

Die Art, wie die Verjüngung beider Holzarten geleitet wird, hängt nächst den angegebenen, natürlichen Bedingungen von dem angestrebten Wirtschaftsziel ab. Wie die Beobachtungen im Heimatgebiet der Tanne lehren, verjüngt sich diese am besten in der Form von kleineren Horsten. Bei der Einleitung und Fortführung der Verjüngung kann deshalb so verfahren werden, daß die Horste der Tanne als solche erhalten und erforderlichenfalls erweitert werden. Das Gleiche kann auch bei der Buche geschehen, so daß dann beide Holzarten horstweise voneinander getrennt bleiben. Diese horstweise Trennung gibt die beste Gewähr, daß jede der beiden Holzarten mit Sicherheit erhalten und zu stärkerem, gutem Nutzholz erzogen werden kann. Übrigens kommen die Vorzüge der Mischung besser zur Geltung, wenn beide Holzarten über die ganze Verjüngungsfläche vertreten sind.

Als das beste Mittel, die Tanne in Mischbeständen mit der Buche zu unterstützen, ist für eine geordnete Wirtschaft, wenn beide Holzarten im Altbestand vertreten sind, die Leitung der Beschirmung zu bezeichnen. Die Tanne wird durch ihre Fähigkeit, ein größeres Maß von Beschattung zu ertragen, durch dunkle Schlagstellungen der Buche gegenüber im Wuchse gefördert. In Frankreich[1], in der Schweiz[2] und in anderen Orten wird dieses Mittel mit Erfolg angewandt. Daneben ist auch der chemische Gehalt des Bodens, der Eintritt der Samenjahre und der alsdann vorliegende Bodenzustand von wesentlichem Einfluß. In den Verschiedenheiten, die nach dieser Richtung bestehen, liegt der Grund, weshalb in der Literatur so verschiedene Urteile über das Ergebnis der Naturverjüngung vorliegen. Neben dem Urteil von Dreßler[3], daß die Tanne auf dem Vogesensand ohne Hilfe des Menschen überall Herr der Buche geworden sei, stehen die gleichfalls auf richtigen Beobachtungen und Erfahrungen ruhenden Urteile der badischen Wirtschafter. Die Buche — sagt Gerwig[4] — ist die Hauptfeindin der Weißtanne; überall wo sie mit letzterer vergesellschaftet auftritt, beherrscht und verdrängt sie dieselbe mit Macht. Hieraus folgt, daß den Wirtschaftsregeln, die über die Begründung von Buchen-Tannen-Mischbeständen aufgestellt werden, die Besonderheiten des Standorts und die geschichtlichen Erfahrungen, die in der seitherigen Wirtschaft gemacht sind, zugrunde gelegt werden müssen, und daß solche Regeln deshalb nicht, als allgemein gültige angesehen werden dürfen.

---

[1] Boppe: Traité de sylviculture 1889, pag. 194.
[2] Ein sehr charakteristisches Beispiel bietet der Stadtwald von Biel.
[3] Die Weißtanne auf dem Vogesensandstein 1880, S. 32.
[4] Die Weißtanne im Schwarzwald 1868, S. 14.

5. Die Fichte. Nach den von ihr gestellten Standortsbedingungen und wegen ihrer physiologischen Eigentümlichkeiten ist die Fichte zur Einmischung in Buchenbestände weniger geeignet als die Tanne. Abweichend von der Buche sind die Ansprüche an die Wärme, deren sie zu ihrem Gedeihen bedarf; abweichend ihr Verhalten zum Boden, namentlich in bezug auf dessen mineralische Kraft, Frische und Beschaffenheit des Humus. Ebenso ist der Zuwachsgang beider Holzarten verschieden. Nachdem die Fichte die ersten 10—20 Jahre überschritten hat, wächst sie weit schneller als die Buche. Sie nimmt daher beim Einzelstand innerhalb der Buchenschonungen, Dickungen und Stangenorte häufig die Eigenschaften eines ästigen und abholzigen Vorwuchses an und hemmt die Buche in ihrer Entwicklung. Wird andrerseits die Fichte zu spät in die Buchenschonung eingebracht, so wird sie häufig von der Buche überwachsen und bleibt dann für die zukünftige Bestandesbildung wertlos. Die Zeit der Einführung der Fichte in Buchenbestände ist deshalb sehr wichtig.

Die Mischung von Buche und Fichte tritt dem forschenden Blick in allen mittel- und süddeutschen Gebirgsforsten entgegen. Im Thüringerwald und Harz, im Erzgebirge, in den schlesischen Forsten und in den Hügelländern Mitteldeutschlands ist sie stark vertreten und gibt oft dem Wald sein charakteristisches Gepräge. Wie sie entstanden ist, läßt sich geschichtlich schwer verfolgen; so weit die Forschung zurückgeht, war die Mischung meist vorhanden. Besser als über die ursprüngliche Ansiedlung kann man sich über die Veränderungen ein Urteil bilden, welche eingetreten sind, nachdem beide Holzarten einmal vorhanden waren. Sie ergeben sich durch eigentümliche Eigenschaften. In Waldungen, welche sich lediglich unter der Herrschaft der ständig wirkenden Naturkräfte entwickeln, trat die Fichte unter dem Einfluß starker Beschattung gegenüber Buche und Tanne zurück. Ebenso wurde sie bei den dunklen Schlagstellungen, wie sie nach Hartigs Vorschriften durchgeführt wurden, zurückgehalten oder ganz verdrängt. Später trat das umgekehrte Verhältnis ein: durch den im 19. Jahrhundert mehr und mehr eingeführten Kahlschlag gingen Buche und Tanne zurück, während die Fichte durch die Leichtigkeit ihrer Kultur und die größere Widerstandsfähigkeit gegen manche klimatische Einwirkungen erhalten blieb.

Zieht man aus der seitherigen Geschichte der Mischbestände von Buche und Fichte Folgerungen für die zukünftige Wirtschaft, so gehen diese nach den grundlegenden Wachstumsbedingungen dahin, daß die Fichte namentlich in den höheren Lagen des natürlichen Buchengebiets einen ihr dauernd zusagenden Standort findet. Die obere Grenze der Buche dringt in die unteren Lagen des natürlichen Fichtengebiets hinein. Wo beide Gebiete sich begegnen, ist der wichtigste Standort für die Mischung. In den oberen Lagen der Fichte kommt die Buche nicht in

Frage und in dem tieferen Bereich der Buche sind andere Holzarten besser geeignet als die ein kühles Klima liebende Fichte.

Für die Art der Begründung erteilt die Geschichte der seitherigen Wirtschaft die besten Lehren. Fragt man, wie die guten alten Mischbestände, deren Stämme sich durch Höhenwuchs, Stärkezuwachs und Gesundheit auszeichnen, entstanden sind, so lautet die Antwort: Auf dem Wege der natürlichen Verjüngung. Und in der Tat, wo die Verhältnisse für diese günstig liegen, wo namentlich ein tätiger Boden seine Fähigkeit zur Ausnahme der Besamung lange behält, wo die Bestände stammreich, gesund und nicht zu alt sind, so daß die Beschirmung entsprechend geleitet werden kann, da ist zweifellos die natürliche Verjüngung beider Holzarten die beste Art der Bestandesbegründung. Unter den Methoden, nach denen sie mit praktischem Erfolg durchgeführt werden kann, ist aus neuester Zeit Wagners Blendersaumschlag und Eberhards Keilschlag hervorzuheben. Dem verschiedenen Verhalten beider Holzarten in bezug auf Licht und Höhenwuchs wird hier dadurch genügt, daß die Buche unter fast vollem Bestandesschirm sich einfindet, während die Fichte erst auf den stärker gelichteten oder schon geräumten Säumen erscheint.

An den meisten Orten liegen nun aber die Verhältnisse so, daß den beiderseitigen Ansprüchen in bezug auf Bodenzustand und Lichtgenuß nicht genügt werden kann. In den zu verjüngenden Altholzbeständen sind meist starke Bodenüberzüge schon vorhanden, oder sie werden durch die zunehmende Lichtung, welche die Verjüngung verlangt, herbeigeführt. Meist wird daher, auch wenn gemischte Bestände mit Samen tragenden Bäumen beider Holzarten von entsprechender Beschaffenheit vorliegen, nur die Buche natürlich verjüngt werden können. Je nach den Standortsverhältnissen und der ökonomischen Wertschätzung gestaltet sich die Begründung der Fichte verschieden. Meist ist seither so verfahren, daß die Buche auf gewöhnliche Weise natürlich verjüngt und die Fichte nach Räumung der Mutterbäume auf unbesamtgebliebene Stellen eingepflanzt wurde. Auf diese Weise erfolgt eine unregelmäßige horst- und streifenweise Mischung. Die Buche nimmt hauptsächlich die besseren, gut vorbereiteten, die Fichte die schlechten, verunkrauteten, steinigen, nassen usw. Bodenstellen ein. Wird aber, wie es auf besseren Standorten meist Regel ist, Wert darauf gelegt, daß die Buche zu gutem Nutzholz heranwächst, so muß sie rechtzeitig eine herrschende Stellung erhalten und behaupten. Dies geschieht am sichersten durch die Anlage von Horsten, die sich von der Mitte nach den Rändern abwölben. In diesen Horsten soll die Buche rein erhalten werden; die sich einfindenden Fichten werden ausgehauen. Sollen endlich beide Holzarten auf der ganzen Fläche gemischten Bestand bilden, so wird die Buche in gewöhnlicher Weise verjüngt und die Fichte systematisch auf der ganzen Fläche, meist im Wege der Pflanzung, eingebracht. Die Nachlichtung und Räumung der Mutterbäume erfolgt früher, als es sonst geschieht, noch bevor der Buchenaufschlag eine Höhe von etwa 1 m erreicht hat. Sie wird durch schmale Absäumungen bewirkt, die im Norden und Osten beginnen und nach Süden und Westen fortgesetzt werden. Hierdurch wird zugleich die Bildung der zukünftigen Hiebszüge angebahnt.

6. Die Kiefer. Die Mischung von Buche und Kiefer ist für den größten Teil der Wälder Norddeutschlands die wichtigste Bestandesart. Wie aus den seitherigen, geschichtlichen Forschungen hervorgeht, ist die Kiefer im ganzen Osten Deutschlands verbreitet gewesen. Bis zur Elbe und Saale ist ihr Vorkommen ein natürliches; ebenso aber auch in einzelnen Teilen Westdeutschlands. Wie die Buche ihren ersten Einzug in die vorhandenen Kieferngebiete gehalten hat, ist schwer nachweisbar. Die vorliegenden Mitteilungen gehen meist von der Tatsache ihres Daseins aus. Nachdem sie aber einmal vorhanden war, hatte sie die Tendenz und Fähigkeit, sich weiter auszubreiten. Von dieser Fähigkeit hat sie vielfach Anwendung gemacht. Bei der dunklen Stellung des früheren Plenterwaldes waren die Bedingungen für die schattenertragende Buche sehr günstig. Nach den Beziehungen, die zwischen dem Anspruch der Holzarten und dem Gehalt des Bodens an Nährstoffen bestehen, ist anzunehmen, daß sie sich auf den besseren lehm- und humusreichen Böden in stärkerem Grade eingefunden und erhalten hat, als auf den reinen Sandböden. Mit der zunehmenden Einführung des Kahlschlages wurde ihr Bereich naturgemäß eingeschränkt.

Durch die Erfahrungen, die in bezug auf Zu- und Abnahme der Buche im 18. und 19. Jahrhundert gemacht sind, ergeben sich auch die Regeln, die man zu befolgen hat, um die Mischung der Buche mit der Kiefer in der richtigen Weise herbeizuführen. In den vorhandenen Mischbeständen wird sie durch die Hiebe der Bestandespflege, die früh einsetzen und stetig, in kurzen Fristen, wiederholt werden, geregelt. Die wichtigste Aufgabe des Forstwirts zur Herstellung der vorliegenden Mischung bleibt aber die Begründung. Ihre Schwierigkeit liegt besonders darin, daß die beiden miteinander zu verbindenden Holzarten in bezug auf Wärme und Licht verschiedene Bedingungen stellen. Die Herstellung gestaltet sich verschieden, je nachdem es sich um Kiefernbestände handelt, in denen die Buche schon vertreten ist, oder um reine Kiefernbestände.

In mit Buche gemischten Beständen wird unter sehr günstigen Verhältnissen, namentlich auf tätigen Böden, wo die organischen Abfälle sich rasch zersetzen, das Bestreben des Wirtschafters dahin zu richten sein, daß die Verjüngung beider Holzarten auf natürlichem Wege erfolgt. Die Möglichkeit ihrer Ausführung ergibt sich aus dem Dasein und der Geschichte der alten, durch Naturverjüngung erzeugten Bestände. Zu den Gründen, die in dieser Beziehung für die Naturverjüngung geltend gemacht werden, tritt nach den Erfahrungen über den Einfluß der Herkunft des Samens auf den Wert der Bestände gerade bei der Kiefer noch der hinzu, daß bei der natürlichen Verjüngung die standortsgemäße Rasse erhalten und den oft ungeeigneten fremden Rassen der Eintritt in den deutschen Wald verwehrt wird. Richtet man die Blicke auf die tatsächlichen Verhältnisse der deutschen Forstwirtschaft, so sieht man häufig gelungene Naturverjüngungen beider Holzarten auf größeren und kleineren Lücken, die sich in gemischtem Altholz mit noch empfänglichem Boden gebildet haben. Auch zur Herstellung der vorliegenden Mischung ist in Wagners Blendersaumschlag ein vortreffliches Mittel gegeben. Durch die Führung schmaler Schläge, die von Nord nach Süd aneinander gereiht werden, läßt sich dem verschiedenen Lichtbedürfnis beider Holzarten gebührend Rechnung tragen. Die Buche wird unter dem Schirm des noch fast vollen Altbestandes verjüngt; die Kiefer findet nach starken Lichtungen bzw. nach der Räumung des alten Holzes die Bedingungen ihrer Entwicklung. In der Mehrzahl der Fälle, namentlich des Ostens, wird jedoch bei der Kiefer auf eine Durchführung der Naturverjüngung nicht gerechnet werden dürfen. Die Hauptursache ihrer Beschränkung liegt in den Bodenzuständen, die, auch wenn einzelne Buchen in ihnen vorkommen, zur Aufnahme des Kiefernsamens und zur Entwicklung der jungen Pflanzen nicht geeignet sind. Infolge der Erziehung der Kiefer in reinen Beständen ist der Boden der über fünfzigjährigen Orte meist mit starken Überzügen von Beerkraut oder anderen Standortsgewächsen versehen. Wie man die Kiefer auch behandeln mag: der Boden überzieht sich (wenn nicht von Natur bodenschützende Pflanzen vorhanden sind) im Stangenholzalter mit Beerkraut, Gras usw. Mit dem Älterwerden der Bestände nehmen diese Bodenüberzüge an Stärke zu. Hiermit muß als mit einer aus der Geschichte der Kiefernwirtschaft des 19. Jahrhunderts hervorgehenden Tatsache gerechnet werden. Der Bodenzustand hemmt die Naturverjüngung um so mehr, je älter die Bestände, die verjüngt werden sollen, geworden sind. Die natürliche Verjüngung kann daher für die Kiefernreviere des Ostens nicht als Regel, sondern nur als Ausnahme angesehen werden. Sie ist nur möglich, wenn die erforderlichen Bedingungen, namentlich entsprechende Bodenzustände vorliegen. Der Versuch, von ihr Anwendung zu machen, wo diese Bedingungen nicht vorhanden sind, führt, wie von berufener Seite[1] hervorgehoben wurde, zu sehr ungünstigen Ergebnissen. Die Verschlechterung des Bodens nimmt zu, die später erforderlichen Kulturen werden teurer und die

---

[1] Albert: Bericht über die 19. Hauptversammlung des D. Forstvereins zu Dessau, S. 120.

Bestände, die aus ihnen hervorgehen, geringwertiger. In den meisten
Fällen wird sich aus diesen Gründen die natürliche Verjüngung in den
Mischbeständen auf die Buche zu beschränken haben. Ihr ist aber nur
eine rechtzeitig eingeleitete Sorgfalt zuzuwenden. Da die Buche in
gleichaltrigen Mischbeständen durch die schneller wachsende Kiefer
häufig in der Entwicklung ihrer Krone gehemmt ist, so müssen ihrer
Verjüngung vorbereitende Hiebe vorangehen, durch welche die Kronen
der Buche gekräftigt und zum Samentragen angeregt werden sollen. Bei
solchen Hieben müssen fehlerhafte Stämme und unerwünschte Holzarten entfernt werden, ferner auch solche, durch deren Fällung und
Räumung später starke Beschädigungen am Jungwuchs verursacht
würden. Auch beim Samenschlag ist der Hieb vorzugsweise auf starke
Stämme zu richten. Mit Rücksicht auf die Kultur der Kiefer im
Buchenaufschlag muß die Räumung schnell erfolgen und frühzeitig
beendigt sein. Die Kultur der Kiefer erfolgt durch Streifensaat oder
Pflanzung.

Handelt es sich um Bestände, in denen die Buche noch nicht vertreten ist, so muß der Anbau derselben durch Saat oder Kleinpflanzung
unter Schirm ausgeführt werden. Die Kultur der Kiefer ist dann einige
Jahre später auf künstlichem Wege, durch Saat oder Pflanzung, zu
bewirken.

7. Die Lärche. Nach ihren äußeren Eigenschaften der Kiefer sehr
ähnlich, nach ihrer Geschichte und ihrem örtlichen Vorkommen aber
sehr abweichend, verhält sich die Lärche. Sie hat zweifellos ihre großen
Vorzüge durch die Güte ihres Holzes, die Schnelligkeit ihres Wuchses
und ihre Verträglichkeit mit anderen Holzarten. Es ist daher auch sehr
erklärlich, daß, als im 18. Jahrhundert die Zustände der deutschen
Waldungen so wenig befriedigten, viele Forstwirte ihre Blicke auf die
Lärche richteten, in der sie eine Holzart gefunden zu haben glaubten,
die geeignet wäre, den gesunkenen Zustand der deutschen Forsten zu
heben. Zieht man jetzt die Erfahrungen zu Rat, die seit jener Zeit
gemacht sind, so besteht kein Zweifel, daß die Erwartungen, die man an
die Lärche stellte, sich in dem damals gehofften Maße nicht erfüllt haben.
Trotzdem bleibt die Lärche eine Holzart, der in der deutschen Forstwirtschaft steigende Beachtung geschenkt werden muß. Neben mißlungenen Kulturen gibt es auch gut gelungene; neben Beständen, die
schon im frühen Alter durch Krebs und Motte kümmern, gibt es auch
solche, die sich bis in ein hohes Alter gesund erhalten haben.

Die Heimat der Lärche sind bekanntlich die Hochgebirgsländer
(Schweiz, Tirol, Karpathen). Sie besitzt hier ein durch Dauer und
Schönheit ausgezeichnetes, zu vielseitigen Gebrauchszwecken verwend-
bares Holz. Nach den Standortsverhältnissen, die in ihrer Heimat
vorliegen, ist man geneigt, anzunehmen, daß sie in den höheren Lagen

der deutschen Gebirgsforsten eine passende Stätte finden würde. Indessen entspricht ihr Wachstum dem Verhältnis der Lage der deutschen Gebirge zu demjenigen ihrer Heimat durchaus nicht. In den Gebirgsforsten, in die sie eingeführt ist, hat die Lärche am wenigsten befriedigt, während in Lagen, die von den Verhältnissen ihrer Heimat stark abweichen, wie insbesondere in Nordwestdeutschland, vortreffliche Lärchenbestände vorkommen. Vor dem Anbau müssen daher die besonderen Verhältnisse des Standorts und der seitherigen Wirtschaftsgeschichte eingehend untersucht werden.

Die Bewirtschaftung der Lärche in Mischung mit der Buche wird in erster Linie durch den Umstand bestimmt, daß sie dauernd eine freie, nicht zu hoch angesetzte Krone besitzen soll. Man kann das Mindestmaß der Kronenlänge zu etwa zwei Fünftel der Baumlänge annehmen. Sucht man nach diesem Merkmal die Holzarten zu bestimmen, mit denen sie am besten erzogen wird, so ergibt sich, daß zur Mischung mit der Kiefer, die ihrer Krone Konkurrenz macht, selten ein Grund vorliegt. Ebenso paßt sie nicht zur bleibenden Mischung mit der Fichte. In Fichten stehend, leidet die Krone der Lärche, sobald, wie es meist geschieht, die Fichten in ihr Kronenbereich hineinwachsen. Die besten Bedingungen für die Ausbildung und Erhaltung guter Lärchen ist ein Buchengrundbestand. Hier hat sie von vornherein einen Vorsprung und behält diesen auch bis zu den Endhieben, ohne die neben ihr stehenden Buchen wesentlich zu beeinträchtigen. Ihr Anbau erfolgt in der Regel durch Pflanzung von stärkeren Pflanzen, mit denen die Verjüngungen durchsetzt werden. — Die Durchforstungen müssen nach dem Grundsatz allseitiger Kronenfreiheit durchgeführt werden.

II. Eiche.

Die Eiche ist wegen ihres ausgedehnten Vorkommens in Deutschland, dessen Grenzen sie nach allen Seiten überschreitet, wegen der Beschaffenheit ihres Holzes und der Widerstandsfähigkeit gegen schädliche Einwirkungen der organischen und anorganischen Natur neben der Buche die wichtigste Holzart in den meisten deutschen Laubholzgebieten. Durch ihre reiche Geschichte, ihre vielseitigen Beziehungen zum deutschen Volksleben und die Schönheit ihrer Stamm- und Kronenform bietet sie dem empfänglichen Geist unter allen Holzarten am meisten kulturhistorisches und ästhetisches Interesse. Die vortrefflichen Eigenschaften des Eichenholzes bieten die Gewähr, daß sie auch in Zukunft in der deutschen Forstwirtschaft große praktische Bedeutung behalten wird, um so mehr, als ein genügender Ersatz für sie weder durch andere Holzarten des heimischen Waldes, noch mittelst des auswärtigen Handels geboten werden kann. Um in den genannten Richtungen ein Urteil zu gewinnen, ist einmal der Blick auf die geschichtliche Entwicklung der Eichenwaldungen und die Erfahrungen, die sich in der Vergangenheit gebildet haben, zu richten; sodann sind die tatsächlichen Waldzustände, welche gegenwärtig vorliegen, und die Maßnahmen, welche auf Grund derselben zu ergreifen sind, nach der physischen und ökonomischen Seite hin ins Auge zu fassen und zu begründen.

1. Geschichtliche Entwicklung.

Das Dasein der Eiche wird, wie es bei allen Kulturpflanzen der Fall ist, einerseits durch die natürlichen Kräfte und Verhältnisse bestimmt, welche nach Zeit und Ort wirksam sind, zum andern durch menschliche Maßnahmen, welche auf ihre Entwicklung hemmend oder fördernd eingewirkt haben. Die natürlichen Bestimmungsgründe ihres Verhaltens sind einerseits auf die von der Natur gegebenen Wachstumsbedingungen, namentlich Klima und Boden, zurückzuführen; andrerseits bestehen sie in den Eigenschaften, mit denen die Eiche vom Schöpfer der Natur ausgestattet ist.

Richtet man nun, wie es oben (unter A) im allgemeinen begründet wurde, den Blick auf das erste Auftreten der Eiche, so erscheint dies noch schwerer erklärbar, als es der Fall ist, wenn man die hierher gerichteten Gedanken allgemein ausspricht, oder wenn man sie zu anderen Holzarten in Beziehung setzt. Bei den Holzarten mit geflügeltem Samen kann man sich leicht vorstellen, daß diese von weit her angeflogen sind. Selbst ausgedehnte Meeresflächen sind kein unbedingtes Hindernis für ihre Ansiedlung. Der schwersamigen Eiche fehlt aber dieses wichtigste Mittel der natürlichen Verbreitung. Die Übertragung der Samen durch Tiere kann, selbst wenn man sehr lange Zeiträume unterstellt, für die Bildung großer zusammenhängender Bestände keine genügende Erklärung abgeben. Wie sich dies nun aber auch verhalten mag, als feststehend muß die von allen Forschern, die sich mit den hierher gehörigen Fragen beschäftigt haben, aufgestellte These gelten, daß die Eiche erst spät ihren Einzug in die Wälder Deutschlands gehalten hat. Die weichen Laubholzarten und die Kiefer sind ihr vorausgegangen. Dies ergibt sich einmal aus den Anforderungen, welche die Eiche in klimatischer Beziehung stellt, zum anderen aus ihren Ansprüchen an den Boden. Das Klima war nach dem Zurückweichen des Gletschereises kühl und konnte den Ansprüchen der Eiche an Wärme nicht genügen. Der Boden besaß wohl an vielen Orten die für die Eiche erforderlichen Mineralstoffe (Kalk, Kali u. a.), aber es fehlte ihm, nachdem er lange mit Eis bedeckt gewesen war, der wesentlichste Faktor der Bodenfruchtbarkeit, der Gehalt an organischen Stoffen, an Humus. Wie noch jetzt an Bergwerkshalden und Böschungen zu ersehen ist, sind es zunächst die weichen Laubholzarten und auch die Kiefer, welche sich einfinden; erst später folgen die anspruchsvolleren und schutzbedürftigen Holzarten.

Besser als über das ursprüngliche Auftreten sind wir auch bezüglich der Eiche befähigt, uns ein Urteil über die Veränderungen zu bilden, welche sie, nachdem sie einmal vorhanden war, durch natürliche und menschliche Einwirkungen erlitten hat. Im allgemeinen gehen diese dahin, daß die Eiche früher in allen Teilen Deutschlands stärker verbreitet gewesen ist, als in der Gegenwart. Als Beweise hierfür können zunächst die Forstortsnamen dienen. Auf die Eiche bezügliche Namen treten uns häufig an Orten entgegen, wo jetzt keine Eichen mehr vorkommen. Die meisten größeren Waldgebiete geben hierfür zahlreiche Beispiele. Oft kann auch aus dem Zustand alter Gebäude das Vorherrschen der Eiche, die von weither nicht herbeigeholt werden konnte, unmittelbar ersehen werden. Viele andere kulturgeschichtliche Tatsachen, Schriften, Lieder, Erzählungen usw. lassen über die stärkere Verbreitung der Eiche und die hohe Bedeutung, welche ihr in der Vergangenheit beigelegt wurde, keine Zweifel aufkommen. Der Wald selbst gibt Kunde hiervon in einzelnen starken Eichen oder in alten Stöcken, welche sich in vielen Laub- und Nadelholzbeständen lange Zeit hindurch erhalten haben, während jüngere Eichen gänzlich fehlen.

Die Ursachen für die Abnahme der Eiche in Nord- und Süddeutschland liegen hauptsächlich in folgenden Verhältnissen:

1. In der Rodung von Waldungen. Infolge des Wachsens der Bevölkerung und des zunehmenden Bedarfs an landwirtschaftlichen, zur Erzeugung von Nahrungsmitteln dienendem Gelände bildete sich — zeitlich und örtlich in sehr verschiedenem Maße — das Bestreben aus, den Wald in andere Kulturarten überzuführen. Der Wald war, wo die Bedingungen seiner Entstehung und Erhaltung vorlagen, zunächst im Überfluß vorhanden; er mußte, damit die nächsten wirtschaftlichen Aufgaben erfüllt werden konnten, zurückgedrängt werden. Daher war es bis zu einem gewissen Grade durchaus berechtigt, daß nicht nur einzelne Personen Rodungen von Wäldern ausführten, sondern daß auch von den Regierungen dahingehende Vorschriften gegeben wurden. In den hierauf gerichteten Bestrebungen sind aber die meisten Volksstämme in Deutschland und außerhalb Deutschlands zu weit gegangen. Der Wald ist häufig auch da beseitigt worden, wo seine Erhaltung den physischen und ökonomischen Verhältnissen am besten entsprach. Unter allen Holzarten aber hat die Eiche infolge solcher Maßnahmen am meisten Fläche eingebüßt. Da sie vorwiegend gute Böden und leicht zugängliche Lagen einnahm, war es natürlich, daß die mit ihr bestandenen Flächen vorzugsweise zur Umwandlung in Ackerland herangezogen wurden.

2. Im Vorherrschen des Plenterwaldes, der sich unter dem Walten der ständig wirkenden Naturkräfte, sofern keine größeren Schäden der organischen und anorganischen Natur eintreten, überall ausbildet. Auf

den Bestand der Eichenwaldungen hat die alte Form des Plenterwaldes zwei verschiedene Wirkungen, die zueinander im Gegensatz standen, zur Folge gehabt. Einmal war die Eiche durch ihre außerordentliche Lebenskraft und Lebensdauer, durch ihre volle gleichmäßig ausgebildete Krone und ihre Widerstandsfähigkeit gegen Naturschäden aller Art imstande, sich auszudehnen, wie es noch jetzt an alten Überhalteichen und den Resten früheren Mittel- und Plenterwaldes ersehen werden kann. Wo sie einmal die Herrschaft im Walde erlangt hatte, konnte sie ihr durch andere Holzarten nicht leicht streitig gemacht werden. Für ihre natürliche Verjüngung lagen dagegen die Verhältnisse sehr ungünstig. Wenn auch in den Mischbeständen mit der Buche, wo keine stärkere Streunutzungen stattgefunden hatten, meist ein für die Ansamung empfänglicher Bodenzustand vorlag, so bildete doch die starke Beschattung, wie sie in plenterwaldartigen Mischbeständen von Eiche und Buche vorhanden zu sein pflegt, in den meisten Fällen ein entschiedenes Hindernis ihres Gedeihens. Die Eiche wurde in ihrer Entwicklung gehemmt, zumal in höheren Lagen und auf der Sonne abgewandten Hängen, wo der volle Lichtgenuß ein Bedürfnis gedeihlichen Wachstums ist. Die Folge davon war, daß die meisten jungen Eichen aus den Schonungen verschwanden, während die aus annähernd gleichzeitigen Masten entstandenen jungen Buchen sich behaupteten. Nirgends ist dieser für die Geschichte der Laubholzwaldungen einflußreiche Vorgang so klar zur Ausprägung gelangt wie im Spessart, wo er von einem der besten Kenner der Eiche treffend gekennzeichnet wurde[1]. Dieselbe Entwicklung ist in kleinerem Maßstab in vielen Laubholzwaldungen, die sich im verjüngungsfähigen Alter befanden, wahrzunehmen. Auch von den sandigen Böden des deutschen Ostens wird sie mitgeteilt. Insbesondere gilt sie für die Traubeneiche, die, wo es sich um natürliche Mischung mit der Buche handelt, vorzugsweise in Frage kommt.

3. In der gleichmäßig dunklen Stellung der Verjüngungsschläge. Hier treten uns beim Blick auf die Bestandesgeschichte des 19. Jahrhunderts, die auf der Autorität G. L. Hartigs bewirkten Verjüngungsschläge als lehrreiche Beispiele entgegen. Für die Geschichte des deutschen Laubwaldes ist keine Wirtschaftsregel von so unmittelbarem und nachhaltigem Einfluß gewesen, wie seine Lehre über die Stellung der Schläge zum Zwecke der natürlichen Verjüngung. Sie geht bekanntlich von der Buche aus und überträgt die von dieser abgeleiteten Regeln mit geringfügigen Änderungen auf die wichtigsten Holzarten des deutschen Waldes. Die Eiche aber konnte sich, auch wenn sie im Altholz reichlich vertreten war, unter den von Hartig gegebenen Wirtschaftsregeln häufig

---

[1] Fürst: Die Eichenholzschätze des Spessart. Forstwissenschaftl. Zentralblatt 1907, S. 326.

ebenso wenig bestandbildend erhalten, wie im früheren Plenterwalde. Insbesondere blieben die nördlichen und nordöstlichen Hänge meist ausschließlich mit Buche besteckt, während an den trockeneren Süd- und Südwesthängen, wo der Buchenaufschlag lückiger war, die Eiche sich ansiedeln und behaupten konnte. Die meisten Laubholzwaldungen Deutschlands zeigen diese natürliche Geschichte der beiden wichtigsten deutschen Holzarten in reichem Maße.

4. In der regellosen Ausübung mancher Nebennutzungen. Hier ist bezüglich der Eiche im wesentlichen dasselbe zu bemerken wie oben (unter I) für die Buche, mit der sie meist vergesellschaftet war. Die Schätzung der Mastnutzung, welche eine wesentliche Grundlage der Viehzucht bildete, führte dahin, gut bekronte Eichen zu erhalten. In vielen Forstordnungen wurde deshalb die Schonung der Eiche vorgeschrieben. Aber die meisten anderen Nebennutzungen wirkten in der umgekehrten Richtung. Die Weide wurde meist nicht so schonend betrieben, wie es nötig ist, wenn junge Eichen vom Verbeißen des Viehes nicht leiden sollen. Die angeordneten Schonzeiten von 5—10 Jahren waren oft zu kurz. Auch die Nutzung des Grases, welches in Eichenverjüngungsschlägen meist in reichlichem Maße vorhanden ist, wirkt oft verderblich. An vielen Orten hat der Entzug des Wassers der Eiche geschadet, wie es von Waldungen in der Nähe von Großstädten wiederholt bekannt geworden ist. Am stärksten schadet aber auch bei der Eiche die Entnahme der Streu. Wie die Buche, so kann sich auch die Eiche in den meisten deutschen Waldungen, namentlich auf sandigen Böden, nur erhalten, wenn dem Boden der Humusgehalt unverkürzt verbleibt. Nach Beseitigung der Streudecke sind viele Eichenbestände in Nadelholz umgewandelt worden.

5. In dem hohen Gebrauchswert des Eichenholzes. Die Eiche galt jederzeit als die wertvollste Holzart des deutschen Waldes. Die Wertschätzung, die ihr zuteil wurde, hat verschiedenen Richtungen zum Ausgang gedient, einer positiven, die auf die Erhaltung und den Anbau der Eiche gerichtet war, und einer negativen, die ihre Nutzung möglichst ungehemmt anstrebte. Zahlreiche Forstordnungen des 16., 17. und 18. Jahrhunderts enthielten Vorschriften über das Sammeln und die Aufbewahrung der Eicheln, die Ausführung von Eichelsaaten, die Erziehung von Pflänzlingen, die Herstellung von Saat- und Pflanzkulturen. Insbesondere wurden die in der Nähe der Ortschaften gelegenen Huten mit stärkeren Eichen bepflanzt, die noch bis zur neuesten Zeit in vielen Waldgebieten umfangreiche Flächen einnahmen. Daneben ergingen aber auch Vorschriften zur Schonung der vorhandenen älteren Eichen. In ihren Wirkungen sind diese jedoch nicht immer vom gewünschten Erfolg begleitet gewesen. Man kann es vielen Beständen ansehen, daß das Streben, die vorhandenen Eichen zu schonen, für die Kultur nicht förder-

lich gewesen ist. Wo alte Eichen übergehalten wurden, baute man keine jungen an, was für die Zukunft wahrscheinlich besser gewesen wäre, da die alten häufig anbrüchig waren.

Weit mehr aber als durch solche in ihren Erfolgen zweifelhafte Maßnahmen wurde die Eiche durch Eigennutz, fehlendem Gemeinsinn und mangelndes Interesse an der Zukunft in ihrem Bestande beeinträchtigt. An manchen Orten war sie allerdings durch das Fehlen einer holzverbrauchenden Industrie und die Schwierigkeit der Abfuhr geschützt. Selbst die guten Eichen des Spessart sind, wie Fürst berichtet, massenhaft im Walde verfault. Wo aber die Abbringung leicht vor sich ging, lag, wenigstens in vielen Privatforsten, die Gefahr der rücksichtslosen Entwaldung gerade bei der hochwertigen Eiche im stärksten Grade vor. Namentlich in der Nähe des Meeres und der schiffbaren Flüsse machten sich solche Wirkungen geltend. Das bekannteste Beispiel für das rücksichtslose Niederschlagen von Eichen bietet der Karst, der, jetzt eine produktionslose Steinwüste, früher das Holz für die Flotten der Republik Venedig geliefert hat.

Bei einem Rückblick auf die Geschichte der Eiche in Deutschland muß auf die beiden Eichenarten, die bei uns vorkommen, sowie auf die Betriebsarten, in denen sie bewirtschaftet wird, kurz hingewiesen werden.

Stiel- und Traubeneiche haben beide für die deutsche Forstwirtschaft große Bedeutung. Es gibt bekanntlich Gegenden, wo beide Arten nebeneinander vorkommen und sich wenig voneinander unterscheiden. Sie werden als gleichwertig angesehen, sodaß die Frage, welcher der Vorzug gebühre, nicht in den Vordergrund tritt. Unter anderen Standortsverhältnissen zeigen sie aber in ihrem Verhalten große Verschiedenheiten und die richtige Wahl der einen oder anderen Art ist von wesentlicher Bedeutung für die forsttechnischen Maßnahmen und ihre Erfolge. Die Stieleiche hat ein größeres Verbreitungsgebiet. Trotzdem sie mehr Wärme beansprucht, dringt sie nach Nordosten weiter vor. Ihren wichtigsten Standort findet sie in den fruchtbaren Niederungen der größeren Ströme und den Talmulden kleinerer Wasserläufe, wo sie in Verbindung mit Hainbuche, Esche, Ahorn, Rüster wertvolle Bestände bildet. Die Traubeneiche stellt geringere Ansprüche an den Boden, auf sandigen Böden ist sie meist ausschließlich vertreten. Sie begleitet die Buche in den mitteldeutschen Hügelländern und in Gebirgslagen bis zu einer Höhe von 400 bis 500 m. Namentlich sind südliche und südöstliche Lagen, sofern es ihnen nicht zu sehr an Frische gebricht, für die Traubeneiche ein sehr günstiger Standort. Für die meisten deutschen Waldgebiete hat sie deshalb eine weit höhere wirtschaftliche Bedeutung. Bei der künstlichen Begründung ist sie wegen ihrer kleineren Früchte oft in den Hintergrund getreten; ihre tunlichst weitgehende Erhaltung ist aber von wirtschaftlicher Bedeutung.

2. Folgerungen aus der geschichtlichen Entwicklung.

Blickt man nun auf die seitherige Wirtschaftsgeschichte und die gegenwärtigen Waldzustände, so lassen sich unter Beachtung der in der Forstwissenschaft allgemein anerkannten Grundsätze und der Ergebnisse der Statistik gewisse Folgerungen für die zukünftige Bewirtschaftung der Eiche ableiten. Die wichtigsten derselben betreffen:

1. Den Anbau und die Verjüngung. Die guten technischen Eigenschaften des Eichenholzes, sein hoher Gebrauchswert, durch den es alle anderen deutschen Holzarten übertrifft, führen dazu, dem Anbau der Eiche soweit Raum zu geben, als es die Standortsverhältnisse gestatten. Auf beide Faktoren des Standorts, Boden und Lage mit dem ihr eigentümlichen Klima, ist dabei Rücksicht zu nehmen. Was den Boden betrifft, so kommen überall seine chemischen und physikalischen Eigenschaften in Betracht. Dem Nahrungsreichtum des Bodens wird ein günstiger Einfluß auf die Dicke der Zellwandungen zugeschrieben. Von mindestens gleichem Einfluß wie die chemischen, sind die physikalischen Eigenschaften des Bodens. Schon in der ersten Jugend machen sich Lockerheit und Tiefgründigkeit desselben auf die Ausbildung der Wurzel geltend. Der geraden Entwicklung der Wurzel entspricht auch ein gerades Wachstum des oberirdischen Stammes. Stellen sich dagegen der Wurzel im Boden Hindernisse entgegen, so wird auch der Wuchs des Stammes hierdurch beeinflußt. Noch manche Besonderheiten des Bodens wirken auf die Beschaffenheit des Holzes ein. Eine allgemeine Beziehung zwischen der Bodengüte und Holzqualität wird sich aber trotz der Ergebnisse mancher, dahingehender Untersuchungen[1], schwerlich nachweisen lassen. — Daß die Lage von Einfluß auf die Beschaffenheit des Eichenholzes ist, lehren die Erfahrungen, die in wechselndem Gelände überall gemacht werden. In demselben Revier zeigen oft ganz nahe beieinander liegende, nach verschiedenen Richtungen geneigte Hänge eine sehr verschiedene Beschaffenheit des auf ihnen erwachsenen Eichenholzes. Im größten Teil von Deutschland wirken alle Standortsfaktoren, die mit einer größeren Wärmemenge verbunden sind, auf die Beschaffenheit des Eichenholzes günstig ein.

Der außerordentliche Einfluß der klimatischen Verhältnisse auf den Wuchs der Eiche tritt in besonderem Grade bei ihrer natürlichen Verjüngung hervor. Im Standortsoptimum vollzieht sich diese bei entsprechenden Bodenverhältnissen so leicht, daß der Wirtschafter gar nicht auf den Gedanken kommt, Eichenbestände da, wo Mutterbäume vorhanden sind, durch Saat oder Pflanzung zu begründen. „En France la culture forestière a pour principe fondamental, que la forêt doit se perpétuer par ses ressources naturelles" — mit diesen Worten begann

---

[1] Z. B. von R. Hartig: Forstlich-naturwissenschaftl. Zeitschrift 1893, Heft 7.

der Katalog der französischen Weltausstellung (1900). Die Naturverjüngung wird hier und in anderen südlichen Gegenden außerordentlich erleichtert durch die Häufigkeit der Samenjahre. In Slavonien, wo
uns auf einer Reise (1898) umfangreiche Eichenverjüngungen entgegen-
traten, vollziehen sich diese in der einfachsten Weise: Einige Jahre
vor der zu erwartenden Verjüngung werden die alten bis dahin beweideten
und mit jüngeren Eschen, Hainbuchen und Rüstern gemischten Eichenbestände in Schonung gelegt. Zunächst wird dann ein Vorhieb vorgenommen, durch welchen die Holzarten, welche nicht nachgezogen
werden sollen, beseitigt werden. Im Jahre nach dem Abfall der Eicheln
werden die Alteichen geräumt, so daß die jungen Eichen ohne Bestandesschirm aufwachsen.

Je weiter man sich nun aber von dem Optimum des Standortes
für die Eiche entfernt, um so größere Schwierigkeiten stellen sich ihrer
natürlichen Verjüngung entgegen, um so mehr ist man genötigt, bestimmte Regeln für die Stellung der Schläge einzuhalten. Daß aber auch
unter den klimatischen Verhältnissen Norddeutschlands die natürliche
Verjüngung in weit größerem Umfang durchgeführt werden kann, als
es tatsächlich geschieht, zeigen zahlreiche Reviere, unter denen hier
nur die Oberförstereien Freienwalde a. d. Oder und Salmünster b. Hanau
genannt sein mögen, die durch die Erfolge ihrer langjährigen Verwalter,
der Forstmeister Boden und Hebel, in weiten Kreisen bekannt geworden sind. Auch in den nordöstlichen Teilen Preußens fehlt es nicht
an Beispielen, welche die Möglichkeit der Durchführungen guter Naturverjüngungen bestätigen[1]. Daher drängt sich die Frage auf, weshalb
denn in der neueren Zeit von der natürlichen Verjüngung der Eiche
so wenig Anwendung gemacht worden ist. Der Hauptgrund für das
Zurücktreten der natürlichen Verjüngung liegt in der Wirtschaftsgeschichte der letzten Jahrhunderte. Es fehlt in fast allen Teilen
Deutschlands an Beständen, aus denen Eichenverjüngungsschläge gestellt werden könnten. Die für Schlagstellungen geeigneten Altersstufen
von 100 bis 200 Jahren sind nur spärlich vertreten. Die sehr alten
Eichen, die im vorigen Jahrhundert noch häufig vorkommen, sind oft
abständig und nicht mehr fähig, gesunde Früchte zu erzeugen. Sie
stehen meist einzeln und können deshalb zu Schlagstellungen auf größeren
Flächen nicht verwendet werden.

2. Die Beschränkung des Eichenanbaus. Trotz der hohen
Wertschätzung, die die deutsche Forstwirtschaft auf die Eiche legen
muß, ist doch dem ausgesprochenen Grundsatz ein anderer, gegensätz-
licher zur Seite zu stellen, der dahin geht, daß man bei ihrem Anbau

---

[1] Vgl. Krause: Die gemischten Bestände der Oberförsterei Zerrin. Zeitschr.
f. Forst- u. Jagdw. 1910, S. 23.

die aus ihren Ansprüchen an den Standort hervorgehende Beschränkung üben soll. Auch diese Regel gilt in bezug auf Boden und Lage; wo einer von diesen beiden Faktoren den Anforderungen der Eiche nicht entspricht, ist ihr Anbau ein wirtschaftlicher Fehler. Wie bereits unter I (Buche) hervorgehoben wurde, sind oft gute Buchenstämme wertvoller als schlechte oder mittelmäßige Eichen; daher können auch reine Buchenbestände eine bessere Bestandesart sein, als solche, die mit Eichen gemischt sind. Noch mehr gilt dies bezüglich der Einmischung von Nadelhölzern, die auf geringem und mittelmäßigem Boden nach Masse und Wert mehr leisten, als die Eiche. Der deutsche Wald der Ebene und des Gebirges ist reich an Beispielen, die den Fehler zu weitgehenden Eichenanbaues beweisen. Der Sandboden, auf dem die Eiche meist zunächst gut anwächst, hält die Versprechungen häufig nicht, die die Kulturen gemacht haben. Sobald der dem Boden beigemischte Humus verzehrt ist, bleibt der Wuchs der Eiche zurück. Mehr noch werden ihr durch die Lage und das mit dieser verbundene Klima Schranken gesetzt. Eine Menge von Fehlern, die den Wert des Eichenholzes herabdrücken, wird durch klimatische Ursachen hervorgerufen. Infolge mangelnder Wärme verholzen die Triebe oft unvollständig und hinterlassen Spuren, die zu formalen und materiellen Fehlern Veranlassung geben. Ebenso bewirkt kühles und feuchtes Klima ein mangelhaftes Ausreifen der Jahrringe, wie am Holz der Eiche an Nordhängen, in zu hohen Lagen und in feuchtem Meeresklima zu ersehen ist.

3. Die Massen- und Werterzeugung. In der Hervorbringung von Holzmasse steht die Eiche gegen die anderen Hauptholzarten des deutschen Waldes zurück. Der Durchschnittszuwachs ist nach den hessischen Ertragstafeln (1913) auf II. Standortsklasse

		bei Eiche	Buche	Fichte	Kiefer
Im Alter von	80 Jahren	7,33	7,85	12,05	8,59
	100 ,,	7,37	8,28	11,59	8,28
	120 ,,	7,29	8,38	10,94	7,92
	140 ,,	7,11	8,33	—	7,56

Für jede Altersstufe steht hiernach die Eiche an letzter Stelle. Daraus geht hervor, daß die Eiche die Bodenkraft, die im Massenzuwachs zum Ausdruck kommt, nicht gehörig ausnutzt, daß sie deshalb einer Ergänzung ihres Zuwachses bedarf, die ihr am besten durch rechtzeitige Einmischung einer anderen Holzart zuteil wird. Der Wert des Eichenholzes ist dagegen von allen Holzarten am höchsten, so daß auf entsprechendem Standort ein Vergleich mit anderen Holzarten zeigt, daß die positive Seite der Produktion trotz der geringeren Masse größer ist, als die negative.

4. Die Erhaltung des Bodens im guten Zustand. Der bleibende Grundsatz für die Bewirtschaftung muß auf den Boden als die dauernde

Quelle der Erzeugung zurückgeführt werden. Wenn auch die meisten forsttechnischen Maßnahmen unmittelbar zu den Eigenschaften des Bestandes (Wuchs, Stärke, Fehler usw.) in Beziehung gesetzt werden, so liegt doch unter gleichen klimatischen Bedingungen im Boden der tiefste und am nachhaltigsten wirkende Bestimmungsgrund für den Aufbau der Bestände. Ganz allgemein gilt die Regel, daß der Boden durch die forsttechnischen Maßnahmen, insbesondere bei der Verjüngung und Durchforstung in bezug auf seine chemischen und physikalischen Eigenschaften, seinen Humuszustand und Überzug nicht ungünstig beeinflußt werden darf. Je nach Alter und Wirtschaftsziel muß der bedeckte bzw. der benarbte Bodenzustand erhalten oder hergestellt werden, während kahle, verwilderte und durch stärkere Schichten von Auflagehumus gekennzeichnete Bodenzustände nach Möglichkeit zu vermeiden sind. Da die Eiche für sich nicht imstande ist, dieser Forderung zu genügen, so ergibt sich, daß auch aus diesem Grunde ihre Mischung mit anderen Holzarten eine notwendige Maßnahme ist.

5. Die Bestandesformen. Sucht man auf Grund der Geschichte der deutschen Forsten und der gegenwärtigen waldbaulichen Grundsätze ein Urteil über die Bestandesformen der Zukunft zu erlangen, so tritt dem rückwärts und vorwärts gerichteten Blick, zunächst der Plenterwald entgegen. Nicht nur nach der Geschichte der Forstwirtschaft und der knapper werdenden Erbschaft aus früheren Zeiten, sondern auch nach den Forderungen der Rentabilität, wie sie sich z. B. im Weiserprozent ausspricht, muß gerade bei der Eiche dem Plenterwald zweifellos volle Beachtung geschenkt werden. Wird der Grundsatz einer richtigen Bestimmung der Hiebsreife nicht oder nicht nur auf Bestände, sondern auch auf die einzelnen Stämme von solchen bezogen, so ist das Ergebnis der betreffenden Untersuchungen, daß die Hiebsreife der verschiedenen Stämme in verschiedenem Alter und zu verschiedener Zeit eintritt. Als Konsequenz dieser Auffassung erscheint dann eine ungleichzeitige Nutzung und weiter ein ungleichaltriger Wald, der Plenterwald. Im Gegensatz zu dieser Auffassung tritt jedoch sowohl in der früheren Geschichte, als auch bei kritischen Vergleichen in der Gegenwart die durch zahlreiche Beispiele bekundete Erscheinung hervor, daß der Plenterwald nicht imstande ist, die lichtbedürftige Eiche am Leben zu erhalten. Schon H. Cotta sprach in seinem Waldbau die Besorgnis aus, daß die Eiche, wenn sie in reinen Beständen erzogen würde, infolge zunehmender Verödung des Bodens denselben Weg gehen werde, wie die früheren Bewohner der Eichenwälder (die Auerochsen). Übrigens stellt Cotta die Forderung, daß dem Lichtbedürfnis der Eiche gebührend Rechnung getragen würde. Der Lichtschlag könne schon im ersten oder zweiten Winter nach der Besamung erfolgen, und der Abtriebsschlag nach dem zweiten bis vierten Jahre. Die jungen Eichen ertragen die

Beschattung nicht lange und werden bei verspäteter Fällung zu sehr geschädigt.

Für die wichtigste Bestandesart des deutschen Laubwaldes, die Mischung der Eiche mit der Buche, sind die von G. L. Hartig gegebenen Lehren von weitgehendem, nachhaltigem Einfluß gewesen. In seinem Lehrbuch für Förster empfiehlt er die Mischung dieser beiden Holzarten und bemerkt in bezug auf die Art, wie sie herbeigeführt werden soll, folgendes: „Man stelle einen solchen Walddistrikt in einen aus Buchen und Eichen vermischten Dunkelschlag, warte die Besamung ab und beobachte nur die Vorsicht, den Dunkelschlag an solchen Stellen, wo viele Eicheln aufgekeimt sind, etwas früher zu lichten, weil die junge Eiche den Schatten nicht lange ertragen kann. Im übrigen aber behandelt man den Abtrieb und den während des Abtriebs neuerzogenen vermischten Wald in der Folge gerade so, wie für die Buche auseinandergesetzt ist". Untersucht man nun die Entwicklung einer auf solche Weise erzeugten Mischung, so ergibt sich aus unzähligen Beispielen, daß da, wo erstens ein der Eiche entsprechender Standort (mildes Klima, tiefgründiger nahrungsreicher Boden) und wo zweitens eine rechtzeitige Pflege der Eiche eingesetzt hat und stetig fortgeführt ist, vortreffliche Eichenbestände entstanden sind. Solche Eichen haben sehr gute Stammformen, bilden gute Kronen und bleiben frei von Ästen und Wasserreisern. Wo dagegen die erforderlichen Bedingungen nicht vorliegen, wie es oft im Stangenholzalter, insbesondere auf mäßigen Böden und in rauhen Lagen der Fall ist, sind die Folgen eingetreten, die H. Cotta durch den Vergleich der Eiche mit den Auerochsen kennzeichnete; sie sind verschwunden. Die Erkenntnis, daß die Eiche mit der annährend gleichaltrigen Buche nicht erfolgreich konkurrieren kann, führt dahin, beide Holzarten horstweise getrennt zu halten oder, wenn es sich um vorhandene reine Eichenbestände handelt, vom Verfahren des Unterbaues Anwendung zu machen.

Der Unterbau der Eiche wurde bekanntlich zuerst in Bayern ausgeführt und ist dann unter dem Einfluß von Burckhardt, Danckelmann, Fürst u. a. nord- und süddeutschen Forstwirten vertreten worden. Die Praxis hat in zunehmendem Maße von ihm Anwendung gemacht. Aber es hat auch nicht an gegensätzlichen Kundgebungen gefehlt, die bei den Folgerungen, welche aus der Geschichte der seitherigen Eichenwirtschaft gezogen werden, nicht unbeachtet zu lassen sind. Die schärfste Kritik ist dem Unterbau von Borggreve zuteil geworden. Um die Unrichtigkeit des Lichtungsbetriebs in Verbindung mit dem Unterbau nachzuweisen, stellte er eine Reihe von Thesen auf. Die einflußreichste derselben, auf welche hier ausschließlich Bezug genommen wird, ist die, in welcher bemerkt wird, „daß bei vollständiger Schonung des Bodens gegen Gräserei und Streunutzungen ein mäßig

und vorsichtig durchgeführter Lichtungshieb die Steigerung des Zuwachses stärker zeigen müsse, wenn er nicht unterbaut werde, als wenn
dieses erfolge; weil die natürlich sich einfindende Bodenvegetation von
Gräsern und Kriechsträuchern den Hauptvorteil des Unterbaues, nämlich die Verhinderung der Verwehung des Laubabfalles vollständig oder
ausreichend leiste, dabei aber dem Boden die gesamte Menge, der
für sich entnommenen Nährstoffe schneller wieder zurückgäbe als ein
Nadelholzeinbau, während er jedenfalls auf die Dauer auch weniger
beanspruche als ein Unterbau von Holz, insbesondere als ein solcher
von kalireichen Buchen und Hainbuchen". Hiergegen ist aber zu sagen,
daß sich unter den in Deutschland vorherrschenden Verhältnissen die
Buche in bezug auf den Bodenzustand, den sie zur Folge hat, insbesondere
auf dessen Humusgehalt und Überzug weit günstiger verhält als eine
Bodendecke von Gras oder Beerkraut. Wenn diese Standortsgewächse
durch Aufhalten des Laubverwehens auch von Nutzen sein können und
schließlich dem Boden das, was sie ihm entzogen haben, zurückgeben,
so ist doch eine starke Zunahme von Gras und Beerkraut, wie sie in
reinen alten Eichenbeständen meist erfolgt, nicht nur von ungünstiger
Wirkung auf den Bodenzustand, sondern es wird auch der Zuwachs
dadurch beeinträchtigt. Die Buche hält dagegen die Standortsgewächse
zurück, trägt zur Bildung von gesundem, mildem Humus und dadurch
auch zur Erhöhung des nachhaltigen Zuwachses wesentlich bei. Der
Gesamtzuwachs wird durch den Unterbau nicht vermindert, sondern
erhöht.

Die meisten der übrigen Einwände Borggreves beruhen zum Teil
auf Mißverständnissen, wie z. B. die Unterstellung, daß der Lichtungshieb, der dem Unterbau in der Regel vorangeht, mit einem Male die
Hälfte der vorhandenen Masse entnehme, was den im Walde vorliegenden Ausführungen der größeren, geordneten Forstverwaltungen nicht
entspricht; zum Teil beziehe sie sich auf allgemein anerkannte Dinge,
wie insbesondere die Tatsache, daß das Nadelholz, namentlich die
Fichte zum Unterbau von Eichen schon wegen der Verschiedenheit in
den klimatischen Ansprüchen dieser beiden Holzarten nicht geeignet
ist; zum Teil erstrecken sie sich auf das volkswirtschaftliche und
statische Gebiet und können daher an dieser Stelle nicht weiter verfolgt werden. Was aber aus Borggreves Stellung zu der vorliegenden
Frage zu beachten ist, geht dahin, daß man bei der Anwendung des
Unterbaues Beschränkung üben und namentlich da von ihm Abstand nehmen soll, wo sich natürliches Bodenschutzholz von selbst
einfindet. Auch genügt es häufig, den Unterbau auf bestimmte Teile
der betreffenden Flächen zu beschränken. Allein durch die Erkenntnis der Notwendigkeit einer Beschränkung wird der Wert der Maßregel nicht aufgehoben.

III. Kiefer.

Die Kiefer steht nach dem Anteil, den sie an der Waldfläche des deutschen Reiches einnimmt, und nach der Bedeutung, die sie für die deutsche Volkswirtschaft besitzt, unter allen Holzarten an erster Stelle. Nach den statistischen Erhebungen des Jahres 1913 wurde die mit der Kiefer bestandene Waldfläche in Deutschland auf 6,5 Mill. Hektar festgestellt, was 45% der gesamten Waldfläche ausmacht. Bezüglich des Standorts sind ihr in Deutschland keine Grenzen gezogen. Wenn sie im größten Teil Westdeutschlands in geschichtlicher Zeit nicht vertreten war und daher nicht als heimisch bezeichnet wird, so lehrt doch der Blick auf eine weiter zurückliegende Zeit, daß die Tatsache ihres Nichtvorkommens nicht auf bleibenden, klimatischen Ursachen beruht und daher auch nicht als bindend für die Maßnahmen der Wirtschaft angesehen werden kann. Zum Belege dieser Auffassung dienen sowohl die Befunde mancher Moore, die Reste von Kiefern und Fichten enthalten, während diese Holzarten an den betreffenden Orten später nicht mehr vorkommen, als auch ihr Vorhandensein in kleineren Waldgebieten, in denen die Kiefer als heimisch bezeichnet wird, deren klimatische Verhältnisse aber von denen der Umgebung, wo die Kiefer nicht heimisch ist, nicht abweichen.

Im Nachstehenden soll zuerst eine kurze, allgemein gehaltene Darstellung der geschichtlichen Entwicklung der Kiefer zu geben versucht werden. Dann folgen die Bestandesformen, die sich zufolge der geschichtlichen Entwicklung ausgebildet haben; endlich sind die Lehren festzulegen, die sich aus der Geschichte und den bestehenden Verhältnissen für die zukünftige Wirtschaft herleiten lassen.

1. Geschichtliche Entwicklung.

a) *Natürliche Bestandesgeschichte.*

Das natürliche Auftreten der Kiefer in Deutschland ist, wie bei allen Holzarten, vom Klima, von den Bodenverhältnissen und den Beziehungen zu anderen Holzarten bzw. auch zu anderen Gewächsen, die ihr Wachstum hemmen oder fördern, abhängig. Nach der meteorologischen Geschichte unseres Erdteils ist anzunehmen, daß im größten Teil von Deutschland die Bedingungen für die frostharte, anflugfähige, schnellwüchsige Kiefer sehr frühzeitig vorhanden waren, zu einer Zeit, als nach dem Schmelzen des Gletschereises das Klima noch kühl war. Fast alle Vertreter der Forstwirtschaft und Pflanzengeographie, welche sich mit der Frage der natürlichen Geschichte der deutschen Holzarten eingehend beschäftigt haben, sind zu diesem Urteil gelangt. Mit den weichen Laubholzarten, die gleichzeitig oder schon früher sich einfanden, hatte die Kiefer vielfach einen Kampf zu bestehen, in welchem sie zufolge ihrer physiologischen Beschaffenheit, ihrer tiefgehenden Wurzeln und langen Lebensdauer in den meisten Waldgebieten Siegerin blieb. Als die klimatischen Bedingungen auch für andere Holzarten, insbesondere für Eiche und Buche, sich günstiger gestalteten, drangen auch diese in das Bereich der Kiefer ein und bildeten mit ihr Mischbestände. Am einflußreichsten für die Entwicklung der Bestandesverhältnisse, namentlich in Norddeutschland, war ihr Verhältnis zur Buche. Dieses hat sich, wie noch jetzt aus den Resten früheren Urwaldes zu ersehen ist, je nach den Standortsverhältnissen sehr verschieden gestaltet. Sofern keine stärkeren Naturschäden auftraten, lagen die Bedingungen für die Buche, wo sie einmal vorhanden war, sowohl für ihre Ansamung, als auch für ihre weitere Entwicklung, sehr günstig. In den kleinen Lücken, die sich in älteren Kiefernbeständen bilden, samt sich die Buche, wie man in den gemischten Beständen in jedem Samenjahr wahrnehmen kann, leicht an und erhält sich unter dem lockeren Schirm eines gemischten Kiefern- und Buchenbestandes längere Zeit wuchskräftig. Es entsteht ein Mischwald mit verschiedenen Altersstufen, wie er noch jetzt als Zeichen des Schaffens der Natur, häufig auch als Muster für die Maßnahme der Wirtschaft, dienen kann. Wo dagegen durch Naturschäden (Sturm, Insekten usw.) oder aus anderen Ursachen, zu denen auch das früher häufige Abbrennen von Wald gehört, größere holzleere Flächen entstanden, konnte sich die gegen Frost, Hitze und Unkrautwuchs empfindliche Buche nicht behaupten. Dagegen siedelte sich, wo samentragende Stämme in der Nähe waren, die Kiefer an, so daß auch im Naturwald Horste von reinen Kiefern sich bildeten.

Das Ergebnis der jahrhundertelangen natürlichen Bestandsgeschichte in den hier in Betracht kommenden Waldgebieten ist, wie die immer seltener werdenden Naturwälder lehren, ein Mischwald, in welchem je nach dem Verhältnis und den Wirkungen der Standortsfaktoren, bald die eine, bald die andere Holzart stärker vertreten ist. Form und Art der Mischung sind nach der Geländebildung, dem Boden und äußeren Einflüssen außerordentlich verschieden. In der Ebene sind vorzugsweise die genannten Eigenschaften des Bodens entscheidend; im Gebirge ist die Geländebildung, namentlich Exposition, Wechsel von Erhebungen und Vertiefungen von Bedeutung. Wie die Verhältnisse aber auch liegen mögen, unter der stetigen, ungestörten Wirkung der Natur bestand die Tendenz einer Zunahme der Buche, sofern sie einmal vorhanden war, und einer Abnahme der Kiefer, wie es den forstgeschichtlichen Darstellungen entspricht und in manchen entlegenen, von der Axt verschont gebliebenen Beständen klar zu ersehen ist.

b) *Menschliche Einwirkungen.*

Sobald durch die wachsende Bevölkerung die Ansprüche an die Leistungen des Waldes stärker wurden, nahm das Verhältnis von Buche und Kiefer in den Mischbeständen die entgegengesetzte Entwicklung, als es im unberührten Naturwald der Fall war. Der durch Streunutzung und regellosen Holzhieb geschwächte Boden verlor die Fähigkeit, Laubholz zu tragen. Die Buche verschwand schneller oder langsamer aus den Beständen, insbesondere auf armen, sandigen, ihres Humus beraubten Böden. Die in großem Umfang vertretenen Betriebsarten des Mittel- und Niederwaldes mußten oft der Umwandlung in Nadelholz unterworfen werden. In stärkstem Maße wurden die in der Nähe von Ortschaften gelegenen Waldungen von einer solchen Umwandlung getroffen. Sie waren in bezug auf Holz- und Streunutzung den Angriffen der Bevölkerung am meisten ausgesetzt. Die Entstehung und Erhaltung von Wäldern dieser Beschaffenheit war eine Konsequenz der vorliegenden allgemeinen wirtschaftlichen Zustände. Den Hauptteil der Holznutzung machte früher das Brennholz aus. Mit dessen Lieferung blieben die näheren Waldungen belastet, für die deshalb der lang vorherrschende Mittelwald eine zeitgemäße Betriebsart war. Ein in so starker Menge gebrauchtes Material wie Reis- und Knüppelholz, konnte nicht aus weiter Ferne geholt werden. Die nahegelegenen Waldungen waren es, welche zur Befriedigung des Brennholzbedarfs herangezogen wurden. In gleichem oder noch höherem Maße galt dies von der Streunutzung. Infolge der Verschiedenheit der ökonomischen Lage bildeten sich große Ungleichheiten im Bestandeszustande aus. Die abgelegenen, wenig ausgenutzten Bestände behielten den Charakter des Plenterwaldes; die den Ortschaften näher gelegenen wurden in regelmäßige gleichaltrige reine Bestände übergeführt.

Schon im Mittelalter sind infolge des Bodenrückgangs Überführungen von Laub- in Nadelholz vorgenommen worden. Häufig gab auch das Dasein von ertraglosen Äckern und Ödlandflächen zum Nadelholzanbau Veranlassung. Als älteste Kultur wird in der Forstgeschichte eine im Jahre 1368 ausgeführte Kiefernsaat im Nürnberger Reichswald genannt. Ob es sich dabei um eine neue Waldanlage oder um die Umwandlung eines vorhandenen Laubwaldes in Nadelholz handelte, scheint nicht festzustehen. Von Nürnberg aus wurde die Kiefernsaat nach Frankfurt a. M. übertragen. Hier kam sie zuerst im Jahre 1423 und 1424 zur Ausführung. Ziemlich gleichzeitig fanden auch anderwärts Umwandlungen in Nadelholz statt. 1438 wurde in Baden eine Waldförsterordnung erlassen, durch welche der Anbau der Kiefer in der Rheinebene veranlaßt wurde. Seit dieser Zeit hat die Umwandlung der Laubholzwaldungen dort immer weitere Fortschritte gemacht: „Während bis zum 15. Jahrhundert die Laubhölzer ihr anfängliches Gebiet nicht nur behaupteten, sondern es durch die allmähliche Nutzung der in ihnen enthaltenen Nadelhölzer und die Begünstigung der masttragenden Bäume noch vergrößerten, machte sich seit diesem Zeitpunkt ein Vordringen der Nadelhölzer auf Kosten der Laubhölzer bemerkbar" — wird in den Erläuterungen zur Übersichtskarte des Großherzogtums Baden bemerkt. Ein Beispiel für die damalige Richtung in bezug auf den Wechsel der Holzarten gibt Hausrath durch Mitteilung über das Vordringen der Kiefer in der Luszhardt, einem rechtsrheinischen Waldgebiet. Auch in den nördlichsten Teilen Deutschlands wurde Nadelholz künstlich eingeführt.

Auf die große Zahl der Forstordnungen u. a. Urkunden, welche auf den Anbau der Kiefer in den einzelnen deutschen Staaten Bezug haben, kann mit Rücksicht auf die Menge des Stoffes, der hierzu beschafft werden muß, an dieser Stelle nicht eingegangen werden. Fast in allen Forstordnungen findet sich die Bemerkung, daß das „plätzige Hauen" aufhören, daß regelmäßige Schläge geführt und mit Nadelholz angebaut werden sollten. Die Bestimmtheit der Angaben wird häufig erschwert durch die Verwechslung der Namen der Nadelholzarten. Unter den Tannensaaten, die erwähnt werden, muß häufig die Kiefer verstanden werden. Von Aufforstungen, die von besonderem Interesse gewesen sind, ist in der Lüneburger Heide (Göhrde) eine Nadelholzsaat vom Jahre 1654 hervorzuheben, die durch eine von Herzog August erlassene Forstordnung herbeigeführt wurde. Im Gebiet des Landgrafen von Hessen-Kassel wird die Kiefer zum ersten Male in der Holzordnung Wilhelms VI. von 1659 erwähnt. Hier und in der Forstordnung von 1683 wird ihr Anbau mit dem Zustand des Bodens begründet. Er soll namentlich auf geringerem Boden stattfinden. Nähere Angaben über das damalige Vorkommen der Kiefer in Hessen enthält die Beschreibung J. J. Winkelmanns von 1697. Als Orte, in denen die Kiefer in Hessen damals vorkam, wird die Grafschaft Katzenellenbogen, die Umgebung der Stadt Rauschenberg bei Marburg und das Amt Rotenburg a. d. Fulda bezeichnet. Die gleiche Richtung tritt uns auch in den süddeutschen Forstordnungen jener Zeit entgegen. Eine an die Forstämter des Pfälzer Odenwaldes gerichtete Verordnung von 1730 schrieb vor, daß Föhren-, Fichten- und Tannensaaten auf öden Plätzen gemacht werden sollen. — In der zweiten Hälfte des 18. Jahrhunderts hielt die Kiefer in die Waldgebiete des Schönbuch in Württemberg, des Spessart u. a. ihren Einzug. In noch stärkerem Maße erfolgte der Anbau der Kiefer von der Wende des 18. und 19. Jahrhunderts an. Nach vorübergehend betätigter Vorliebe für die Birke und manchen, teils gelungenen, teils mißlungenen Versuchen mit ausländischen Holzarten (Lärche, Weymutskiefer) wurde mehr und mehr erkannt, daß das beste Mittel, den Bodenzustand und die Erträge zu heben, im Anbau der Kiefer und Fichte liege. Auch die Träger der Forstwirtschaft, insbesondere Hartig und Cotta, machten ihren Einfluß in dieser Richtung geltend. In Sachsen erfolgten unter H. Cottas Einfluß umfangreiche Umwandlungen der rückgängigen Mittel- und Niederwaldungen in wüchsige Fichten und Kiefern, wodurch der Ertrag außerordentlich gehoben wurde. Man hat gerade in der Gegenwart Anlaß, auf die günstige Wirkung, die der Nadelholzanbau für die Boden- und Bestandesverhältnisse gehabt hat, hinzuweisen, da man auf der anderen Seite die nachteiligen Wirkungen erkannt hat, die mit der Anlage reiner Fichten- und Kiefernbestände auf größeren Flächen verbunden sind. Eine richtige Würdigung der Holzarten ist überall nicht möglich, ohne daß auf die Geschichte der seitherigen Wirtschaft eingegangen wird.

2. Bestandesformen.

Zufolge der Mannigfaltigkeit der klimatischen und Bodenverhältnisse, der Einwirkung der umwohnenden Bevölkerung und der Maßnahmen der früheren Wirtschaft bestehen im großen Bereich des Vorkommens der Kiefer sehr verschiedenartige Bestandesformen, deren Dasein für alle zukünftigen Maßnahmen der Wirtschaft eine wichtige Grundlage bildet. Ihr Verständnis wird durch eine geschichtliche Auffassung wesentlich gefördert. Um die bestehenden Bestandesformen in einer bestimmten Ordnung und Vollständigkeit zu übersehen, empfiehlt es sich, sie nach den Merkmalen einerseits der reinen und gemischten Bestände, andrerseits der Gleichaltrigkeit und Ungleichaltrigkeit zu unterscheiden. Dazu treten dann noch manche Verschiedenheiten, die durch Bestandesbeschaffenheit, Wuchs, Schluß, Schäden der organischen und anorganischen Natur, zeitweise landwirtschaftliche Benutzung und andere Verhältnisse verursacht werden. Als die am meisten charakteristischen Bestandesformen werden hier folgende hervorgehoben:

Häufig tritt in natürlich entstandenen Waldungen die Mischung der Kiefer mit **weichen Laubholzarten**, insbesondere mit der Birke auf. Wie diese Holzarten in der frühesten Geschichte der Wälder nebeneinander vorkommen, so ist es auch bei der natürlichen und künstlichen Begründung späterer Zeit der Fall. Die meisten Laubhölzer haben für den Boden in Nadelholzbeständen günstige Wirkungen und müssen deshalb in der gehörigen Beschränkung erhalten werden.

Die wichtigste Bestandesform, die nicht nur zum Verständnis der jetzigen deutschen Waldungen wertvoll ist, sondern auch zu einem lehrreichen Beispiel für die zukünftigen Maßnahmen der Wirtschaft dienen kann, ist die auf natürlichem Wege entstandene Mischung der Kiefer mit der **Buche**. Sie tritt zunächst in der ungleichaltrigen plenterwaldartigen Form auf, die dadurch erzeugt wird, daß sich die Buche, auch wenn nur Sprengmasten eintreten, leicht und sicher verjüngt. Der sich unter dem lockeren Schirm eines gemischten Altholzes einfindende Buchenaufschlag erhält sich lange Zeit wuchskräftig, während etwa anfliegende Kiefern kümmern oder ganz zugrunde gehen.

Der Kiefern-Buchen-Mischbestand trägt dem natürlichen und dem ökonomischen Wirtschaftsprinzip und den daraus hervorgehenden Forderungen Rechnung und bietet ein handgreifliches Beispiel dafür, daß sich das natürliche und das ökonomische Prinzip bei richtiger Behandlung nicht im Gegensatz, sondern in Übereinstimmung befinden. Der Boden wird durch die Buche gedeckt, an Humus bereichert und bleibt im Zustand hoher Leistungsfähigkeit; die Kiefer erzeugt die wertvollsten Sortimente.

Wo die Buche aus klimatischen oder anderen Gründen nicht in die Kiefernbestände eingeführt werden kann, wie insbesondere in den nordöstlichen Teilen Preußens und überall in den frischen, zu Frost geneigten, meist mit besserem Boden ausgestatteten Niederungen, tritt die Hainbuche an ihre Stelle und bildet einen Unterstand, dem die guten Wirkungen der Buche, wenn auch nicht in völlig gleichem Maße, eigentümlich sind.

Neben den Laubhölzern haben auch die Nadelhölzer, wenn auch in geringerem Grade für die Mischung mit der Kiefer große Bedeutung. Für die Einführung der Lärche in Kiefernkulturen liegt selten Anlaß vor; ihr bestechender Jugendwuchs kann dafür nicht bestimmend sein. Daß unter Umständen die Tanne eine sehr schätzenswerte Mischholzart der Kiefer ist, zeigen viele schöne Bestände dieser Holzarten in der Schweiz, in Österreich und Süddeutschland. Auch im Wege des Unterbaues kann die Tanne in Kiefernbestände leicht eingeführt werden. Ihr Wachstum hat unter dem milden Schirm der Kiefer wenig zu leiden und der Boden wird in guter Verfassung erhalten.

Größere und allgemeinere Bedeutung als die Tanne hat, wenigstens für Mittel- und Norddeutschland die Fichte als Mischholzart der Kiefer. Bei der Gleichheit der Anforderungen, die beide Holzarten an die Wärme stellen, ist es sehr erklärlich, daß die Mischung durch Natur und Kunst in Norddeutschland in großem Umfang hervorgebracht ist. Aber neben der Gleichheit der Bedingungen, die an die Wärme gestellt werden, bestehen bekanntlich auch große Verschiedenheiten, namentlich in bezug auf den chemischen Gehalt und die physikalischen Eigenschaften des Bodens. Daß die Fichte, bei der ein genügender Feuchtigkeitsgrad die wichtigste Wachstumsbedingung ist, in Gegenden mit trocknem Boden und geringen Niederschlagsmengen ungeeignet ist, bedarf keiner besonderen Begründung. Wo aber genügende Frische vorhanden ist, hat die Mischung ihre guten Seiten.

Am meisten Schwierigkeiten bietet die Mischung von Kiefer und Fichte für Standorte, über deren Tauglichkeit für beide Holzarten den Wirtschafter zur Zeit der Bestandesbegründung nicht völlig klar ist. Das ist aber häufig der Fall, weil ein sicheres Urteil über das Verhalten gerade dieser Holzarten meist erst auf Grund längerer örtlicher Erfahrung erworben wird. Zwischen den trockenen Sandböden der Ebene, auf denen nur die Kiefern als Hauptholzart in Frage kommt, und den frischen Gebirgsböden, wo die Fichte herrschende Holzart ist oder werden soll, gibt es zahlreiche Übergänge. Alle Böden, denen es an der für die Kiefer erforderlichen Lockerheit und an der der Fichte entsprechenden Frische fehlt, bereiten dem Wirtschafter oft Verlegenheiten. Hier sind Mischungen beider Holzarten angezeigt. Diese sind tunlichst so zu leiten, daß später, wenn ihr Verhalten sich sicherer beurteilen läßt, jede der beiden Holzarten zur Hauptholzart erzogen werden kann. Die bekanntesten Kulturverfahren für Mischbestände dieser Art sind Mischsaaten, die in Sachsen, Hessen und anderen Ländern früher häufig ausgeführt wurden; ferner Fichtenpflanzungen mit Kiefernzwischensaaten, Ergänzungen der Fichtenkulturen mit Kiefern auf schlechteren Bodenstellen u. a. Auch die Lage gibt häufig zu Mischungen von Kiefer und Fichte Veranlassung. Insbesondere kommen hier Kulturflächen in Gelände, wo Erhöhungen und Vertiefungen, nördlich und südlich geneigte Hänge von verschiedener Frische miteinander abwechseln, in Betracht. Hier werden die Kulturen so geführt, daß die trockeneren Lagen der Kiefer, die frischeren der Fichte zugewiesen werden. Die Mischung nimmt hiernach einen unregelmäßigen horstweisen Charakter an. Die Ausführung muß den vorliegenden örtlichen Verhältnissen angepaßt werden, wie es auch von denjenigen Vertretern der Literatur und Praxis[1], denen ein hinlängliches Beobachtungsgebiet und reichere Erfahrung zur Verfügung standen, verlangt wird.

Wenn man nun, wie es der geschichtlichen Methode entspricht, auf die Anfänge einer geordneten Kiefernwirtschaft zurückblickt, so stehen für das umfangreichste und wichtigste Kieferngebiet Deutschlands, nämlich die Staatsforsten der östlichen Provinzen Preußens, die bekannten Instruktionen Friedrichs des Großen[2] im Vordergrunde. Der unmittelbare Einfluß, den sie auf den Zustand der Kiefernforsten Preußens gehabt haben, ist allerdings nur von kurzer Dauer gewesen. Die von der Umtriebszeit abhängige wirtschaftliche Einteilung, die durch sie vorgeschrieben wurde, konnte sich auf längere Zeit nicht behaupten. Die betreffenden Bestimmungen der Instruktionen wurden durch ein Reglement von 1796 und später durch die Instruktion für Forstgeometer von 1819 aufgehoben. Es wurde allgemein erkannt, daß die Einteilung in regelmäßige Wirtschaftsfiguren von der Umtriebszeit,

---

[1] Als solche seien hier hervorgehoben: Danckelmann (Zeitschr. f. Forst- u. Jagdw. 1895, S. 291); Erdmann (Heideaufforstung 1904, S. 124); Pause (Thar. Jahrbuch 1904).

[2] Sie sind ausführlich dargestellt durch die Schrift von V. Kropff: System u. Grundsätze bei Vermessung, Einteilung, Abschätzung, Bewirtschaftung und Kultur der Forsten 1807.

die dem Wechsel unterworfen ist, unabhängig sein müsse. Größer und nachhaltiger als der direkte ist der indirekte Einfluß, den jene Instruktionen durch die in ihnen enthaltenen Grundgedanken auf die Anschauungen und Bestrebungen der damaligen Forstwirte ausgeübt haben. In dieser Beziehung haben die Instruktionen mehr Bedeutung als alle Verfahren der Ertragsregelung, die den Fachwerksmethoden vorangegangen sind. Die vielfach zu Gegensätzen Anlaß gebenden Wirtschaftsregeln sind einmal forsttechnischer Natur; man muß ihnen, wenn man sie genau verfolgt, noch in der Gegenwart eine gewisse Bedeutung zugestehen. Wie Pfeil[1] hervorhebt, war die Idee des Königs dahin gerichtet, „eine Wirtschaft herzustellen, welche wir gegenwärtig eine geregelte Plenterwirtschaft nennen würden“. In volkswirtschaftlicher Hinsicht gewannen die Instruktionen im weiteren Verlauf der Forstwirtschaft und bis zur Gegenwart dadurch Interesse und Bedeutung, daß sie Anregung gaben, die Frage der Hiebsreife, die mit der Einteilung verbunden war, für Nutz- und Brennholz und mit Rücksicht auf den Bodenzustand eingehender als seither zu erörtern.

Unter den Methoden, die angewandt werden, um Kiefernstarkholz mit Hilfe des Freistandes und Lichtungszuwachses zu erzeugen, muß eben manchen kleineren Versuchen (wie sie z. B. in Wageners Lichtwuchsbetrieb vorliegen) Homburgs „Nutzholzwirtschaft im geregelten Überhaltsbetrieb“ hervorgehoben werden. Sie ist zwar nicht speziell auf die Kiefer gerichtet, sondern auf Mischbestände, in denen die Buche die Grundlage bildet; und die Darstellung, die der Autor seinem Kinde hat zuteil werden lassen, ist nach der forsttechnischen und ökonomischen Seite hin nicht gerade geeignet, ein gutes Verständnis seines Betriebes zu erwecken und ihm Anhänger zuzuführen. Auch fehlt es an Beispielen, aus denen der Betrieb mit genügender Klarheit hervortritt. Aber der Kern der Homburgschen Wirtschaft und der Grundgedanke, auf dem sich die Bestände aufbauen, sind zutreffend und wertvoll. Homburgs Betrieb bezeichnet eine Betriebsführung, der im letzten Jahrzehnt der Name Dauerwald beigelegt wurde. Er macht von den Mitteln, welche die Dauerwaldwirtschaft charakterisieren, bestimmte Anwendung: die Erhaltung der Bodenkraft, die Begründung gemischter Bestände, der Wert, der auf die Buche gelegt wird, die Anwendung der natürlichen Verjüngung, die Vermeidung der Kahlschläge — alle diese ihm eigentümlichen Grundsätze sind Merkmale einer Dauerwaldwirtschaft. Die Verjüngung der Buche soll schon mit etwa 70 Jahren eingeleitet werden. In die natürlich entstandenen Buchenjunggewächse werden geeignete Holzarten namentlich Eiche, Kiefer, Lärche eingeführt, die das doppelte Alter der 70jährigen Umtriebszeit erreichen sollen. Nachweise

---

[1] Forstgeschichte Preußens bis zum Jahre 1806.

über die Durchführung des Betriebes, die als Vorbilder für seine weitere Anwendung dienen könnten, scheinen nur in beschränktem Maße vorzuliegen. In bezug auf die Kiefer habe ich[1] schon früher ein praktisches Beispiel mitgeteilt. Bei der Einführung in die große Praxis würden gewisse Modifikationen oder Abänderungen notwendig werden, die wohl auf eine Erhöhung der Umtriebszeit abzielen würden, da bei dem unterstellten 70jährigen Umtrieb die natürliche Verjüngung der Buche an vielen Orten nicht durchführbar ist.

Dem Homburgschen Betrieb in seinen Grundgedanken nahe verwandt ist das Wirtschaftsverfahren des Herrn von Kalitsch. Es bietet ein treffliches Beispiel für die Erziehung der Kiefer in der mehrstufigen Bestandesform. Das durch Reisen und literarische Kundgebungen in weiten Kreisen bekannt gewordene Revier Bärenthoren ist durch die seit langer Zeit stetig fortgesetzte Bestandespflege, durch allmähliche Vorbereitung der Stämme für den Freistand und die Anwendung des Lichtungszuwachses ausgezeichnet. Nach allen diesen Richtungen wird die dortige Wirtschaft noch lange ihre berechtigte Bedeutung behalten, wenn auch, wie wiederholt hervorgehoben ist, die Nachweise über den Massenzuwachs der jetzigen Bestände gegenüber den früheren einer wesentlichen Berichtigung bedürfen. In der unmittelbaren Anwendung der Bärenthorener Wirtschaft auf andere Waldungen, insbesondere auch auf die preußischen Staatsforsten, wird die von Pfeil vertretene Richtung erneut eine Bestätigung ihrer Richtigkeit erhalten, daß nämlich die meisten und wichtigsten Maßnahmen der Forstwirtschaft örtlich bedingt sind. Jede Verallgemeinerung wirtschaftlicher Regeln hält eine gründliche Kritik nicht aus.

Zufolge der durch die Ausführung größerer Kahlschläge ausgezeichneten Wirtschaftsgeschichte des 19. Jahrhunderts haben sich in den meisten deutschen Wirtschaftsgebieten gleichaltrige Kiefernbestände, teils rein, teils mit anderen Holzarten gemischt, herausgebildet. Sie erhalten zunächst durch die Art der Entstehung, je nachdem sie durch Saat oder Pflanzung oder natürliche Verjüngung erfolgte, einen bestimmten Charakter. Hier sei zur Kennzeichnung der Bestandesformen nur hervorgehoben, daß an Orten, wo früher Laubholz gestanden hat, dieses sich zu erhalten und auszudehnen bestrebt ist, wie in den Umwandlungsbeständen von Laub- zu Nadelholz häufig ersehen werden kann. Die junge Kiefer gewährt durch ihre unmittelbare Umgebung der durch Frost oder anderen Schäden zurückgebliebenen Buche wohltätigen Schutz gegen die Gefahren der organischen und anorganischen Natur. Wo beide Holzarten von Natur vertreten sind, bilden sich je nach Lage und Boden sehr verschiedenartige Mischungen aus, deren

---

[1] Ein Dauerwald in Hessen. Zeitschrift für Forst- u. Jagdw. 1923.

Entstehung oft durch den Eintritt der Samenjahre und den alsdann vorliegenden Bodenzustand wesentlich bestimmt wird. Im allgemeinen werden die frischeren Lagen und reicheren Böden mehr von der Buche, die trockeneren und ärmeren Böden mehr von der Kiefer eingenommen. Wo die Buche einmal vorhanden ist, sucht sie sich auch auszubreiten. Sie unbeschadet des Wuchses der Kiefer durch die Mittel der Bestandespflege im Wuchse zu fördern, ist eine wichtige Aufgabe des Wirtschafters.

Besser und vollständiger, als es durch Benutzung der von der Natur dargebotenen Gaben geschehen kann, erfolgt die Herstellung von Buchen-Kiefern-Mischbeständen durch planmäßige wirtschaftliche Tätigkeit. Diese für die Zukunft des norddeutschen Waldes wichtigste Mischung tritt einmal in der annähernd gleichaltrigen Bestandesform auf, zum anderen in der ungleichaltrigen. Unter allen Umständen muß dahin gestrebt werden, daß für die junge Buche ein genügender Schutz gegen die Schäden der anorganischen und organischen Natur, besonders gegen Frost und Wild vorhanden ist. Wenn man nun auch die Buche, namentlich an Orten, wo sie von Natur spärlich vorkommt oder ganz fehlt, auf jede Weise fördern muß, so ist doch im Auge zu behalten, daß die Art der Schlagstellung, insbesondere die Grade der Lichtung und die Zeit der Räumung für die Erziehung von Kiefern-Buchen-Mischbeständen anders liegt, als wenn es sich um Mischbestände der Buche mit Schattenholzarten, oder um reine Buchen handelt. In den Kiefern-Buchen-Mischbeständen liegt der Wert der Buche vorzugsweise oder ausschließlich im Schutz des Bodens; ihre ökonomische Bedeutung tritt meist zurück. Die Aufgabe des Bodenschutzes kann die Buche aber erfüllen, auch wenn sie in der Jugend durch Frost oder andere Schäden zu leiden gehabt hat.

In reine Kiefernbestände, welche Buche aufnehmen sollen, wird diese in dem dem Endhieb vorausgehenden Jahrzehnt in kleineren oder größeren Horsten, meist von rundlicher oder quadratischer Form, auf frei gehauene oder stark gelichtete Flächen gebracht. Die Kultur der Kiefer erfolgt nach dem Endhieb durch Saat oder Pflanzung. Für die Buche werden auf diesem Wege günstige Entwicklungsbedingungen hergestellt. Besser aber als in reinen Kiefernbeständen vollzieht sich die Mischung, wenn beide Holzarten bereits im Altholz vertreten sind. Die Behandlung solcher Bestände erfordert aber die ständige Beobachtung der Boden- und Bestandesverhältnisse seitens des Wirtschafters. Ihre Schwierigkeit liegt nicht nur in den verschiedenen Ansprüchen an Licht, welche Kiefer und Buche in der Jugend stellen, sondern auch in manchen schädlichen Wirkungen (Frost, Verbiß usw.), von denen beide Holzarten in verschiedenem Grade getroffen werden. Unter sehr günstigen Umständen, besonders auf tätigen Böden, auf welchen die Beständesabfälle und Bodenüberzüge rasch zersetzt werden, lassen sich beide Holzarten auf natürlichem Wege in Bestand bringen. Die Buche verjüngt sich nach entsprechender Vorbereitung unter dem lockeren Schirm des Mischbestandes leicht; die Kiefer fliegt auf benarbtem oder verwundetem Boden mehr oder weniger vollständig an und findet bei entsprechendem Lichtgenuß gute Entwicklungsbedingungen. Diese Art der Begründung ist, wo sie Erfolg verspricht, sehr empfehlenswert; sie ist die beste und billigste. Unter den meisten Verhältnissen, namentlich auch in den meisten Kiefernforsten der norddeutschen Ebene, kann aber von ihr keine Anwendung gemacht werden. Frost und Wild sind der Ansamung und Erhaltung der Buche hinderlich; der starke Bodenüberzug, der in den Altholzbeständen, namentlich da, wo die Buche fehlt, meist vorhanden ist, erschwert die natürliche Verjüngung der Kiefer oder macht sie unmöglich.

Sicherer als auf voller Fläche gelingt die natürliche Verjüngung der Buche in Kiefernbeständen in der Form von Horsten. Auf einer frei gehauenen und stark gelichteten Horstfläche von nicht zu großer Ausdehnung sind die Bedingungen für die Entwicklung der Buche noch günstiger als im reinen Nadelholz. Die Umgebung des Altholzes bewirkt einen Schutz gegen die Austrocknung des Windes, gegen anhaltende Sonnenbestrahlung und gegen Frost. Es besteht keine schädliche Wurzelkonkurrenz des Altholzes und der Boden ist noch nicht in starkem Grade von Standortsgewächsen überzogen. Die Vorzüge solcher Horste sind seit Gayers Einfluß in vielen deutschen und außerdeutschen Forsten so klar ausgeprägt, daß es keiner besonderen Begründung bedarf, um ihren günstigen Einfluß auf die Entwicklung der Junggewächse mit Beispielen zu belegen. Nur ist bei allen hierher gehörigen Erwägungen und Maßnahmen zu beachten, daß in dem Maße, als die zuerst in Angriff genommenen Horste durch die Schlagführung begünstigt werden, die zunächst bestanden bleibenden Altholzflächen in ihrer Leistungsfähigkeit zurückgehen.

Ein sehr geeignetes Mittel um die Schwierigkeiten, welche mit der Begründung von Kiefer-Buchen-Mischbeständen verbunden sind, zu überwinden, hat Chr. Wagner der forstlichen Welt durch seinen Blentersaumschlag dargeboten. Hier ist der Forderung der Stetigkeit durch die allmählich von Nord nach Süd fortschreitende Schlagführung genügt. In dem zeitlich und räumlich geordneten Verhältnis der verschiedenen Holzarten liegt das wirksamste Mittel, um ihren Eigentümlichkeiten in bezug auf Schattenerträgnis und Höhenwuchs gerecht zu werden.

Einfacher und sicherer als durch die Verjüngung annähernd gleichaltriger Bestände wird die Erzeugung von Kiefern-Buchen-Mischbeständen im Wege des Unterbaues stark durchforsteter oder schwach gelichteter Kiefern bewirkt. Wie bei der Eiche, so hat sich auch bei der

Kiefer der Unterbau mit Laubholz als ein vortreffliches Mittel erwiesen, um sowohl der Forderung der Erhaltung eines guten Bodenzustandes, als auch der Erzeugung hoher Werte zu genügen. Das Vorbild für seine Herstellung gaben die natürlichen Mischbestände.

Nachdem der Unterbau der Kiefer in Nord- und Süddeutschland in einzelnen Revieren durchgeführt war, hat er schnell an Verbreitung gewonnen. Er ist in der forstlichen Literatur von hervorragenden Vertretern des Waldbaues (Danckelmann, Fürst, Gayer und vielen anderen) befürwortet und dann auch in der Praxis mit gutem Erfolg durchgeführt worden. Als sein einflußreichster Gegner ist Borggreve zu nennen, auf dessen Standpunkt in dieser wichtigen Frage bereits oben (unter II: Eiche) hingewiesen wurde.

In ihrer äußeren Erscheinung den Unterbaubeständen sehr ähnlich, nach ihren Zielen aber sehr verschieden sind Kiefernbestände, unter deren Schirm Laubhölzer, namentlich Eiche und Buche, mit dem Wirtschaftsziele angebaut werden, daß diese Holzarten den späteren Hauptbestand bilden sollen. Bekanntlich sind früher manche rückgängige Laubholzbestände wegen der Bodenverschlechterungen, die durch übertriebene Streunutzungen u. a. eintreten, in Nadelholz, besonders Kiefern umgewandelt worden. Sofern aber durch den Nadelabfall der Kiefer eine gründliche Besserung bewirkt ist, kann es sich empfehlen, solche Standorte dem Laubholz wieder zuzuführen. Die Kiefer wird dann allmählich gelichtet. Unter ihrem Schirm werden auf künstlichem Wege Laubholzbestände begründet, die häufig noch durch die anfliegende Kiefer eine Ergänzung erhalten.

In stärksten Gegensatz zu den Bestrebungen, die auf Erhaltung oder Herstellung von Mischbeständen hinzielen, stehen alle Verfahren der Bestandesbegründung, welche auf eine Verbindung der forstwirtschaftlichen mit der landwirtschaftlichen Benutzung des Bodens gerichtet sind. Eine solche hat in Deutschland fast das ganze 19. Jahrhundert hindurch bestanden, so daß jetzt reichliche Erfahrungen über ihre nachhaltigen Wirkungen vorliegen. Sie ist von hervorragenden Forstwirten vertreten worden, zunächst besonders von H. Cotta und K. Heyer. Der letztere hat in seinem Waldbau vorwiegend die guten Seiten der landwirtschaftlichen Benutzung des Bodens für die Holzzucht geltend gemacht (Verbesserung der physikalischen Eigenschaften des Bodens besonders der Lockerheit, Zerstörung des Unkrautwuchses, Verminderung der Insekten und Pilzschäden, Ersparnis an Aufforstungskosten u. a.). Aber obwohl dieser günstige Einfluß so klar erscheint, daß er nicht nachgewiesen zu werden braucht, führt eine längere Erfahrung doch zu Folgerungen, die denen, welche der Wirtschafter bei der Bestandesbegründung macht, entgegengesetzt sind. Von den Vertretern der Bodenkunde ist das Verhalten der Waldfeldbaubestände eingehend

untersucht worden. Der Waldboden verliert durch die landwirtschaftliche Benutzung an Humus, der als Quelle der Ernährung, namentlich
an Stickstoff, um so mehr Bedeutung hat, je geringer der mineralische
Gehalt des Bodens ist. Noch stärker und allgemeiner ist der Einfluß,
den die landwirtschaftliche Benutzung auf die physikalischen Eigenschaften des Bodens, insbesondere auf seine Durchlüftung ausübt. Durch
die Beseitigung aller, auch der feinsten Wurzeln werden die natürlichen
Kanäle, welche die Verdichtung des Bodens verhindern, beseitigt. Auch
für die Bestandesbildung treten ungünstige Wirkungen ein. Nach freu-
digem Wuchs in der ersten Jugend erfolgt meist ein Nachlassen desselben im Dickungs- und jüngeren Stangenholzalter. Es wird veranlaßt
durch das Auftreten des Wurzelpilzes, der in Beständen auf früherem
Ackerland eine sehr allgemeine Erscheinung von großer wirtschaftlicher
Bedeutung ist. Er beeinträchtigt nicht nur den Zuwachs der von ihm
getroffenen Stämme, sondern er macht diese auch unfähig, den Schäden
durch Wind und Anhang Widerstand zu leisten. Die Bestände werden
infolgedessen mehr oder weniger stark durchlöchert.

Der am schwersten für den Bestandeszustand in die Waagschale
fallende Nachteil des Waldfeldbaues liegt in dem Umstand, daß durch
ihn die Bedingungen für die Herstellung gemischter Bestände aufgehoben
werden, insbesondere derjenigen Mischungen, die für die Forstwirtschaft
der Zukunft am meisten Bedeutung haben, nämlich der Mischung der
Kiefer mit langsam wachsenden, des Schutzes bedürftigen Holzarten,
in erster Linie der Buche. Wenn der Boden behackt oder mit dem Pfluge
bearbeitet wird, so gehen die jungen Pflänzchen, welche sich, oft kaum
sichtbar, in älteren Beständen meist vorfinden, zugrunde. Das wichtigste
Mittel zur Begründung gemischter Bestände liegt in der Leitung der
schutzgewährenden Beschirmung.

3. Die Lehren der Geschichte.

Aus den Beobachtungen und Erfahrungen, die im Walde gemacht
und in der forstlichen Literatur niedergelegt sind, ergibt sich eine große
Mannigfaltigkeit in der Art der Bewirtschaftung der Kiefer. Es können
daher nur wenig allgemeine Grundsätze für diese aufgestellt werden. Die
wichtigsten derselben betreffen:

1. **Den Umfang ihres Anbaues.** Die Kiefer ist in erster Linie ein
Baum der Ebene. In den tiefgründigen Sandböden, die hier vorherrschen,
können sich ihre Wurzeln, ohne Widerstand zu finden, naturgemäß ausbilden. Aber hieraus darf nicht geschlossen werden, daß sie in Gebirgsforsten keine guten Wachstumsbedingungen fände. In der Fernhaltung
der Kiefer von höheren Lagen sind manche Forstverwaltungen zu weit
gegangen. Die Ursache der Untauglichkeit des Standorts liegt in der in
Gebirgsforsten meist bestehenden Flachgründigkeit des Bodens und in

den Schäden, die durch Schnee und andere atmosphärische Niederschläge verursacht werden. Wo aber diese Mängel und Gefahren nicht bestehen, findet die Kiefer bei entsprechendem Boden auch im Gebirge einen geeigneten Standort. Allgemein bekannt sind die vortrefflichen Kiefern mancher süddeutschen Gebirge wie z. B. in den höheren Lagen des Schwarzwalds auf Sandstein. Auch innerhalb der Höhenlage, die als Schneebruchregion bezeichnet wird, ist die Kiefer, mit Buche gemischt, namentlich auf südlich geneigten Hängen, besser geeignet als die hier oft angebaute Fichte.

2. Die Art der Bestandesbegründung. Hier bedarf zunächst die Frage der natürlichen und künstlichen Bestandesbegründung, die in der Forstwirtschaft eine so bedeutende Rolle spielt, der Erörterung. In der seitherigen Literatur und Praxis ist sie sehr verschieden beantwortet worden. G. L. Hartig wandte das von ihm vertretene Prinzip der gleichmäßig gestellten Schirmschläge auch auf die Kiefer an und gab die Vorschrift, daß in den Kiefernbesamungsschlägen die äußersten Astspitzen der stehenbleibenden Stämme 10 bis 20 Fuß voneinander entfernt sein sollten. Im Gegensatz zu Hartig vertrat H. Cotta die Ansicht, daß für die Art der Bestandesbegründung die besonderen Verhältnisse nicht nur des Standorts, sondern auch des Bestandes bestimmend sein müßten. Eine senkrechte Beschirmung sei der Kiefer stets zuwider, eine seitliche gewähre ihr wohltätigen Schutz. Als wichtigstes Hindernis für den Erfolg der natürlichen Verjüngung sieht Cotta die Konkurrenz der Wurzeln des Altholzes an, welche dem zarten Nachwuchs mehr schaden, als Schatten und Traufe. Auch Pfeil betont, gemäß der allgemeinen Richtung, die er vertritt, auch hier die Bedeutung des Örtlichen. Er spricht sich aber am Schluß seines Lebens entschieden für die künstliche Begründung aus. Noch entschiedener geschieht dies von K. Heyer und Burckhardt. In der Praxis stand die künstliche Begründung während des ganzen 19. Jahrhunderts infolge des herrschenden Kahlschlagbetriebs im Vordergrunde. Im entschiedenen Gegensatz zu ihr stand Borggreve, der die Vorzüge der natürlichen Verjüngung allgemein zu begründen versuchte und die dahin gehenden Regeln auch auf die Kiefer angewandt wissen wollte.

Unter dem Einfluß der genannten Vertreter des Waldbaus machte ich, als mir vom Preußischen Landwirtschaftsministerium der Auftrag erteilt war, ein Gutachten über die Bewirtschaftung und den Zuwachs der Kiefer in den Preußischen Staatsforsten abzugeben, im Jahre 1895 eine größere Reise in die östlichen und westlichen Teile der preußischen Monarchie. Überall, wohin ich kam, erkundigte ich mich nach dem Stande der natürlichen Verjüngung, sah die in dieser Richtung am meisten charakteristischen Waldbilder und suchte mir auf Grund derselben ein Urteil über die Frage der natürlichen Verjüngung der Kiefer zu bilden.

Ich erkannte bald, daß die wichtigste Bedingung für den Erfolg derselben im Boden liege. Sie geht leicht von statten, wo ein Bodenzustand vorliegt, der nach der Anleitung zur Standorts- und Bestandesbeschreibung beim forstlichen Versuchswesen als benarbt bezeichnet wird. Er ist im Kiefernwalde meist charakterisiert durch eine dünne, von einzelnen phanerogamen Gewächsen (Beerkraut, Gras) durchbrochene Moosdecke, unter der sich ein nicht aufgelagerter, sondern mit dem Mineralboden sich mischender Humus befindet. Die Herstellung eines solchen Bodens kann nur das spätere Ziel längerer planmäßiger Wirtschaft sein. In den meisten reinen Kiefern-Altholzbeständen ist er wegen starker Überzüge nicht vorhanden. Unter Umständen kann er wohl durch die Beseitigung einer lebenden oder auch einer toten Bodendecke erreicht werden. Das weitaus wichtigste Mittel besteht aber in den waldbaulichen, auf die Herstellung eines guten Bodenzustandes gerichteten Maßnahmen, unter denen die Einführung der Buche an erster Stelle steht. Die Geschichte der deutschen Forstwirtschaft lehrt den Zusammenhang zwischen Naturverjüngung und Mischwald in reichstem Maße.

3. Die Holzmassenerzeugung der Kiefer und ihr Verhalten zum Boden. Es ist in zahlreichen Aufsätzen und Gutachten der letzten Jahre mit Recht betont worden, daß durch die politischen Ereignisse der Neuzeit, insbesondere durch die Abtretung waldreicher Gebiete und die Hemmungen der Holzeinfuhr die Beschaffung des für die deutsche Volkswirtschaft nötigen Holzes sehr erschwert sei. „Es ist daher Pflicht einer weitschauenden Wirtschaftspolitik, alle irgendwie möglichen Mittel anzuwenden, um die einheimische Holzerzeugung zu steigern[1]." Um dieser sehr begründeten Aufforderung nachzukommen, ist es erforderlich, daß bei der Betriebsregelung die Ertragsfähigkeit und der wirkliche Ertrag des Waldes so gut nachgewiesen wird, als es nach den vorliegenden Verhältnissen, die sich nicht immer in genauen Zahlen ausdrücken lassen, möglich ist. Unter der langen Herrschaft des Fachwerks ist die Untersuchung des Zuwachses nicht gefördert worden. Dies gilt im besonderen Grade für Preußen. In den älteren Instruktionen, insbesondere in der Abschätzungsinstruktion G. L. Hartigs sind Ansätze für die Ermittlung des Zuwachses enthalten. Später sind wertvolle Anregungen für die Zuwachsermittlungen von Schneider, Jäger, Pressler, Borggreve u. a. gegeben. Aber sie sind in die Praxis nicht eingedrungen. Auch die Anweisungen zur Betriebsregelung von 1 12 und 1925 haben in dieser Beziehung keinen wesentlichen Fortschritt gebracht. Sie beschränken die Ermittlung des Zuwachses auf die Bestände, die im nächsten Wirtschaftszeitraum zur Verjüngung kommen sollen. Der Zuwachs, der die Grundlage und den Maßstab des Hiebsatzes bildet, ist aber der

---

[1] Ortegel: Die Forstwirtschaft, Stand und Aufgaben im Rahmen der deutschen Volkswirtschaft. Herausg. 1922 vom Reichsforstwirtschaftsrat, S. 23.

kesamte Zuwachs, welcher in einem ganzen Revier oder in einer Betriebs-glasse jährlich oder periodisch erzeugt wird. Dieser Zuwachs muß dem Urteil des Forsteinrichters über die Höhe des Hiebsatzes zugrunde gelegt werden; er bildet den besten Maßstab für die Abnutzung. Für die meisten anderen Staaten, namentlich Bayern und Sachsen, gilt Ähnliches. Auch sie beschränken die Zuwachsnachweise auf die zur Verjüngung heranzuziehenden Bestände.

Jede eingehende Untersuchung des Zuwachses führt zu dem Ergebnis, daß unter gegebenen klimatischen Verhältnissen der Zustand des Bodens für seine Höhe bestimmend ist. Die auf den Zuwachs gerichteten Arbeiten stehen daher mit den ihre Grundlage bildenden Bodenzuständen in un-mittelbarem Zusammenhang. Bei der Kiefer kann dies am leichtesten erkannt und nachgewiesen werden, weil hier die Unterschiede in der Zu-wachsleistung und im Bodenzustand während der verschiedenen Alters-stufen größer und bestimmter erkennbar sind, als bei den anderen Haupt-holzarten des deutschen Waldes. Als Beispiel hierfür können die Er-tragstafeln der Preußischen Versuchsanstalt für die Kiefer dienen. Nach den Ertragstafeln von Schwappach ist der laufende Zuwachs auf der II. Standortsklasse:

im Alter von	40	60	80	100	120	140 Jahren
	11,2	8,2	7,1	6,0	4,4	2,8 fm

Bestände, in welchen nur die Hälfte oder ein Viertel von dem Zuwachs erzeugt wird, der nach dem Standort möglich ist, können nicht als nor-mal, wie sie in den Tafeln erscheinen, angesehen werden. Der so stark sinkende Zuwachs steht zu der allgemein gültigen Forderung, daß die gegebene Bodenkraft unverkürzt zur Holzerzeugung ausgenutzt werden soll, im Gegensatz und findet in den physiologischen Gesetzen des Auf-baues der Kiefer keine genügende Erklärung. Das beste Mittel, um dem Sinken des Zuwachses in dem angegebenen Maße entgegenzutreten, be-steht in der Herstellung gemischter Bestände, insbesondere in der recht-zeitigen Einführung der Buche. In Kiefern-Buchen-Mischbeständen, die als Vorbilder für die zukünftige Erzeugung angesehen werden können, ist der Zuwachs der Kiefer demjenigen von reinen Kiefernbeständen ziem-lich gleich. Der Zuwachs der Buche aber ist ein Plus, um das der Gesamt-zuwachs des gemischten Bestandes erhöht wird.

4. Die Werterzeugung. Die meisten und wichtigsten forsttech-nischen Maßnahmen, insbesondere Bestandespflege, Durchforstungen und Lichtungen werden mehr durch die Rücksicht auf die Qualität als auf die Quantität des erzeugten Holzes bestimmt. Der durchschnittliche Massenzuwachs kann bei verschiedenen Durchforstungsgraden an-nähernd gleich sein. Der Wert des erzeugten Holzes, der durch seine Stärke und Beschaffenheit bestimmt wird, zeigt größere Unterschiede. Bei der Kiefer ist dies im besonderen Grade der Fall.

Man hat überall beim Holze zwei Wertarten zu unterscheiden. Einmal den Gebrauchswert, der durch die Dimensionen und die technischen Eigenschaften des Holzes bestimmt wird, sodann den Tauschwert, der von den Durchschnittspreisen der wichtigsten Sortimente oder des Durchschnittsfestmeters des ganzen Bestandes abhängig ist. Für manche Aufgaben der Forstwirtschaft, namentlich solche waldbaulicher Art, ist die Darstellung der vorhandenen und der zu erwartenden Gebrauchswerte genügend. Ein Urteil über diese kann ohne weiteres aus einem Betriebsplan, der nach Standortsverhältnissen, Holzarten und Altersklassen abgeschlossen ist, abgegeben werden. Für die wichtigsten Aufgaben der Forsteinrichtung, Verwaltung und Politik sind aber zahlenmäßige Nachweise unerläßlich, die nur unter Anwendung von Tauschwerten gegeben werden können.

5. **Allgemeine Folgerungen.** Im Massen- und Wertzuwachs der Bestände liegen die wichtigsten Grundlagen für den Fortschritt der Forstwissenschaft. Die meisten Maßnahmen des Waldbaues und der Forsteinrichtung stehen damit in Verbindung und auch bei vielen Aufgaben und Fragen der Forstbenutzung und Forstpolitik muß auf sie Bezug genommen werden. Die Hiebsreife der einzelnen Bestände, die Umtriebszeiten ganzer Reviere oder Betriebsklassen, die Begründung der Grade der Bestandesdichte in ihrer Anwendung auf den Verjüngungs-, Durchforstungs- und Lichtungsbetrieb — alle diese Aufgaben, die in einer geordneten Forstverwaltung an erster Stelle stehen, machen ein gründliches Eingehen auf den Massen- und Wertzuwachs erforderlich. Im stärksten Maße ist dies bei der Begründung der Umtriebszeit der Fall, über die bei jeder Betriebsregelung ein gründliches Urteil abgegeben werden muß. Näher hierauf einzugehen, wird der zweite Teil dieser Schrift Veranlassung geben.

IV. Fichte.

Die Fichte steht, wie die Nachweise der Forststatistik zeigen, unter den deutschen Waldbäumen mit reichlich drei Millionen Hektar an zweiter Stelle. Sie hat im Laufe des 19. Jahrhunderts eine starke Zunahme erhalten. Bei keiner anderen Holzart ist die Frage, ob das Streben nach Ausdehnung oder Einschränkung ihres Anbaus in höherem Maße zu betätigen ist, von solcher Bedeutung wie bei ihr. Hierbei wird die geschichtliche Methode, welche die in der seitherigen Wirtschaft gemachten Erfahrungen zusammenfaßt, wesentliche Dienste leisten können.

1. Geschichtliche Entwicklung.

Auch hier müssen, wie bei Buche und Kiefer, die Wirkungen der Natur und der menschlichen Eingriffe getrennt gehalten werden. Einerseits sind die natürliche Ansiedlung und Ausbreitung der Fichte ins

Auge zu fassen, andrerseits die Folgen der Maßnahmen, welche die menschliche Wirtschaft in positiver oder negativer Hinsicht zur Folge gehabt hat, der Betrachtung zu unterziehen.

a) Natürliche Bestandesgeschichte.

Über die natürliche Verbreitung der Fichte in Deutschland haben bis zur neuesten Zeit abweichende Ansichten bestanden. Früher wurde die Ansicht vertreten, daß die Fichte ihre natürliche Südwestgrenze in einer Linie von Oppeln nach Elbing finde; jenseits derselben komme sie nur in gewissen Höhenlagen der mitteldeutschen Gebirgsforsten vor. Als später die Moorfunde bekannt wurden, welche das frühere Vorkommen von Kiefer und Fichte in der Lüneburger Heide und an anderen Orten Westdeutschlands nachwiesen, konnte diese Ansicht nicht aufrecht erhalten werden. Es bildete sich die Meinung, daß die genannten Holzarten in vorhistorischer Zeit in Nordwestdeutschland heimisch gewesen seien, daß aber zwischen den Kiefern und Fichten der Vorzeit und dem jetzigen Nadelholz kein Zusammenhang bestanden habe; vielmehr liege zwischen diesen beiden entfernten Perioden eine Zeit, in der dort ausschließlich Laubholz herrschend gewesen sei. Nach den neuesten Forschungen kann auch diese Ansicht nicht aufrecht erhalten werden. Dengler[1] hebt eine Reihe von Orten in Westdeutschland hervor, wo die Fichte von Natur vertreten ist. Von C. A. Meyer[2] ist kürzlich ein wertvoller Aufsatz über das Vorkommen der Kiefer und Fichte in Nordwestdeutschland bekannt gegeben, in dem gesagt wird, daß Föhren und Fichten bis in die jüngste Zeit hinein in einem großen Teil des nordwestdeutschen Tieflandes wuchsen. Auch Hoops[3] zieht ähnliche Folgerungen.

An den meisten Orten, wo die Fichte von Natur vorkommt, waren zur Zeit ihres Auftretens die Bedingungen auch für andere Holzarten gegeben. Verbindungen mit diesen zu gemischten Beständen und Kämpfe der verschiedenen Holzarten um die Herrschaft waren daher schon frühzeitig eine allgemeine Erscheinung, wie es noch jetzt in allen urwüchsigen gemischten Beständen der Fall ist. Den weichen Laub-

---

[1] Die Horizontalverbreitung der Fichte 1912, S. 102 ff., Karte.

[2] Das Vorkommen der Kiefer und Fichte in Nordwestdeutschland.

[3] Das Vorkommen der Kiefer und Fichte. Ein Beitrag zur Frage nach dem Endemismus der Föhre und Fichte in Nordwestdeutschland während der Neuzeit, abgedruckt im deutschen Forstwirt 1923, Nr. 30. Unter Bezugnahme auf Berichte alter Forstbeamten aus der zweiten Hälfte des 17. Jahrhunderts wird hier bemerkt: Weiterhin beweist dies Schriftstück, daß im Jahre 1677 in der Umgegend von Hermannsburg Föhren und Dannen, also Pinus silvestris und Picea excelso in schlagbaren, teilweis mit Laubholz (Birken und Buchen) gemischten Beständen vorkamen. Am Schlusse wird bemerkt: „Nach alledem sehe ich mich zu dem Schlusse berechtigt: Föhren und Fichten wuchsen spontan bis in die jüngste Zeit hinein in einem großen Teile des nordwestdeutschen Tieflandes."

hölzern, welche sich schon früher im deutschen Walde eingefunden hatten, war die Fichte durch ihre Langlebigkeit und dichte Kronenbildung überlegen, so daß jene im Laufe längerer Perioden zurücktraten oder auch ganz abstarben. Auch die Eiche konnte sich auf die Dauer gegen die Fichte nicht behaupten; sie wurde von dieser eingeengt und unterdrückt. Die gefährlichsten Konkurrenten für die Fichte selbst waren dagegen die schattenertragenden Holzarten, insbesondere Tanne und Buche. Mischbestände von Buche, Tanne und Fichte machen in den meisten süd- und mitteldeutschen Gebirgsforsten die wichtigste, am stärksten vertretene Bestandesform aus. Das Verhältnis, in welchem sie im Naturwald auftreten, wechselt nach der geographischen und örtlichen Lage und der Bodenbeschaffenheit. Aus den Beobachtungen, die man noch jetzt in den immer seltener werdenden Mischbeständen dieser Art zu machen Gelegenheit hat, nach mündlichen Überlieferungen alter ortskundiger Personen und aus dem Inhalt alter Urkunden erkennt man, daß die Fichte hier beim ungestörten Wirken der Naturkräfte mit Notwendigkeit zurückgeht. Wenn man Mischbestände von Holzarten, welche die Fähigkeit, Schatten zu ertragen, in verschiedenem Grade besitzen, sich selbst überläßt, so werden beim ungestörten, stetigen Wirken der Naturkräfte aus dem Konkurrenzkampf, den die Holzarten miteinander führen, diejenigen als Sieger hervorgehen, welche am meisten Schatten zu ertragen imstande sind.

b) Menschliche Einwirkungen.

Im Laufe der neueren Zeit, fast das ganze 19. Jahrhundert hindurch, hat nun bekanntlich die Verbreitung der Fichte den entgegengesetzten Verlauf genommen, als es unter den Wachstumsbedingungen, die im urwüchsigen Plenterwalde vorliegen, Regel ist. Die Fichte hat nicht nur auf ihr entsprechenden Standorten ihr Bereich behauptet, sondern dieses ist noch weit über den natürlichen Standort hinaus ausgedehnt worden. Aus den Beobachtungen, die in manchen Altholzbeständen gemacht werden können, aus alten Karten, welche die Holzarten früherer Zeit angeben, und aus Erinnerungen alter Personen, geht dies mit Bestimmtheit hervor. Als die wesentlichsten Ursachen der Ausbreitung der Fichte in der Neuzeit müssen folgende Umstände geltend gemacht werden:

1. Der schon früher hervorgehobene Waldzustand des 17. und 18. Jahrhunderts. Unter dem Einfluß der den Wald belastenden Servituten, insbesondere der Streunutzung, war die Bodenkraft namentlich in den der Bevölkerung leicht zugänglichen Revieren sehr zurückgegangen, so daß die frühere Fähigkeit des Bodens, dauernd Laubholz zu tragen, stark beeinträchtigt wurde oder ganz aufhörte. Hierzu trat die wirtschaftliche Behandlung des Waldes. Vorherrschend war in den

meisten Laubholzgebieten ein regelloser Plenterbetrieb, der die guten Eigenschaften, die der Plenterwald bei guter Regelung haben kann, gänzlich vermissen ließ. In vielen Waldgebieten waren der Mittelwald und ähnliche Bestandesformen, bei welchen von der Ausschlagfähigkeit des Laubholzes Anwendung gemacht wurde, häufig vertreten.

2. Die leichte Kultur der Fichte. Abgesehen von sehr ungünstigen, dem Frost und anderen Naturschäden in besonderem Maße ausgesetzten Orten, kann die Fichte ohne den Schutz eines Bestandesschirmes angebaut werden. Sie ist imstande, mit den auftretenden Standortsgewächsen erfolgreich zu konkurrieren. Über den Einfluß, den ein Schirmbestand auf den Wuchs der Fichte ausübt, gingen die Ansichten der Praktiker schon im 18. Jahrhundert ebenso auseinander, als es jetzt der Fall ist. Vorherrschend war aber doch die Ansicht, daß die vom Altholz befreite Fläche für die junge Fichte die besten Wuchsbedingungen darbiete. Namentlich war Beckmanns bekannte Schrift über die Holzsaat, wenn sie auch starke Widersprüche hervorrief, von bleibendem Einfluß auf die Anschauungen der ausführenden Forstbeamten.

3. Eine Verstärkung erhielt das Bestreben, die Fichte künstlich anzubauen, durch die hohen Erträge, welche sie erwarten ließ. Schon G. L. Hartig hat in seiner bekannten Schrift über die Kultur der Blößen und den finanziellen Erfolg des Anbaues verschiedener Holzarten den Nachweis über die günstigen Folgen des Fichtenanbaues zahlenmäßig dargelegt. In der Praxis gewann die auf den Anbau der Fichte gerichtete Tätigkeit fortgesetzt an Boden. Charakteristisch sind in dieser Beziehung die Ergebnisse der Sächsischen Staatsforstverwaltung[1]. Durch den Abtrieb früherer schlechter Laubholzbestände, in denen die Birke häufig vorherrschte, und die Auffassung der abgetriebenen Flächen mit Fichte und Kiefer ist nicht nur der Boden sehr verbessert, sondern es hat sich auch der Zuwachs durch den Schluß der jungen Bestände außerordentlich gehoben.

Im allgemeinen zeigt der künstliche Anbau der Fichte den gleichen oder einen ähnlichen Verlauf, wie der der Kiefer. Die ältesten, aus dem 14. und 15. Jahrhundert stammenden Nachrichten über Nadelholzkulturen scheinen sich allerdings vorzugsweise oder ausschließlich auf die Kiefer zu beziehen. Aber später wurde auch die Fichte, besonders in den Gebirgs- und Hügelländern, stärker zur Kultur herangezogen. Häufig sind die einzelnen Nadelholzarten aus den betreffenden Forstordnungen oder anderen Urkunden nicht sicher nachzuweisen. Die oft genannten „Dannensaaten" beziehen sich meist auf Fichte und Kiefer,

---

[1] Lommatzsch: Die Umwandlung geringen Mittelwaldes. Bericht über die 3. Hauptversammlung des D. F. V. zu Leipzig.

bisweilen auf Tanne, Fichte und Kiefer, öfter auch nur auf Kiefer. Der Wert der Fichte wurde zuerst in den nicht weit von schiffbaren Flüssen gelegenen Gebirgsforsten erkannt, wo sich frühzeitig ein Handel mit Bauholz entwickelte. Mit Rücksicht hierauf findet sich häufig die Bemerkung, daß die Buche möglichst gründlich beseitigt werden solle. So heißt es z. B. auf Grund einer Forstbesichtigung des Steinheider Forstes, „daß die in den Verjüngungen sich einfindenden Buchen je eher desto besser ausgehauen und verkohlt werden sollen; denn sie die jungen Tannen und Fichten unterdrücken[1]". Ähnliche Bestimmungen sind auch in anderen Forstordnungen enthalten.

In der Gegenwart und jüngsten Vergangenheit hat das Urteil über die Kultur und den wirtschaftlichen Wert der Fichte eine wesentliche Änderung erlitten. In den Verordnungen mancher Staatsforstverwaltungen und in der waldbaulichen Literatur wird in einem Gegensatz zu der generalisierenden Richtung der zweiten Hälfte des 19. Jahrhunderts die Notwendigkeit einer Beschränkung des Anbaues der Fichte betont, und zwar so bestimmt, daß man den Beginn des 20. Jahrhunderts als einen Wendepunkt in dieser Beziehung wird bezeichnen dürfen. Die Ursache der jetzt vorliegenden Richtung liegt in den Erfahrungen, die im 19. Jahrhundert in vielen Wirtschaftsgebieten gemacht sind. Folgende Verhältnisse waren dabei von Einfluß:

1. Starke Naturschäden. Durch ihre flache Bewurzelung und bedeutende Höhe ist die Fichte der Sturmgefahr im besonderen Grade ausgesetzt, um so mehr, je besser die Bonität ist. Auch die Gefahren durch Anhang von Schnee, Reif usw. sind die von der Fichte eingenommenen Lagen in besonderem Grade ausgesetzt. Die Schäden durch Pilze, welche an Stamm und Wurzeln Rotfäule verursachen, beeinträchtigen die Sicherheit der Betriebsführung und des Ertrages. Am meisten sind die zahlreichen Insektenschäden von Einfluß (in erster Linie durch die Nonne), gegen welche die Wirtschaft am wenigsten Vorbeugungsmittel zu ergreifen imstande ist. Alle diese Gefahren, so beachtenswert sie auch sind, geben keinen Anlaß, den Anbau der Fichte auf Standorten, die ihren Ansprüchen entsprechen, auszuschließen, wohl aber sie von zweifelhaften, namentlich von zu milden Lagen fern zu halten, die Anhäufung großer, gleichaltriger Bestandesmassen zu vermeiden und die Begründung gemischter Bestände auf jede mögliche Weise zu fördern.

2. Die klimatischen Verhältnisse. Die Fichte macht hinsichtlich der wichtigsten Faktoren des Klimas, Wärme und Feuchtigkeit, bestimmte Ansprüche, in höherem Grade als die meisten anderen Holzarten, als namentlich die Kiefer. Die Vorzüge, die sie auf ihr entsprechen-

---

[1] Freysold: Die Fränkischen Wälder im 16. u. 17. Jahrhundert 1904, S. 96.

dem Standort besitzt, schwinden dahin und verwandeln sich in ihr Gegenteil, sobald einer dieser Faktoren ihren Anforderungen nicht genügt. Die Erfahrungen, die bei der künstlichen Begründung der Fichte gemacht sind, beweisen dies ebenso, wie die Tatsache der natürlichen Bestandesgeschichte, welche ohne Zutun des Menschen zum Verschwinden der Fichte geführt haben. In dieser Beziehung ist das nordwestdeutsche Tiefland von besonderem Interesse.

Von gleicher Bedeutung wie die Wärme ist das Vorhandensein einer bestimmten Feuchtigkeitsmenge. Die Fichte stellt in dieser Beziehung unter den Hauptholzarten die höchsten Ansprüche. Ihr Bedarf an Wasser ist am stärksten, die dem Boden zuteil werdende Wasserzufuhr am geringsten. Da ein Teil der Niederschläge von den Zweigen aufgefangen und ein anderer durch die Nadeldecke am Eindringen in den Boden verhindert wird, so kommt von den Niederschlägen, die herabfallen, nur ein Teil an den Boden selbst. Wie einflußreich gerade dieser Umstand auf das Dasein und das Wachstum der Fichte gewirkt hat, zeigt die Tatsache, daß die regenarmen Gebiete Nordostdeutschlands von der Fichte fast gänzlich gemieden werden.

3. Die Wirkungen, welche die Fichte ihrerseits auf den Boden ausübt. Für den Betrieb der Forstwirtschaft gilt ganz allgemein die Regel, daß der Waldboden durch die forsttechnischen Maßnahmen nicht verschlechtert werden darf. Die Fichte kann aber für sich allein, in reinen Beständen dieser Forderung nicht genügen. Der ungünstige Einfluß, den sie im Gegensatz zur Buche auf dem Boden ausübt, ist von Kautz[1] eingehend begründet worden. Insbesondere sind es die wichtigsten physikalischen Eigenschaften des Bodens, Durchlüftung und Frische, die hier in Betracht kommen. In der längsten Zeit des Bestandeslebens ist der Boden in Fichtenbeständen mit Moos und Nadeln bedeckt. Eine Moosdecke verhält sich nur günstig, so lange sie schwach bleibt; eine starke Moosdecke hält die Niederschläge vom Boden ab. Noch schädlicher wirkt eine dichte Nadeldecke. Sie entwickelt sich um so stärker, je kühler das Klima ist und je mehr es dem Boden an tätigen Stoffen, namentlich an Kalk, fehlt. Mit einem solchen Mangel sind aber bekanntlich biologische Wirkungen verbunden, insbesondere das Ersterben der Kleinlebewelt, die im gesunden Boden von so wesentlichem Einfluß auf die Wachstumserscheinungen ist.

2. Bestandesformen.

Auch bei der Fichte empfiehlt es sich, die Bestandesformen nach dem Gesichtspunkt der reinen und gemischten Bestände, der Gleichaltrigkeit und Ungleichaltrigkeit getrennt zu halten.

---

[1] Zeitschr. f. Forst- u. Jagdw. 1909, 1912.

a) *Reine Bestände.*

Sie sind in den deutschen Forsten im großen Umfang vertreten. Die Zusammensetzung der reinen Fichtenbestände wird zunächst durch die Art der Begründung bestimmt, je nachdem diese durch Pflanzung, Saat oder natürliche Verjüngung erfolgt. Sodann ist die Erziehung von Einfluß, besonders die Art und der Grad der Durchforstungen und Lichtungen. Einen besonderen Charakter erhält die Bestandesform durch die Art, wie die Verjüngungsschläge geleitet werden. Ungleichaltrige Bestände treten namentlich in der Plenterform auf, die mit Rücksicht auf manche Naturschäden von bleibender Bedeutung ist.

1. **Der Einfluß der Begründung auf die Bestandesform der Fichte.** Die Begründung der Fichte ist seither vorzugsweise auf künstlichem Wege bewirkt worden. Der Stand der Forstwirtschaft in der Gegenwart gibt aber Anlaß, auch bei der Fichte der Frage ihrer natürlichen Verjüngung das Augenmerk zuzuwenden.

Die innere und äußere Verfassung, welche die künstliche Begründung einzelner Bestände zur Folge hat, hängt vorzugsweise davon ab, ob das Streben der Wirtschaft in höherem Maße auf die Herstellung einer größeren Gleichheit oder einer größeren Ungleichheit, als sie vorliegt, gerichtet werden soll. Für die Ausführung einer Fichtenkultur auf einer gegebenen Fläche sind die Vorzüge der Gleichheit für die einzelnen Teile dieser Fläche in die Augen springend. Werden gute Pflanzen zur Kultur verwendet, wird diese mit Sorgfalt ausgeführt und machen sich keine störenden Einflüsse auf das Gedeihen der Pflanzen geltend, so ist das Ergebnis der Kultur ein völlig gleicher Bestand. Schlechte Kulturen, mangelhafte Pflanzen und Kulturschäden jeder Art, verursachen dagegen Mängel, die Nachbesserungen erforderlich machen und zu Ungleichheiten des begründeten Bestandes Veranlassung geben. Wenn man aber große Waldgebiete unter dem Gesichtspunkt der Gleichheit und Ungleichheit betrachtet, so geben sich sehr beachtenswerte Gefahren zu erkennen, die als Folge der Gleichheit angesehen werden müssen. Alle Schäden durch Frost, Insekten, Brände, Sturm, Anhang usw. werden durch die Gleichheit der vorliegenden Bestände außerordentlich erhöht. Es ergibt sich hieraus, daß man bei der Ausführung der Begründung von reinen Fichtenbeständen, stets eine doppelte Rücksicht zu nehmen hat, einerseits auf ihre Gleichheit, andrerseits auf ihre Ungleichheit.

Unter den Methoden der künstlichen Begründung hat seit der Mitte des vorigen Jahrhunderts in den meisten deutschen Wirtschaftsgebieten die Pflanzung an erster Stelle gestanden. So weit es sich um die Aufforstung unbestandener Flächen handelt, wo Gefahren besonderer Art für die junge Fichte vorliegen, geschah dies zweifellos mit Recht, weil Saaten wegen ihrer langsamen Entwicklung länger von Frost, Hitze, Unkrautwuchs und anderen Schäden zu leiden haben. In gehöriger

Beschränkung haben aber Fichtensaaten den Vorzug, daß sie schwächere Stangen in größerer Menge und Güte liefern als Pflanzungen. Wo ein genügender Schirmbestand vorhanden ist, oder leicht hergestellt werden kann, hat die Saat den Vorzug, daß ein solcher Schirm länger erhalten und dadurch dem Schaden durch Frost besser vorgebeugt werden kann. Auch die Räumungsschäden sind geringer.

Die eingehendsten Untersuchungen über den Einfluß der Anbaumethode auf die Zusammensetzung der Bestände und der Ertrag, sind von der Sächsischen forstlichen Versuchsanstalt unter Leitung von Kunze durchgeführt worden. Die Ergebnisse zeigen die einer Erklärung kaum bedürftige, aber zu wirtschaftlichen Folgerungen unbrauchbare Erscheinung, daß die weitständig begründeten Bestände sich in Höhe und Stärke vor den dichteren auszeichnen. Ein Vergleich der Bestände läßt ferner erkennen, daß die Stammgrundflächen nach der verschiedenen Begründung nur wenig voneinander abweichen. In bezug auf die Holzmassenerzeugung ergibt sich, daß sich bezüglich des Hauptbestandes die weiten, bezüglich der Gesamtmasse die mittleren Verbände am günstigsten verhalten.

Daß der natürlichen Verjüngung der Fichte auf Standorten, wo sie von Natur vorkommt, keine bleibenden Hindernisse entgegenstehen, lehrt die Geschichte vieler Bestände, die meist auf diesem Wege entstanden sind. Auch in der Gegenwart fehlt es nicht an Beispielen, die beweisen, daß bei entsprechenden Wachstumsbedingungen auf natürlichem Wege gute Jungwüchse erzeugt werden können. Wo die erforderlichen Bedingungen aber nicht vorliegen, hat der Versuch, von der natürlichen Verjüngung Anwendung zu machen, in der Regel nachteilige Folgen. Die dann doch erforderlichen Kulturen werden teurer und die Ergebnisse schlechter, als wenn sie, ohne daß ein solcher Versuch vorausgeht, durchgeführt werden. Deshalb zeigt die Geschichte der Fichtenwirtschaft in den meisten deutschen Staaten, daß sich die Praxis mehr und mehr von der natürlichen Verjüngung entfernt und der künstlichen Bestandesbegründung zugewandt hat. —

2. Der Einfluß der Durchforstung auf die Bestandesform der Fichte. Die Durchforstung der Fichte, wie sie im größten Teil der deutschen Forsten lange Zeit vertreten war, erscheint zunächst als eine sehr einfache Maßnahme: Herausnahme der unterdrückten und zurückgebliebenen Stämme unter Erhaltung des Bestandesschlusses. Die so bestimmte Niederdurchforstung hat, soweit nicht Naturschäden Änderungen bewirkten, an vielen Orten seither fast ausschließlich Geltung gehabt. Sie wurde von G. L. Hartig für fast alle Holzarten vertreten. Im Gegensatz zu Hartig stellte H. Cotta die Regel auf: Man fange die Durchforstungen früher an, als sich das Holz gereinigt hat; man lasse in den jungen Beständen die Stämme gar nicht zum

Unterdrücktwerden kommen; man wiederhole die Durchforstungen, so oft als es nur irgend möglich ist. Obwohl nun Cotta seine Durchforstungsregeln eingehender begründet hat, als es von Hartig und seinen Nachfolgern geschehen ist, hat das Durchforstungsverfahren des letzteren in der späteren Praxis doch weit mehr Anwendung gefunden.

Auch auf die Art der Durchforstung läßt sich der Gedanke des Strebens nach Gleichheit und Ungleichheit anwenden. Jeder Bestand, der durchforstet werden soll, gibt Anlaß zu der Überlegung, ob die Durchforstung im Sinne einer größeren Gleichheit oder einer größeren Ungleichheit bewirkt werden soll. Alle Grade der Niederdurchforstung befördern die Gleichheit der Bestände. Die Hochdurchforstung wird dagegen durch die Forderung der Ungleichheit bestimmt. Eine völlige Gleichheit der Bestandesbildung kann, ebenso wie es beim Normalzustand der Forsteinrichtung der Fall ist, auf die Dauer nicht hergestellt und aufrecht erhalten werden. Es ist daher ein natürlicher Fortschritt der neueren Zeit, daß die den Durchforstungsbetrieb beherrschenden Gedanken bis zu einem gewissen Grade auf die Herstellung von ungleichen Stämmen gerichtet worden sind. Selbst in gesunden und ganz regelmäßigen Beständen bilden sich von frühester Jugend an Ungleichheiten der einzelnen Stämme aus; es entstehen Vorwüchse, Zwiesel, Gipfelbrüche, von Pilzen und Insekten befallene Stämme u. a. Die Durchforstungsverfahren, welche in der neueren Zeit in der Praxis zunehmenden Einfluß gewonnen haben, sind durch die Forderung einer richtigen Würdigung der Ungleichheiten der Krone und des Schaftes ausgezeichnet.

3. Der Einfluß von Lichtungen. Die Forstgeschichte des 19. Jahrhunderts läßt erkennen, daß auch bei der Fichte Bestrebungen stattgefunden haben, die dahin gerichtet waren, ihren Stärkezuwachs zu beschleunigen und die Rentabilität zu heben. Allerdings ist bei der Fichte weniger Anlaß zu lichtenden Hieben gegeben, als bei den anderen Hauptholzarten des deutschen Waldes. Es sind physische, ökonomische und waldbauliche Gründe, welche die Anwendung der Lichtung beschränken. Zu jenen gehört vorerst die geringe Fähigkeit der Fichte zur Anlegung von Lichtungszuwachs, insbesondere in den höheren Altersstufen, was sich in Mischbeständen von Fichte, Tanne und Buche zu erkennen gibt. Hierzu kommt die Gefährdung durch Sturm, die an vielen Orten die Umlichtung der Fichte auf größeren ungeschützten Flächen verbietet. In ökonomischer Hinsicht kommt in Betracht, daß die Wertzunahme des Fichtenstammholzes früher aufhört als bei Kiefer und Laubholz und daß es bei der Fichte mehr auf die Verstärkung der oberen Teile des Stammes ankommt als auf die der unteren. Der Lichtungszuwachs ist aber im unteren Teil der Stämme stärker als im oberen.

Von den Bestandesformen, bei welchen von der Lichtung Anwendung gemacht worden ist, seien hier die Verfahren von G. Wagener, Vogl und Borgmann hervorgehoben.

Wagener[1] hat im 6. Abschnitt seiner bekannten Schrift die Ergebnisse der Holzmassen und Werterzeugung bei geschlossener und geräumiger Haltung der Bestände verglichen, wobei häufig auf die Fichte bezug genommen ist. Er kommt zu dem Ergebnis, daß durch die Einengung der Kronen, wie sie im 19. Jahrhundert vorherrschend war, die Massen- und Werterzeugung außerordentlich beeinträchtigt würde. Wagener vertrat zunächst die Ansicht, daß die Lichtung frühzeitig erfolgen müsse. Wenn die Fichtenbestände zwei Drittel der Grundfläche der üblichen Ertragstafeln erreicht haben, ist die Lichtung vorzunehmen, und zwar so stark, daß die Stämme 20 Jahre lang freie Entwicklung finden können. Später hat Wagener einen konservativeren Standpunkt vertreten.

Bessere Nachweise über den Erfolg des Lichtungszuwachses als von Wagener sind durch das von Vogl[2] vertretene, in langjähriger Wirtschaftsführung angewandte Verfahren erbracht worden. Bei diesem sollen die meist mit Tannen gemischten Fichtenbestände, nachdem sie einer mäßig begonnenen, stärker fortgesetzten Durchforstung unterlegen haben, so gelichtet werden, daß im Alter von 50 bis 70 Jahren etwa 50 bis 20% der Masse, 40 bis 50% der Stammzahl in gleichmäßiger Verteilung entfernt werden. Der Hieb trifft grundsätzlich zurückgebliebene Stämme, so daß der bleibende Bestand aus herrschenden, gleichmäßig bekronten, widerstandsfähigen Stämmen gebildet wird. Die Lichtungen werden dann allmählich fortgesetzt. Beim Schluß des Umtriebs sollen etwa 250 Stämme mit je 2,5 fm vorhanden sein. Der Betrieb ist hiernach durch stetige Hiebsführung ausgezeichnet. Die Zeit des Einlegens der Lichtungen entspricht den physiologischen Eigenschaften der Fichte, die im angegebenen Alter noch fähig ist, vom Lichtungszuwachs erfolgreich Anwendung zu machen, während sie bekanntlich später ganz im Gegensatz zur Tanne in dieser Hinsicht sehr zurückgeht.

Mit dem Betriebe Vogls nahe verwandt ist die von Forstmeister Borgmann[3] in der Oberförsterei Oberaula eingeführte horst- und gruppenweise Lichtwuchsdurchforstung der Fichte. Sie befindet sich mit dem Betriebe Vogls annähernd in Übereinstimmung bezüglich des Grades der Lichtung und des Alters, in welchem die lichtenden Hiebe

---

[1] Der Waldbau und seine Fortbildung 1884.

[2] Eine eingehende Darstellung des Voglschen Betriebs habe ich im Jahrg. 1901 der Zeitschrift f. Forst- u. Jagdw. niedergelegt.

[3] Borgmann, H.: Allgem. Forst- u. Jagdz. 1893 u. 1895; Borgmann, W.: Kronenfreihieb u. Lichtwuchsbetrieb der Fichte 1897.

eingelegt werden. Borgmann gibt für die Einführung derselben das Alter von 50 bis 65, Vogl das von 50 bis 70 Jahren an. Abweichend ist dagegen, daß Vogl den Lichtungszuwachs auf der ganzen Fläche, wirksam sein läßt, während Borgmann Horste von rundlicher oder sechseckiger Form in die bis dahin geschlossen erzogenen Bestände einlegt. Die in Lichtstand zu bringenden, am besten veranlagten Stämme sollen in Horste und Gruppen vereinigt werden, die von einander durch dunkler zu haltende Bestandesteile getrennt werden. Die Lichtstandstellung soll von der Mitte dieser Horste aus, mäßig beginnend sich allmählich ringförmig nach dem Umfang zu fortsetzen. Die Anlage solcher bis 10 Ar großer Horste und Gruppen soll in 50 bis 55 jährigen, bisher mäßig durchforsteten Beständen bewirkt und diese Horste selbst unter Zuweisung der besten Bodenstellen so ausgewählt werden, daß bis zu zwei Drittel der Gesamtfläche von ihnen bedeckt sind.

Die hier genannten Bestandesformen enthalten zweifellos Keime des Fortschrittes, die in Zukunft noch wirksamer als es seither der Fall war, werden können. Sie sind eine berechtigte Reaktion gegen die Schablone der früheren Generalregeln mit dem strengen Verbot der Unterbrechung des Kronenschlusses. Ein Rückblick auf die Geschichte dieser und verwandter Betriebsformen wird aber zu der Überzeugung führen, daß die Maßnahmen, welche auf die Ausführung von Lichtungen gerichtet sind, bei der Fichte nur örtlich begrenzte Bedeutung haben. Die Fähigkeit zur natürlichen Verjüngung, die Mischung mit anderen Holzarten, insbesondere mit Tanne und Buche, die Sturmgefahr, die Neigung des Bodens zur Verunkrautung und andere Verhältnisse sind dabei von Einfluß.

Zu den Bestandesformen, die durch Lichtungen oder Lockerung charakterisiert werden, müssen endlich auch die in der Überführung zu Laubholz begriffenen Fichtenbestände gezählt werden. Für sie gilt im allgemeinen das unter III. für die Kiefer Bemerkte. Im Laufe des 19. Jahrhunderts sind manche rückgängige Laubholzbestände in Fichten umgewandelt worden. Wo nun aber der Standort der Fichte auf die Dauer nicht entspricht, ist eine Rückumwandlung in Laubholz angezeigt, die am besten unter dem gelockerten Schirm der Fichte vorgenommen wird.

4. In der Verjüngung begriffene Bestände. Einen sehr wesentlichen Einfluß auf die Bestandesform der Fichte übt die Art der Schlagstellung bei der Verjüngung aus. Um sie in der vorliegenden Richtung zu kennzeichnen, ist sowohl die äußere Gestaltung der Bestandesformen, namentlich die Richtung, Aneinanderreihung und Ausdehnung der Schläge, als auch ihre Verfassung im Inneren zu begründen. Soweit nicht besondere Ursachen zu Abweichungen vorliegen, soll sich unter gleichmäßigen Terrainverhältnissen die Form der Schläge der

rechtwinkligen tunlichst nähern. Die Richtung der Seiten wird in erster Linie dadurch bestimmt, daß die Schläge den gefährlichsten Wirkungen der Natur, die durch Sturm und Sonne erfolgen können, entgegengeführt werden. Aber besondere Verhältnisse können Anlaß zu Abweichungen der Schlagform und Richtung geben. Den stärksten Stürmen kann durch die Anwendung der Form eines Keils, der die Spitze der Hauptsturmrichtung entgegenstellt, entgegengetreten werden. In welligem Terrain sind die Mittellinien häufig auf die seitlichen Lücken zu legen, von denen aus die Verjüngungshiebe nach den begrenzenden Mulden geführt werden. Als Verjüngungsverfahren sind der gleichmäßige Schirmschlag, der Blendersaumschlag, der Kahl- und Saumschlag mit künstlicher Begründung, sowie der Horst- und Kulissenhieb hervorzuheben.

Daß die natürliche Verjüngung unter Schirm bei entsprechenden Bedingungen von guten Erfolgen begleitet sein kann, zeigen viele Althölzer, die auf diesem Wege entstanden sind. Der Rückblick auf die Wirtschaftsgeschichte läßt aber erkennen, daß im Laufe derselben die natürliche Verjüngung fast überall zurückgetreten ist, während die künstliche, in erster Linie die Pflanzung, eine Zunahme erhalten hat. G. L. Hartig vertrat, seinen allgemeinen Regeln entsprechend, auch bei der Fichte die natürliche Verjüngung. H. Cotta ist ein entschiedener Gegner des Generalisierens; er will auch in der vorliegenden Frage stets die örtlichen Verhältnisse berücksichtigt wissen. Hundeshagen vertritt, Hartig folgend, in seiner Produktionslehre für die Fichte mit Entschiedenheit die Naturverjüngung. Aber die späteren waldbaulichen Schriftsteller, insbesondere Pfeil, K. Heyer, Burchardt, Grebe, Danckelmann u. a. stehen übereinstimmend auf dem Standpunkt, daß die künstliche Bestandesbegründung, insbesondere die Pflanzung, bei der Fichte der Vorzug verdiene. Ähnlich lauten die Kundgebungen in den Versammlungen deutscher Forstmänner und in den Anordnungen der Staatsforstverwaltungen.

Erst in der neueren Zeit haben sich sowohl in der forstlichen Literatur als auch in der Praxis entschiedene Strömungen gegen den Kahlschlag gebildet. An der Spitze ihrer Vertreter steht Borggreve, der unter Bezugnahme auf G. L. Hartig die natürliche Verjüngung bei der Fichte allgemein und entschieden vertritt. Auch Gayer hat diese empfohlen. Seit jener Zeit ist die Frage der natürlichen Verjüngung nicht nur in der forstlichen Literatur fortgebildet, wie aus den anregenden Schriften und Aufsätzen von Wagner, Menzel, Kautz, Augst, Engler u. a. zu ersehen ist, sondern es treten auch dem reisenden Forstwirt Beispiele gelungener Naturverjüngung in zunehmendem Maße entgegen.

Die Schwierigkeit, die Fichte auf großen Flächen gleichmäßig zu verjüngen, und das Streben, die Schäden, die in größeren Schirmschlägen durch die Wirkungen der Natur, durch Fällen und Rücken veranlaßt werden, zu vermeiden, haben dazu geführt, die Verjüngung nicht auf der ganzen Fläche einer größeren Abteilung gleichmäßig vorzunehmen, sondern in der Form von Schmalschlägen, die allmählich, meist streifenweise, aus einer dunkleren in eine lichtere Stellung gebracht werden. Die erfolgreichste Frucht der dahingehenden Einsicht ist Wagners Blendersaumschlag. Er hat durch die Begründung der Verjüngungsrichtung und die Forderung der Stetigkeit, des allmählichen Fortschreitens durch seinen Urheber eine so gründliche Darstellung erfahren, daß von einem weiteren Eingehen auf ihn an dieser Stelle Abstand genommen wird.

Als ein für die Bestandesform wichtiges Verfahren der Bestandesbegründung ist ferner auf den Femelschlagbetrieb Gayers hinzuweisen. Dieser hat bekanntlich seine wesentlichste Aufgabe in der Begründung von Mischbeständen. Soll von mehreren miteinander zu mischenden Holzarten die eine gegen die andere begünstigt werden, so kann dies nicht wirksamer geschehen als dadurch, daß die im Wuchse zu fördernde einen Vorsprung erhält. Im Bereich der Fichte ist dies in erster Linie die anspruchsvollere Buche. Ganz anders aber liegen die Verhältnisse, wenn es sich, wie hier unterstellt war, um reine Fichtenbestände handelt. Alsdann ist kein Grund vorhanden, Ungleichheiten der Wachstumsbedingungen für die einzelnen Teile der Schläge absichtlich herbeizuführen. In reinen Fichtenbeständen findet das Femelschlagverfahren keine Stelle.

Noch weniger als die Anlage von freien oder stark gelichteten Forsten sind für die Fichte Kulissenhiebe empfehlenswert. Es ist ein Verdienst von Borggreve, zuerst eine eingehende Kritik der Kulissenschläge den Fachgenossen gegeben zu haben. Bestandes- und Bodenverhältnisse, Alt- und Jungholz zeigen auf den Kulissen ähnliche Erscheinungen wie horstweise frei gehauene Flächen. Auf den zuerst kahlgehauenen Streifen werden die Kulturen oder Verjüngungen durch den senkrecht freien, seitlich geschützten Stand im Wuchse gefördert. Aber die von Borggreve geltend gemachte Tatsache, daß in dem gleichen Grade, wie sich auf den Kahlstreifen die Vorteile dieser ungleichen Schlagstellung häufen, für die zunächst stehen bleibenden Vollbestandstreifen aber die Nachteile der Bestandesöffnung zur Geltung kommen, hat ihre Richtigkeit überall, wo die Kulissen eingeführt wurden, bestätigt.

Ein umfassender Blick auf die geschichtliche Entwicklung der deutschen Forsten und ihre tatsächlichen Zustände läßt keinen Zweifel darüber, daß von der natürlichen Verjüngung die Fichte überall, wo die erforderlichen Bedingungen vorliegen, in weitgehendem Umfang Anwendung gemacht werden kann. Wo aber diese Bedingungen nicht vorliegen, wie es insbesondere bei starken Bodenüberzügen, starken Humusauflagerungen, auf nassen und trockenen Böden sowie bei ungenügenden Niederschlägen meist der Fall ist, muß zur künstlichen Begründung gegriffen werden. Die allgemeine Regel des stetigen Fortschreitens der Verjüngung gilt auch hier, so daß in bezug auf die räumliche Ordnung Gegensätze zwischen natürlicher und künstlicher Begründung nicht vorliegen. Je nach der Ausdehnung der Schlagflächen sind schmale Kahlschläge und Großkahlschläge zu unterscheiden. In der Theorie sind die Vorzüge der schmalen Schläge bei der Fichte stets anerkannt worden, allein in der Praxis sind die wünschenswerten Grenzen ihrer Ausdehnung häufig überschritten.

5. Der Fichtenplenterwald. Die Ungleichaltrigkeit der Bestandesbildung tritt am entschiedensten im eigentlichen Plenterwald hervor, auf den hier mit Rücksicht auf das Vorkommen der Fichte im Hochgebirge und manche Bestrebungen der Neuzeit kurz eingegangen wird. Übrigens entspricht der Plenterwald der Fichte in reinen Beständen unter den in Deutschland vorherrschenden Standortsverhältnissen weder in natürlicher noch in ökonomischer Beziehung. Von Natur bildet sich, wo die Bedingungen für verschiedene Holzarten vorliegen, ein Mischwald, in dem im Bereiche der deutschen Gebirgsforsten auch Tanne, Buche und evtl. noch andere Laubhölzer eine Stelle finden. In ökonomischer Hinsicht aber steht bei der Fichte die Bedeutung der geschlossenen Erziehung, abgesehen von Schutzwaldungen, so sehr im Vordergrund, daß der eigentliche Plenterwald nur selten in Frage kommt.

Die eingehendste Darstellung, die über den reinen Fichtenplenterwald vorliegt, verdanken wir Wessely. Ihm stand in den österreichischen Alpen ein weit größeres Anschauungsgebiet zu Gebote, als es in Deutschlands Gebirgswaldungen vertreten ist. Wessely gibt ein sehr anschauliches Bild von den Verhältnissen des Plenterwaldes. Nach den Beschreibungen, die er gibt, treten auch im Fichtenplenterwalde bestimmte Stärkeklassen weit mehr hervor, als man nach den üblichen Begriffen, die für den Plenterwald gegeben werden, annimmt. Man dürfe nicht glauben, er bestände aus abwechselnd neben einander liegenden Flecken oder Gruppen von Jung-, Mittel- und Altholz. Nichts weniger als das. Der wohlbetriebene Plenterwald ist ein nahezu völlig geschlossenes Hochholz, welches sich von den gewöhnlichen gleichaltrigen Altbeständen nur dadurch unterscheidet, daß seine Stämme nicht so gleich stark sind und daß dazwischen auch einzelne Reidel und Stangen stehen und stellenweise auch spärlicher Jungwuchs anzutreffen ist. Verwandte Beispiele treten dem reisenden Forstwirt auch an anderen Orten häufig entgegen.

b) Gemischte Bestände.

Trotzdem die Fichte, wie ein Blick auf die jetzigen Zustände der deutschen Forsten zeigt, nach ihrer Stamm- und Kronenform zur Bildung von reinen Beständen sehr befähigt ist, geben doch die vielen Gefahren, denen diese ausgesetzt sind, und die Wirkungen, die sie auf den Bodenzustand ausüben, allen Anlaß, der Herstellung gemischter Bestände das Augenmerk zuzuwenden und ihre anerkannten Vorzüge zur Tat werden zu lassen. Die Erfahrungen, die in dieser Richtung gemacht sind, und die Untersuchungen, die über ihr Verhalten stattgefunden haben, geben so vielseitige Belege für den günstigen Einfluß richtig vollzogener Mischungen, daß eine besondere Begründung an dieser Stelle nicht nötig erscheint. Nach der Geschichte der seitherigen Wirtschaft sind folgende Mischungen der Fichte besonders hervorzuheben.

1. Mit weichen Laubholzarten. Wie in den natürlich entstandenen Wäldern, so bildet sich diese Mischung, ohne daß sie beabsichtigt wird, auch in wirtschaftlich behandelten Forsten aus. Birken, Aspen, Erlen u. a. Weichhölzer können sich aber gegen die stark bekronte, Boden und Luftraum für sich ausnutzende Fichte auf die Dauer nicht behaupten. Bei der Art ihrer Behandlung muß stets beachtet werden, daß die weichen Laubhölzer der Fichte in der Jugend einen wohltätigen Schutz gegen manche Gefahren, insbesondere gegen Frost, gewähren und daß die Laubholzmischung auf den Boden in Fichtenbeständen von günstigem Einfluß ist. Deshalb sind die sich einfindenden Weichhölzer nicht, wie es früher oft geschah, zu vertilgen, sondern nur auf ein unschädliches Maß zu beschränken.

2. Mit harten lichtkronigen Laubhölzern. Sie verlangen sämtlich eine freie Entwicklung ihrer Kronen. Dieser Forderung kann aber in der unmittelbaren Umgebung von Fichten gleichen Alters nicht entsprochen werden. Hierdurch wird die Bedeutung dieser Mischung sehr beschränkt. Nach der seitherigen Geschichte und den vorliegenden Waldzuständen hat unter den harten Laubholzarten die Eiche am meisten Bedeutung. Ihre Mischung mit der Fichte tritt in sehr verschiedenartiger Weise auf, so daß ein reiches geschichtliches Material zur ihrer Beurteilung im Walde vorliegt. Alle Arten von Einzelmischungen der Eiche sind, ebenso wie Mischungen in Reihen und kleinen Horsten ungeeignet. Will man die Eiche im Bereich der Fichte erhalten, so muß ihr Anbau in großen Horsten durchgeführt werden. Hier kommt aber der eigentliche Vorzug, den die Mischung von Licht- und Schattenholzarten haben soll, ganz in Wegfall. Daher ist an vielen Orten im vorigen Jahrhundert die ungleichaltrige Mischung beider Holzarten zur Ausführung gebracht. Zum Unterbau der Eiche ist aber die Fichte eine durchaus ungeeignete Holzart. Sie schließt Wärme und Feuchtigkeit vom Boden ab und damit diejenigen Faktoren, auf welche zur Erzeugung guten Eichenholzes besonderer Wert gelegt werden muß. Das im wesentlichen abgeschlossene Ergebnis aller hierher gehörigen Erwägungen geht dahin, daß Eiche und Fichte zwei Holzarten sind, die man in keiner Form miteinander mischen

darf. Beide stellen insbesondere hinsichtlich der Wärme und der Feuchtigkeit so verschiedene Ansprüche, daß sie auf demselben Standort niemals die erforderlichen Wachstumsbedingungen finden. Ein Standort, der für die Eiche passend ist, taugt nicht für die Fichte und umgekehrt.

3. **Mit der Buche.** Für den größten Teil der deutschen Gebirgsforsten ist die Mischung von Fichte und Buche die wichtigste Bestandesform. Für eine weitgehende Ausführung derselben spricht zunächst der Umstand, daß sie von Natur in den mitteleuropäischen Gebirgsforsten in großem Umfang vorkommt. Alle geschichtlichen Forschungen führen zu der Erkenntnis, daß die Buche im Harz, im Erzgebirge, im Thüringer Wald u. a. Gebirgsforsten früher stärker vertreten war, als es in der Gegenwart unter dem Einfluß des Kahlschlags der Fall ist. Auch lehrt der geschichtliche Rückblick, daß sie früher unter dem Schutz des alten Plenterwaldes in größerer Höhe als jetzt bestandbildend vorkam.

Die Bedeutung der Mischung von Fichte und Buche liegt in erster Linie in dem günstigen Einfluß, den die letztere auf den Boden ausübt; sodann in der höheren Massen- und Werterzeugung; endlich in der größeren Sicherheit der Wirtschaftsführung. Die günstige Wirkung, welche die Buche, auch wenn sie nur schwach vertreten ist, auf den Boden in Fichtenbeständen ausübt, ist von Kautz[1] auf Grund treffender Beobachtungen in der langjährigen eigenen Wirtschaft dargelegt worden. Die sich kräuselnden Buchenblätter liefern für die den Humus zersetzenden und die Verwitterung fördernden Elemente, Luft und Feuchtigkeit, weit bessere Aufnahmebedingungen als die Nadeldecke der Fichte. Daß die Holzmassenerzeugung durch Mischung mit der Buche gehoben werden kann, wird als Ergebnis der Beobachtungen und Erfahrungen in vielen deutschen Gebirgsforsten in Zukunft voraussichtlich mehr und mehr bestätigt werden. Für einzelne normale Bestände sind allerdings auf Grund korrekter Untersuchungen gegenteilige Folgerungen gezogen worden. Allein hieraus kann man nicht ohne weiteres bindende Folgerungen für die Praxis ziehen. Den genannten Untersuchungen liegen regelmäßige Bestände jüngeren Alters zugrunde; die große Wirtschaft hat es aber mit Beständen zu tun, die durch die Wirkungen der organischen und anorganischen Natur gelitten haben, wodurch Abweichungen des wirklichen Zuwachses vom normalen unausbleiblich sind.

Die Herstellung der Mischung von Buche und Fichte gestaltet sich verschieden, je nachdem beide Holzarten in den zu verjüngenden Beständen bereits vorhanden sind, oder ob es sich um die Einführung der Buche in reine Fichten handelt. Was die Wirtschaftsziele betrifft, so kommt es darauf an, ob Bestände mit Buche als Hauptholzart erzogen

---

[1] Zeitschrift f. Forst- u. Jagdw. 1909 („Die Buche ist durch wirtschaftliche Vernachlässigung von oben nach unten verdrängt.")

werden sollen oder ob die Fichte die Hauptholzart ist, der eine Bei-
mischung von Buche zum Schutz des Bodens gegeben werden soll.

Sind beide Holzarten in den zu verjüngenden Beständen vertreten,
so können unter günstigen Verhältnissen beide auf natürlichem Wege
verjüngt werden. Die Buche samt sich in Mischbeständen mit empfänglichem Boden leicht an und die Fichte folgt ihr sobald die Lichtung
etwas weiter vorgeschritten ist und der Boden seine Empfänglichkeit
für die Aufnahme des Samens bewahrt hat.

Ist die natürliche Verjüngung für beide Holzarten nicht herzustellen,
so muß sie in der Regel auf die Buche beschränkt werden. In die natürlichen Buchenverjüngungen wird dann die Fichte auf künstlichem Wege,
meist durch Pflanzung, eingeführt. Je nach den Wirtschaftszielen kann
dies in sehr verschiedener Weise geschehen. Seither ist meist so verfahren
worden, daß die Fichte nur auf die unbesamt gebliebenen Stellen, auf
Ränder und Holzaufbereitungsplätzen eingebracht wurde. Wird aber
das Wirtschaftsziel auf die Fichte, als die in ökonomischer Hinsicht
wertvollere Holzart, gerichtet, so müssen die Buchenverjüngungen
rechtzeitig und systematisch mit Fichte durchpflanzt werden. Frühzeitige Räumung des alten Holzes ist hier selbstverständliche Regel, auch
wenn die junge Buche in manchen Jahren vom Frost zu leiden hat.

In Fichtenbeständen, denen die Buche vollständig fehlt, muß diese,
soweit es die gegebenen Verhältnisse gestatten, künstlich eingeführt
werden. Die Art der Mischung wird durch die waldbaulichen Eigenschaften beider Holzarten bestimmt. Die Buche bedarf zu ihrer Erhaltung des Schutzes; auf ungeschützten, freien Flächen wird sie an den
meisten Orten durch Frost, Hitze und Unkrautwuchs verdrängt. Den
angegebenen Verhältnissen wird am besten dadurch Rechnung getragen, daß die Buche einen Altersvorsprung erhält, indem sie einige
Jahre vor den Endhieben in das noch unangehauene Altholz eingeführt
wird.

4. Mit der Tanne. Diese hat vor der Fichte den wesentlichen Vorzug, daß sie von manchen Gefahren (Insekten, Sturm u. a.) weniger betroffen wird, daß sie sich leichter natürlich verjüngt und daß ihr Zuwachs
in den höheren Altersstufen, namentlich in den zur Verjüngung herangezogenen Beständen, stärker und anhaltender ist. Gemischte Bestände
von Fichte und Tanne gewähren infolgedessen mehr Sicherheit und erhöhen die Massenerzeugung. Bei entsprechenden Bedingungen verjüngt
sich die Tanne, wenn im Boden keine Hindernisse, wie z. B. durch Humussäuren vorliegen, noch unter fast vollem Schluß der Fichte meist in der
Form von Horsten. Die Fichte wird nach vollzogener Räumung auf
künstlichem Wege in Bestand gebracht; nur unter günstigen Bedingungen darf man auch bei ihr eine natürliche Verjüngung erwarten. Liegt
kein Samen erzeugendes Tannenaltholz vor, so ist der Anbau der Tanne

künstlich zu bewirken. Wegen ihres langsamen Jugendwuchses und mit Rücksicht auf die Gefahren, denen sie ausgesetzt ist, muß sie durch Voranbau unter Schirm, Wahl starker Pflanzen, Zuweisung besserer Bodenstellen und Schutz gegen Wild begünstigt werden.

5. Mit der Kiefer. Die Mischung von Fichte und Kiefer wurde bereits unter III (Kiefer) behandelt. Sie hat ihre besondere Bedeutung, wo kein ausgesprochener Standort, weder für die Fichte noch für die Kiefer, vorliegt. Es gehören hierher namentlich Böden, die für die Fichte zu trocken, für die Kiefer zu flachgründig sind. Im wechselnden Gelände, wo Erhöhungen und Vertiefungen von größerer und geringerer Ausdehnung miteinander wechseln, nimmt die Mischung naturgemäß einen horstweisen Charakter an. Sind Boden und Lage gleichmäßig und befindet sich der Standort an den Grenzen gedeihlichen Fichtenwuchses, so kann eine befriedigende Mischung häufig dadurch erzielt werden, daß beide Holzarten von vornherein gleichzeitig miteinander zum Anbau gelangen. Ausführung von gemischten Streifen- und Vollsaaten, Durchsetzen der Fichtenpflanzungen mit Kiefernsaaten, Ausbesserung mangelhafter Fichtenkulturen mit der Kiefer durch Saat und Pflanzung sind häufig vertretene Bestandesbilder. Die weitere Behandlung solcher Mischbestände erfolgt derart, daß nach den Beobachtungen, die im Laufe der Zeit gemacht werden, die eine oder die andere der beiden Holzarten zur Hauptholzart gemacht wird.

6. Mit der Lärche. Sie ist trotz der vielen Mißerfolge, die ihr Anbau gehabt hat, auch für die deutsche Forstwirtschaft eine Holzart von bleibender wirtschaftlicher Bedeutung. Den vorliegenden schlechten Ergebnissen stehen auch sehr gute gegenüber. Im Hochgebirge tritt sie in Mischung mit der Fichte in meist raumen Beständen unregelmäßige Horste bildend auf. Im Standortsgebiet der Fichte hat sie aber als deren Mischholz nur beschränkte Bedeutung. Die Lärche leidet, wenn die Fichte in die Periode schnellen Wachstums gelangt ist, durch diese stark beschattende, die Kronenentwicklung hemmende Holzart. Wo entsprechende Entwicklungsbedingungen vorliegen, wird die Lärche meist besser in Mischung mit der Buche erzogen, in deren Gesellschaft die wichtigste Bedingung für ihr bleibendes gesundes Wachstum, nämlich die allseitige Freiheit ihrer Krone länger erhalten bleibt als in der Umgebung der herrschsüchtigen Fichte.

7. Umwandlungsbestände. Da die Fichte infolge der Umwandlung rückgängig gewordener Laubhölzer oder aus anderen Gründen nicht selten auf Standorten angebaut ist, die ihr dauernd nicht entsprechen, so ist die Wirtschaft häufig vor die Aufgabe gestellt, Fichtenbestände in andere Holzarten überzuführen. In erster Linie kommen solche Standorte in Betracht, die der Fichte die zu ihrem Gedeihen erforderliche Feuchtigkeit nicht darbieten, wie milde Lagen mit nicht genügenden

Feuchtigkeitsquellen. Hier befindet sich die Fichte nicht auf ihrem naturgemäßen Standort und mit der Gefahr, daß die Wirtschaft durch höhere Gewalt umgestoßen wird, muß gerechnet werden; daher ist eine Umwandlung angezeigt. Auf den lehmreichen Böden steht für dieselbe die Eiche an erster Stelle. Die wichtigste Holzart aber, welche die bleibende Grundlage der Wirtschaft bilden muß, ist die Buche.

Zur Umwandlung in Laubholz gehören häufig auch Bestände, die durch Aufforstung früheren Ackerlandes entstanden sind. Wie bei der Kiefer in der Ebene, so sind sie bei der Fichte in Gebirgsforsten in großem Umfang vertreten. Solche Fichtenbestände werden im Stangenholzalter häufig vom Wurzelpilz befallen. Meist treten in den infizierten Beständen noch andere Schäden hinzu, namentlich durch Schnee und Wind, denen die mit Fäulniskeimen versehenen Fichten weniger Widerstand zu leisten vermögen als im Schluß befindliche gesunde Bestände. Die Aufgabe der Wirtschaft ist hier auf die Einführung von Laubholz gerichtet, und zwar entsprechend den Ursachen des Schadens durch Anbau in Horsten von größerer oder geringerer Ausdehnung.

8. Gemischter Plenterwald. Die Entstehung der Ungleichaltrigkeit, die den Plenterwald auszeichnet, ist im Naturwald darin begründet, daß die Lebensdauer der einzelnen Stämme verschieden ist. An die Stelle alter abgestorbener oder geworfener Stämme siedeln sich Gruppen von jungen Holzpflanzen an, die der Form und Größe der Kronen der zugrunde gegangenen Bäume annähernd entsprechen. Für die Fichte sind die wichtigsten Begleiter im natürlichen Plenterwalde Tanne und Buche. Das Verhältnis, in welchem diese drei Holzarten im Plenterwalde miteinander gemischt sind, ist aber kein gleichbleibendes; es ändert sich unter allen Umständen. Unter ungestörten Entwicklungsbedingungen gewinnt beim ruhigen Walten der ständigen Naturkräfte die Tanne an Ausdehnung, und die Fichte tritt mehr und mehr zurück. Die Tanne ist deshalb für den Plenterwald die am besten geeignete Holzart[1]. Ihre Fähigkeit, auf der kleinsten Fläche erfolgreich Fuß zu fassen, ist der Gliederung des Plenterwaldes und der Bildung gemischter Bestände sehr förderlich. Die Buche steht in dieser Beziehung an zweiter Stelle.

---

[1] Auf Grund reicher Beobachtungen und Erfahrungen schreibt Balsiger, Der Plenterwald: Laubhölzer, Kiefern und Lärche besitzen die Eignung (für den Plenterwald) nicht oder nur in ungenügendem Maße. Wenn sie gleichwohl da und dort eingesprengt vorkommen, so verdanken sie es einem günstigen Zufall, der ihnen freieren Stand und vermehrten Lichtgenuß gönnt. Buche und Fichte halten als Schattenhölzer wohl längere Zeit im Druck aus; aber es geht ihnen meist die Fähigkeit ab, nachträglich die verkümmerte Form mit einer vollkommeren zu vertauschen. Diese Haupteigenschaft der Plenterholzart besitzt einzig die Weißtanne, indem sie alle Beschattungsgrade, allerdings in latenter Lebenstätigkeit erträgt, um dann nach eingetretener Freistellung einer normalen Ausbildung und der höchsten Massenzunahme zuzustreben.

Sobald aber durch außergewöhnliche Störungen starke Unterbrechungen im Zusammenhang des Waldes eintreten, zeigt das Mischungsverhältnis der drei genannten Holzarten eine entgegengesetzte Entwicklung.

3. Die Lehren der Geschichte.

Die wichtigsten Folgerungen, zu denen der Rückblick auf die seitherige Fichtenwirtschaft in Deutschland Veranlassung gibt, betreffen:

1. Die Frage, ob der Anbau der Fichte in Zukunft eine Ausdehnung oder Einschränkung erfahren soll. Daß sie im Laufe des 19. Jahrhunderts in zunehmendem Maße in Deutschland eingeführt wurde, war zweifellos ein Fortschritt. Die Fichte hat in hohem Grade zur Hebung des Ertrags des deutschen Waldes beigetragen, namentlich auf den durch frühere Servituten und regellosen Holzhieb geschwächten Böden. Es unterliegt wohl keinem Zweifel, daß diejenigen Staaten, welche die Umwandlung der im 18. Jahrhundert so stark vertretenen rückgängigen Laubholzwaldungen in Nadelholz am frühesten und gründlichsten vollzogen haben, sich vor anderen, die hierin erst spät und in unvollkommener Weise nachgefolgt sind, vorteilhaft auszeichnen. Wo die klimatischen Verhältnisse der Fichte entsprechen, leistet sie unter den deutschen Hauptholzarten am meisten an Masse; und im Durchschnittsfestmeter der erzeugten Masse sind die höchsten Nutzholzanteile enthalten. Der Blick auf viele Waldgebiete, insbesondere der mittel- und süddeutschen Gebirgs- und Hügelländer, ergibt hierfür so zahlreiche Beispiele, daß es nicht nötig erscheint, auf einzelnes besonders einzugehen.

Allein es muß bei der Erörterung der Frage, in welchem Umfang die Fichte in Zukunft angebaut werden soll, auch gegenteiligen Gedanken Raum gegeben werden. Wenn man auch die guten Seiten, welche die Fichte in bezug auf Massen- und Werterzeugung besitzt, gebührend anerkennt, so darf man doch die Nachteile, die mit ihr verbunden sind oder doch sein können, nicht unterschätzen. Sie liegen bekanntlich in erster Linie in den großen Naturschäden, durch die sie zu leiden hat, insbesondere durch Sturm, Anhang, Insekten. Hierzu kommt, was lange Zeit nicht gebührend beachtet worden ist, der nachteilige Einfluß, welchen die Fichte unter Umständen auf den Boden ausübt. Es gibt keinen ungünstigeren Bodenzustand als eine dicke Nadeldecke, welche in reinen geschlossenen Fichtenbeständen, namentlich auf untätigen Böden, auftritt und die atmosphärischen Niederschläge von den Wurzeln der Fichte abhält. Ebenso sind die starken Trockentorfschichten, welche sich in den kühlen Lagen, die die Fichte einnimmt, infolge der langsamen Zersetzung der Waldabfälle bilden, für die Entwicklung der jungen Pflanzen sehr ungünstig. Indem man nun aber das in der Neuzeit mehr und mehr erkannte Verhalten der Fichte nach den angegebenen Richtungen gehörig würdigt, darf man nicht verkennen, daß jene Erscheinungen in erster Linie Folgen der Bodenzustände sind, nicht aber allgemein und in vollem Umfange der Fichte zur Last gelegt werden können. Auf tätigen Böden, auf welchen sich die Abfälle der Bäume und Standortsgewächse rasch zersetzen, gibt es keine starken Nadeldecken und Rohhumusschichten. Bei den Untersuchungen, die in der neueren Zeit über den ungünstigen Einfluß der Fichte auf den Zuwachs gemacht sind, wurden, wie es nahe lag, vorzugsweise Standorte ausgesucht, auf welchen ein Zuwachsrückgang zu vermuten war. Neben solchen gibt es aber viele andere, welche die Erscheinung eines Rückgangs nicht zeigen. In den natürlichen Fichtengebieten der mitteldeutschen Gebirge (Harz, Thüringer Wald, Erzgebirge) und in den höheren Lagen der süddeutschen Forsten ist die Fichte Jahrhunderte hindurch herrschende Holzart gewesen, ohne daß, sofern nicht nachteilig wirkende menschliche Eingriffe stattfanden, eine Bodenverschlechterung eingetreten wäre. Auf der anderen Seite gibt es viele Standorte, für welche die Fichte von vornherein, ohne daß es besonderer Untersuchungen und Nachweise bedarf, als eine durchaus ungeeignete Holzart anzusehen ist. Hier hat die neuere, gegen die Fichte gerichtete Kritik mit vollem Recht eingesetzt und es werden ihr zweifellos auch entsprechende Erfolge beschieden sein. Durchlässige, reine oder fast reine Sandböden können der wasserbedürftigen, flachwurzelnden Fichte die notwendigen Wachstumsbedingungen nicht gewähren; ebenso wenig die der austrocknenden Sonne ausgesetzten Süd- und Südwesthänge der meisten deutschen Gebirgsforsten.

Zieht man nun aus der Summe der Erfahrungen, die auf dem vorliegenden Gebiet in so reichem Maße gemacht sind, Folgerungen für die zukünftige Wirtschaftsführung, so können diese nur dahin gehen, daß man sich bei der Frage einer Erweiterung oder Beschränkung des Fichtenanbaus des Generalisierens gänzlich zu enthalten hat. Der bekannte Spruch: „In der Beschränkung zeigt sich erst der Meister" gilt hier in besonderem Grade. Man muß sich stets der Gefahren und Schwierigkeiten erinnern, mit denen die Bewirtschaftung der Fichte besonders an Orten, wo die natürlichen Wachsbedingungen fehlen, verbunden sind. Hieraus geht jedoch nicht hervor, daß man die Fichte außerhalb ihres natürlichen Verbreitungsgebietes nicht anbauen dürfe. Auch die geringe Menge atmosphärischer Niederschläge darf ihrem Anbau keine allgemeine Schranke setzen. Bei wechselndem Gelände gaben oft Mulden und andere Vertiefungen sowie nördliche Abdachungen und günstige Bodenzustände Anlaß zur Fichte zu greifen.

2. Die Art der Bestandesbegründung. Hier steht zunächst die bereits unter 2 (Bestandesformen) angeregte, für jede Wirtschaft bedeutsame Frage im Vordergrunde, ob bzw. inwieweit die natürliche Verjüngung der Fichte zur Anwendung gelangen kann oder soll. Wenn diese

Frage auch in den meisten konkreten Fällen durch die örtlichen Verhältnisse bestimmt wird und jede verallgemeinerte Tendenz fehlerhaft ist, so muß doch bei der Regelung der Wirtschaft die Richtung begründet werden, welche in Zukunft eingeschlagen werden soll. Unter den Bedingungen, welche im 19. Jahrhundert vorgelegen haben, konnte in dieser Beziehung in der Mehrzahl der Fälle kein Zweifel bestehen. Die Orte, welche zur Aufforstung mit Fichte bestimmt wurden, waren z. T. schlecht bestockt; häufig lagen durch Nebennutzungen und regellosen Hieb gelichtete Bestände und entkräftete Böden vor; ferner zur Überführung in Hochwald bestimmte Mittel- und Niederwaldungen. Sehr häufig hatte es die Wirtschaft mit Beständen zu tun, in denen der Boden in starkem Maße von Beerkraut, Heide und anderen Standortsgewächsen bedeckt war. Unter allen diesen Verhältnissen konnte nur künstliche Verjüngung in Frage kommen. Ein starkes Hindernis lag sodann im Auflagehumus oder Trockentorf. Er ist gerade bei der Fichte eine häufige Erscheinung, weil in den kühlen Lagen, welche diese einnimmt, die Zersetzung der Waldabfälle, zumal auf untätigen Böden, nur langsam erfolgt. Es ist daher sehr erklärlich, daß die meisten Forstwirte in der Literatur und Praxis die künstliche Begründung bei der Fichte vertreten haben.

Die Verhältnisse, welche seither der natürlichen Verjüngung hindernd entgegen gestanden haben, haben jedoch keinen dauernden Charakter. Es ist eine der wichtigsten Aufgaben, die der Fichtenwirtschaft in Zukunft gestellt sein werden, zu untersuchen, ob es nicht möglich ist, die Bedingungen herzustellen, welche zu einer erweiterten Anwendung der natürlichen Verjüngung nötig sind, insbesondere die Bildung von Auflagehumus und das Auftreten starker Bodenüberzüge zu verhindern. Die Empfänglichkeit des Bodens für die Ansamung der Fichte ist meist durch eine schwache Moosschicht charakterisiert. Sie schützt den Samen vor Austrocknen und ist der Entwicklung der jungen Pflanzen, ganz im Gegensatz zu starken Moosüberzügen, nicht hinderlich.

Die Mittel, welche in der Fichtenwirtschaft zur künftigen Förderung der natürlichen Verjüngung ergriffen werden können, liegen zufolge der angegebenen Grundbedingungen in erster Linie in der Erhaltung eines guten Bodenzustandes. Während der längsten Zeit des Bestandeslebens, im Dickungs- und Stangenholzalter, ist die Herstellung und Erhaltung eines Bodenzustandes anzustreben, der als bedeckt bezeichnet wird. Sobald aber die natürliche Verjüngung vorbereitet werden soll, ist der benarbte Bodenzustand herbeizuführen. Hiermit ist eine Abnahme des unzersetzten Humus und ein Sicheinstellen phanerogamer Pflanzen verbunden. Sodann muß die schon seither überall aufgestellte, aber nicht immer eingehaltene Regel befolgt werden, daß zu große Schlagflächen vermieden werden müssen. Von wesentlichem Einfluß ist ferner die Richtung, in welcher die Schläge geführt werden. Wenn auch die, durch die Rücksicht auf den Sturm bestimmte Richtung von Ost nach West jederzeit von Bedeutung bleibt, so muß doch auch die austrocknende Wirkung, welche Sonne und Wind ausüben können, mehr als seither beachtet werden. Von wesentlichem Einfluß auf den Erfolg der natürlichen Verjüngung ist endlich die Stetigkeit der Schlagführung. Durch die Erkenntnis ihres Wesens und ihrer Bedeutung lassen sich die Durchführung des natürlichen Prinzips und die Regeln der räumlichen Ordnung am besten vereinigen.

Ein wichtiges Mittel, um in Zukunft die Möglichkeit einer weitergehenden Anwendung der natürlichen Verjüngung anzubahnen, liegt in der Herstellung gemischter Bestände. Ihre guten Seiten sind seit K. Heyer und Gayer so vielseitig ausgesprochen und begründet, daß an dieser Stelle nicht weiter darauf eingegangen zu werden braucht. Neben der Abnahme mancher Gefahren werden durch richtige Mischungen auch die Bedingungen für die natürliche Verjüngung außerordentlich verbessert. Die die Naturverjüngung hemmenden Standortsgewächse werden zurückgehalten; der Humus durch den vermehrten Zutritt von Luft und Feuchtigkeit rascher zersetzt und mit dem Mineralboden verbunden. Das Urteil von Kautz: „In allen Harzlagen verjüngt sich die Fichte auf natürlichem Wege, wenn Buchenbeimischung, sei es auch nur als Unterholz, den Boden locker und unkrautfrei erhält," hat weitgehende Bedeutung.

Geht man nun im Anschluß an die allgemeinen Bedingungen der natürlichen Verjüngung auf ihr Verhältnis zur künstlichen Bestandesbegründung kurz ein, so ist leicht einzusehen, daß es in vieler Hinsicht erstrebenswert ist, wenn dieselben Bedingungen, welche für die natürliche Verjüngung Geltung haben, auch für die künstliche hergestellt werden. Der Boden ist auch hier in erster Linie der bestimmende Faktor. Auf einem im Sinne der Naturverjüngung behandelten Boden können alle Kulturen mit geringerem Kostenaufwand und besserem Erfolg durchgeführt werden. Ebenso verhält es sich mit den Grundlagen für den Aufbau des Waldes; die wichtigsten Regeln der räumlichen Ordnung gelten in gleicher Weise für die natürliche und künstliche Begründung.

Um die Schäden, namentlich der anorganischen Natur, welche durch den Großkahlschlag erzeugt oder verstärkt werden, zu vermindern, ist an Orten, wo die Bedingungen der natürlichen Verjüngung nicht vorliegen, wie namentlich auf untätigen, kalkarmen Böden in kühlen Lagen, in der neueren Zeit damit begonnen, die Fichte auf künstlichem Wege durch Saat oder Pflanzung unter Schirmbestand anzubauen. Wo ein solcher aus anderem Material (wie z. B. durch Laubholzstangen in Mischbeständen) nicht hergestellt werden kann, muß die Fichte selbst dem Zwecke des Schutzes dienen.

In der Neuzeit ist auch die Anlage von keilförmigen Schlägen nach dem Muster von Eberhard in Langenbrand in die Wege geleitet. Die Mittellinie der Keile ist der Hauptwindrichtung entgegen gestellt. Von den Keilflächen aus erfolgt der Fortgang der Verjüngung nach beiden Seiten, nördlich und südlich, so daß ihre Durchführung wesentlich beschleunigt wird. Bei manchen Terrainverhältnissen können an Stelle der Keilmittellinien seitliche Rücken treten, von denen aus das Holz nach den beiderseitigen Mulden geschafft wird.

3. Die Holzmassenerzeugung. Wie die Möglichkeit der natürlichen Verjüngung, so hängt auch der Zuwachs unter gegebenen klimatischen Verhältnissen vom Boden ab. Ohne weitere Begründung gilt in den meisten Kulturländern der Satz, daß ein möglichst hoher Zuwachs nachhaltig erzeugt werden soll. Die Wirtschaft hat zu diesem Zweck einerseits auf die Beschaffenheit des Humus das Augenmerk zu richten; andererseits auf die Überzüge von Gras, Beerkraut und anderen Standortsgewächsen, die sich bei stärkerem Lichteinfall überall bilden und auszudehnen streben. Nur der bedeckte und benarbte Boden kann den Anforderungen einer tunlichst hohen Zuwachserzeugung genügen; der nackte und der verwilderte Boden sind dazu außerstande.

Sucht man nun die Bedingungen der Erzeugungsfähigkeit nach der Geschichte der seitherigen Forstwirtschaft zu erfassen, so treten dem rückwärtsgerichteten Blick sowohl durch die Wirkungen der Natur, als auch durch Einflüsse der menschlichen Gesellschaft die Zeichen vielfacher Hemmungen entgegen, die die Wuchskraft mehr oder weniger stark beeinträchtigen. Schon H. Cotta stellte in seinem Waldbau den bekannten Satz auf: „Die Wälder bilden sich und bestehen da am besten, wo es keine Menschen und folglich auch keine Forstwissenschaft gibt;" und die Forstgeschichte und der Zustand vieler Wälder bestätigen die Richtigkeit dieses Satzes. Insbesondere macht sich die ungünstige Wirkung menschlicher Eingriffe in der Nähe von bewohnten Orten geltend, sowie beim Vorhandensein natürlicher Wasserstraßen, wo die weitere Beförderung des Holzes die geringsten Kosten verursachte. Die Natur beeinträchtigt die Bildung eines standortsgemäßen Zuwachses häufig durch die Regellosigkeit der Bestandesbildung und die Reibungen der einzelnen Stämme. Trotzdem wird an die Forstwirtschaft die Forderung gestellt, daß die Ertragsfähigkeit der Wälder nicht zurückgehen darf. Der Betrieb soll im Gegenteil beim Fortschritt der wirtschaftlichen Kultur intensiver gestaltet werden, wie es auch in der Landwirtschaft durch zunehmenden Aufwand von Arbeit und Kapital Regel ist.

Die eingehendsten Untersuchungen und Nachweise über den Zuwachs sind seither durch die forstlichen Versuchsanstalten ausgeführt worden. Die ersten Ertragstafeln bezogen sich auf normale Fichtenbestände. Bei einem Blick auf ihren Vorlauf ergibt sich, daß der laufende

Zuwachs nach den Altersklassen sehr verschieden ist. Er beträgt z. B.
auf III. Standortsklasse im Alter von:

Nach den Ertragstafeln von	40	60	80	100	120 J.
1890	12,4	13,0	10,4	8,0	6,2 fm
1902	13,6	15,0	11,8	9,6	8,0 „

Hiernach ist der laufende Zuwachs im 120. Jahre nach den Tafeln von
1890 nur die Hälfte von demjenigen, der nach den Standortsverhältnissen erzeugt werden kann. Diese Sätze der Tafeln stehen daher in
einem gewissen Gegensatz zu dem von Borggreve begründeten, seinem
Wesen nach zutreffenden Holzzuwachsgesetz, dahingehend, daß die Leistungen der Waldbäume an Trockengewichtszuwachs von den Kräften,
die der Erzeugung derselben dienen, abhängig ist. Dem hiermit ausgesprochenen Gesetz der Gleichheit steht aber ein Gesetz der Ungleichheit
gegenüber, welches darin besteht, daß alles organische Wachstum mit
kleinen Beträgen beginnt, allmählich zunimmt, ein Maximum erreicht
und dann allmählich wieder sinkt. Ein wesentlicher Grund für die Abnahme des Zuwachses geschlossener reiner Fichtenbestände liegt darin,
daß die Kronen zu schnell und zu stark in die Höhe rücken und daß,
wenn dies geschehen ist, mit der Abnahme des Höhenwuchses, die dann
eintritt, die Menge der Zuwachs erzeugenden Organe geringer wird als
zur Zeit des lebhaften Höhenwuchses, in der schlankere Kronenformen
mit größerer Kronenoberfläche erzeugt werden. Hierzu tritt noch die im
höheren Alter stärker auftretende Samenerzeugung. Als die Hauptursache der Abnahme des Zuwachses muß jedoch die in reinen Beständen
der Fichte ebenso wie der meisten anderen Holzarten hervortretende
Tatsache angesehen werden, daß der Boden in reinen Beständen, auch
ohne daß besondere Naturschäden eintreten, durch den starken Einfluß
Bodennährstoffe verbrauchender Standortsgewächse häufig eine Abnahme seiner Ertragsfähigkeit zeigt.

Wie verschieden auch die Verhältnisse liegen mögen, so sind doch die
wichtigsten Mittel, welche zur Hebung der Ertragsfähigkeit zur Anwendung gelangen, in den wesentlichsten Richtungen miteinander übereinstimmend. Bei der Fichte ist zunächst die Einführung von Holzarten
hervorzuheben, deren Abfälle für das Eindringen von Luft und Feuchtigkeit in den Boden kein Hindernis bilden, wie das in reinen geschlossenen
Fichtenbeständen durch Gras, Moos, Beerkraut häufig der Fall ist.
Sodann sind alle Maßnahmen in dieser Beziehung von Einfluß, welche
geeignet sind, die durch Sonne und Wind hervorgerufenen nachteiligen
Wirkungen vom Boden abzuhalten. Es sind nicht nur die Waldmäntel
an den Rändern, sondern auch die natürlichen oder künstlichen Anlagen,
welche einen Schutz des Bodens gegen Verwehungen und Austrocknung
bilden können. Zuwachsfördernd ist ferner jede gute Bestandespflege,
durch welche Schadhaftes entfernt, Gesundes im Wuchse gefördert wird.

Von Einfluß auf den Zuwachs sind endlich die Grade der Bestandesdichte, in welchen die Bestände in den verschiedenen Perioden ihrer Entwicklung erzogen werden. Alle Extreme der Bestandesstellung verhalten sich in bezug auf den Zuwachs ungünstig. Bei zu dichter Bestandeshaltung können sich die Zuwachs erzeugenden Organe nicht gehörig ausdehnen, sie beginnen zu kümmern. Bei zu dichter Haltung werden die Standortskräfte nicht gehörig zur Holzmassenerzeugung ausgenutzt; ein Teil der verfügbaren Bodennährstoffe geht an die Standortsgewächse über.

4. Die Werterzeugung. Bezüglich der Unterscheidung der Wertarten nach Gebrauchs- und Tauschwert, der Bestimmungsgründe für ihre Höhe und die Bedeutung für Umtriebszeit und Reinertrag wird auf das unter III (Kiefer) Vermerkte Bezug genommen.

Für die meisten Verwendungsarten des Fichtenholzes sind innerhalb eines gegebenen Wirtschaftsgebietes die Unterschiede der Form von größerer Bedeutung als die Substanz. Die wichtigsten Eigenschaften: Geradheit, allmählicher Abfall und Astreinheit sind formaler Natur. Sie spielen deshalb auch im Bereich der Forstbenutzung und in der Volkswirtschaft eine größere Rolle, als man, wenn das Fichtenholz nicht nach der Qualität getrennt wird, vermutet.

Wie die Forstgeschichte des letzten Jahrhunderts ersehen läßt, sind die Ergebnisse der meisten Untersuchungen über die Form des Fichtenstammholzes durch die sog. Formzahl zum Ausdruck gebracht. Diese erscheint zumeist als ein die Masse bestimmender Faktor, hat aber, richtig behandelt, mehr Bedeutung als Merkmal der Qualität. Auf ihre Ermittlung ist seither besonderer Wert gelegt worden. Paulsen, Hossfeld, Cotta, Hundeshagen, König, Pressler, Smalian u. a. haben sich meist in Verbindung mit der Aufstellung von Ertragstafeln durch die Untersuchungen der Formzahl Verdienste erworben. Aus neuester Zeit ist in dieser Richtung insbesondere Kunze zu nennen. Er hat die Formzahlen für Kiefer und Fichte nach allen Richtungen untersucht, bearbeitet und übersichtlich dargestellt.

Daß die auf Brusthöhe bezogenen Formzahlen ein gutes Hilfsmittel für die Ermittlung der Holzmasse von Beständen abgeben, läßt sich nicht in Abrede stellen. Sie werden in dieser Beziehung jederzeit ihre Bedeutung behalten. Allein der eigentliche Kern der Sache kommt in ihnen nicht zum Ausdruck. Sie stehen weder zu den physiologischen Grundlagen noch zu den ökonomischen Aufgaben der Wirtschaft in Beziehung. Die Formzahl wird in erster Linie durch das Verhältnis bestimmt, in welchem die Höhe von 1,3 m, wo die Durchmesser gemessen werden, zur Baumhöhe steht. In langem Holze liegt die Höhe von 1,3 m relativ tiefer; die Formzahl ist daher niedriger als in kurzen Beständen. Daraus ergibt sich die eigentümliche Erscheinung, daß die besten vollholzigsten Stämme die niedrigsten Formzahlen besitzen. Um die Form zu charakterisieren, müssen deshalb noch andere Bestimmungsgründe herangezogen werden. Der nächstliegende und überall anwendbare Faktor liegt in der Stärke des Abfalls des Durchmessers, der auf den laufenden Meter der Länge, evtl. getrennt nach dem unteren und oberen Stammteil, anzugeben ist.

Der Gebrauchswert wird am besten durch richtig gebildete Sortimente dargestellt, wofür in der neueren Zeit in den meisten Ländern sachgemäße und in den wichtigsten Punkten übereinstimmende Klassen gebildet wurden. Der Tauschwert ergibt sich aus den Preisen der Sortimente, welche das Durchschnittsfestmeter eines Bestandes zusammensetzen. Sie haben daher den Tausch- und Gebrauchswert zum wichtigsten Bestimmungsgrund, zeigen aber doch nach Zeit und Ort große Unterschiede.

5. Die allgemeine Richtung der Forstwirtschaft. Die dahin gehenden Folgerungen betreffen: erstens den Grad des Konservatismus, der bei der Einrichtung und Führung des forstlichen Betriebs einzuhalten ist; zweitens: die Folgerungen der Wirtschaftsprinzipien für Bestandespflege, Hiebsreife, Umtriebszeit; drittens: die Art der Behandlung forstlicher Aufgaben. Hierauf wird im zweiten Teil dieser Schrift eingegangen werden.

Zweiter Abschnitt.

Betriebsarten.

Obwohl die Nebennutzungen in der früheren Geschichte der deutschen Wälder eine hervorragende Rolle gespielt und die während des Weltkrieges gemachten Erfahrungen gezeigt haben, daß die Bedeutung derselben auch jetzt noch groß sein kann, müssen die nachfolgenden Betrachtungen auf das Haupterzeugnis des Waldes (das Holz) beschränkt bleiben.

Die Betriebsarten werden hier in erster Linie nach der Entstehung des Holzes, dann auch nach der Gleichaltrigkeit oder Ungleichaltrigkeit der Bestände gekennzeichnet. Hiernach werden folgende Betriebsarten unterschieden: 1. Der Niederwald, der durch Ausschlag der Stöcke oder Wurzeln entstanden ist. 2. Der Mittelwald, der zum Teil durch Kernwuchs, zum Teil durch Stockausschlag hervorgeht und die bekannten Altersstufen, wenn auch nicht scharf ausgeprägt und vollständig, enthält. 3. Der gleichaltrige Hochwald. 4. Der Plenterwald. In den Einzelfällen der Praxis sind häufig Übergänge und Verbindungen mehrerer Betriebsarten vertreten.

I. Niederwald.

Der Niederwald ist aus dem Bestreben hervorgegangen, die von der Natur erzeugten Holzmassen zu nutzen, ohne mit der Sorge für die Winterkultur belastet zu sein. Da Ausschläge schneller wachsen als Kernwüchse und weit früher genutzt werden können, so erscheint dies Verhalten, wenn der Blick auf kurze Zeit gerichtet wird, natürlich und berechtigt. Wie früh der Niederwald eingerichtet wurde, wie lange er bestanden hat und wie extensiv die Wirtschaftsführung war, mit der er behandelt wurde, ist am einfachsten aus den Forstordnungen zu entnehmen, die im 16., 17. und 18. Jahrhundert in großer Zahl erlassen worden sind. Eine der ältesten und bekanntesten ist die Forstordnung für die Grafschaft Mansfeld von 1585, die anordnete, daß alle Gehölze in zwölfjährige Gehaue geteilt werden sollen. Für die Haubergswirtschaft im Kreise Siegen wurde eine 16 jährige Teilung zugrunde gelegt. Die nassauische Forstordnung von 1731 bestimmt, daß die Hochwälder in 68, die Nieder- und Rindenwaldungen in 20, die Birken und weichen Hölzer in 14 Jahresschläge geteilt werden sollten. Ähnliches war in den meisten der zahlreichen Forstordnungen jener Zeit vorgeschrieben.

Bestimmtere Vorschriften über den Betrieb im Niederwalde wurden auf Grund von Erfahrungen, Untersuchungen und gutachtlichen Urteilen von den Begründern der Forstwissenschaft gegeben und in der Literatur niedergelegt. G. L. Hartig fügte seinem Lehrbuch für Förster eine Tabelle•bei, woraus man sehen kann, in welchem Alter die deutschen Laubholzarten am besten vom Stock ausschlagen, wie alt die Stockausschläge werden müssen, um eine gewisse Stärke zu erlangen, und wie lange die Stöcke im Niederwalde dauern. Das beste Alter für die Ausschlagfähigkeit wird für die Eiche zu 20—60, für Buche und Hainbuche zu 20—40, für die meisten Weichholzarten zu 20—30 Jahre angegeben. Die Umtriebszeit soll, wenn das Ziel der Wirtschaft auf Knüppelholz gerichtet ist, 20—30 Jahre, wenn nur Reisig erzeugt werden soll, 10—15 Jahre betragen. Als das höchste Alter der Ausschlagfähigkeit wird für die Eiche 150—200, für die Buche 60—90, für die meisten anderen Harthölzer 80—120 Jahre bezeichnet. Auch von H. Cotta und Hundeshagen wurden Angaben über die Ausschlagfähigkeit und die Umtriebszeit der Hauptholzarten beim Niederwaldbetriebe gemacht.

Ein Fortschritt in der Niederwaldwirtschaft der volkswirtschaftlich von Bedeutung war, wurde dadurch herbeigeführt, daß für Waldungen, welche von den Orten des Verbrauchs weiter entfernt liegen, stärkere Sortimente erzogen werden mußten, als in den nähergelegenen. Es machte sich ferner das natürliche Bestreben geltend, die schwachen Nutzhölzer, die von Bauern und Handwerkern jährlich gebraucht wurden, im Niederwalde zu erziehen. Dieser Forderung gaben manche Forstordnungen bestimmten Ausdruck. So wird z.B. in der weimarischen

Forstordnung von 1646 bemerkt, daß gesunde fruchttragende Bäume auf den jungen Schlägen stehen gelassen werden sollen und daneben auf jedem Acker 32 Hegereiser von Eichen und Buchen, absonderlich Eichen, welche so stark sind, daß sie vom Schnee nicht niedergedrückt werden mögen.

Auf Grund der langjährigen Erfahrungen, die über den Niederwald gemacht sind, haben sich die Urteile über seine wirtschaftliche Bedeutung ziemlich gleichmäßig gestaltet. Sie müssen, wie es für alle Betriebsarten zutrifft, einerseits auf das Verhalten zum Boden, andererseits auf die Ertragsleistung zurückgeführt werden.

Was den Boden betrifft, so ist dem Niederwald von manchen Seiten als ein Vorzug gegenüber dem Hochwald zugeschrieben, daß er nie so lange, als es bei diesem geschieht, freigelegt werde. Das tatsächliche Verhältnis ist aber ein ganz anderes, als es hiernach der Fall zu sein scheint. Faßt man längere Zeiträume ins Auge, so ergibt sich, daß der Niederwald zufolge seiner schon von G. L. Hartig geltend gemachten physiologischen Beschaffenheit den Boden nicht in dem Maße gedeckt zu erhalten vermag, als ein aus Samen erwachsener Bestand hierzu imstande ist. Die Stöcke verlieren im Laufe der Zeit ihre Ausschlagfähigkeit, ihre Wuchskraft geht zurück. Dadurch entstehen Lücken in den Beständen. Um diese auszufüllen, müssen Nachbesserungen durch Saat oder Pflanzung vorgenommen werden. Durch die Verbindung von langsam wachsenden Kernpflanzen mit alten, rückgängigen Ausschlägen kann aber niemals ein so vollständiger, den Boden deckender Bestandesschluß erzielt werden, wie es durch die Kulturen oder Naturverjüngungen im Hochwalde geschieht. Gegenteilige Erscheinungen, wie sie in manchen Niederwaldungen vorliegen, haben ihre Ursache in besonderen Verhältnissen, wie z. B. in der raschen Verwitterung des Grundgesteins und der Verbesserung durch Lockerung oder künstliche Düngung. Sieht man auf Niederwaldungen, in denen eine solche Besserung nicht stattgefunden hat, so tritt ein Rückgang des Bodens ein.

Aus dem Verhalten des Niederwaldes zum Boden und dem Nachlassen der Wuchskraft der Stockausschläge gehen auch die Folgerungen der Ertragsleistung hervor. Wegen des hohen Gehalts der Stockausschläge an Bodennährstoffen und ihrer Unfähigkeit, den Boden dauernd für die Holzerzeugung auszunutzen, ergibt sich, daß die nachhaltige Holzmassenerzeugung des Niederwaldes gegen alle anderen Betriebsarten zurücksteht. Einzelne Vergleiche der Zuwachsleistungen von Hoch- und Niederwald geben oft für den Hochwald zu ungünstige Resultate, weil bei ihm häufig die Vornutzungen nicht gehörig zur Nutzung gelangt sind, während im Niederwald alles, was erzeugt ist, zur Nutzung und zum Ertragsnachweis gelangt.

In noch höherem Maße als bezüglich der Masse steht der Niederwald in bezug auf die Werte, die in ihm erzeugt werden, gegen andere Betriebsarten zurück. Die ausschließlichen Sortimente, die er liefert, sind Reisig und schwaches Knüppelholz. Das im 19. Jahrhundert hervorgetretene Bestreben, die Nutzholzerzeugung zu steigern, kann der Niederwald am wenigsten befriedigen.

Aus dem Verhalten des Niederwaldes geht hervor, daß sich (abgesehen vom Schälwald) in der Neuzeit alle wirtschaftlichen Bestimmungsgründe vereinigen, um seine Massen und Wertleistungen herabzudrücken. Er widerspricht sowohl der allgemeinen Forderung der Bodenkultur, daß der Boden, die Quelle und Grundlage aller forstlichen Werte, in gutem Zustand erhalten werden muß, als auch der ökonomischen Regel, daß alle Betriebe im Laufe des Kulturfortschritts intensiver, mit größerem Aufwand von Kapital, geführt werden. Die Folgerungen, die aus der Geschichte der als Niederwald bewirtschafteten Forsten gezogen werden, sind einerseits auf eine Umwandlung in eine andere Betriebsart, andrerseits auf eine Veränderung der Betriebsführung zu richten.

Für die Art der Überführung kommt in erster Linie die Beschaffenheit der Bestände in Betracht. Sind die Stöcke noch ziemlich jung, die Ausschläge schlank, wüchsig und fähig, zu Nutzholz sich zu entwickeln, so wird der Übergang aus dem vorhandenen Niederwald derart vollzogen, daß dieser durchforstet und so lange auf dem Stocke erhalten wird, bis besseres Brenn- oder geringeres Nutzholz erwachsen ist. Sind dagegen die Bestände lückig und sperrig, so ist der Übergang zu einer intensiveren Betriebsart im Wege der Bestandsbegründung zu vollziehen. Auf besserem Boden ist dann in der Regel Laubholz, auf geringerem Nadelholz anzubauen.

Ausnahmen von der Regel einer Umwandlung der Betriebsart müssen häufig eintreten: 1. Mit Rücksicht auf den Schutz, den die Niederwaldstöcke zur Bindung des Bodens erfüllen können. 2. Auf nassen Böden, wo die Ausführung der Kulturen nur in trockenen Jahren oder gar nicht möglich ist. Meist ist hier die Erle vorherrschende, oft die einzige dem Standort entsprechende Holzart. 3. Mit Rücksicht auf die sozialen Verhältnisse der Waldeigentümer, da der Niederwald häufig im Eigentum von Personen steht, die nicht fähig sind, die mit der Überführung in Hochwald erforderlichen Kulturkosten aufzuwenden.

Wenn der Niederwald aus irgendwelchen Gründen erhalten werden muß, so kommen Änderungen der Bewirtschaftung in Betracht. Dahin gehört zunächst eine Erhöhung der Umtriebszeit. Je mehr Gewicht auf die Erzeugung von stärkerem Holz gelegt wird, um so mehr hat man Anlaß, die Umtriebszeit zu erhöhen, so daß neben dem Reisholz auch Knüppelholz und schwächere Nutzholzsortimente erzeugt werden. Sodann kann in den Ausschlagwaldungen auch die Einsprengung von frühzeitig Nutzholz ergebenden Holzarten (Kiefer, Lärche) zur Erhöhung der Holzerzeugung beitragen. Dem gleichen Zwecke können frühzeitig begonnene und stetig fortgesetzte Durchforstungen dienen. Endlich liegt auch im Überhalt von wüchsigen Stangen ein wirksames Mittel der Zuwachssteigerung.

II. Mittelwald.

Der Mittelwald, der durch das Nebeneinanderstehen von einzelnen, aus Samen erwachsenen Stämmen verschiedenen Alters (Oberholz) und gleichaltrigen Stockausschlägen (Unterholz) zusammengesetzt ist, steht, wie aus den Forstordnungen, auf die unter I hingewiesen wurde, hervorgeht, mit dem Niederwald in geschichtlicher und wirtschaftlicher Hinsicht in naher Beziehung. Auch in den Schriften, der älteren forstlichen Autoren tritt dies hervor. G. L. Hartig sieht den Mittelwald nicht als eine selbständige Betriebsart an, sondern er gibt dem Kapitel, das ihn behandelt, die Überschrift: ,,Von der Behandlung solcher Niederwaldungen, worin für immer starkes Baumholz oder Bauholz erzogen werden soll, oder vom Mittelwalde.''

Der Mittelwald ist durch eine große Mannigfaltigkeit verschiedener Holzarten und Altersstufen ausgezeichnet. Die lichtbedürftigen Holzarten, in erster Linie die Eiche, dann aber auch die meisten anderen harten und weichen Laubhölzer finden unter den Bedingungen, die im Mittelwalde vorliegen, sehr gute Wuchsbedingungen.

Wie bei allen Betriebsarten, so müssen auch beim Mittelwalde die Gründe für sein Dasein und seine Fortbildung auf den Boden und den Ertrag zurückgeführt werden. Was den Boden betrifft, so waren die Urteile, die über ihn abgegeben wurden, in früherer Zeit auf Grund der Eindrücke, welche das schnellwachsende Unterholz machte, häufig zu günstig. Es hat sogar in der früheren Literatur und Praxis nicht an Stimmen gefehlt, die ihm einen Vorzug gegenüber dem Hochwald zuerkannten. Es wurde zur Begründung geltend gemacht, daß der Boden im Mittelwald in besserem Zustand als im Hochwald erhalten werden könne, weil er niemals so freigestellt werde, wie bei diesem. Aber bei näherem Eingehen auf das Wesen beider Betriebsarten läßt sich nicht verkennen, daß der Mittelwald vorwiegend gute Standorte einnimmt, wodurch ein gutachtliches Urteil zu seinen Gunsten verschoben wird. Wenn man Standorte vergleicht, die als gleichwertig angesehen werden können, so erscheint der Mittelwald in bezug auf sein Verhalten zum Boden dem Hochwald nicht gleichwertig. Der Mittelwald verhält sich schon deshalb ungünstig, weil die in ihm hauptsächlich vertretenen Holzarten keine bodenbessernden sind; die den Boden am besten deckenden (Buche, Tanne) finden in ihm keine Stelle. Ungünstig verhält er sich ferner, weil die Stöcke des Unterholzes im Laufe der Zeit im

Wuchse nachlassen, rückgängig werden und weil es schwer ist, Oberholz und Stockausschläge zu einem einheitlichen, dem Boden deckenden Bestandesschirm zu vereinigen. Beispiele dieses Verhaltens zeigen namentlich Mittelwälder auf Sandsteinboden.

Dem nachhaltigen Verhalten zum Boden entspricht bei geordnetem Betrieb die nachhaltige Holzmassenerzeugung. Wenn man den Mittelwald nach dieser Richtung einer Kritik unterwirft, so ergibt sich, daß er den zu stellenden Anforderungen der Wirtschaft nicht zu genügen vermag. Es hat zwar in der seitherigen Forstgeschichte nicht an hervorragenden Stimmen gefehlt, welche ihn in dieser Beziehung günstig beurteilen. H. Cotta[1] hob als einen Vorzug hervor, daß man durch eine verständige Auswahl des Oberholzes bei der Mittelwaldwirtschaft mehr als bei der Hochwaldwirtschaft auf den Zuwachs einwirken könne. G. Wagener[2] gelangte zu dem Ergebnis, daß der an Oberholz reiche Buchenmittelwald höchst wahrscheinlich einen viel höheren Jahreszuwachs liefern, wie der Buchenhochwald auf der gleichen Standortsklasse. Auch Gayer[3] hebt hervor, daß der richtig gepflegte Mittelwald im Ertrag hinter dem Hochwald wenigstens nicht zurückstehe. Entsprechend solchen Urteilen wurden auch von manchen Staatsforstverwaltungen Ertragsnachweise kundgegeben, die zugunsten des Mittelwaldes verwendet werden konnten. So insbesondere in Baden[4] und Frankreich[5], dessen Forstwirtschaft durch einen langjährigen, nach gleichen Grundsätzen geführten Mittelwaldbetrieb ausgezeichnet ist.

Trotz den genannten und anderen Äußerungen und Ergebnissen kann das Urteil der Forstgeschichte für den Großbetrieb nicht auf Beibehaltung des Mittelwaldbetriebs lauten. Die günstigen Urteile über sein Verhalten zum Boden und Zuwachs gehen nicht aus dem Wesen der Mittelwaldwirtschaft hervor, sondern sie haben ihre Ursache in den äußeren Bedingungen, unter denen der Mittelwald vorzugsweise zur Anwendung gekommen ist. Hierher gehört insbesondere die Tatsache, daß er meist bessere Standorte einnimmt, als dem Durchschnitt der übrigen Bestandteile eines Reviers oder Landes entspricht. Er ist vorzugsweise in den Gebieten der kleineren oder größeren Wasserläufe vertreten, die sich durch Frische und häufig auch durch chemischen Reichtum des Bodens auszeichnen. Wenn man sein Verhalten auf schwächeren Böden ins Auge faßt — z. B. auf den Buntsandsteinböden des Reg.-Bez. Kassel, wo er früher, allerdings nicht in schulgemäßer Form, stark verbreitet

---

[1] Anweisung zum Waldbau, 4. Aufl., § 113.

[2] Der Waldbau und seine Fortbildung 1884, X. Abschn., S. 465.

[3] Waldbau, 3. Aufl., S. 158.

[4] Amtliche Mitteilungen 1909, Anlage 8 (jährlicher Zuwachs nach Betriebsarten).

[5] Nach der Statistik des Acker- und Handelsministeriums von 1876.

war — so gewährt der Anblick dieser Waldungen und ihre seitherige Wirtschaftsgeschichte so klare Eindrücke ihrer geringeren Leistungsfähigkeit gegenüber dem regelmäßigen Hochwald, daß es für Erörterungen und Vorschläge allgemeiner Art nicht nötig ist, Untersuchungen in bezug auf den Zuwachs anzustellen. Sodann darf beim Blick auf große Wirtschaftsgebiete nicht unberücksichtigt bleiben, daß der ökonomische Standort des Mittelwaldes, wie man das Verhältnis der Lage des Waldes zu den Absatzorten nennen kann, günstig ist; er liegt meist in der Nähe der Holz verbrauchenden Ortschaften. Infolgedessen wurde im Mittelwald alles Holz, das gewachsen war, aufgearbeitet und verwertet. Wieviel Holz blieb dagegen in entlegenen Hoch- und Plenterwäldern, wo Durchforstungen gar nicht oder nicht genügend ausgeführt werden konnten, ungenutzt! Hiermit steht es im Zusammenhang, daß bei Zuwachsnachweisungen, selbst denen der älteren Ertragstafeln, die Vorerträge gar nicht einbezogen wurden. Werden sie, wie es für allgemeine Erörterungen nötig ist, gebührend berücksichtigt, so wird sich das Ergebnis der Zuwachsuntersuchungen für den Hochwaldbetrieb und sein Verhältnis zu denen anderer Betriebsarten meist günstiger gestalten, als es früher von manchen Seiten angenommen worden ist.

Nach den charakteristischen Eigentümlichkeiten des Mittelwaldes kann kein Zweifel darüber bestehen, daß er unter übrigens gleichen Umständen nicht mehr, sondern weniger Zuwachs leistet als der Hochwald. Er leistet weniger, weil sich ein größerer Teil des Zuwachses an den Ästen anlegt und weil in der Einheit des im Mittelwald in großen Massen erzeugten Reis- und Knüppelholzes weit mehr anorganische, dem Boden entzogene Stoffe enthalten sind, als im ausgereiften Schaftholz, das im Hochwald in größerer Menge erzeugt wird. In gleicher Richtung wirkt die häufigere und stärkere Blüten- und Fruchtbildung, sowie die Abnahme der Ausschlagfähigkeit der Stöcke. Auch zeigt, wie oben bemerkt wurde, der Boden, von dessen Zustand der Zuwachs abhängig ist, häufig einen Rückgang, dem schwer entgegen zu treten ist.

Auch in bezug auf den Wert der erzeugten Holzmasse kann der Mittelwald den an den Standort zu stellenden Anforderungen nicht genügen. Der am meisten in die Augen fallende Vorzug des Mittelwaldes liegt in dem starken Durchmesser der in einem bestimmten Alter erwachsenen Stämme. Im Bereich meiner früheren Verwaltung (Weilburg) hatte ich Gelegenheit, Mittelwald und Hochwald auf annähernd gleichem Standort miteinander zu vergleichen. Die Durchmesser einer größeren Zahl untersuchter Stämme in Brusthöhe lagen in folgenden Grenzen:

Alter	40	80	120 Jahre
im Mittelwald . .	20—30	54—66	74—93 cm
im Hochwald . .	12—18	27—35	42—48 ,,

Die Erhöhung des Durchmessers durch den freieren Stand im Mittelwald
ist jedenfalls beachtenswert. Aber dem Plus an Wert, das durch den
höheren Durchmesser bewirkt wird, steht ein dieses Plus weit über-
treffendes Minus gegenüber, das einerseits in dem weit stärkeren
Abfall und der größeren Ästigkeit der Stämme, andrerseits in dem
größeren Prozentsatz der Gesamtmasse an Reis- und Knüppelholz
seinen Grund hat.

Die wichtigste Ursache, welche das Aufgeben der Mittelwaldwirtschaft
bewirkt hat, liegt in der Tatsache, daß sie nicht imstande gewesen ist,
für den Jungwuchs gute Entwicklungsbedingungen zu schaffen. Die im
Mittelwald ausgeführten Kulturen leiden einmal unter dem Druck des
auf der ganzen Fläche verteilten Oberholzes; sie leiden auch durch die
schnellwüchsigen Stockausschläge und durch den Einfluß der Standortsgewächse, die sich auf den meist guten Böden, die der Mittelwald einnimmt, reichlich einfinden und kräftig entwickeln. Auch durch das
Fällen und Herausschaffen starker Stämme werden oft Schäden an den
Jungwüchsen verursacht. Diese Eigenschaft des Mittelwaldes hat zu
der in den meisten Ländern gegebenen Vorschrift geführt, daß die
Kulturen in der Form von Horsten ausgeführt werden sollen. Diese
haben auch nach der genannten Richtung unleugbare Vorzüge. Horste
sind aber kleine Hochwälder und durch ihre spätere Verbindung wird der
frühere Mittelwald nicht erhalten, sondern es entsteht ein Plenterwald,
der dadurch an manchen Orten, namentlich bei reichem Oberholzvorrat,
durch den das Unterholz erdrückt wird, der natürliche Nachfolger des
Mittelwaldes geworden ist.

Aus den angeführten Bestimmungsgründen ist zu entnehmen, daß
der Mittelwald unter den meisten Verhältnissen der deutschen Forstwirtschaft eine bleibende Betriebsart nicht bilden kann; er ist eine
Übergangsform, die sich allmählich von geringem zu starkem Oberholzvorrat entwickelt hat. Einen solchen Charakter trägt er schon seit
längerer Zeit. In Preußen ist er deshalb ganz zurückgetreten. Während
vor 50 Jahren fast alle preußischen Forstreferendare nach der Oberförsterei Schkeuditz zogen, um hier die Taxation des Mittelwaldes, die
als ein Meisterwerk der forstlichen Betriebsregelung betrachtet wurde,
kennenzulernen, wird diese Betriebsart in den neueren Anweisungen zur
Betriebsregelung gar nicht erwähnt. Auch in Baden, wo schöne Mittel-
waldbilder vorliegen, hat die Wirtschaft eine ähnliche Richtung genommen, wie in Norddeutschland; und in Zukunft wird dies voraussichtlich in noch höherem Maße der Fall sein. Ferner kommt die Zunahme
des Oberholzvorrats in Betracht. Bei einer Masse desselben von 250 fm
und mehr je ha[1] kann die Eigenart des Mittelwaldes nicht aufrecht

---

[1] Vgl. die Ertragstafeln von Schuberg: (Zur Betriebsstatik im Mittelwald
1898, S. 1 ff.) wo die Massen der Probeflächen bis 359 fm ansteigen.

erhalten werden; das Unterholz wird zum Teil erdrückt. Sodann ist auch in Baden die Ausführung der Kulturen häufig in der Form von Horsten bewirkt worden, durch deren Verbindung früher oder später Plenterwald entsteht. Endlich hat auch die Zusammensetzung des Oberholzes ihre Besonderheiten. Die Waldbilder, die dem Besucher entgegen treten, entsprechen weder dem Muster der Lehrbücher, noch dem mit sehr starken Stämmen durchsetzten Oberholz vieler preußischer früherer Mittelwaldreviere. Es herrschen vielmehr die mittleren Oberholzklassen vor, wodurch wohl auch der hohe Zuwachs, der für den Mittelwald nachgewiesen wird, wesentlich begründet ist. Das Unterholz wird durch den Anflug von Hainbuche und anderen Holzarten besser vervollständigt, als es in Norddeutschland der Fall zu sein pflegt. Hierdurch wird der Gedanke des Übergangs vom Mittelwald zum Lichtungsbetrieb mit natürlichem oder künstlichem Unterstand nahe gelegt.

Die wichtigste Folgerung, die aus einer geschichtlichen Betrachtung des Mittelwaldes zu ziehen ist, geht dahin, daß diese keine bleibende sondern für den größten Teil der deutschen Forsten nur eine vorübergehende Bedeutung hat. An vielen Orten ist er schon seither, wenn auch nicht dem Namen so doch dem Wesen nach, in den Plenterwald übergegangen. Mit der Forderung einer Zunahme der Intensität in bezug auf Arbeit und Kapital, sowie der horstweisen Gestaltung der Kulturen und natürlichen Verjüngungen wird dies voraussichtlich auch in Zukunft der Fall sein. Wo aber der Plenterwald nicht am Platze ist, wird es sich empfehlen, die vorhandenen ungleichaltrigen Mittelwaldbestände allmählich in den gleichaltrigen Hochwald überzuführen. Dies wird, wenn im Oberholz wüchsige mittlere Altersklassen vorherrschen, durch Zusammenwachsen des Oberholzes und Beschränkung der Nutzungen auf altes und rückgängiges Material geschehen können. Wo aber das Oberholz hierzu nicht mehr tauglich erscheint, muß die Umwandlung im Wege der Verjüngung bewirkt werden, und zwar entweder auf natürlichem, oder wie es meist der Fall sein wird, auf künstlichem Wege, durch Saat oder Pflanzung. In beiden Fällen ist die Belassung eines Bestandesschirmes zu empfehlen, zu dem geeignetes Material in den schwächeren Oberholzklassen und den besseren Stockausschlägen gegeben ist. Unter allen Umständen aber ist hier, wie bei allen Änderungen der Betriebsarten und anderer Umgestaltungen der Grundsatz festzuhalten, daß man zunächst den bestehenden Waldzustand und die Möglichkeit seiner Verbesserung im Wege der Bestandespflege untersuchen und nach Möglichkeit verbessern muß.

III. Der schlagweise, nach Altersklassen geordnete Hochwald.

Wenn man, wie es in dieser Schrift geschehen soll, die Forstwirtschaft nach ihrer geschichtlichen Entstehung und Entwicklung auffaßt, so tritt dem rückwärts gerichteten Blick die bedeutsame Erscheinung entgegen, daß um die Wende des 18. und 19. Jahrhunderts der jungen Waldwirtschaft eine Anzahl Männer beschieden waren, die in hervorragender Weise der Bewirtschaftung der Waldungen Grundlagen zu geben vermochten, auf denen eine geordnete nachhaltige Betriebsführung aufgebaut werden konnte. Es genügt hier, an die Namen G. L. Hartig, H. Cotta, Hundeshagen, Pfeil, König, K. Heyer zu erinnern. Ihnen schlossen sich im folgenden Menschenalter andere an, unter denen besonders Burckhardt, Grebe, Danckelmann, Judeich, Gayer hervorgehoben sein mögen, welche die von jenen Begründern geschaffenen Lehren weiter fortbildeten und in der Theorie und Praxis, in der Schule und im Leben ausbreiteten.

So verschieden nun auch in manchen Einzelheiten die Richtungen waren, welche von den hier genannten und anderen Führern des Forstwesens eingeschlagen und betätigt wurden, so bestand doch auf dem Gebiete der Betriebsarten, deren eine große Zahl unterschieden wurde, eine erfreuliche Übereinstimmung, die darin ihre Ursache hatte, daß der regelmäßige, aus Samen erwachsene, nach Altersklassen geordnete Hochwald allgemein als die beste Bestandesform anerkannt wurde. Es wurde, ohne daß wesentliche Gegensätze hervortreten, angenommen, daß dieser Betrieb in bezug auf Massen- und Werterzeugung, Roh- und Reinertrag vor den übrigen Betriebsarten entschieden den Vorzug verdiene.

Die Überlegenheit des Hochwaldes in der Holzmassenerzeugung beruht in erster Linie darauf, daß bei ihm im Durchschnitt der erzeugten Gesamtmasse der größte Anteil von ausgereiftem Derbholz enthalten ist. Das Derbholz enthält am wenigsten anorganische, dem Boden entzogene Stoffe. Ein Festmeter Eichenscheitholz enthält 3,8 kg Reinasche, ein Festmeter Eichenreisholz 11,3 kg. Ein Festmeter Kiefernscheitholz enthält 1,5 kg Reinasche, ein Festmeter Reisholz 4,4 kg. Mit den einzelnen Aschenbestandteilen verhält es sich dementsprechend. In einem Festmeter Buchenscheitholz sind 0,1 kg Phosphorsäure, in einem Festmeter Reisholz 1,0 kg Phosphorsäure, in einem Festmeter Fichtenscheitholz 0,1 kg, in einem Festmeter Reis 0,3 kg desselben Stoffes enthalten. Ähnlich verhält es sich mit anderen Elementen. Wenn nun auch die Beziehungen zwischen dem Gehalt des Bodens und der Erzeugnisse nicht so entschieden und einschneidend auftreten, wie in der Landwirtschaft, so sind diese doch auch in der Forstwirtschaft gebührend zu beachten. Hierher gehört aber auch die Vermutung, daß ein geringes Gewicht und ein geringer chemischer Gehalt der Grund für eine höhere, nach dem Raume bemessene Massenleistung sein kann, wie es namentlich ein Vergleich von Laub- und Nadelholz erkennen läßt.

Auch in bezug auf die Werterzeugung steht der regelmäßige Hochwald an erster Stelle. Manche Ursachen, die auf den Wert Einfluß haben, sind zwar hauptsächlich auf den Standort (Klima und Boden) begründet. Aber die Form der Stämme, wie sie sich in dem Verhältnis der Durchmesser im oberen und unteren Stammteil darstellt, ist vorzugsweise durch die Betriebsart und die ihr eigentümlichen Betriebsmaßnahmen der Bestandesbegründung und Bestandespflege bestimmt. Sie ist deshalb von besonderer Bedeutung, weil mit ihr der Ansatz und die Stärke der Äste verbunden steht, die für viele Verwendungsarten der Stämme von Bedeutung ist.

Nun kann man aber auf Grund der seitherigen wirtschaftlichen Erfahrung nicht verkennen, daß mit der Erziehung in geschlossenem Stande auch manche Nachteile verbunden sind und daß diese beim schlagweisen Hochwald stärker auftreten können als bei anderen Betriebsarten. Zunächst ist hier hervorzuheben, daß die Stärke des geschlossen erzogenen, mäßig durchforsteten Hochwaldes den jetzigen Anforderungen oft nicht genügt. Wenn nach G. L. Hartig mit der Durchforstung spät begonnen wird und der Durchforstungsgrad schwach oder mäßig ist, so bleiben die Durchmesser sehr niedrig. Dies tritt auch in den Ertragstafeln hervor, zu deren Aufstellung häufig Bestände, die nach Hartigs Regeln behandelt sind, benutzt wurden. Nach den Ertragstafeln von Schwappach ist auf Standortsklasse II der Durchmesser in 1,3 m:

Alter	bei Eiche	Buche	Fichte	Kiefer
80	25,0	21,7	27,2	26,2 cm
100	32,9	28,2	33,4	31,6 ,,
120	39,7	33,0	39,0	36,2 ,,
140	44,4	39,7	—	39,3 ,,

Für die zur Zeit Hartigs bestehende Brennholzwirtschaft lag hierin kein wesentlicher Nachteil; für die Zukunft ist aber die Frage von großer Bedeutung, ob und wie im Wege der Erziehung auf eine Verstärkung des Durchmessers eingewirkt werden kann.

Beim Blick auf die Geschichte des Forstwesens läßt sich nicht bezweifeln, daß die Wirtschaft durch die Art und Grade der Durchforstungen hierzu in der Lage ist. Der wichtigste Einfluß den sie ausübt, liegt nicht in der Massenerzeugung, die bei verschiedenen Durchforstungsarten und Graden annähernd gleich sein kann, sondern sie macht sich namentlich in der Stärke der Durchmesser geltend, die bei verschiedenen Graden gebildet werden. Daß der gleiche Zuwachs stärker wirksam ist, wenn er sich an 400 als wenn er sich an 600 Stämmen anlegt, bedarf für allgemeine Erörterungen keiner besonderen Begründung[1].

Unmittelbarer als die ungenügende Stärkezunahme tritt dem praktischen Wirtschafter beim Vergleich der Betriebsarten der Umstand

---

[1] Näher auf den Einfluß der Durchforstung wird im 4. Abschnitt eingegangen werden.

entgegen, daß manche Schäden der anorganischen und organischen Natur keiner anderen Betriebsart so zerstörend auftreten können wie beim schlagweisen, nach Altersklassen geordneten Hochwald. Auf dem Gebiet der anorganischen Natur steht in dieser Beziehung der Sturm an erster Stelle. Sobald dieser in das Innere eines Bestandes eindringt, ist der Schaden, den er hier verursacht, um so größer, je gleichmäßiger die Beschaffenheit dieses Bestandes ist und je größer die Fläche, die derselbe einnimmt. Ebenso verhält es sich mit den Schäden, die durch Anhang von Schnee, Eis, Duft usw. herbeigeführt werden. Je höher die Kronen angesetzt und je einseitiger sie ausgebildet sind, um so weniger sind die Bestände, wenn der Zusammenhang der Kronen verschiedener Stämme aus irgendeinem Grunde gelöst ist, fähig, die auf ihnen sich ablagernden Lasten zu tragen. Auch der Frost wirkt, wie aus den reichen Erfahrungen vieler größerer Forstwirtschafter bekannt ist, am meisten schädigend auf solchen Schlägen, wie sie beim schlagweisen Betrieb gebildet werden. Nicht nur der Kahlschlag, sondern auch die natürlichen Verjüngungen haben hier am meisten zu leiden.

Auch auf dem Gebiete der organischen Natur müssen auf Grund reicher wirtschaftlicher Erfahrungen entsprechende Folgerungen gezogen werden. Die großen Insektenschäden (von Spinner, Spanner, Eule, Nonne u. a.) wirken um so mehr zerstörend auf die befallenen Bestände ein, je gleichmäßiger diese sind und je größere Flächen gleicher Altersklassen zusammenliegen. Mit den kleineren Schäden aus dem Tierreich (Verbiß, Schälen u. a.) verhält es sich ähnlich; ebenso auch mit den Schäden durch Pflanzen. In welchem Maße die natürliche Verjüngung durch Gras, Beerkraut und andere Forstunkräuter erschwert, unter Umständen auch unmöglich gemacht wird, ist den meisten größeren Waldungen, namentlich auf ungünstigen Standorten sehr bestimmt aufgeprägt. Auch der Anflug von Weichhölzern und anderen unerwünschten Holzarten ist auf kahlen, nicht genügend geschützten Fläche neine häufige Erscheinung.

Indessen so wenig die Völker höherer Kulturstufen geneigt sind, zu den primitiven Zuständen früherer Generationen zurückzukehren, obwohl sie wissen, daß diese von manchen Schäden der modernen Kultur nicht betroffen werden, so wenig kann in der Forstwirtschaft wegen der Möglichkeit des Auftretens von Schäden der bezeichneten Art die beste Schlagführung, die als solche während des ganzen 19. Jahrhunderts anerkannt ist, ausgeschlossen bleiben. Das wichtigste, was die Forstwirtschaft in der vorliegenden Richtung zu tun hat, ist nicht eine Umwälzung der bestehenden Forstwirtschaft; es liegt vielmehr darin, daß innerhalb der realen Tatsachen und Zustände Vorbereitungsmittel getroffen werden, welche geeignet sind, dem Eintreten der genannten Naturschäden entgegenzuwirken. Diese Mittel beziehen sich auf die

Erhaltung des Bodens in möglichst gutem Zustand, die Abhaltung des Windes von den Bestandesrändern, dem Schutz gegen die Austrocknung des Bodens, die Führung der Verjüngungsschläge in der klimatisch günstigsten Richtung, die Breite der Schläge und ihre Aneinanderreihung, den Schutz der Kulturen durch Schirmbestände, die Führung der Besamungs- und Lichtschläge u. a.

IV. Der Plenterwald.

Schon August Bernhardt[1] führt in seiner Forstgeschichte aus, „wie der Plenterbetrieb auf der untersten Entwicklungsstufe zusammenfallend mit der rohesten, okkupatorischen Waldbenutzung auf einer sehr hohen Wirtschaftsstufe wiederkehrt". Nach seinen Ausführungen wird es verständlich, daß die Urteile hervorragender Fachgenossen über den Plenterwald von der alten bis zur neueren Zeit sehr verschieden sind. Ein, wenn auch unvollständiger Blick auf diese Urteile mag hier eine Stelle finden.

Unter den Vertretern des alten Jägertums hat sich J. G. Beckmann eingehend mit Betriebsregelung und Zuwachsberechnung beschäftigt. Er verwarf den Plenterwald, wie er zu seiner Zeit in einem großen Teil der Laubholzwaldungen Mitteldeutschlands vertreten war, mit großer Entschiedenheit. Zur Kennzeichnung seiner Beschaffenheit und seiner Zuwachsleistungen bemerkt er in seiner Holzsaat, daß, wenn man die Bäume vieler Plenterwaldungen so dicht aneinander setzen könnte, wie sie von Rechts wegen stehen sollten, man finden würde, daß kaum ein Drittel des vorhandenen Bodenraumes mit Bäumen bestanden sei; zwei Drittel seien leere Plätze. Daraus ergibt sich bei seinen Schätzungen auch eine ungenügende Zuwachsleistung.

Der einflußreichste Gegner des Plenterwaldes war zu Anfang des vorigen Jahrhunderts G. L. Hartig[2]. In seinem Lehrbuch für Förster hebt er als ersten der großen Nachteile, welche die Plenter- oder Femelwirtschaft im Gefolge hat, hervor: „Es kann eine gewisse Waldfläche bei der Femelwirtschaft nicht so viel Holzmasse jährlich hervorbringen, als sie bei der regelmäßigen Schlagwirtschaft liefert. Dieser Behauptung wird man beipflichten, wenn man erwägt und die allgemeine Beobachtung kennt, daß 1000 große Bäume, wenn sie einzeln verteilt in jungen Waldungen stehen, ungleich mehr leeren Raum verursachen, als wenn sie in der erforderlichen natürlichen Entfernung auf einem Distrikt beisammen stehen". Hiernach und wegen der sonstigen Nachteile, die mit der Bewirtschaftung des Plenterwaldes verbunden sind, glaubte Hartig bewiesen zu haben, daß die Femelwirtschaft der Schlagwirtschaft

---

[1] Geschichte des Waldeigentums 721, 1. Band, S. 239.
[2] Lehrbuch für Förster, 2. Band, 7. Aufl., 19. Kapitel.

nachstehe und, wo sie im Gebrauche sei, mit dieser vertauscht werden müsse. Auch H. Cotta[1] nahm an, daß der Plenterwald in der Holzmassenerzeugung hinter dem schlagweisen Hochwald zurückstehe. Er will den Plenterwald nur an schroffen, felsigen Hängen, in sehr rauhem Klima und an anderen Orten, wo der Schutzwaldcharakter im Vordergrunde steht, erhalten wissen. Die hauptsächlichste Ursache einer Beeinträchtigung der Zuwachsleistung sieht Cotta darin, daß das junge Holz von dem alten zu stark unterdrückt werde und daß die stehenbleibenden Stämme durch die Fällung, Aufarbeitung und Wegschaffung der zu nutzenden beschädigt würden. Hundeshagen[2] faßte die Betriebsarten vom geschichtlichen Standpunkt auf. Er hält den geordneten Plenterwald nicht für ein dauerndes wirtschaftliches Ziel, sondern nur als eine Übergangsstufe vom früheren regellosen Plenterbetrieb zur Schlagwirtschaft. K. Heyer[3] wägt die Vorzüge und Nachteile des Plenterwaldes sachkundig gegeneinander ab und bemerkt, daß über die Massenerzeugung der beiden Betriebsarten noch keine genügenden Untersuchungen angestellt seien. Von Nichtforstwirten, die sich eingehender mit der vorliegenden Frage beschäftigt haben, sei an dieser Stelle nur auf J. H. Thünen[4] hingewiesen. Nach einem Blick auf den schädlichen Einfluß, welchen alte Stämme auf die unter ihnen stehenden jüngeren ausüben, kommt er zu dem Schluß: „Bei einer richtigen Forstkultur werden nur Bäume von gleichem Alter zusammen stehen dürfen, und diese werden gefällt werden müssen, ehe der relative Wertzuwachs bis auf 5% (den für den isolierten Staat angenommenen Zinsfuß) herabsinkt." Auf Grund der Kundgebungen der genannten Vertreter der Forstwirtschaft, denen sich viele andere anschlossen, ist der schlagweise Betrieb in fast allen forstlichen Kulturländern eingeführt und der Plenterbetrieb aufgehoben worden.

Seit der Mitte des vorigen Jahrhunderts sind nun aber bekanntlich wiederholt Bestrebungen hervorgetreten, welche den Plenterwald wegen der Gefahren, denen der gleichaltrige Hochwald unterliegt, in größerem Umfang einführen wollen. Oberforstmeister Werneburg[5] (Erfurt) trat in weitgehendem Maße für seine Herstellung bei allen Holzarten ein und machte als Gründe dieses Bestrebens neben der größeren Betriebssicherheit, der Bodenverbesserung und der Unabhängigkeit von einer allgemeinen Umtriebszeit, die den Plenterbetrieb vor dem schlagweisen auszeichne, auch die höhere Massenerzeugung, die er bei richtiger Schlagführung zur Folge habe, geltend. Positive Belege sind für diese

---

[1] Anweisung zum Waldbau, 4. Aufl., § 115.
[2] Forstliche Produktionslehre, 4. Aufl., § 196.
[3] Waldbau, 5. Aufl., 2. Band, S. 12.
[4] Der isolierte Staat in Beziehung auf Landwirtschaft usw., 3. Aufl., § 19.
[5] Über den geregelten Plenterbetrieb. Zeitschr. f. Forst- u. Jagdw. 1875.

Ansicht jedoch nicht beigebracht worden. Bestimmtere Mitteilungen über den Zuwachs des Plenterwaldes wurden von Schuberg[1] gemacht. Sie bezogen sich auf Mischbestände von Fichte, Tanne und Buche im Schwarzwald. Im Revier Wolfach wurde der laufende Zuwachs während einer zwanzigjährigen Periode, in der viermal Zuwachsaufnahmen gemacht wurden, zu 14—18 fm ermittelt. Schuberg gelangte durch seine Untersuchungen zu dem Resultat, daß der dortige Femelwald das höchste an bekannter Massenerzeugung geleistet habe. Weitere von der badischen Versuchsanstalt[2] vorgenommene Untersuchungen aus den Jahren 1887 bis 1903 ergaben für den Femelwald des gleichen Reviers 16 fm Zuwachs. Sehr günstige Ergebnisse wurden dann aus der Schweiz bekannt, für die der Plenterwald nicht nur wegen des Vorherrschens der Tanne, sondern auch mit Rücksicht auf seine Schutzwirkungen besondere Bedeutung hat. Biolley, Fankhauser, Balsiger und andere müssen als Förderer des Plenterwaldes hier besonders genannt werden. Wie hoch der Plenterwald von leitenden schweizerischen Fachgenossen bewertet wurde, geht aus einem Artikel Englers[3], „Aus der Theorie und Praxis des Femelschlagbetriebes" hervor, der mit den Worten schließt: „Nach meiner Ansicht ist die Plenterform nicht nur die beste Bestandesform der Gebirgswaldungen, sondern sie wird in vielen Waldungen des Hügellandes und der Ebene, die heute noch im schlagweisen Betriebe stehen, die Bestandesform der Zukunft, d. h. einer verfeinerten intensiven Wirtschaft sein."

So beachtenswert die hier und a. a. O. von den Freunden des Plenterwaldes abgegebenen Nachweise und Urteile über seinen Zuwachs nun auch sind, so können sie doch nicht zu einem Beweis der Überlegenheit des Plenterbetriebs über die schlagweise Betriebsführung verwendet werden. Die meisten der mitgeteilten Zuwachsuntersuchungen beziehen sich (wie es meist geschieht, um bestimmten Richtungen der Wirtschaftsführung eine möglichst weitgehende Anwendung zu geben) auf gute Standorts- und Bestandesbonitäten. Meist bedürfen derartige Urteile aber der Einschränkung. Solche werden auch in bezug auf den Plenterwald von seinen besten Kennern gemacht. Schätzle, der frühere Verwalter des Reviers Wolfach, dessen Wirtschaft Borggreve[4] den norddeutschen Forstwirten zur Nachahmung empfahl, hebt hervor, daß der Plenterwald nur in Waldungen auf kräftigem Boden vorteilhaft und zulässig sei; in Waldungen mit geringerem Boden müsse der Verjüngungszeitraum ein ziemlich kurzer sein und unter ganz ungünstigen Verhält-

---

[1] Schlaglichter usw. Forstwissenschaftl. Zentralblatt 1886.
[2] Statistische Nachweisungen 1907, S. 17.
[3] Schweizerische Zeitschrift 1905.
[4] Holzzucht, 2. Aufl., S. 213 ff. Wirtschaftspraxis in den badischen Gebirgsnadelholzwaldungen.

nissen Kahlhieb mit nachfolgender Kultur eintreten. Zieht man aber die guten Bonitäten regelmäßiger, gleichaltriger Bestände zum Vergleich heran, so findet die Ansicht, daß der Plenterwald den Höchstbetrag von Zuwachs erzeuge, keine Bestätigung. Die deutschen, österreichischen und schweizerischen Ertragstafeln der Fichte, Tanne und Buche ergeben für den regelmäßigen Hochwald mindestens ebenso hohe Beträge.

Kurz vor Ausbruch des Weltkrieges erschien die sehr beachtenswerte und später durch Aufsätze ergänzte Schrift von Eberbach[1] über die Ordnung der Holznutzungen auf wirtschaftlicher und geschichtlicher Grundlage. In dieser Schrift werden Vorrat und Zuwachs nach ihrer Bedeutung für die Holzerzeugung hervorgehoben. Folgende Sätze sind zur Begründung der Richtung des Verfassers von Bedeutung: „Es besteht die Vermutung, daß unter sonst gleichen Verhältnissen derjenige Vorrat am meisten Holz erzeugt, der die Mittel der Holzerzeugung am vollkommensten ausnutzt. Dies wird derjenige Vorrat tun, der räumlich so geordnet steht, daß hohe und starke, mittelhohe und mittelstarke, niedere und schwache, gutbekronte Bäume so über die zur Verfügung stehende Fläche verteilt sind, daß der Luftraum darüber von den Blättern und Nadeln überall bis zur Höhe der stärksten Bäume ausgenutzt wird... Der also beschaffene Vorrat zeigt das Bild eines ungleichaltrigen Waldes, des Femelwaldes... Es muß Aufgabe der Gegenwart und Zukunft sein, dafür zu sorgen, daß unsere Vorräte wieder in eine Verfassung kommen, die den natürlichen Wuchsbedingungen der Bäume mehr Rechnung trägt: Kein Zusammendrängen gleich alter, gleich starker Bäume in reinem Vorkommen auf weiten Flächen, sondern Verteilung der verschiedenen Alters- und Stärkeklassen bei zweckmäßiger Holzartenmischung über den ganzen Wald... Unter sonst gleichen Verhältnissen muß sich im ungleichaltrigen Wald durchschnittlich wertvollerer Zuwachs anlegen als im gleichaltrigen.“

Ein Nachweis der Mehrleistung des Plenter- oder Femelwaldes für größere Bezirke ist aber von Eberbach nicht gegeben. Der Luftraum zwischen Boden und Kronen ist nicht bestimmend für die Höhe des Zuwachses, dieser ist vielmehr eine Funktion einerseits des Wurzelbodenraumes, andrerseits der Kronenoberfläche. Will man geometrische Beziehungen zwischen dem Waldzustand und seinen Leistungen darstellen, so muß man ein Urteil über den Bodenraum, insbesondere nach seiner Tiefe und Durchdringbarkeit durch die Wurzeln, abgeben, aber auch der Oberfläche der Kronen, auf die Licht und Luft einwirken, Ausdruck verleihen. Für die Kronenoberfläche ist das Verhältnis der Kronenhöhe zu der Basis, auf welcher die Kronen aufgebaut sind, zu begutachten oder zahlenmäßig zu ermitteln. Je größer die Höhen der

---

[1] Die Ordnung der Holznutzungen auf wirtschaftlicher und geschichtlicher Grundlage 1913.

Kronen im Verhältnis zu ihrer Basis sind, um so größer ist die auf die Flächeneinheit bezogene Oberfläche der Kronen, auf welche das Sonnenlicht einwirkt, in dem Bestande. Daher zeigen alle Ertragstafeln, daß der Höchstbetrag des Massenzuwachses dem Maximum des Höhenwuchses unmittelbar folgt.

Im letzten Jahrzehnt ist der Plenterwald unter der Bezeichnung „Dauerwald" von Wiebecke und Möller in die forstliche Welt eingeführt worden. Er hat das Interesse vieler Forstwirte in besonderem Grade in Anspruch genommen, so daß von mancher Seite sich die Meinung bildete, es sei mit diesem sog. Dauerwald eine neue Ära der Forstwirtschaft angebrochen. In Eberswalde war schon bei der Betriebsregelung zu Ende des vorigen Jahrhunderts durch Danckelmann der Plenterwald in den vom Wurzelpilz betroffenen Kiefernbeständen eingeführt worden. Wiebecke[1] gab ihm eine größere Ausdehnung, auch in gesunden, reinen und gemischten Beständen von Buche und Kiefer. Er beschäftigte sich auch mit der Art der Betriebsreglung und stellte die Frage: Welche Holzmassen kann man im Dauerwalde ernten? Zur Bestimmung der Hiebsreife ermittelte er zunächst aus Haupt- und Vornutzung des letzten Jahrzehntes den durchschnittlichen Abnutzungssatz. Diesem fügte er je Jahr und Hektar ½ fm hinzu. Damit glaubte er sehr vorsichtig vorgegangen zu sein und ließ im Vertrauen darauf, daß die Bodengüte sich bei der Dauerwaldwirtschaft um eine oder zwei Ertragsklassen erhöhen werde, durchblicken, daß der Zuwachs bei anhaltender Dauerwaldwirtschaft auf den doppelten seitherigen Betrag steigen könne.

Die Mittel der Ertragssteigerung sieht Wiebecke in der Bestandes- und Bodenpflege. Auf die Frage: Wann und wie oft muß man in dem Bestande hauen? lautet die Antwort: Alljährlich und überall. Die Durchforstungen sollen sehr frühzeitig beginnen. Für die Ausführung gilt der Grundsatz, daß alle Stämme als hiebreif anzusehen und deshalb zu nutzen sind, „deren Entnahme während der Entwicklung des Bestandeslebens zur wesentlichen Förderung eines besseren Stammes von wesentlichem Nutzen ist". Bestandeslücken sollen mit Kiefern oder Traubeneichen gefüllt, alle Kiefernbestände mit Buchen oder anderen Laubhölzern unterbaut werden. Auf die Pflege des Bodens wird großer Wert gelegt, zweifellos mit Recht. Aber in bezug auf den Erfolg der bodenpfleglichen Maßnahmen zeigt Wiebecke einen außerordentlichen Optimismus, der in der Anschauung zum Ausdruck kommt, daß man den verarmtesten Waldboden in einen Mullboden verwandeln könne.

Möller[2], dessen Dauerwald ich hier in den geregelten Plenterwald einbeziehe, stellte ganz allgemein den Satz auf, daß in einem Dauerwald-

---

[1] Der Dauerwald in 16 Fragen und Antworten 1923, 2. Aufl.

[2] Der Dauerwaldgedanke, II d: Massenerzeugung des Dauerwaldes ist größer, als die des schlagweisen Hochwaldes.

betrieb mehr Holz auf der Flächeneinheit erzeugt werde als im schlagweisen Hochwald mit gleichaltrigen Beständen. Als Beweismittel dienten ihm die vielbesprochenen waldbaulichen Maßnahmen und die schon mehrfach der kritischen Vergleichung unterzogene Ertragsstatistik von Bärenthoren. Er wies hin auf die den Besuchern der Dessauer Forstversammlung bekannt gewordenen Waldbilder, die geschlossene Dickungen unter wüchsigen Kiefern-Überhältern mit kräftigen Jahrringen erkennen ließen. Hier sei, sagt Möller, der Beweis geliefert, daß man die junge Generation nicht nur neben, sondern auch unter der älteren zur Entwicklung bringen könne. „In je weiterem Umfang wir dies durchführen können, um so mehr Raum gewinnen wir für die obere, Derbholz erzeugende Etage unseres Waldes." Möller[1] gelangte auf Grund der seitherigen Ertragsstatistik von Bärenthoren zu dem Ergebnis, daß der Zuwachs der letzten Wirtschaftsperiode mehr als das Doppelte derjenigen Masse betrage, die nach den früheren Betriebsplänen als Hiebssatz festgestellt worden sei. Indessen der Hiebssatz einer früheren Zeit kann nicht als Beweis für denjenigen einer späteren angesehen werden. Zu einem Vergleich des vollständigen Ertrags ist nicht nur das Derbholz, sondern auch das Reisholz, nicht nur der auf die Endnutzung, sondern auch der auf die Vornutzungen entfallende Teil des Zuwachses in Rechnung zu ziehen. Die Beurteilung des Zuwachses wird am besten an die Angaben der Ertragstafeln angeschlossen. Nach diesen beträgt der Zuwachs der Kiefer auf Standortsklasse IV in denjenigen Altersstufen, welche in Bärenthoren am stärksten vertreten waren, an Derbholz ca. 6 fm, an Derb- und Reisholz ca. 7 fm. Legt man diese Zahlen einem allgemein gehaltenen Vergleich zugrunde, so ergibt sich für Bärenthoren gegenüber den genannten Tafeln immer noch ein Plus an Ertragsleistung, das auf die sorgsame und umsichtige Wirtschaftsführung des Besitzers zurückzuführen ist. Bei allen diesbezüglichen Überlegungen und Berechnungen darf aber nicht unbeachtet bleiben, daß bei Beschränkung auf Derbholz gerade bei den in Bärenthoren vertretenen Altersklassen der Zuwachs höher erscheint als er tatsächlich gewesen ist. Denkt man sich einen aus gleichen Stämmen gebildeten Bestand, deren Stärke im 30. Jahre 6, im 40. Jahre 8 cm betragen hat, so erscheint das im 40. Jahre vorhandene Derbholz ganz als Zuwachs der letzten 10 Jahre, während tatsächlich doch nur die Differenz zwischen der Masse im 40. und 30. Jahre zugewachsen ist.

Mehr Wert als den Messungen des Zuwachses, die in großen Betrieben mit mathematischer Schärfe meist nicht durchgeführt werden können, muß oft den Erfahrungen der Praxis und den auf bodenkundlichen Untersuchungen beruhenden gutachtlichen Urteilen beigelegt werden. In

---

[1] Kiefern-Dauerwaldwirtschaft. Zeitschr. f. Forst- u. Jagdw. 1920, S. 21.

dieser Beziehung sei hier nur auf die in letzter Zeit in Eberswalde ausgeführten Arbeiten hingewiesen, die zeigen, wie außerordentlich groß der
Einfluß des Untergrundes auf die Bestandesbildung ist, wie bedenklich
aber auch eine Verallgemeinerung der Unterstellung Möllers, daß man
eine junge Bestandesgeneration nicht nur neben, sondern auch unter
der älteren zur Entwicklung bringen könne[1]. Auf guten Böden, namentlich solchen mit Untergrund von Lehm, Mergel usw. liegen dahingehende
Nachweise in reicher Menge vor, namentlich in unterbauten Kiefernbeständen; auf ärmeren Böden, insbesondere reinen Sandböden, ist das
Ergebnis der betreffenden Maßnahmen meist unbefriedigend.

Entsprechend den Erfahrungen der Praxis und den Untersuchungen
der Wissenschaft stehen auch die von den leitenden Behörden erlassenen
Vorschriften mit der Ausdehnung des Plenterwaldes durchaus nicht in
Übereinstimmung. Dies gilt insbesondere für die Kiefer in den östlichen
Provinzen Preußens. Schon bald nach dem Auftreten des Oberforstmeisters Werneburg, der den Plenterwald für alle Holzarten empfahl,
nahm die Preußische Staatsforstverwaltung[2] Anlaß, sich gegen die Einführung desselben auszusprechen. „Gegen grundsätzliche Einführung des
Plenterbetriebs da, wo die Verhältnisse nicht dazu nötigen, hat sich die
Forstverwaltung im allgemeinen ablehnend verhalten." Wird die Gesamtheit der Preußischen Staatsforsten ins Auge gefaßt, so kann nicht zugegeben werden, daß der von den Anhängern des Plenterwaldes ....
behauptete Rückgang des Waldzustandes infolge des bisher befolgten
Wirtschaftssystems wirklich eingetreten sei. Für die Gegenwart ist es
charakteristisch, daß bald nach der Hochflut des Dauerwaldes eine Denkschrift[3] der Preußischen Staatsforstverwaltung erschien, in der unter
den Maßregeln der zukünftigen Wirtschaft auch die Schmalkahlschlagwirtschaft im Kiefernwalde hervorgehoben wurde. Durch die Versuche,
die Kiefernbestände in verstärktem Maße natürlich zu verjüngen und
künstliche Kiefernkulturen unter dem Schirm des Altholzes zu begründen, seien überwiegend Mißerfolge gezeitigt.

Um die Bestrebungen der Vertreter der sog. Dauerwaldwirtschaft
zu würdigen, muß nun aber anerkannt werden, daß viele von ihnen
auf dem Gebiete der Bestandes- und Bodenpflege sehr richtige Ansichten
aufgestellt und in der Literatur sowohl wie in der Praxis förderlich gewirkt haben. Aber es darf auch nicht vergessen werden, daß das Wichtigste von dem, was die Vertreter der Dauerwaldwirtschaft anstrebten,

---

[1] Vgl. hierzu aus neuester Zeit auch Busse: Zweistufige Kiefernbestockung
(Mitteilung aus der Sächsischen Forstl. Versuchsanstalt) 1931.

[2] v. Hagen-Donner: Die forstlichen Verhältnisse Preußens 1894, 3. Aufl.,
S. 179.

[3] Denkschrift über Sparmöglichkeiten in der Staatsforstverwaltung 1927,
S. 9, 4.

schon seit langer Zeit, insbesondere seit dem Auftreten von K. Heyer, Gayer, Burckhardt, Danckelmann u. a. angeregt und begründet und von zahlreichen Praktikern in der Stille durchgeführt worden ist.

In der neuesten Zeit hat das Schrifttum über den Plenterwald eine Bereicherung durch Dannecker[1] erhalten. In seiner Schrift werden alle Fragen, die auf ihn Bezug haben, beleuchtet. Der erste Teil gibt eine geschichtliche Entwicklung des Plenterwaldes von den älteren Schriften bis K. Gayer; der zweite behandelt den Plenterwald im heutigen Gewande. Bei der Beschäftigung mit dieser Schrift erkennt man bald, daß der Verfasser bestrebt gewesen ist, die günstigen Seiten des Plenterwaldes in ein helles Licht zu rücken. Er wird bei vielen Lesern den Eindruck erwecken, es sei Aufgabe der Zukunft, die in der Gegenwart vorherrschenden, schlagweisen Betriebe in möglichst großem Umfang in den geregelten Plenterbetrieb überzuführen, also in einen Gegensatz zu der von den bedeutendsten Forstwirten während des 19. Jahrhunderts eingeschlagenen Richtung zu treten. Da ich mich in meiner langen beruflichen Laufbahn — als Forsteinrichter in der Taxationskommission für Hessen-Nassau in den Jahren 1877—1881, als Revierverwalter der Oberförsterei Jesberg 1881—1893, Eberswalde von 1899—1903, als Professor in Eberswalde von 1903—1906 und in Tharandt von da bis zur Gegenwart — mit den Eigentümlichkeiten des Plenterwaldes, seinen Beziehungen zum Mittelwald und schlagweisen Hochwald und der Überführung in den letzteren fast ständig zu beschäftigen Gelegenheit gehabt habe und auch auf zahlreichen Reisen, insbesondere 1898 in Böhmen und Bosnien, 1900 in Belgien und Frankreich, sowie mehrfach in süddeutschen Tannengebieten und in der Schweiz dem Plenterwalde mein besonderes Interesse zugewandt habe, glaube ich, auch an dieser Stelle mein Urteil über ihn und sein Verhältnis zum schlagweisen Hochwald, das die Forstwirte noch lange beschäftigen wird, aussprechen zu sollen.

Bei den Vorlesungen und Übungen, die ich auf dem vorliegenden Gebiet zu halten hatte, habe ich öfter Veranlassung genommen, zweier Männer zu gedenken, die einen sehr nachhaltigen Einfluß auf meine berufliche Entwicklung und Tätigkeit ausgeübt haben. Der eine derselben ist Pfeil, der während der langen Zeit seiner Wirksamkeit stets die Ansicht vertreten hat, daß die Forstwirtschaft nach den örtlich vorliegenden Verhältnissen, insbesondere nach dem Standort, der Natur der Holzarten und dem Kulturzustand der betreffenden Länder sich richten müsse. Der andere Leiter meiner forstlichen Richtung ist einer, der sonst in der Forstwirtschaft wenig genannt wird, nämlich Goethe, der in seinem Epigramm: „Natur und Kunst" den Satz prägte: „In der Beschränkung zeigt sich erst der Meister." Wie weitgehend dieser Ge-

---

[1] Der Plenterwald, einst und jetzt, 1929.

danke die wichtigsten Fragen der Forstwirtschaft, insbesondere Begründung, Erziehung und Hiebsreife, beeinflußt, lehrt die Geschichte der
Forstwirtschaft in reichem Maße.

Ein umfassender Blick auf die Zustände und die Entwicklung der
Forstwirtschaft führt zu der Einsicht, daß die Urteile über die Vorzüge
und Nachteile der verschiedenen Betriebsarten und Bestandesformen gemäß jenem Satze von Pfeil niemals in allgemeiner Fassung gegeben
werden dürfen; sie sind vielmehr bestimmt durch die besonderen Verhältnisse der Länder, Reviere oder Bestände, auf die sie sich beziehen
sollen. Maßgebend für die Zulässigkeit des Plenterbetriebs ist insbesondere die vorherrschende oder wirtschaftlich wichtigste Holzart, die Beschaffenheit des Standorts, die von diesem abhängige Zulässigkeit der
natürlichen Verjüngung, sowie die Bedeutung, welche den schützenden
Eigenschaften des Waldes beigelegt wird. Was die Holzart betrifft,
so sind schattenertragende Holzarten ihrer Natur nach am besten imstande, unter der ständigen Beschirmung, wie sie im Plenterwalde vorliegt, sich zu entwickeln. Von allen Holzarten steht in dieser Beziehung
die Tanne an erster Stelle. Je mehr sie vorherrscht und je mehr Gewicht
auf ihre Erhaltung gelegt wird, um so eher wird man die Form des Plenterwaldes wählen oder erhalten dürfen. Für lichtbedürftige Holzarten
liegen die Wuchsbedingungen im Plenterwalde, wie für die Verjüngung so
auch für die weitere Entwicklung nicht günstig. Wenn der Plenterwald
nach den ihm eigentümlichen Charakter behandelt wird, so bleiben die
Horste, die bei der Verjüngung gebildet werden, klein. Das Bestreben,
auch Lichtholzarten in dem Plenterwald einzuführen oder zu erhalten,
hat zur Anlage großer Horste Veranlassung gegeben. Dadurch wird aber
das eigentümliche Wesen dieser Betriebsart mehr oder weniger stark
beeinträchtigt. Daher wird selbst in der Schweiz[1], wo der Plenterwald,
wegen der ihm obliegenden Schutzaufgaben, viel weitergehende Bedeutung hat als in Deutschland, von sachkundiger Seite in bezug auf die
Holzart eine wesentliche Einschränkung vertreten.

Der große Einfluß, den die Standortsverhältnisse auf die Betriebsart ausüben, ist den Waldungen aller Länder aufgeprägt. Lage und
Klima lassen diesen Einfluß am bestimmtesten erkennen, wenn man
größere Reisen zu dem Zwecke vornimmt, die Verschiedenheit des Waldes
in horizontaler und vertikaler Richtung wahrzunehmen. Aber auch der
Boden ist in dieser Beziehung häufig ausschlaggebend. Die natürliche
Verjüngung, die für den Plenterwald eine seine Entwicklung fördernde
Bedingung ist, gelingt nur da, wo sich der Boden in einem für die natürliche Besamung empfänglichen Zustand befindet. Alle ungünstigen

---

[1] Vgl. Balsiger: Der Plenterwald und seine Bedeutung für die Forstwirtschaft der Gegenwart, Auflage von 1913, S. 12, („Die Haupteigenschaft der
Plenterholzart besitzt einzig die Weißtanne“).

Bodenzustände, wie sie namentlich beim Vorhandensein starker Schichten von auflagerndem Humus und starken Überzügen von Standortsgewächsen vorliegen, setzen der natürlichen Verjüngung, die zur Bestandesbildung notwendig oder doch erwünscht ist, Hindernisse entgegen und bilden auch Schranken für die Herstellung und dauernde Erhaltung eines guten Plenterwaldes. Für Böden, welche von solchen Erschwerungen frei sind, ist für den Plenterwald die Fähigkeit, Feuchtigkeit aufzunehmen und zu halten, von besonderer Bedeutung. In dieser Beziehung ist diese Geschichte der Oberförsterei Eberswalde während des letzten Jahrzehnts sehr charakteristisch und lehrreich. Die in ihr vorliegenden Untersuchungsergebnisse und Tatsachen bilden den besten Beweis für die Notwendigkeit einer Beschränkung des Plenterbetriebs. Die Fähigkeit der natürlichen Verjüngung liegt sehr oft nur da vor, wo im Untergrunde Lehm oder Ton oder andere, die Feuchtigkeit haltende Stoffe vorhanden sind. Da im größten Teil der norddeutschen Ebene reine Sandböden vorherrschen, so war es durchaus begründet, daß in der Denkschrift des Ministers für Landwirtschaft von 1927 die Rückkehr zur Schmalkahlschlagwirtschaft im Kieferwalde angeordnet wurde.

Daß die Zwecke, die der Schutzwald erfüllen soll, auf die Betriebsart von Einfluß sind, wird allgemein anerkannt. Je mehr Gewicht darauf gelegt wird, daß der Boden mit Rücksicht auf die Schutzwirkungen irgendwelcher Art ständig bestockt bleibt, um so mehr Wert muß dem Plenterwald beigelegt werden. Er ist ausgezeichnet durch Widerstandsfähigkeit gegen Sturm, Anhang und andere Schäden der anorganischen Natur. Dieselben Eigenschaften, die den Plenterwald gegen den gleichaltrigen Hochwald in ökonomischer Hinsicht zurücktreten lassen, namentlich der tiefere Ansatz der Kronen, der stärkere Abfall des Schaftes und die Stärke der Astbildung geben ihm als Schutz gegen manche Naturschäden den Vorzug. Auch manchen Gefahren der organischen Natur, namentlich den Schäden durch solche Insekten, welche bestimmten Altersklassen verderblich werden, ist er durch seine Ungleichaltrigkeit in geringerem Grade ausgesetzt.

Die stärksten Gründe gegen eine weitgehende Einführung des Plenterwaldes liegen erstens in der geschichtlich gewordenen Tatsache, daß der größte und beste Teil der deutschen Forsten das ganze 19. Jahrhundert hindurch von tüchtigen, gut ausgebildeten Forstwirten im schlagweisen Betrieb bewirtschaftet worden ist, wodurch die Bestände einen bestimmten Charakter erhalten haben; zweitens in dem Umstand, daß den wichtigsten Forderungen, wegen welcher die Rückkehr zum Plenterwalde empfohlen wird, auch im Rahmen des schlagweisen Betriebs genügt werden kann. Es ist nicht der schlagweise Betrieb an sich, der zu grundlegenden Änderungen Anlaß gibt, sondern vielmehr Fehler seiner Anwendung. Diese können vermieden werden. Abgesehen von den Mitteln der Forsteinrichtung, die insbesondere die Größe, Richtung und Aneinanderreihung der Schläge betreffen, gehört hierher als wesentlichstes Mittel die Anlage gemischter Bestände, die seit K. Heyer und Gayer von den hervorragendsten Vertretern der Literatur und Praxis angebahnt sind. Bei der wichtigsten Form derselben, nämlich der Mischung einer Schattenholzart mit einer Lichtholzart, ergibt sich schon bei annähernder Gleichaltrigkeit eine Mehrstufigkeit der Bestockung, nämlich eine obere Stufe, welche die ökonomischen Aufgaben der Wirtschaft erfüllen soll, und eine untere, welche in erster Linie den Schutz des Bodens zur Aufgabe hat. Noch besser als in gleichaltrigen kann die Mehrstufigkeit in ungleichaltrigen Beständen herbeigeführt werden, insbesondere durch den Unterbau, der dann auch seit der Mitte des vorigen Jahrhunderts, insbesondere bei Eiche und Kiefer, in zunehmendem Maße Anwendung gefunden hat.

Dritter Abschnitt.

Bestandesbegründung.

Bei keiner anderen forsttechnischen Maßnahme tritt die Bedeutung der geschichtlichen Methode so bestimmt hervor wie bei der Bestandesbegründung. Andere Methoden haben hier sehr häufig keine befriedigenden Ergebnisse. Eine strenge mathematische Methode stößt auf rechnerische Schwierigkeiten. G. Heyer[1] versuchte eine solche zur Anwendung zu bringen, indem er die Bodenerwartungswerte, die sich für verschiedene Arten der Begründung unter gleichen Verhältnissen ergeben, berechnete und verglich. Allein das Ergebnis der Berechnung bleibt oft unvollständig, weil es von Faktoren abhängig ist, für die keine zahlenmäßigen Werte eingesetzt werden können. Physiologische und bodenkundliche Methoden sind jederzeit von Wert; aber auch durch sie können manche Verhältnisse, welche bei der Frage der Begründung berücksichtigt werden müssen, nicht genügend erfaßt werden. Bei einer geschichtlichen Begründung der in Aussicht genommenen Maßnahmen kann, wenn eine gute Einrichtung und Statistik vorliegt, auf alle Verhältnisse, die man bei der Frage der Bestandesbegründung vor Augen haben muß, gehörig eingegangen werden.

Zu unterscheiden und getrennt zu halten sind zunächst die natürliche und künstliche Begründung, wenn sie auch in der Praxis in vielseitiger Verbindung stehen und in derselben Abteilung, sich gegenseitig ergänzend, zur Anwendung kommen.

---

[1] Handbuch der forstlichen Statik 1871, II. Abschnitt, I—VI Titel.

I. Die natürliche Verjüngung.

Für diese müssen einmal die allgemeinen Bedingungen, von welchen die natürliche Verjüngung abhängig ist, ins Auge gefaßt werden; sodann die Ausführungen, die in bestimmten Fällen der Praxis verwirklicht werden sollen. Sie beziehen sich zunächst auf einzelne Reviere oder Revierteile (Betriebsklassen), deren Verhältnisse dann aber mit anderen zusammengefaßt werden, so daß Wirtschaftsregeln für einheitliche Wirtschaftsgebiete aufgestellt werden können.

1. Allgemeine Bedingungen.

Die Bedingungen, unter denen eine erfolgreiche Naturverjüngung zustande kommt, sind folgende:

1. Es muß eine genügende Samenerzeugung auf der zu verjüngenden Fläche stattfinden. Dies wird der Fall sein, wenn Bestände von entsprechendem Alter vorhanden sind, welche in nicht zu weiten Zeitabständen keimfähigen Samen in genügender Menge hervorbringen.

2. Der Boden muß sich in einem Zustand befinden, bei welchem die Samen keimen und die jungen Pflanzen in den ersten Lebensjahren wachsen können. Dieser Zustand wird in erster Linie durch die Beschaffenheit des Humus und des Überzugs gekennzeichnet. Auf beides ist deshalb vor und während der Verjüngung ein sorgfältiges Augenmerk zu richten. Der Humus muß sich mit dem Mineralboden verbinden. Die infolge der Schlagstellung auftretenden Standortsgewächse dürfen den Boden nicht vollständig in Besitz nehmen und abschließen.

3. Das Ziel der zukünftigen Wirtschaft muß auf die in dem zu verjüngenden Bestande vertretene Holzart gerichtet sein.

Wenn die erforderlichen Bedingungen vorliegen, so darf ohne weiteres unterstellt werden, daß von der natürlichen Verjüngung tunlichst weitgehende Anwendung zu machen ist. Sie besitzt den großen Vorzug, daß sie zur Steigerung der Holzmassenerzeugung wesentlich beiträgt. Der geringe Zuwachs, durch welchen gerade die wertvollsten Holzarten im ersten oder in den beiden ersten Jahrzehnten ausgezeichnet sind, findet eine Ergänzung durch den Zuwachs der Mutterbäume. Dieser ist gegenüber dem Kahlschlag ein Plus, dem kein Minus gegenübersteht. Im Gegenteil: die Mutterbäume haben neben dem Zuwachs, den sie selbst leisten, noch weitere Vorzüge, namentlich in bezug auf die Herkunft des Samens und den Schutz gegen manche Naturschäden (Frost, Hitze). Allerdings darf man die Ausnutzung des Lichtungszuwachses nicht zum Prinzip erheben und die Forderung stellen, daß ein Maximum von Lichtungszuwachs an den Mutterbäumen erzeugt werden soll. Vielmehr ist es Regel, daß, wenn einmal eine Verjüngung beschlossen und eingeleitet ist, das Bedürfnis der Jungwüchse an Licht und Niederschlägen für die Haltung der Mutterbäume bestimmend sein muß. Aber auch bei einer solchen Beschränkung ist der Zuwachs, der während der Verjüngung erfolgt, sehr beachtenswert. Insbesondere ist dies der Fall bei den sich langsam entwickelnden, Schatten ertragenden Holzarten mit langer Verjüngungsdauer.

Wenn dagegen die Bedingungen für die natürliche Verjüngung nicht vorliegen, hat das Bestreben, ihre Anwendung trotzdem zu versuchen, für den nachhaltigen Zuwachs, der immer zum Boden in Beziehung steht, nachteilige Folgen. Lichtungszuwachs tritt allerdings auch in diesem Falle an den übergehaltenen Mutterbäumen ein. Aber der Boden wird ungünstig beeinflußt; und dieser Einfluß fällt in den meisten Fällen stärker in die Waagschale, als der Lichtungszuwachs des nächsten Jahrzehnts. An Stelle der ausbleibenden Jungwüchse entstehen Forstunkräuter der dem Standort entsprechenden Arten. Sie verursachen meist direkt und indirekt Verschlechterungen des Bodenzustandes und seiner Leistungen. In welchem Umfang und in welchem Grade dies seither der Fall gewesen ist, zeigt die Geschichte vieler deutscher Waldgebiete, namentlich vieler Laubbestände, die in Nadelholz haben umgewandelt werden müssen. Es ist hiernach eine wichtige Aufgabe der Wirtschaftsführung und Betriebsregelung, ein Urteil darüber zu gewinnen, ob die natürliche Verjüngung zu empfehlen ist. Die dahingehenden Überlegungen haben in den Erfahrungen der seitherigen Wirtschaft, in den Beobachtungen, die im Walde gemacht werden können, und in den Ergebnissen des forstlichen Versuchswesens ihre wesentlichsten Grundlagen.

Die erfolgreiche Anwendung der natürlichen Verjüngung wird durch die allgemeine geographische Lage, durch die besondere örtliche Lage und die Bodenverhältnisse bestimmt.

Wirft man mit Bezug auf diese Bestimmungsgründe einen umfassenden Blick auf die großen Waldgebiete Mitteleuropas, so tritt als das am meisten charakteristische Merkmal die Tatsache hervor, daß die besten Bedingungen für die natürliche Verjüngung bei allen Holzarten in ihrem Standortsoptimum vorliegen. Die Tauglichkeit des Standorts für eine bestimmte Holzart tritt gerade in ihrer Fähigkeit hervor, sich fortzupflanzen, und den Kampf gegen andere Holzarten oder sonstige Gewächse, den sie zu führen haben, siegreich zu bestehen. In ihrem Standortsoptimum sind ferner alle Holzarten befähigt, häufig gesunden Samen zu erzeugen. Sie vermögen hier ferner ein ziemlich hohes Maß von Beschattung zu ertragen, was auf die natürliche Ausbreitung aller Holzarten von günstigem Einfluß ist. Andrerseits können sie sich im Bereich des Optimums meist auch frei, ohne Beschirmung durch Mutterbäume oder sonstigen Schutzbestand entwickeln, da stärkere Hemmungen des Wachstums nur selten auftreten. Die Wirtschaft hat daher in bezug auf die Zeit der Inangriffnahme der Bestände zur Verjüngung und die Stellung der Schläge ein größeres Maß von Freiheit, als sie in anderen geographischen Lagen zulässig ist. Die Schäden der anorganischen Natur (Frost, Hitze, Schnee, Sturm u. a.) treten an den Jungwüchsen selten verheerend auf und die der organischen Natur (durch Wild und Weidevieh, Schlagunkräuter u. a.) werden schneller und vollständiger überwunden, als in anderen Lagen. Der Boden kann im Optimum im Wege der Schlagstellung, durch den Einfluß von Licht, Luft und Feuchtigkeit am besten in einen Zustand gebracht und in ihm erhalten werden, bei welchem die Ansamung mit ziemlicher Regelmäßigkeit stattfindet. Es treten weder starke Rohhumusbildungen auf, noch Zerstörungen des fruchtbaren Humus durch Erhitzung und Verdichtung.

Um das Verhalten der Hauptholzarten auch außerhalb unserer heimischen Wirtschaftsgebiete kennenzulernen, machten wir (eine Anzahl preußischer Revierverwalter und andere Forstbeamte) mehrere Reisen in Länder, deren forstliche Verhältnisse für uns mit Rücksicht auf ihre physische Beschaffenheit und ihre geschichtliche Entwicklung von besonderem Interesse waren. Die erste (im Jahre 1898 ausgeführte) dieser Reisen erfolgte in südöstlicher Richtung nach Böhmen, Ungarn, Slavonien und Bosnien. Die zweite führte uns nach Holland, Belgien und Frankreich, die dritte nach Dänemark, Schweden und Norwegen.

Das Ziel aller drei Reisen war hauptsächlich auf solche Waldungen gerichtet, in welchen für die Hauptholzarten, insbesondere Eiche, Buche, Tanne, Fichte, Kiefer günstige Wuchsbedingungen vorlagen. Für die Eiche war dies der Fall im mittleren Frankreich (im Gebiet der Loire) und in Slavonien; für die Buche in Belgien, Ungarn und Dänemark; für die Tanne und Fichte in Bosnien sowie in süddeutschen und österreichischen Revieren, die auf den Hinreisen berührt wurden. Die nachfolgenden Ausführungen haben, wenigstens zum Teil, neben den Erfahrungen im beruflichen Leben die Erinnerung an die auf jenen Reisen gewonnenen Eindrücke zu ihrer Grundlage.

2. Die natürliche Verjüngung der Buche.

Bei keiner anderen Holzart sind die Regeln der natürlichen Verjüngung in der deutschen Forstwirtschaft so erfolgreich angewandt wie bei der Buche. Sie hat in dieser Beziehung einen starken und nachhaltigen Einfluß auf den Waldzustand ausgeübt, der noch in der Gegenwart klar erkennbar ist. Bei einer geschichtlichen Betrachtung der natürlichen Verjüngung muß deshalb auf die Buche in besonderem Maße eingegangen werden. Dabei sind auch die allgemeinen Verhältnisse der deutschen Waldungen ins Auge zu fassen.

In der Zeit, die dem Auftreten von G. L. Hartig, H. Cotta und andern Begründern der Forstwirtschaft unmittelbar voranging, waren infolge unpfleglicher Wirtschaft und geregelter Holznutzung und starker Ausübung der Nebennutzungen die Forsten der meisten deutschen Staaten auch in bezug auf die Verjüngung in schlechtem Zustand. Teilweise waren noch die regellosen Plenterwaldungen vorhanden, die sich je nach Boden und Lage, sowie der Einwirkung der Streunutzung in sehr verschiedenem Zustande befanden. In den von den Ortschaften entfernt gelegenen Wäldern waren ungleichaltrige Bestände vorherrschend, die sich auf den besseren Böden und in frischen Lagen auf natürlichem Wege unregelmäßig verjüngten. In der Nähe der bewohnten Orte waren häufig mittelwaldartige Orte entstanden, die durch das Ausgehen der Stockausschläge und das Zusammenwachsen der Oberholzklassen den Charakter eines ungleichaltrigen Hochwaldes erhalten hatten. Auch andere mehrstufige Bestände lagen vor, wie insbesondere der Stangenholzbetrieb, der Hochwaldkonservationshieb u. a.

Auf Grund der Beobachtungen und Erfahrungen, die von den ausführenden Forstbeamten in Wäldern dieser Art gemacht wurden, bildeten sich die Regeln der natürlichen Verjüngung der Buche aus. Als der weitaus einflußreichste der in dieser Richtung tätigen Forstwirte ist G. L. Hartig zu nennen, der in den hessischen und nassauischen Buchenwaldungen in Hungen und Dillenburg wirkte. Kaum 27 Jahre alt, veröffentlichte er sein Lehrbuch für Förster, das in der Folgezeit einen außerordentlichen Einfluß auf die Bewirtschaftung der Buche ausgeübt hat. Er stellte hier seine vielgenannten und weithin befolgten Generalregeln auf, die dahin gingen, daß der Boden in gutem, für Besamung der Buche empfänglichen Zustand erhalten werden sollte, und daß sich die jungen Pflanzen durch entsprechende Schlagpflege entwickeln müßten, ohne von der Beschattung der Kronen des Altholzes und den überall sich einfindenden Forstunkräutern gedrängt und unterdrückt zu werden.

Auch H. Cotta ging in seinem Waldbau, insbesondere bei der natürlichen Verjüngung von der Buche aus. Er ging aber in den Regeln, die er aufstellte weit mehr auf die Verschiedenheiten ein, die sich nach Boden, Lage und Klima für die Schlagführung ergeben.

Noch entschiedener als Cotta stand Pfeil zu den Generalregeln G. L. Hartigs im Gegensatz. Die von ihm auf allen Gebieten der Forstwirtschaft verfolgte Richtung wird bekanntlich am bestimmtesten durch die Betonung der örtlichen Besonderheiten der Wirtschaft charakterisiert. Wie in allen Zweigen der Wirtschaft, so vertritt er auch bei der natürlichen Verjüngung die Ansicht, daß sich die Wirtschaftsführung nach den vorliegenden Verhältnissen richten müsse und daß es keinen allgemeinen Normalzustand der Wälder und daher auch keine Mittel, einen solchen zu erreichen, gäbe.

Hundeshagen schloß sich in bezug auf die natürliche Verjüngung der Buche und anderer Holzarten im wesentlichen an G. L. Hartig an. In seiner 1821 erschienenen forstlichen Produktionslehre nahm er die Grundsätze der natürlichen Verjüngung als wesentlichen Bestandteil des Waldbaues auf und trug hierdurch wesentlich dazu bei, das Verfahren Hartigs auch in solche Kreise einzuführen, denen es durch unmittelbare praktische Betätigung nicht bekannt war.

Auf die Anschauungen der gebildeten Forstwirte, deren Zahl nach der Gründung forstlicher Lehranstalten in wachsendem Maße zunahm, hat kein Schriftsteller größeren Einfluß ausgeübt, als Carl Heyer. In seiner bekannten Schrift hat er das Gesamtgebiet des Waldbaues nach seinen wissenschaftlichen Grundlagen und praktischen Folgerungen gründlich bearbeitet. Dabei ist auch die natürliche Verjüngung sowohl nach ihrer allgemeinen Bedeutung, als auch mit besonderer Rücksicht auf die Buche eingehend behandelt.

Unter den Nachfolgern der genannten Begründer der Forstwissenschaft haben auf die natürliche Verjüngung der Buche Grebe und Borggreve am meisten eingewirkt. Grebe verfaßte eine besondere Schrift über den Buchenhochwaldbetrieb, den er nach allen Richtungen auf Grund eigener praktischer Tätigkeit behandelte. Insbesondere gilt dies von den Maßnahmen der Verjüngung, die hier so gründlich bearbeitet sind, wie es in keiner anderen Schrift der Fall ist. Diese Wertschätzung muß auch aufrecht erhalten werden, wenn der Buchenhochwald seine frühere Bedeutung nicht mehr behalten wird. Borggreve hat die Wirkung, welche die Beschirmung und ihre Unterbrechung oder Beseitigung auf die jungen Holzpflanzen ausübt, gründlicher behandelt als alle anderen Waldbauschriftsteller und die Regel aufgestellt: „Dem Nachwuchs aller unserer wertvollen Holzarten ist auf allen Standorten bis zur Kniehöhe die Beschirmung von reichlich $^2/_3$ seines eigenen vollen haubaren Mutterbestandes und dann bis zur Mannshöhe die von reichlich $^1/_3$ desselben zu erhalten."

Auf Grund der Lehren der genannten Autoren und durch die Tätigkeit zahlreicher, tüchtiger Praktiker haben sich die Regeln der Buchenverjüngung, örtlich vielfach modifiziert, mehr und mehr ausgebildet. Wo sie regelrecht durchgeführt wurden, sind sie meist durch vier Arten von Schlägen, die als Vorbereitungsschlag, Besamungsschlag, Auslichtungsschlag, Räumungsschlag bezeichnet werden, verwirklicht worden.

Durch den Vorbereitungsschlag sollen die Kronen der Mutterbäume verbessert und zur Samenbildung tauglich gemacht werden. Durch kräftige Lockerung erhalten sie eine gewölbte Form, wodurch die der Sonne ausgesetzte Kronenoberfläche gekräftigt und vergrößert wird. Zugleich soll der Boden in einen zur Aufnahme des Samens empfänglichen Zustand gebracht werden. Durch Zersetzung des Laubes und anderer Baumabfälle soll eine Mischung von Humus und Mineralboden bewirkt werden, die sogenannte Bodengare, auf deren Herstellung in der Praxis mit Recht großer Wert gelegt wurde. Allgemein ist die Bedeutung des Vorbereitungsschlags jedoch nicht anerkannt worden. Hartig und Cotta erwähnen ihn gar nicht, und Hundeshagen[1] bezeichnet sogar die Ansicht, daß man durch einen Vorbereitungsschlag das Verwesen und die Umwandlung der am Boden befindlichen Laubschichten in Humus erleichtere, als eine irrige Meinung. Auch ist in der neueren Zeit mit Recht darauf hingewiesen, daß der Zweck des Vorbereitungsschlages durch wiederholte, kräftige Durchforstungen ersetzt werden könne, insbesondere auf tätigen, kalkreichen Böden. Trotzdem wird es sich empfehlen, daß man den Begriff und das Wesen des Vorbereitungsschlages als einen besonderen Akt der Buchenverjüngung festhält. Längere Erfahrungen ergeben eindringliche Lehren, wie außerordentlich verschieden sich die Verjüngungen der Buche unter übrigens gleichen Umständen verhalten, je nachdem eine gute Vorbereitung des Bodens stattgefunden hat.

Die Herstellung des Besamungsschlages ist für die Ausführung der natürlichen Verjüngung der wichtigste Akt, der dem Wirtschafter obliegt. Nach den ursprünglichen Regeln sollte dieser Schlag erst geführt werden, wenn ein Samenjahr eingetreten ist, was auch mit Rücksicht auf die Größe der zu verhängenden Fläche erwünscht ist. Aber schon Cotta erwähnt als die älteste und gewöhnlichste Verjüngungsart die, bei welcher man sogenannte dunkle Besamungsschläge nach bestimmten Regeln stellt, ohne Rücksicht darauf, ob gerade ein Samenjahr eintritt oder nicht. Als Maßstab für die Schlagstellung diente entweder die Entfernung der Kronenspitzen oder die sogenannte Abstandszahl oder das Verhältnis der zu entfernenden Holzmasse zu der bei der Schlagstellung vorhandenen. Nach Hartig sollte dem Besamungsschlag eine solche Stellung gegeben werden, daß die stehenbleibenden Bäume mit den äußersten Spitzen der Zweige sich beinahe berühren. Im milden Klima sollte die Stellung etwas weiter, in rauhem Klima und bei stark zu Unkrautwuchs geneigtem Boden etwas dichter sein. Die Abstandszahl wurde von König eingeführt, hat aber in der großen Praxis kaum Eingang gefunden. Mehr Gewicht wurde auf das Verhältnis der zu entnehmenden zu den vorhandenen Holzmassen gelegt. Zur Bemessung derselben dienten entweder die bei des Betriebsregelung gemachten Aufnahmen oder Schätzungen oder Ertragstafeln. Alle drei Verfahren zeigen aber, wie schwierig es ist, die Bestimmungsgründe der Samenschlagstellung in bestimmte Zahlen festzulegen.

Der Auslichtungsschlag erfolgt in der Regel in mehreren Abstufungen. Wenn der Besamungsvorschlag so gestellt war, wie es der Ent-

---

[1] Forstliche Produktionslehre 1842, 4. Aufl., S. 182.

wicklung der jungen Buchenpflanzen im ersten Jahre ihres Lebens entspricht, so sind bald Nachlichtungen erforderlich, weil die jungen Buchenpflanzen mit zunehmendem Alter weniger Schatten ertragen, während das Kronendach von Jahr zu Jahr dichter wird. Für die Stellung der Auslichtungsschläge muß das Bedürfnis des Jungwuchses bestimmend sein, und zwar einerseits nach dessen Verhältnis zu den Mutterbäumen, durch die er entstanden ist, andrerseits zu den Standortsgewächsen, die sich bei jeder zunehmenden Lichtung in stärker werdendem Grade auf der Verjüngungsfläche einfinden. Wird die Schlagstellung zu dunkel gehalten, so geht die Kraft des Bodens in das Altholz ein, während der Jungwuchs kümmert oder ganz zu Grunde geht. Wird dagegen zu stark gelichtet, so entwickeln sich die Standortsgewächse, welche die Bodenkräfte weit schneller und vollständiger ausnutzen können, als junge Holzpflanzen, zu üppig; der Buchenaufschlag wird durch sie in seiner Entwicklung gehemmt. Wie große Schäden hierdurch für den Wald entstanden sind, lehren die Waldungen aller Länder in reichem Maße. Nur wenn die Lichtungen allmählich, dem Bedürfnis des Jungwuchses entsprechend, geführt werden, kann der Zweck der Verjüngung erreicht werden.

Neben den aus dem Verhältnis des Jungwuchses zu den Standortsgewächsen hervorgehenden wirtschaftlichen Folgerungen sind immer noch andere Verhältnisse zu beachten, unter denen die Frostgefahr am wichtigsten ist. Sie gibt oft Veranlassung, daß die Schläge oder einzelne Teile derselben dunkler gehalten werden müssen, als es nach den allgemeinen Beziehungen zwischen der jungen Buche und den Standortsgewächsen erforderlich erscheint.

Der Räumungsschlag wird ausgeführt, sobald die jungen Buchen einen Schutz gegen die Gefahren von Frost und Hitze, Unkrautwuchs u. a. nicht mehr nötig haben. Wenn auch die Praxis oft noch andere Verhältnisse z. B. Art und Weise der Verwertung berücksichtigen muß, so steht doch das Gedeihen des Jungwuchses in dieser Beziehung an erster Stelle. Ein längeres Überhalten eines Schirmbestandes, als es diesem Zwecke dienlich ist, darf nicht Regel sein, sondern muß Ausnahme bleiben. Ein durch verspätetes Räumen entstandener Schaden wird um so größer sein, je mehr die junge Buche mit zunehmendem Alter den unmittelbaren Lichtgenuß nötig hat und je mehr Schwierigkeiten mit dem Ausbringen langen Nutzholzes verbunden sind. Die ausgesprochene Regel schließt jedoch nicht aus, daß in besonderen Fällen (z. B. mit Rücksicht auf landschaftliche Schönheit, die Möglichkeit jederzeitiger Nutzung) Ausnahmen stattfinden. Die dauernde Erhaltung eines Bestandesschirmes würde zur Folge haben, daß die Umtriebszeiten der Buche niedriger gehalten werden müssen, als es den physischen und ökonomischen Bestimmungsgründen für ihre Hiebreife entspricht, wie es auch bei den seitherigen Versuchen, die in dieser Beziehung angestellt sind (z. B. bei den Betrieben v. Langens, W. Jägers, Homburgs der Fall gewesen ist.

Nach allen Richtungen wesentlich günstiger als ein Überhalt der gleichen Holzart verhält sich bei richtiger Wahl und sorgfältiger Pflege der Stämme der Überhalt von anderen Holzarten. Insbesondere kommen in dieser Richtung lichtkronige Holzarten über der Schatten ertragenden Buche in Betracht. In erster Linie ist der Überhalt von Eichen in Buchenbeständen hervorzuheben. Ihre bleibende Bedeutung hat diese Bestandesform dadurch, daß in der Mehrzahl der Fälle die Eiche zu ihrer Hiebsreife ein höheres Alter als die Buche erreichen muß.

Die im vorstehenden ausgesprochene Auffassung über die natürliche Verjüngung der Buche beruhte auf dem Umstand, daß das Ziel der früheren Wirtschaft hauptsächlich auf Brennholz gerichtet war. Das Nutzholz trat in der Buchenwirtschaft sehr zurück. Grebe gab in seiner Schrift über den Buchenhochwald das Nutzholzprozent zu 5 an; ebenso die österreichische Statistik über den Wienerwald. Unter solchen Umständen entsprachen die vor einem Jahrhundert aufgestellten Wirtschaftsregeln den volkswirtschaftlichen Forderungen, die an den Buchenhochwald gestellt wurden, durchaus. Die von Hartig aufgestellten Regeln hatten zweifellos große Vorzüge. Dahin gehört erstens, daß der Boden in so gutem Zustand gehalten wurde, wie es auf anderem Wege kaum möglich ist. Den Schäden, welche dem späteren Kahlschlag eigentümlich waren, wurde auf diesem Wege am besten vorgebeugt. Die Hartigsche Schlagführung hatte zweitens den Vorzug, daß der Zuwachs bis zum Eintritt der Bestände in die Periode der Verjüngung ungeschmälert in Kraft blieb. Der Zuwachs, welcher nach den Tafeln bei gewöhnlichem Schluß auf II. Standortsklasse von 12,2 fm im 60. Jahr auf 7,4 fm im 120. Jahr sinkt, wird durch die Stellung der Vorbereitungs- und dunklen Besamungsschläge auf fast gleicher Höhe erhalten. Der dritte Vorzug lag in dem Minimum von Kulturkosten, mit dem der junge Bestand beim Gelingen der Verjüngung belastet wurde.

Indessen die Ziele der Wirtschaft sind jetzt andere als vor hundert Jahren. Mit dem stärkeren Bedarf der gestiegenen Bevölkerung und der entstandenen Industrie an Nutzholz fast jeder Stärke, mit der Zunahme der Kohle als Brennstoff, mit dem Eingreifen des Handels in die meisten Waldgebiete bildet jetzt die Erzeugung von Nutzholz auch bei der Buche das Ziel der Wirtschaft. Der Buchenhochwald bleibt zwar immer noch eine wichtige Bestandesform der deutschen Forstwirtschaft; aber es ist doch kein Zweifel, daß er an Umfang und wirtschaftlicher Bedeutung zurückgetreten ist.

3. Die natürliche Verjüngung anderer Holzarten.

Wenn man nun die natürliche Verjüngung anderer Holzarten mit derjenigen der Buche vergleicht, so machen sich hier, wie es auf vielen anderen Gebieten der Forstwirtschaft der Fall ist, zwei verschiedene, durch das Streben nach Gleichheit und Ungleichheit bestimmte Richtungen geltend. Der entschiedenste Vertreter des Strebens nach Gleichheit auf dem Gebiete der Verjüngung war G. L. Hartig. Nachdem er die Buche auf Grund eigener Erfahrungen eingehend bearbeitet hatte, nahm er auch bei den anderen Hauptholzarten auf diese Bezug und sah sie trotz mancher Abweichungen als Vorbild für dieselben an. Ebenso geschah dies später von Borggreve[1]. Als Schlußergebnis seiner Ausführungen über die Wirkung der Beschirmung stellte er die These auf, daß „die Jungwüchse aller unserer wertvollen Holzarten auf allen Standorten bis zur Kniehöhe die Beschirmung von reichlich zwei Dritteln ihres eigenen vollen haubaren Mutterbestandes ertrügen" usw. Im Gegensatz zu der generalisierenden Richtung von Hartig vertrat Pfeil auch hier die Ansicht, daß die Führung der Forstwirtschaft in den wesentlichsten Beziehungen stets nach den vorliegenden Verhältnissen, insbesondere nach dem Standort, der Natur der Holzarten und dem Kulturzustand der betreffenden Länder gerichtet werden müsse.

Wenn man nun zurückblickt auf die Entwicklung einer hundertjährigen Wirtschaftsgeschichte und die während derselben in den größeren forstlichen Kulturländern getroffenen Maßnahmen, so wird man nicht im Zweifel sein, daß zwar für alle Erscheinungen des Lebens der Waldbäume, wie des organischen Lebens überhaupt, allgemeine Gesetze bestehen, die überall wirksam sind und beachtet werden müssen, daß es aber für die praktischen Maßnahmen der Forstwirtschaft trotzdem wichtiger ist, auf die in der Bewirtschaftung der Holzarten und Standorte vorliegenden Verschiedenheiten hinzuweisen, als Generalregeln aufzustellen.

Als Bestimmungsgründe für das verschiedene Verhalten der Holzarten in bezug auf die natürliche Verjüngung und die auf sie gerichteten Schlagstellungen sind folgende Punkte hervorzuheben:

1. Die Häufigkeit der Samenjahre. Finden diese nur selten statt, wie es an den Grenzen der natürlichen Verbreitungsgebiete meist der Fall ist, so hat man bei ihrem Eintritt mit Umsicht auf eine gründliche Ausnutzung der Besamung hinzuwirken. Bei häufigem Eintreten der Samenjahre hat man in dieser Beziehung weit größere Freiheit.

2. Die Beschaffenheit des Samens, namentlich hinsichtlich ihres Gewichtes. Bei Holzarten mit schwerem Samen muß zunächst meist dunkler gehalten werden, weil sich sonst der junge Anwuchs nicht

---

[1] Die Holzzucht, 2. Aufl., Regeln für die Naturbesamung, S. 161 ff.

über das Bereich der Kronen hinaus einfinden kann, während Holzarten mit geflügeltem Samen in dieser Beziehung eine weit größere Ausdehnungsfähigkeit besitzen.

3. Der Bodenzustand. Während bei der Buche schon vor der Besamung auf die Zersetzung des Humus und die Entstehung organischen Lebens durch Zufuhr von Licht hingewirkt werden muß, ist bei den lichtkronigen Holzarten, meist ein stärkerer Überzug vorhanden, dessen Entstehung und Verstärkung durch rechtzeitige Einführung von bodenschützenden Holzarten entgegengewirkt werden muß.

4. Die Fähigkeit, mehr oder weniger Beschattung zu ertragen. Sie ist auch bei derselben Holzart nach den klimatischen Verhältnissen sehr verschieden und verbietet die Anwendung jeder Art von allgemeinen Regeln. Im allgemeinen können die Hauptholzarten im Standortsoptimum am meisten Beschattung ertragen.

5. Die Schnelligkeit des Wachstums in der ersten Jugend. Wie leicht die weichen Laubhölzer, sowie Kiefern und Lärchen imstande sind, die Konkurrenz der wichtigsten Standortsgewächse zu überwinden, zeigen die meisten charakteristischen Waldgebiete.

6. Die Empfindlichkeit der verjüngten Holzarten gegen Frost, Hitze, Wildverbiß und andere Schäden der organischen Natur.

7. Die Aufbereitung des Holzes, insbesondere der Umstand, ob derselbe in langen Stämmen ausgehalten oder in Blöcke geschnitten oder in Klafterstöße aufgearbeitet wird.

8. Die Schwierigkeit des Ausrückens und der Abfuhr.

Richte ich nun unter Bezugnahme auf diese Bestimmungsgründe den Blick auf die größeren Waldgebiete Mitteleuropas, so trat auf den oben erwähnten Reisen der Einfluß des Standorts bei der Eiche in besonderem Grade in Frankreich und Slavonien hervor. Die Häufigkeit der Samenjahre und die Reichlichkeit der Besamung bewirken bei entsprechenden Bodenzuständen in kurzer Zeit vollständige Verjüngungen. Die kleinen Lücken, die sich bei den früheren Besamungen gebildet haben, werden durch die in kurzen Fristen folgenden Masten zugezogen. Die Fähigkeit des Schattenertragens ist, wie man in Hoch- und Mittelwaldungen reichlich zu beobachten Gelegenheit hat, weit größer als in Deutschland. Man hat daher in der Stellung der Schläge ein ziemlich großes Maß von Freiheit: Man kann die Verjüngungsschläge dunkel halten und den Lichtungszuwachs ausnutzen, man kann aber auch schnell und stark lichten, da die Gefahren durch Frost, Hitze usw. eine längere Beschirmung weniger nötig machen. Die hiernach zulässige wirtschaftliche Freiheit kann, wenn sie richtig angewendet wird, von sehr förderlichem Einfluß auf den Zustand der Bestände, namentlich auf ihren Zuwachs sein. Die uns vorgeführten 200jährigen teils reinen, teils mit schwacher Buchenbeimengung versehenen Eichen (im Gebiete der Loire) übertrafen auch die besten deutschen Bestände. Sie hatten eine Stammzahl von 200, eine Höhe von 30—36 m, eine Stammgrundfläche von 44 qm und eine Masse von 600—800 fm. Die Höhe entspricht hiernach annähernd der ersten Standortsklasse der deutschen Tafeln. Stammzahlen und Stammgrundflächen sind aber weit höher.

Unter den Nadelholzarten trat uns auf den nach Südwesten und Südosten gerichteten Reisen die Tanne in vielen umfangreichen Beständen entgegen. Sie ist in besonderem Grade befähigt, sich unter dem vollen Schirm der eigenen Holzart und noch mehr unter dem eines gemischten Bestandes zu entwickeln. Auf den meisten von der Tanne eingenommenen und ihr zusagenden Standorten gibt sich die Tauglichkeit zu ihrer natürlichen Verjüngung durch eine schwache Moosdecke zu erkennen, unter welcher eine humose Erdschicht gelagert ist. Die bekanntesten süddeutschen Tannenzüchter haben die Bedeutung dieser schwachen Moosdecke mit Nachdruck hervorgehoben. „In den Moosen — schreibt Gerwig — findet der Weißtannensamen ein ihm besonders zusagendes Keimbett. Jeder erfahrene Forstmann im Schwarzwald legt deshalb auf ihr Vorhandensein (in mäßiger Höhe) einen sehr hohen Wert"; und Dressler schreibt, hiermit übereinstimmend: „Diese dichte Moosdecke ist die unerschöpfliche Quelle von Feuchtigkeit in trockenen Jahren ... Zugleich ist sie ein vortreffliches Keimbett für den Samen."

Die Entwicklung der jungen Tanne erfolgt unter den vorherrschenden Wachstumsbedingungen sehr langsam; insbesondere bleibt der Höhenwuchs lange Zeit sehr gering. Da jede senkrechte Lichtung ihn fördert, so liegt es nahe, von diesem Mittel Anwendung zu machen. Indem man aber durch eine lichtere Stellung der Besamungsschläge die Tanne im Wuchse zu fördern sucht, erhalten zugleich die dem Standort eigentümlichen Schlagunkräuter Gelegenheit sich einzufinden und kräftig zu entwickeln. Und da das Licht auf die Standortsgewächse einen weit stärkeren Einfluß ausübt, als auf den Wuchs der Tanne, so schlägt die Absicht der Beförderung dieser letzteren sehr leicht in das Gegenteil um. Auf Grund der zahlreichen Beobachtungen, die ich in dieser Beziehung gemacht habe, stellte ich den Satz auf: „Alle vorzeitigen stärkeren Lichtungen sind der Tanne auf allen Standorten zuwider."

Bei der Fichte hat im 19. Jahrhundert in den meisten deutschen Staaten die künstliche Bestandesbegründung im Vordergrund gestanden. Die Empfindlichkeit der flachwurzelnden Fichte gegen Sturm und die in ihrem Wuchsgebiet so häufig auftretenden Rohhumusbildungen erschweren die natürliche Verjüngung und die Förderung ihres Zuwachses durch Lichtungen. Indessen liegen doch auch bei der Fichte beachtenswerte Beispiele vor, aus denen hervorgeht, daß in der gehörigen Beschränkung auch bei ihr von der natürlichen Verjüngung mehr Anwendung gemacht werden kann, als es bisher geschehen ist. Unter den älteren Vertretern der Forstwissenschaft ist in dieser Beziehung vor allem G. L. Hartig zu nennen, der in seinem Försterlehrbuch folgendes bemerkt: „Diese Methode, die haubaren Fichtenbestände durch natürliche Besamung zu verjüngen, ist zwar nicht die gewöhnlichste, aber unfehlbar die sicherste. Man lasse sich daher durch die fast allgemeine Behauptung, daß dergleichen Besamungsschläge in den Fichtenwaldungen nicht anwendbar seien, nicht abschrecken. Wer dieses behauptet, hat es entweder gar nicht versucht oder einen so lichten Schlag hauen lassen, daß der Wind die Samenbäume umwerfen konnte.“ In beschränkterem Maße wurde die natürliche Verjüngung auch von Cotta und Hundeshagen vertreten. Aber die späteren waldbaulichen Schriftsteller (Pfeil, K. Heyer, Burckhardt, König, Grebe, Danckelmann u. a.) stehen im allgemeinen übereinstimmend auf dem Standpunkt, daß der künstlichen Bestandesbegründung bei der Fichte entschieden der Vorzug gebühre. Von gegenteiligen Stimmen aus dem Ende des vorigen Jahrhunderts ist insbesondere Borggreve namhaft zu machen, der sich auch in dieser Beziehung mit Entschiedenheit für G. L. Hartig einsetzt. Innerhalb gewisser Grenzen wurde die natürliche Verjüngung auch von Gayer u. a. empfohlen.

In der neuesten Zeit stehen die meisten Staatsforstverwaltungen, welche Vorschriften über die Bestandesbegründung der Fichte erlassen haben, sowie auch die meisten Waldbaulehrer auf dem Standpunkt einer sachgemäßen, auf den gegebenen Wachstumsbedingungen beruhenden Beschränkung. Schon die Geschichte vieler Gebirgsforsten läßt erkennen, daß der Anwendung der natürlichen Verjüngung keine bleibenden Hindernisse klimatischer Natur entgegen stehen, da hier ja die meisten ältern Waldungen auf natürlichem Wege entstanden sind.

Ähnliches gilt auch für die Kiefer. Daß auch bei ihr die natürliche Verjüngung im Standortsoptimum und weit über dasselbe hinaus möglich ist, lehrt zunächst die ältere Forstgeschichte. Sie läßt erkennen, daß lange Zeit hindurch die umfangreichen Kieferwaldungen im Nordosten Deutschlands fast ausschließlich auf natürlichem Wege entstanden sind. Auch aus späteren Beobachtungen, Erfahrungen und geschichtlichen Urkunden, unter denen besonders alte Betriebspläne hervorzuheben sind, ist zu entnehmen, daß noch in der ersten Hälfte des 19. Jahrhunderts die natürliche Verjüngung die vorherrschende Art der Bestandesbegründung bei der Kiefer gewesen ist. Unter den hierauf gerichteten Nachweisen sei besonders auf die Bestände der Tucheler Heide hingewiesen. Ein geregelter Kulturbetrieb hat sich dort erst im Laufe des 19. Jahrhunderts entwickelt. Nach den Mitteilungen der Regierungsforstbeamten sind zur Aufforstung jener Gebiete so geringe Kosten aufgewendet, daß regelmäßige Kulturen mit ihnen nicht ausgeführt sein können. An vielen Orten haben die früher ziemlich allgemein ausgeübten Nutzungen von Weide und Streu, weil sie die Standortsgewächse zurückhielten, eine günstige Wirkung auf die natürliche Verjüngung der Kiefer ausgeübt. Ähnliches ergab sich infolge der im Bereich der Weide so häufig stattgefundenen Brände. Auch aus den Waldungen anderer Länder, die noch ihren ursprünglichen naturwüchsigen Charakter behalten haben, insbesondere aus Nordeuropa liegen ähnliche Mitteilungen vor. Von besonderem Interesse aus der neuesten Zeit sind die von Rebel[1] gemachten Mitteilungen über die Wälder in Finnland. Dem deutschen Reisenden fällt dort nichts so sehr auf, als die Leichtigkeit der Naturverjüngung. Rebel schreibt: „Ob Großkahlschlag auf trockener Heide, ob Lücke im frischen Walde — Ansamung stellt sich ein, von Föhre immer, von Birke auf weniger trockenen Stellen usw." Im größten Teile der norddeutschen Kieferngebiete sind nun aber die für eine erfolgreiche Naturverjüngung erforderlichen Bedingungen infolge der im 19. Jahrhundert die Regel bildenden Erziehung reiner Bestände im Kahlschlagbetrieb und die Einhaltung hoher Umtriebe nicht vorhanden. Der an den meisten Orten im Stangenholzalter sich bildende starke Überzug von Standortsgewächsen, in erster Linie von Heidelbeeren nebst den unter ihnen befindlichen Trokkentorfschichten sind für die natürliche Verjüngung Hindernisse oder Erschwerungen, die bewirken, daß den Anforderungen, die an die Entwicklung der Bestände gestellt werden, durch die natürliche Verjüngung nicht genügt werden kann. Zur Zeit ist diese daher auf Orte beschränkt, wo dem Auftreten ungünstiger Bodenüberzüge durch natürliche oder künstliche Mittel, zu denen namentlich auch bodenschützende Mischbestände gehören, begegnet werden kann.

Neben der allgemeinen geographischen Lage kommt die örtliche, durch Meereshöhe, Abdachung, Exposition, Bodenausformung und nachbarliche Umgebung bestimmte Lage in Betracht. Wie sehr sie auf die Fähigkeit der natürlichen Verjüngung einwirkt, ersieht man daraus, daß häufig unter übrigens gleichen Verhältnissen bei geringen Drehungen des Geländes in unmittelbarer Nähe große Verschiedenheiten in dieser Beziehung auftreten. Sie sind Folge der örtlichen Besonderheiten, die in der Forstwirtschaft eine so große Bedeutung haben. Diese erhalten durch jede eingehende Beschäftigung in der Praxis, die stets örtlich bedingt ist, und durch die kritische Vergleichung verschiedenartiger Waldgebiete fortgesetzt neue Nachweise ihrer Richtigkeit und ihrer großen Bedeutung für den Fortschritt des Forstwesens. Sie kommt am besten zum Ausdruck in der Aufstellung von Wirtschaftsregeln.

---

[1] Finnland und seine Wälder. Thar. Forstl. Jahrbuch, 77. Band.

II. Künstliche Begründung.

Auch bei der künstlichen Bestandesbegründung wirken auf das Gedeihen der erzeugten Jungwüchse so viele Verhältnisse ein, daß der Einfluß der einzelnen Faktoren oft nicht mit Bestimmtheit nachgewiesen werden kann. Hierher gehört in erster Linie das ganze Gebiet der räumlichen Ordnung. Die Breite, Richtung und Aneinanderreihung der Schläge haben auf die Entwicklung der Jungwüchse entschiedenen Einfluß. In den regelmäßigen, von Nord gegen Süd gerichteten Hiebszügen gibt sich der Schutz, den die Kulturen gegen die austrocknende Wirkung der Sonne erhalten, durch die Länge und Frische der Triebe bestimmt zu erkennen.

Wie bei der natürlichen Verjüngung durch den Zuwachs an den Mutterbäumen, so kann unter Umständen auch bei der künstlichen Begründung durch die Erhaltung oder Herstellung von Schirmbäumen eine günstige Wirkung auf die Entwicklung der Jungwüchse herbeigeführt werden. Auch hier gilt es aber, wie bei der natürlichen Verjüngung als Regel, daß die Dauer und Stellung der Schirmschläge nicht durch das Streben, den Lichtungszuwachs nach Möglichkeit auszunutzen, bestimmt wird, sondern durch das Bedürfnis der Jungwüchse an Licht und durch die Verminderung der Schäden, welche das Fällen und Rücken verursachen können.

Zu einer Förderung des Wuchses der Kulturen dient unter allen Umständen eine sorgfältige Ausführung derselben, insbesondere der Pflanzungen. Alle Fehler, die beim Einsetzen der Pflanzen gemacht werden, üben eine langdauernde Wirkung auf die Entwicklung der jungen Bestände aus. Von großer Bedeutung für diese ist häufig die Regelung der Feuchtigkeit; sowohl ein Übermaß, als auch ein Mangel an dieser verursacht dauernde Nachteile für die Bestandesentwicklung. Die Wirkung, welche der Regelung des Wassers bei der Forsteinrichtung beizumessen ist, wurde in großem Maßstab von Forstrat O. Kaiser[1] erkannt und praktisch in den preußischen Gebirgsforsten durchgeführt. Bei seinen umfangreichen taxatorischen Arbeiten in Hessen-Nassau erkannte sein scharfer Blick die Gefahren, welche ein ungehemmter Wasserabfluß durch Bildung von Rissen und Zerstörung von Wegen zur Folge haben kann. Andrerseits lehrte ihn die Beschaffenheit vieler Bestände, namentlich auf den trocknen Hängen des hessischen Buntsandsteins, die Notwendigkeit, dem Walde die Feuchtigkeit nach Möglichkeit zu erhalten. Die Herstellung von Talrandwegen gab Kaiser Veranlassung, die Gebirgsbäche, welche beiderseits von Wegen begrenzt wurden, zur Anlage von Teichen zu benutzen, die dann weiter zur Bewässerung von Wiesen und zur Fischzucht verwendet werden konnten.

---

[1] Beiträge zur Pflege der Bodenwirtschaft mit besonderer Rücksicht auf die Wasserstandsfrage 1883.

Von allgemeinem Einfluß auf die Holzmassenerzeugung ist die Vorschrift, daß der Boden vollständig, ohne daß ihm durch Standortsgewächse irgendwelcher Art Nährstoffe entzogen werden, zu diesem Zwecke ausgenutzt wird. Hierzu sind aber die meisten Holzarten, insbesondere die lichtkronigen (Kiefer, Lärche, Eiche, Esche und andere Laubhölzer) für sich allein außerstande. In der großen Praxis ist in dieser Beziehung insbesondere das Verhalten von Eiche und Kiefer von Bedeutung, deren mit dem Alter erfolgende starke Zuwachsabnahme in allen Ertragstafeln bestimmt nachgewiesen wird. Daraus geht hervor, daß, wenn beim Vorherrschen dieser Holzarten ein Höchstbetrag an Masse erzeugt werden soll, solche nicht in reinen Beständen, sondern in Mischung mit anderen, welche die Bodenkraft besser auszunutzen imstande sind, erzogen werden müssen.

In reinen Beständen liegt ferner ein wichtiges Mittel, um auf den Zuwachs fördernd einzuwirken, in der Feststellung der Pflanzenzahlen, welche zu den Kulturen verwendet werden sollen und in den Bestimmungen über die Kulturverbände. Um den Einfluß derselben zu untersuchen, wurden im Jahre 1862 von der Sächsischen Staatsforstverwaltung umfassende Versuche für Fichte im Revier Wermsdorf und Kiefer in den Revieren Markersbach und Reudnitz eingeleitet. Die Fichtenflächen erstrecken sich auf 19 Flächen von je $\frac{1}{4}$ ha. Es sind Pflanzungen von verschiedenem Abstand und verschiedener Ausführung, sowie Saaten (Vollsaat, Riefensaat, Plätzesaat). Die Ergebnisse der Untersuchungen sind in verschiedenen Jahrgängen des Tharandter Jahrbuches[1] mitgeteilt. Schiffel[2] ließ in seinen Wuchsgesetze normaler Fichtenbestände die Wermsdorfer Versuchsfläschen den von ihm nach drei Schlußgraden [a) Dichtschluß, b) Mittelschluß, c) Lichtschluß] geordneten Normalertragstafeln für die Fichte vorausgehen. Er stellte auf Grund der gefundenen Ergebnisse den Satz auf: „Die weitständige Jugenderziehung der Fichte ist der engständigen überlegen in bezug auf Bestandeshöhe, Durchmesser und Schaftmasse.“ Die hier zugunsten weiter Verbände gezogenen Folgerungen, die auch schon von G. Wagener in seinem Waldbau ausgesprochen worden waren, haben viele Vertreter und Nachfolger gefunden, namentlich in Österreich und anderen waldreichen Ländern mit schwierigen Absatzverhältnissen für geringe Sortimente. Als auf dem VIII. Internationalen Landwirtschaftlichen Kongreß in Wien das Thema: „Die Begründung und Erziehung von Waldbeständen unter Rücksichtnahme auf hohen Massenzuwachs und gute Holzqualität“ behandelt wurde[3], hob v. Guttenberg hervor,

---

[1] Von Kunze (ältere Jahrgänge), Fritsche (1919), Busse u. Jaehn (1925).
[2] Wuchsgesetze normaler Fichtenbestände 1904, S. 2 ff.
[3] Rückblicke auf die Verhandlungen des VIII. Internationalen Landwirtsch. Kongresses in Wien. Thar. Jahrbuch 1908, S. 121.

daß die durch weite Pflanzverbände hervorgerufene Breitringigkeit in der Jugend nicht, wie oft behauptet werde, die Qualität beeinträchtige. Forstrat Bakesch, einer der Referenten zu dem genannten Thema, führte aus, man müsse rechtzeitig darauf bedacht bleiben, in weiterem Verbande zu pflanzen, und es sei keineswegs zu weit gegriffen, wenn man auf guten Standorten und in hohen, von Schnee bedrohten Lagen auf 3000 bis 3500 Pflanzen auf 1 ha herabgehe.

Wären Masse, Stärke und Höhe des bleibenden Bestandes der ausschließliche Bestimmungsgrund für die Weite der Pflanzverbände, so würde gegen die von Schiffel u. a. gezogenen Folgerungen nichts zu erinnern sein. Enge Verbände, die größere Kosten verursachen, wären alsdann fehlerhaft. Aber eine solche Unterstellung kann wohl in Ländern mit extensiver Wirtschaftsführung und in kritischen Zeiten der Volkswirtschaft richtig sein, entspricht aber nicht den für allgemeine Erörterungen und längere geschichtliche Perioden anzunehmenden Verhältnissen. Aus der Geschichte der neueren Forstwirtschaft, den Erfahrungen der Praxis und den Ergebnissen der forstlichen Versuchsanstalten geht hervor, daß aus den Zahlen, die sich auf die sog. Hauptnutzung oder den bleibenden Bestand beschränken, richtige Folgerungen nicht gezogen werden können. Die Fähigkeit des Standortes, einen bestimmten Ertrag hervorzubringen, kommt im Gesamtzuwachs zum Ausdruck, nicht aber in dem auf den bleibenden Bestand entfallenden Teil desselben, der nach Art und Grad der Durchforstungen sehr verschieden sein kann. Der Gesamtertrag bildet Ziel und Maßstab der forstlichen Produktion.

Geht man nun auf den Gesamtertrag der Versuchsflächen in den genannten Revieren näher ein, so stellt sich dieser nach den letzten Aufnahmen folgendermaßen dar:

Holzart Fichte. Alter 62 Jahre.

1. Hauptbestand.

	Quadratverbände					Reihen	
	0,85	1,13	1,42	1,70	1,98 m²	0,85×2,27	1,13×3,40 m
Stammzahl . .	1214	1258	965	1081	864	831	715
Höhe	16,0	16,5	17,0	16,8	17,7 m	18,1	18,7 m
Kreisfläche . .	26,4	27,4	25,5	25,5	24,7 qm	25,4	25,0 qm
Durchmesser .	16,6	16,7	18,3	17,5	19,1 cm	19,7	21,1 cm
Derbholz . . .	219	235	225	226	227 fm	239	242 fm
Schaftholz . .	229	245	234	235	234 ,,	247	248 ,,
Gesamtmasse .	275	292	278	280	278 ,,	292	293 ,,

2. Summe der Vorerträge.

	Quadratverbände					Reihen	
	0,85	1,13	1,42	1,70	1,98 m²	0,85×2,27	1,13×3,40 m
	212	167	151	103	101 fm	142	112 fm

3. Gesamtertrag.

	Quadratverbände					Reihen	
	0,85	1,13	1,42	1,70	1,98 m²	0,85×2,27	1,13×3,40 m
Hauptbestand	275	292	278	280	278 fm	292	293 fm
Vorerträge . .	212	167	151	103	101 ,,	142	112 ,,
Im ganzen . .	487	459	429	383	379 ,,	434	405 ,,

Hieraus geht hervor, daß nicht, wie von Schiffel gefolgert wurde, die weiten Verbände in Wermsdorf am meisten Zuwachs erzeugt haben, sondern im Gegenteil die engen. Dies ist die natürliche Folge der Tatsache, daß durch enge Verbände der Boden früher und vollständiger zur Erzeugung von Holzmasse ausgenutzt wird. Im ersten Jahrzehnt wachsen die einzelnen Pflanzen annähernd gleich, ob nun (bei 1 m Verband) 10000 Stück oder (bei 2 m Verband) 2500 auf 1 ha stehen. Das Mehr des engeren Verbandes an Zuwachsleistung kommt in den Durchforstungen zur Nutzung. Überläßt man nun die Bestände sich selbst oder führt man die Durchforstungen zu spät, zu schwach und zu selten aus, so tritt im Laufe der Zeit eine Wuchsstockung ein. Sie erfolgt früher und stärker bei engen als bei weiten Verbänden. Auch bei manchen Beständen in Wermsdorf, die zunächst schwach und mäßig durchforstet sind, kann man aus einzelnen Beispielen entnehmen, daß bei den engen Verbänden die Abnahme des laufenden Zuwachses früher und stärker erfolgt ist als bei den weiteren. Aber dem hemmenden Einfluß des zu dichten Standes läßt sich im Wege der Bestandespflege begegnen. Aus den Ergebnissen der Wermsdorfer Versuche können die nachteiligen Folgen zu spät und zu schwach geführter Durchforstungen begründet werden, nicht aber die Vorzüge weiter Pflanzverbände.

Zieht man die Saaten zu einem Vergleich mit den Pflanzungen heran, so ergeben sich für diese Massenerzeugung folgende Zahlen:

	Vollsaat	Riefensaat	Plätzesaat
a) Masse des Endbestandes . . .	182	227	248 fm
b) Summe der Vorerträge	197	192	197 ,,
c) Im ganzen	379	419	445 ,,

Hieraus ist zu ersehen, daß die Saaten, namentlich die Voll- und Riefensaaten der Wermsdorfer Flächen gegen die engern Pflanzungen (unter 1,5 m²) zurückstehen.

Holzart Kiefer.

Entsprechende Versuche wie für die Fichte in Wermsdorf sind für die Kiefer in den Revieren Markersbach und Reudnitz[1] von der Säch-

---

[1] Busse u. Weissker: Wachsraum und Zuwachs, Markersbacher u. Reudnitzer Kiefernkulturversuch. Thar. Jahrbuch 1931.

sischen Forsteinrichtungsanstalt durchgeführt worden. Die Ergebnisse der letzten vor kurzem erfolgten Aufnahmen der 63- und 64jährigen Kiefern in Markersbach waren die nachfolgenden. Es betrug der durchschnittlich jährliche Zuwachs

Bei den Saaten.

	Vollsaat	Riefensaat	Plätzesaat
An Derbholz . .	5,8	6,1	6,3 fm
An Baumholz .	8,8	8,5	8,9 „

Bei den Pflanzungen.

	Quadratverbände					Reihen	
	0,85	1,13	1,42	1,70	1,98 m²	0,85 × 2,27	1,13 × 340 m
An Derbholz .	5,5	5,9	6,1	5,7	5,9	5,5	5,9 fm
An Baumholz.	8,0	7,8	7,8	7,2	7,3	7,3	7,1 „

So schätzenswert zahlenmäßige Nachweise über den Einfluß der Begründung auf den Zuwachs nun auch sind, so bleibt doch stets zu beachten, daß hier noch zahlreiche andere Bestimmungsgründe berücksichtigt werden müssen, die oft nicht in strenger, zahlenmäßiger Form dargestellt werden können. Solche sind:

1. Die Grundsätze der forstlichen Statik, die verlangen, daß die Erträge und Erzeugungskosten der kritischen Vergleichung unterworfen werden.

2. Widerstände und Erschwerungen, welche sich der Ausführung der Kulturen entgegenstellen. In dieser Beziehung sind namentlich die Verhältnisse des Bodens zu berücksichtigen.

3. Die Wirkungen der anorganischen Natur, insbesondere die Gefahren, die durch Anhang und Sturm herbeigeführt werden. Die wichtigsten Mittel, ihnen entgegen zu treten, liegen in der Sorge für eine genügende und gleichmäßige Ausbildung der Kronen.

4. Die Rücksicht auf die Beschaffenheit des Holzes. Sie ist namentlich auf Astreinheit, Vollholzigkeit und Gleichmäßigkeit des Jahrringverlaufes zu richten und steht mit der unter 3. genannten Widerstandsfähigkeit gegen Naturschäden im Gegensatz.

5. Die physiologischen Eigentümlichkeiten der Holzarten. Namentlich ist hier die Entwicklung der Wurzel von Einfluß. Eine starke Ausbildung derselben gibt besonders bei Pflanzungen mit starkem Material Anlaß zu einer Beschränkung der Pflanzenzahl.

Wegen der Menge der angegebenen Ursachen ist es Regel, daß die Bestimmungen über die Art der Kultur im Wege eines Gutachtens getroffen werden, in welches die zu beachtenden Momente sämtlich einzubeziehen sind. Jede Verallgemeinerung ist aber auch auf diesem Gebiete, ebenso wie bei der natürlichen Verjüngung, unzulässig.

Vierter Abschnitt.

Durchforstung.

I. Geschichtliche Bemerkungen.

Die Entwicklung des Durchforstungsbetriebes ist in der neueren Literatur[1] eingehend dargelegt worden. Es geht aus einem geschichtlichen Rückblick hervor, daß seine Bedeutung schon frühzeitig erkannt worden ist. Insbesondere haben die meisten Forstordnungen des 17. und 18. Jahrhunderts Bestimmungen getroffen, daß an Orten, wo das Holz zu dicht stand, einzelne Stämme ausgehauen und zu Latten, Zaunstangen und anderen ländlichen Verwendungsarten abgegeben werden sollten. Was aber den Einfluß der Durchforstungen auf Zuwachs und Ertrag betrifft, so sind die hierüber vorliegenden Nachweise bis zur neuesten Zeit sehr unvollkommen. Übrigens ist zu beachten, daß nicht nur in gemischten, sondern auch in reinen Beständen die wichtigsten Maßnahmen der Forstwirtschaft mehr durch die Rücksicht auf die Beschaffenheit und den Wert der Stämme, als auf die erzeugte Holzmasse bestimmt werden. Bei dem nachfolgenden Rückblick auf den Durchforstungsbetrieb beschränke ich mich, ohne Anspruch auf eine vollständige Darstellung zu machen, auf die neuere Forstgeschichte seit dem Auftreten G. L. Hartigs, H. Gottas und Hundeshagens, die hier, wie in fast allen Zweigen des Forstwesens, von nachhaltigem Einfluß auf die Anschauungen und praktischen Maßnahmen der nachfolgenden Forstwirte gewesen sind.

G. L. Hartig[2], der in seinen Durchforstungsregeln von der Buche ausgeht, ist bekanntlich ein Vertreter späten Beginns und schwacher Grade der Durchforstungen. Er schreibt in seinem Lehrbuch für Förster, die für die Geschichte der praktischen Forstwirtschaft so einflußreichen und deshalb hier wörtlich folgenden Sätze: „Man hüte sich, von dem erzogenen Buchenstande irgend etwas wegzuhauen, bis derselbe so stark geworden ist, daß er durch Platzregen, Schnee und Duft nicht mehr zusammengedrückt werden kann. Ist aber der Bestand 40jährig geworden oder soweit herangewachsen, daß die stärksten Stangen 5—7 Zoll im untersten Durchmesser haben, so kann und muß in mildem Klima . . .

---

[1] Laschke: Geschichtliche Entwicklung des Durchforstungsbetriebs 1902; Schüpfer: Die Entwicklung des Durchforstungsbetriebs in Theorie und Praxis 1903; Geschichte des Waldeigentums usw. von Bernhardt 1872; Handbuch der Forst- und Jagdgeschichte von Schwappach 1886; ferner die meisten Lehrbücher des Waldbaus und die Mitteilungen der Forstlichen Versuchsanstalten. Von älteren Arbeiten sei hier namentlich auf die zusammenfassende Darstellung der Geschichte der Durchforstungen von Baur: Forstwissenschaftliches Zentralblatt 1882 hingewiesen.

[2] Lehrbuch für Förster, 7. Aufl., S. 26 ff.

das ganz unterdrückte Gehölz unter Aufsicht herausgehauen werden. Wäre aber das Klima rauh ..., so muß das Aushauen des unterdrückten Gehölzes bis zum 50- oder 60jährigen Alter verschoben werden. — Bei dieser ersten Durchhauung muß aber auf das genaueste darauf gesehen werden, daß schlechterdings keine Stangen und Reitel wegkommen, die zum oberen Schluß des Waldes beitragen. Man darf daher nur ganz oder halb abgestorbenes und völlig übergipfeltes Holz hauen lassen ... So auffallend nützlich eine solche Durchforstung aber ist, so sehr schädlich kann sie werden, wenn man sie vornehmen läßt, ehe das Holz die bestimmte Dicke hat, oder wenn man mehr als das unterdrückte Holz wegnimmt. Man befolge daher bei allen Durchforstungen die Generalregel, lieber etwas zu viel als zu wenig Holz stehen zu lassen und nie einen dominierenden Stamm wegzunehmen, also auch niemals den oberen Schluß des Waldes zu unterbrechen." — Dieselben Regeln, die von Hartig für die Buche gegeben werden, sollen auch für die Eiche, Tanne, Fichte und Kiefer Anwendung finden.

In bezug auf den Zuwachs sind Hartigs Durchforstungsregeln, wie seine Wirtschaftsführung überhaupt trotz der zu extremen Fassung, von günstigem Einfluß gewesen. Die dichte Haltung der Bestände in der Jugend hält zwar den Stärkezuwachs etwas zurück, fördert aber die Möglichkeit der späteren Ausnutzung der geschonten Bodenkraft, wie aus den Durchforstungen älterer, in vollem Schluß gehaltener Bestände, aus Vorbereitungsschlägen, aus den Erträgen des Seebachschen und Homburgschen Betriebs- u. a. Bestandesformen zu ersehen ist. Die Nachteile der Hartigschen Durchforstung lagen hauptsächlich darin, daß das Gebot der strengen Schlußerhaltung die rechtzeitige Pflege guter Stämme oft unmöglich machte, daß die lichtbedürftigen Holzarten, insbesondere die Eiche, aus den Buchenhochwaldungen verschwanden und der Stärkezuwachs nicht so gefördert werden konnte, wie es zur Erzeugung von gutem, genügend starkem Nutzholz notwendig ist.

H. Cotta[1] trat zu der herrschenden, namentlich durch Hartig befolgten Richtung, daß bloß die unterdrückten Stämme entnommen und die Durchforstungen nur alle 20—30 Jahre wiederholt werden sollten, in Gegensatz. Er stellte die Regel auf: „Man fange die Durchforstungen früher an, als sich das Holz gereinigt hat, man lasse in den jungen Beständen die Stämme gar nicht zum Unterdrücktwerden kommen, und man wiederhole die Durchforstungen, so oft es nur irgend möglich ist." Als Vorteil dieser seiner Methode macht Cotta geltend: „Die Stämme erwachsen von Jugend auf so kräftig und selbständig, daß ihnen die nachherigen Auslichtungen nicht schaden; Zweige und Wurzeln erhalten sich im vollkommenen Zustand und können also das Er-

---

[1] Anweisung zum Waldbau, 4. Aufl., 7. Kap., Von den Durchforstungen.

nährungsgeschäft vollständig erfüllen. Der Boden vertrocknet nicht in den jungen Beständen, weil er überall hinlänglich beschattet wird; der Hauptzweck, die Vermehrung des Holzzuwachses, wird mithin vollständig erreicht."

Die von Cotta aufgestellten Durchforstungsregeln gaben H u n d e s h a g e n[1] Veranlassung, entschieden gegen sie aufzutreten. Hundeshagen bestritt, daß im jüngeren Alter der Hochwaldbestände das Drängen und Kämpfen der Stämmchen um Lichtgenuß und somit auch der daraus entstehende Zuwachsverlust größer sei als im höheren Alter. In der Jugend werde durch die großen Unterschiede des Höhenwuchses der Unterdrückungskampf, den die Stämmchen untereinander führen, auf natürlichem Wege erfolgreich entschieden. Er bestritt ferner, daß durch die frühzeitige Umlichtung ein positiver Einfluß auf die Holzmassenerzeugung, wie Cotta annahm, ausgeübt werde. Man könne sich im Gegenteil häufig davon überzeugen, daß in den stammreichen Teilen der Buchenverjüngung mehr Holzmasse hervorgebracht werde, als in solchen, in welchen die jungen Pflanzen von vornherein in größerer Entfernung voneinander ständen. Ebenso verhalte es sich in diesem letzten Falle in bezug auf den Boden. Dieser werde durch eine dicht gehaltene stammreiche Begründung weit besser gegen die nachteiligen Wirkungen durch Sonne und Unkrautwuchs geschützt als an Orten, wo zwischen den Jungwüchsen holzleere Räume, wenn auch nur von geringem Umfang, sich befänden. Übrigens erkennt Hundeshagen, trotz dieser seiner Kritik an den Cottaschen Regeln, die Vorzüge des nicht zu langen Hinausschiebens ihres Anfangs und ihrer häufigen Wiederholung sehr wohl an.

Die Gegensätze, die zwischen Cotta einerseits, Hartig und Hundeshagen andrerseits bezüglich des Durchforstungsbetriebs bestanden haben, sind auch noch in der Gegenwart von weitgehendem allgemeinen Interesse; sie werden solches auch in der Zukunft behalten. Nächst der Ansicht über die Hoch- und Niederdurchforstung ist auf diesem Gebiet kein anderer Punkt von so großer Bedeutung für die Entwicklung der Bestände, als das Verhältnis der Durchforstungsgrade in den verschiedenen Altersstufen. In den wesentlichsten Richtungen entsprechen die Sätze Cottas noch immer den Anschauungen vorherrschender Kreise. Ein früher Beginn der Durchforstung muß schon deshalb als Regel angesehen werden, weil zwischen Durchforstungen und Läuterungen, die häufig vorwüchsige Stämme entfernen, kein scharfer Unterschied besteht. Übrigens ist die Gefahr eines sehr dichten Standes in der Jugend, welcher vielfach zur Begründung starker Durchforstungen Anlaß gibt, wenigstens bei Naturverjüngungen, geringer als die gegenteilige Er-

---

[1] Beiträge zur gesamten Forstwissenschaft, 2. Band, S. 93: Über das neue Durchforstungssystem in Hochwaldungen.

scheinung eines zu weiten Standes. Für die Buche gilt dies in besonderem Grade. Wie Borggreve[1] zutreffend nachgewiesen hat, sind auf das Wachstum der jungen Buche soviel Einflüsse der organischen und anorganischen Natur wirksam, und zwar in einem für die einzelnen Individuen verschiedenen Grade, daß die befürchtete Wuchsstockung in vollen Naturverjüngungen nur selten eintritt. Die organische Natur ist durch das Gesetz der Ungleichheit beherrscht. Mit ihm muß, wie auf allen Gebieten des organischen Lebens, so auch in der Forstwirtschaft gerechnet werden.

Unter den älteren Vertretern der Forstwirtschaft hat auf dem vorliegenden Gebiete keiner eine größere und nachhaltigere Bedeutung als Pfeil[2]. Die Ausführungen in seiner Holzzucht sind noch immer sehr beachtenswert und werden es auch in Zukunft bleiben. Er hat zwar keine Theorien über den Beginn, die Wiederholung und den Grad der Durchforstungen aufgestellt, aber er brachte ihre Ausführung in unmittelbare Beziehung zu den Grundlagen, auf welchen alle forstlichen Maßnahmen beruhen müssen, nämlich einerseits zum Boden, andrerseits zu den Eigentümlichkeiten der Holzarten, insbesondere zur Beschaffenheit der Wurzel und der Krone. Bei der Buche[3] seien frühzeitige räumliche Stellungen der dominierenden Bäume entschieden zu widerraten. Allerdings werde der Zuwachs in den jungen Buchenorten durch eine frühzeitige starke Durchforstung gesteigert; aber dies geschehe oft so sehr auf Kosten der Zukunft, daß dadurch leicht mehr Verlust als Gewinn entstehen könne. Die Gefahr einer Verschlechterung des Bodens sei namentlich auf schwachen Böden zu beachten, auf denen ein guter Buchenwuchs allein von einem bedeutenden Humusgehalt abhängig sei. Eine festbestimmte Regel für die Zeit, in welcher die Durchforstungen beginnen, und den Grad in dem sie ausgeführt werden sollen, lasse sich nicht geben. Allgemeine Geltung habe nur die Vorschrift, daß die Bestände gegen Sonne und Wind geschützt werden, und daß der Bestandesschluß nicht stärker unterbrochen werde, als so, daß er sich in wenigen Jahren wiederherstellt.

Auch für die Kiefer[4] stellt Pfeil die Beschaffenheit des Bodens als Bestimmungsgrund für die Führung der Durchforstung an die erste Stelle. Insbesondere weist er hin auf den Einfluß des chemischen Gehalts, der physikalischen Beschaffenheit, des Humus und der landwirtschaftlichen Benutzung. Die Notwendigkeit einer frühzeitig begonnenen und häufig wiederholten vorsichtig ausgeführten Durchforstung wird insbesondere für dichte Bestände, die aus natürlicher Verjüngung oder

---

[1] In der Einleitung zur Begründung seiner Plenterdurchforstung. Holzzucht, 2. Aufl., S. 283 ff.

[2] Die deutsche Holzzucht 1860.   [3] A. a. O., S. 247 ff.

[4] A. a. O., S. 436 ff.

aus Saat entstanden sind, hervorgehoben. „Die Art der Durchforstung muß sich stets dem natürlichen Wuchse, der Gefahr des Schneebruches und dem Bedürfnis eines kleineren oder größeren Wachsraumes der Kiefer in jedem Alter anpassen. Dazu muß man dieses an ihnen selbst zu erkennen suchen, um ihm bei der Wegnahme der zurückbleibenden Stämme entgegen zu kommen. Bestimmte Vorschriften lassen sich darüber durchaus nicht geben."

Bei der Fichte[1] wird von Pfeil einerseits auf die Fähigkeit hingewiesen, sich in dichten Beständen ohne wesentliche Beeinträchtigung der Wuchskraft zu erhalten, andrerseits auch auf die Nachteile, welche aus einem Übermaß der Bestandesdichte, namentlich aus dichten Saaten hervorgehen. Hier soll möglichst allmählich durchforstet werden. „Man darf zuerst nur das wirklich vollständig unterdrückte Holz heraushauen und nur nach und nach, sowie die dominierenden Stämme einen kräftigeren Wuchs erhalten, sie etwas freier stellen, jedoch nur so, daß der obere Schluß des Bestandes niemals unterbrochen wird."

Sehr verschieden von der auf scharfer Beobachtung und Erfahrung beruhenden Auffassung des Durchforstungsbetriebs von Pfeil ist die Behandlung, die diesem durch König zuteil geworden ist. König[2] hat zwar wie Pfeil keine bestimmten forstlichen Regeln für die Ausführungen der Durchforstungen aufgestellt. Aber seine Forstmathematik ist doch, wie nach anderen Richtungen so auch hier, trotz der formalen Darstellung, in der die waldbaulichen Verhältnisse zum Ausdruck kommen, in geschichtlicher Hinsicht sehr beachtenswert und auch für die Praxis noch immer von Bedeutung. Insbesondere sind für Königs Auffassung des Durchforstungsbetriebs die Tafeln über die „Gegensätze des Massenerwachses normaler Holzbestände" charakteristisch. Hier werden — getrennt nach Holzarten der starken Entstehung, als deren Repräsentant die Lärche erscheint, und der schwachen Entstehung, die durch die Buche vertreten ist — die Höhen und Massen, die Mehrung des bleibenden Bestandes, die Durchforstungserträge („Bestandesabfälle") sowie die Mehrungs- und Zuwachsprozente nach 10jähriger Altersabstufung angegeben. Von bleibendem Interesse sind die Zahlen, welche das Verhältnis der Durchforstungserträge zu den Hauptnutzungen betreffen. Dasselbe beträgt:

Bei der Lärche

im Alter von	40	50	60	70	80 Jahren
	25	32	35	40	45%

Bei der Buche

im Alter von	40	60	80	100	120	140 Jahren
	11	23	33	43	50	55%

---

[1] A. a. O., S. 485.

[2] Die Forstmathematik, 4. Ausg., III 3: Allgemeine mathematische Gesetze und Verhältnisse des Holzertrages.

Ferner hat König durch die Aufstellung seiner Abstandszahl auf die Urteile über die Grade der Bestandesdichte, welche die Durchforstung regeln soll, nachhaltigen Einfluß ausgeübt. Er bezeichnet mit dieser bekanntlich das Verhältnis zwischen dem mittleren Abstand je zweier Stämme zu dem mittleren Umfang derselben. Nach dem jetzigen Brauche wird man statt des Umfangs (u) den Durchmesser in Brusthöhe (d) einzusetzen haben, für normale Bestände, die, trotzdem es solche in Wirklichkeit nicht gibt, für einfache Verhältniszahlen meist zugrunde gelegt werden, kann als mittlere Entfernung der Durchmesser der Krone (k) dienen. Das Verhältnis $k : d$ gibt dann Königs Grundgedanken Ausdruck.

K. Heyer[1] hat durch die von ihm aufgestellten Durchforstungsregeln, die in den Worten: Früh, oft und mäßig, ihren Ausdruck fanden, weitgehenden Einfluß auf die Anschauungen der mit- und nachlebenden Fachgenossen ausgeübt. Theoretisch wurden diese Regeln ziemlich allgemein anerkannt. In der Praxis der meisten großen Wirtschaftsgebiete standen aber ihrer Durchführung infolge des mangelhaften Aufschlusses der Reviere und des schlechten Absatzes für geringe Sortimente sehr oft Hindernisse entgegen. Von den späteren Herausgebern des Heyerschen Waldbaus ist der ausgesprochene Grundsatz nach den Eigentümlichkeiten der Hauptholzarten modifiziert worden. Dabei ist auf die Zuwachsergebnisse, die von den Versuchsanstalten und von einzelnen Personen veröffentlicht sind, Bezug genommen.

K. Grebe[2] verdient auf dem vorliegenden Gebiet eine weit größere Anerkennung und bleibende Beachtung, als sie ihm bei seinen Lebzeiten zuteil geworden ist. Er stellte für die Durchforstung der Buche das Prinzip der Stetigkeit, die allmähliche Vornahme aller Bestandesveränderungen und die Erhaltung der Bodenkraft auf, was man gerade in der Gegenwart zu betonen besonderen Anlaß hat. Die allgemeinen Grundsätze, nach denen die Durchforstung geleitet werden soll, kommen in folgenden Forderungen zum Ausdruck:

1. Jede Durchforstung muß ausschließlich nach ihrem eigenen Zweck: Förderung der Ausbildung und Hebung des Wachstums, bemessen werden. 2. Jede Durchforstung muß im geeignetsten Zeitmoment eingreifen, also sobald und so oft eine Wachstumsförderung durch sie in der Tat erreichbar, im Unterlassungsfalle aber eine Hemmung und Störung in der naturgemäßen Ausbildung zu fürchten ist. 3. Den Durchforstungen dürfen nach und nach nur diejenigen Hölzer anheimfallen, welche nicht zur Bildung des künftigen Verjüngungsbestandes erforderlich sind; sie haben sich auf die überwachsenen Stammindividuen zu beschränken. 4. Keine Durchforstung darf so stark eingreifen, daß

---

[1] Der Waldbau oder die Forstproduktenzucht, 5. Aufl., § 70.
[2] Der Buchenhochwaldbetrieb 1856, § 106—112.

dadurch der Bestand in seiner gewohnten Ernährungsweise gestört würde, was nur durch einen leichteren Betrieb mit öfterer Wiederholung derselben erreichbar ist. 5. Die Bodenkraft muß während der Bestandesausbildung gefördert und gehoben, insbesondere muß eine volle, naturgemäße Laubdecke angesammelt und jede Bodenaushagerung und Entkräftung sorgfältig vermieden werden. Die Durchforstungen sind demnach so zu betreiben, daß sie den Zuchtbestand weder seitlich noch von oben so öffnen, daß der Sonne und dem Winde ein verderblicher Zutritt zum Boden gestattet wäre."

Unter den Vertretern der Praxis hat in der neueren Zeit wohl keiner einen größeren Einfluß auf den Durchforstungsbetrieb ausgeübt als Kraft[1]. Er bildete nach der Beschaffenheit der Kronen seine bekannten Stammklassen und schärfte durch deren Kennzeichnung seinen Fachgenossen den Blick für die Beurteilung der Krone, die für die Durchforstung in erster Linie bestimmend sein soll. Kraft unterschied nach der Art, wie die verschiedenen Stammklassen behandelt werden sollen: die schwache Durchforstung, bei welcher nur die fünfte Stammklasse (unterständige Stämme) genutzt wird; die mäßige Durchforstung, bei welcher die Stammklassen 5 und 4b (Stämme mit teilweis unterständigen Kronen) genutzt werden; die starke Durchforstung, bei welcher auch die Stämme der Klasse 4a (Stämme mit zwischenständigen, im wesentlichen schirmfreien, meist eingeklemmten Kronen) entnommen werden. Die wesentlichste Forderung, die Kraft aufstellte, ging dahin, daß die Durchforstungen mit steigendem Bestandesalter zunehmend kräftiger geführt werden, weil der zu hebende Stammgrundflächenzuwachs in steigender Progression zurückgeht und immer mehr der Anregung bedarf. Auch auf die Frage, ob bei starken Durchforstungen auch zur ersten Stammklasse gegriffen werden dürfe, geht Kraft ein. Eine solche Maßnahme sei nicht ausgeschlossen gilt ihm aber als Ausnahme.

Auch Gayer[2] hat, neben seinen bahnbrechenden Arbeiten auf dem Gebiete der Verjüngung und der Herstellung gemischter Bestände, der Frage der Durchforstung sein Interesse zugewandt und sie sehr sachkundig und maßvoll behandelt. Sofern nur die Massenerzeugung in Betracht kommt, erscheint ihm eine kräftige Führung der Durchforstungen schon im jugendlichen Alter geboten. Auf gutem Boden könne man dadurch in einer um 10—20 Jahre kürzeren Umtriebszeit die gleichen Erträge erzielen, wie bei dichter Haltung der Bestände in einer längeren. Wichtiger aber als die Berücksichtigung der Masse sei der Einfluß, den man der Werterzeugung einzuräumen habe. Bei frühzeitiger starker Durchforstung werden die Forderungen der Astreinheit

---

[1] Beiträge zur Lehre an den Durchforstungen 1884.
[2] Der Waldbau, 3. Aufl., 3. Teil, 2. Abschn.: Bestandespflege.

und Vollholzigkeit, die an gute Stämme gestellt werden, nicht oder nur
ungenügend Rechnung getragen. Zur Erzeugung wertvoller Stämme
sei es erforderlich, die jungen Bestände während der Periode des stärksten Höhenwuchses nur schwach oder mäßig zu durchforsten. Erst
nach Zurücklegung des Hauptlängenwachstums sei den Beständen durch
kräftige Hiebe die nötige Hilfe zu rascher Erstarkung zu bringen. Die
Durchforstung habe sich dann mehr im mitherrschenden und beherrsch-
ten Teil des Bestandes als im unterdrückten zu bewegen. „Die naturgemäßen Grundsätze der Durchforstung im Nutzholzbestande wollen
sohin die verstärkte Lichtwirkung nicht in der Jugend, sondern erst in
der zweiten Lebenshälfte anstreben; sie fordern den Bestandesschluß
vorzüglich für die Jugendperiode vom Gesamtbestande; für die höheren
Lebensstufen ist aber der wertvollste Teil des Nutzholzbestandes von
dieser Aufgabe nach Zulässigkeit zu entbinden.“

Ich[1] selbst habe — nicht unbeeinflußt von den letztgenannten Vertretern des Waldbaues — meine Ansicht über den Grad der Durchforstungen zum Verlauf der Jahrringe in Beziehung gesetzt und den
Satz ausgesprochen, daß die großen Unterschiede in den Jahrringbreiten der herrschenden Stämme nach Möglichkeit vermindert werden
sollen. Das durch die Erziehung zu erstrebende Ideal geht dahin, daß
die Bestände mit Anlegung tunlichst gleichmäßiger Jahrringe erwachsen.
Daß die physiologischen Gesetze, welche den Baumwuchs bestimmen,
der Gleichheit der Jahrringbildung nicht entgegenstehen, zeigen viele
Bestandesformen, die in der Geschichte der Forstwirtschaft eine hervorragende Rolle gespielt haben. In dieser Beziehung ist insbesondere auf
den Plenterwald hinzuweisen; ferner auf das Oberholz des Mittelwaldes,
auf Besamungs- und Lichtschläge, auf Lichtungs- und Überhaltbetriebe.
Im Rahmen des regelmäßigen Hochwaldes läßt sich aber eine Gleichheit der Jahrringe, bezogen auf die gesamte Wachstumsdauer, nicht
durchführen; sie bezeichnet ein Ideal, das in der Praxis nicht erreicht
wird. Auch wenn man absieht von den Besonderheiten, die durch örtliche und zeitliche Verhältnisse bewirkt werden, so ergeben sich dadurch
Ursachen zu Abweichungen allgemeiner und prinzipieller Natur, daß die
auf die Masse gerichteten Bestimmungsgründe nicht mit denjenigen
übereinstimmen, welche den Wert betreffen. Um die Masse eines
Stammholzes zu steigern, ist der Wachsraum desselben zu erweitern.
Um die Qualität zu fördern, muß das Streben der Wirtschaft auf eine
Hebung der Vollholzigkeit und Astreinheit gerichtet werden; und hierzu
bedarf es namentlich in der Jugend anderer Maßnahmen.

Die Extreme in der Jugendstellung der Bestände sind immer unrichtig. Ein zu dichter Stand kann die Wuchskraft beeinträchtigen und

---

[1] Die forstliche Statik, 2. Aufl., 1. Teil, S. 40ff., Stärkezuwachs; 2. Teil
5. Abschn.: Durchforstungsbetrieb.

die spätere Erholungsfähigkeit erschweren, was für die Rentabilität der
Bestände unter allen Umständen von sehr ungünstigem Einfluß ist.
Aber eine zu frühe und zu starke Erweiterung des Wachsraums durch
sehr starke Durchforstungen oder Lichtungen hat einmal die Folge, daß
in den unteren Teilen der Stämme breitere Jahrringe angelegt werden,
als in den oberen; sodann, daß die Äste in stärkerem Maße erhalten
bleiben, als es für die Qualität des Holzes erwünscht ist. Beides zeigt
sich in starkem Grade bei einem Vergleich von Mittel- und Hochwald-
stämmen. Das beste Mittel, um die großen Unterschiede der Jahrringe
im Hochwaldbetrieb zu vermeiden, liegt darin, daß die Bestände im
jugendlichen Alter im vollen Schluß erzogen, von der zweiten Hälfte
der Umtriebszeit an aber kräftiger durchforstet bzw. einen Lichtungsbetriebe unterworfen werden.

Zu der von mir vertretenen, mit zunehmendem Alter stärker werdenden Durchforstung steht die bekannte auf die Fichte bezügliche
Durchforstung von Bohdanecky in einem gewissen Gegensatz. Mit
Recht weist dieser auf die Nachteile einer zu hohen Stammzahl hin,
wie sie die meisten nach G. L. Hartigs Regeln behandelten Bestände
zeigen. Mit dem starken Hinaufrücken und dem damit verbundenen
Kürzerwerden der Kronen, das alsdann besonders in sehr gleichmäßigen
Beständen eintritt, wird nicht nur die Wuchskraft beeinträchtigt,
sondern auch die Widerstandsfähigkeit gegen manche Gefahren, insbesondere solche durch Sturm und Anhang, herabgesetzt. Beispiele dieses
Verhaltens zeigen beim Laubholz sehr stammreiche, natürliche Verjüngungen, die nicht rechtzeitig geläutert wurden; beim Nadelholz,
namentlich bei der Fichte, dichte Vollsaaten auf mäßigem und geringem
Boden. Aber trotz dieser allbekannten Beispiele tritt ein Rückgang
des Zuwachses gegenüber weitständiger Begründung doch nicht gerade
häufig ein. Denn die meisten Laubholzverjüngungen werden durch
den Erfolg des natürlichen Konkurrenzkampfes, der schon frühzeitig
einsetzt, vor dem Rückgang des Zuwachses bewahrt. Beim Nadelholz
hat aber fast das ganze 19. Jahrhundert hindurch die Pflanzung, meist
in ziemlich weiten Verbänden, im Vordergrund gestanden, bei der ein
Rückgang des Bestandeszuwachses infolge ungenügenden Wachsraumes
zunächst nicht eintritt.

Unter den Forstwirten, die gegen das von G. L. Hartig begründete,
in der Literatur und Praxis des 19. Jahrhunderts in großem Umfang angewandte Prinzip der schwachen Niederdurchforstung aufgetreten sind,
steht Borggreve[1] an erster Stelle. Er hat durch seine auf treffenden
Beobachtungen und physiologischen Überlegungen beruhenden Plenterdurchforstung auf die Anschauungen seiner Fachgenossen einen

---

[1] Holzzucht, 2. Aufl., S. 302 ff.; Wesen und Vorteile der Plenterdurchforstung
in älteren Beständen.

weitgehenden Einfluß ausgeübt, der gebührend gewürdigt werden muß, wenn auch die Anwendung des Verfahrens beschränkter ist und bleiben wird, als Borggreve angenommen hat.

Die Plenterdurchforstung ist bekanntlich dadurch ausgezeichnet, „daß vom ca. 60. Jahre ab, außer den etwaigen völlig abgestorbenen oder doch gänzlich hoffnungslosen Stämmen, in einzelner Verteilung solche Stämme herausgeplentert werden, welche bei ungünstigeren Stammformen die Kronen ihrer Nachbarn einengen." Der Holzvorrat auf der durchforsteten Fläche bleibt während dieser Hiebe annähernd gleich, so daß während der ganzen zweiten Hälfte des Bestandeslebens die Nutzung dem Zuwachs entspricht. Diese Hauungen sollen unter Steigerung der üblichen Umtriebsalter von ca. 100 auf ca. 140—160 Jahre gerade auf vorwachsende Stämme gerichtet werden.

Gegen das Durchforstungsverfahren von Borggreve ist nun aber geltend zu machen, daß in stammreich erwachsenen Stangenarten die Wirkung eines Aushiebs vorwüchsiger Stämme sehr häufig nicht oder nicht in genügendem Maße denjenigen Stämmen, die man im Wuchse fördern will, zugute kommt, sondern anderen in unmittelbarer Nähe befindlichen, die den erweiterten Wachsraum besser auszunutzen imstande sind. Ferner ist nicht unbeachtet zu lassen, daß auf manchen, besonders auf kräftigen, zu Unkrautwuchs geneigten Böden, bei der Entnahme von kronenreichen Stämmen die Gefahr einer Bodenverwilderung eintreten kann, und daß endlich die Erhöhung der Umtriebszeit auf 160 Jahre eine Forderung bedeutet, die nach den allgemeinsten ökonomischen Grundsätzen der Forstwirtschaft nur bei ungewöhnlich hohem und anhaltendem Massen- und Wertzuwachs verwirklicht werden kann. Sie bildet deshalb keine Regel, sondern vielmehr eine Ausnahme. Sie ist namentlich dann am Platze, wenn es sich um Bestände handelt, denen zur rechten Zeit die nötige Pflege nicht zuteil geworden ist. Analogien für das Verhalten der Plenterdurchforstung ergeben in Süddeutschland häufig die Aushiebe von Krebstannen, in Norddeutschland bei der Kiefer die Beseitigung der Schwammbäume. Beide Hiebe werden in der Praxis als notwendige Maßnahmen anerkannt. Aber es besteht kein Zweifel darüber, daß sie vorgenommen werden, weil die betreffenden Stämme krank sind und bei längerem Stehenbleiben zu Bruch und anderen Schäden Veranlassung geben würden. An gesunden Stämmen wird eine solche Plenterung nicht vorgenommen.

Während ich diesen Abschnitt über die Arten der Durchforstung niederschrieb, erschien ein Aufsatz „über die Bedeutung der naturwissenschaftlichen Grundlagen der Durchforstungslehre", von Kienitz[1], der erst kurz vor seinem Hinscheiden verfaßt war. Kienitz ist

---

[1] Über die Bedeutung der naturwissenschaftlichen Grundlagen der Durchforstungslehre. Zeitschr. f. Forst- u. Jagdw. 1931, 5. Heft.

derjenige Schüler von Borggreve, der die Anschauungen seines Lehrers über die Begründung und Erziehung der wichtigsten deutschen Holzarten in wissenschaftlicher und praktischer Hinsicht am längsten und gründlichsten untersucht hat. Er weist in jenem Aufsatz auf die großen Unterschiede hin, die in bezug auf Licht- und Schattenblätter, auf Licht- und Schattennadeln bestehen, und hebt hervor, Borggreve sei bei der Begründung der Plenterdurchforstung von der Annahme ausgegangen, „daß alle Bäume eines Bestandes in bezug auf die Assimilationstätigkeit ihre Blätter gleichwertig oder mindestens, daß die bisher unterdrückten Bestandesglieder voll erholungsfähig wären". Daß diese Annahme nicht richtig sei, habe er (Kienitz) für die Fichte in seinen Aufastungsversuchen, nachgewiesen. Er brachte die gewonnenen Versuchsergebnisse auf der Versammlung deutscher Forstmänner in Aachen im September 1887 zur Kenntnis der Fachgenossen und schließt diesen Teil seiner Abhandlung mit den Worten: „Meine Astungsversuche hatten ergeben, daß sämtliche Nadeln der Fichte, um ihre volle Assimilationstätigkeit ausüben zu können, annähernd in dem Lichtgrad verbleiben müssen, unter dem sie erwachsen sind; eine Lichtnadel, in den Schatten gedrängt, vermag nicht eine gleichwertige Assimilation auszuführen, wie wenn sie im vollen Licht geblieben wäre; aber ebenso wenig kann eine Schattennadel sich nachträglich unter günstiger Beleuchtung wie eine Lichtnadel erhalten oder gar sich in eine solche umwandeln." Hierin liegt aber offenbar ein die Plenterdurchforstung beschränkendes Moment. Selbst wenn man bei der Durchforstung in der Freistellung weit gehen kann, wird der Erfolg in der Mehrzahl der Fälle unbefriedigend bleiben. Wesentlich anders als bei der Durchforstung liegt die Frage über das Verhalten und die Behandlung zurückgebliebener Stämme, wenn es sich um Verjüngungen und Lichtungen handelt. Bei diesen können die stehenbleibenden Stämme allseitig umlichtet werden, was sowohl den Licht- als auch den Schattenblättern zugute kommt. Tatsächlich wird durch zahlreiche Untersuchungen nachgewiesen, daß durch Umlichtung zurückgebliebener Stämme der Stärkezuwachs außerordentlich erhöht wird. Aber in bezug auf die Art der Durchforstung geht aus den wichtigsten Erörterungen physiologischer und ökonomischer Art hervor, daß in gut erzogenen Beständen die herrschenden Stämme bis zur Einleitung der Verjüngung erhalten werden müssen.

Mehr Einfluß als Borggreves Plenterdurchforstung wird voraussichtlich die „Freie Durchfostrung" von Heck auf den zukünftigen Durchforstungsbetrieb in Deutschland ausüben. Sie ist dadurch ausgezeichnet, daß ihr Autor bei seinen wissenschaftlichen Untersuchungen stets mit der Praxis in unmittelbarer Verbindung gestanden hat. Hecks Versuchsflächen liegen in den von ihm bewirtschafteten Forstbezirken

Adelberg, Möckmühl und Göppingen. Zahlreiche Arbeiten waren bereits zu Ende des vorigen Jahrhunderts ausgeführt und in verschiedenen Zeitschriften veröffentlicht. Sie wurden dann durch eine mehr als 30jährige Tätigkeit stetig fortgeführt und ergänzt und würden schon früher den Fachgenossen bekannt gegeben sein, wenn nicht die Kriegs- und Nachkriegszeit auf alle forstlichen Untersuchungsarbeiten und Veröffentlichungen hemmend eingewirkt hätten.

Die jetzt vorliegende Schrift von Heck ist von den Gedanken durchdrungen, daß wie bei vielen anderen forsttechnischen Maßnahmen, so auch bei den Durchforstungen nicht die Rücksicht auf die Massenerzeugung an erster Stelle steht. „Der rote Faden, der sich durch alle unsere Betrachtungen hindurchzieht ist: dauernde Förderung der schönsten, leistungsfähigsten Stämme ohne Erhöhung der Umtriebszeit."

Bei der Begründung der freien Durchforstung ging Heck von Krafts Stammklassen aus und ergänzte sie durch die Beschaffenheit der Schaftform, die durch Buchstaben des griechischen Alphabets gekennzeichnet wird. Als allgemeine Vorschrift für die Ausführung werden folgende Regeln gegeben: 1. Es darf keine wesentliche Unterbrechung des Bestandesschlusses eintreten. 2. Es muß stets von den schönsten und dadurch wertvollsten Nutzholzschäften strahlenförmig ausgegangen werden. Diese sind zuerst aufzusuchen und nach Bedarf, aber doch vorsichtig frei zu hauen, zunächst auf der am meisten bedrängten Seite, so daß ihre Kronen sich tunlichst ungehindert entwickeln können. 3. Die nicht zum Hiebe kommenden Stämme müssen, wo nötig unter Auflösung von Gruppen, räumlich gut verteilt werden. Das gilt hauptsächlich von den vermutlichen oder bereits zweifellosen Haubarkeitsstämmen.

Zu den Eigenschaften, welche die Träger des bleibenden Bestandes haben sollen, gehört als wesentlichste eine gute, gleichmäßig entwickelte Krone. Für die Bildung einer solchen ist eine wichtige Bedingung, daß die Höhen sich gleichmäßig entwickeln können und nicht durch neben ihnen stehende Stämme zurückgehalten werden. Daraus folgt weiter, daß schon frühzeitig Läuterungshiebe vorgenommen werden, durch die alle zum herrschenden Bestand nicht tauglichen Stämme, insbesondere vorherrschende von schlechterer Beschaffenheit ausscheiden. Mit Rücksicht auf den Schutz des Bodens ist die Vorschrift gegeben, daß da, wo ein herrschender Stamm entfernt wird, mehrere unterständige erhalten bleiben. In den wesentlichsten Richtungen entspricht hiernach Hecks Verfahren den Grundsätzen, welche in der neueren Zeit in der Praxis und beim forstlichen Versuchswesen fortgesetzt zunehmende Bedeutung erhalten haben.

Nachdem die allgemeinen Grundgedanken der freien Durchforstung entwickelt sind, gibt Heck eine vollständige Übersicht über die in 30jähriger Tätigkeit behandelten Untersuchungsobjekte. Es sind teils ständige, teils fliegende Versuchsflächen, die behandelt werden. Die ständigen werden in regelmäßiger Folge genau aufgenommen und nach den wichtigsten Ertragselementen (Stammzahl, mittlere Durchmesser, Kreisfläche, Derbholz, erntekostenfreier Erlös) dargestellt. Hieran schließen sich Vergleiche mit anderen Flächen auf gleichem Standort und von gleichem Alter, die zur Begründung des Verfahrens in besonderem Maße geeignet sind.

Hecks Durchforstung beruht zweifellos auf richtigem Grundgedanken und wird deshalb auch in der Folgezeit in zunehmendem Maße zur Anwendung gelangen. Mehr Widerspruch als in forsttechnischer Beziehung hat sich gegen sie auf dem Gebiete der Wirtschaftsregeln und der Wirtschaftskontrolle geltend gemacht. Im stärksten Maße ist dies von Hess geschehen, der im Anschluß an Hecks Freie Durchforstung bemerkt: Von einer näheren Betrachtung und Würdigung einer Methode, deren Devise lautet: Von allen Regeln unabhängig, frei kann in einem Lehrbuch über Waldbau keine Rede sein. Der Inhalt des Heckschen Buches zeigt aber, daß ein solches Urteil hier durchaus nicht zutreffend ist. Es gibt jedoch Anlaß, der wichtigen Frage: Freiheit oder Gebundenheit des Wirtschafters? näher zu treten.

Kein Gedanke hat auf den wichtigsten Gebieten des Volkslebens (Religion, Kunst, Wissenschaft, Recht, Staat, Wirtschaft) zu so starken Meinungsverschiedenheiten und Kämpfen geführt, als die Frage, welches Maß der Freiheit den Einzelnen oder sozialen Verbänden gewährt werden soll. Auch in der Forstwirtschaft ist sie von großer Bedeutung. Für einen strebsamen Revierverwalter ist eine tunlichst weitgehende Freiheit eine notwendige Bedingung erfolgreichen Schaffens. Mit dem Fortschritt des forstlichen Betriebs und der Personen, die ihn zu führen und zu leiten haben, muß das Maß der Freiheit wachsen. Die Erkenntnis dieses Verhaltens schließt jedoch nicht aus, daß ein Überschreiten des rechten Maßes der Freiheit auch Nachteile haben kann. Die hieraus in der Forstwirtschaft zu ziehenden Folgerungen sind dahin zu richten, daß den Revierverwaltern für ihre Tätigkeit im Walde, besonders auf dem Gebiet der Bestandesbegründung und Bestandespflege zwar ein möglichst großes Maß von Selbständigkeit gegeben wird, daß aber doch bei den periodischen Forsteinrichtungsrevisionen Wirtschaftsregeln aufgestellt werden, denen sich alle, die an der Ausführung und Leitung des forstlichen Betriebs beteiligt sind, zu unterwerfen haben.

Unter dem Einfluß der Dauerwaldbewegung, die seit 1920 die deutschen Forstwirte in besonderem Grade angeregt hat, ist auch die Art der Durchforstung auf die Ertragsleistung wiederholt der Kritik unterzogen worden. Das Prinzip der Stetigkeit, welches die Dauerwaldwirtschaft charakterisiert, macht sich in bezug auf den Beginn und die Wiederholung, die Art und Grade der Durchforstung in bestimmter Weise geltend. Insbesondere hat Wiebecke in dieser Beziehung einen Standpunkt vertreten, der, wenn er auch in der von ihm dargelegten Weise im großen Betriebe nicht durchgeführt werden kann, doch sehr beachtenswert ist und anregend wirkt.

Wie oft muß man hauen? überschreibt Wiebecke den fünften Abschnitt seiner bekannten Schrift; und die Antwort lautet: alljährlich und auf jeder Fläche! Zur weiteren Begründung wird im VI. Abschnitt die Hiebsreife der verschiedenen Stammklassen zur Erläuterung gezogen und gesagt: Hiebsreif sind die Toten, die Absterbenden, die Kranken; ferner alle Stämme deren Entnahme während der Entwicklung des Bestandeslebens zur wesentlichen Förderung eines wesentlich besseren von wesentlichem Nutzen ist. Die Entnahme dieser Klasse wird als die Durchforstung im Dauerwald bezeichnet. Über den Beginn der Hiebe schreibt Wiebecke: Man beginnt mit der Durchforstung bald nach der Kultur. Schon in den frühestem Altersstufen sind manche schädigenden Stämme zu beseitigen, manche gute im Wuchse zu fördern.

So schätzenswert die auf den Zuwachs gerichteten Arbeiten einzelner Vertreter der forstlichen Literatur und Praxis nun auch sind, so müssen doch für umfassende, planmäßige Arbeiten auf dem vorliegenden Gebiete die forstlichen Versuchsanstalten als die bleibenden Träger angesehen werden. Sie haben seit ihrem Bestehen die verschiedenen Durchforstungsverfahren als einen wesentlichen Gegenstand ihren Arbeitsplänen eingefügt. Bereits 1873 wurde vom Verein der deutschen forstlichen Versuchsanstalten bei seinen Beratungen in Mühlhausen eine Anleitung zu Durchforstungsversuchen festgestellt[1]. Nach ihr sollten vergleichende Untersuchungen über die Zuwachsleistungen schwacher, mäßiger und starker Durchforstungen für die Hauptholzarten in allen größeren deutschen Waldgebieten ausgeführt werden. Später ergingen weitere Anleitungen. Die auf diesem Wege gewonnenen Ergebnisse liegen einmal in manchen Ertragstafeln vor, die auf mäßigen und starken Durchforstungsgraden aufgebaut sind; so insbesondere in Preußen durch Schwappach. Sodann sind sie in besonderen Arbeiten durchgeführt, durch welche die Zuwachsleistungen verschiedener Durchforstungsgrade unter bestimmten Wachstumsbedingungen untersucht sind. In dieser Beziehung sind aus neuester Zeit namentlich Mitteilungen aus Preußen, Sachsen, Bayern und Württemberg hervorzuheben. Die meisten der hierher gehörigen, auf die kritische Vergleichung des Zuwachses gerichteten Arbeiten befinden sich noch in der Entwicklung, so daß ein abgeschlossenes Urteil über sie nicht abgegeben werden kann. Ihre zusammenfassende Behandlung und Vergleichung wird Aufgabe der Zukunft sein.

---

[1] Ganghofer: Das Forstl. Versuchswesen, 2. Band, XXV, Anleitung für Durchforstungsversuche.

Die bis jetzt vorliegenden Ergebnisse der Zuwachsuntersuchungen der forstlichen Versuchsanstalten sind zum Teil miteinander übereinstimmend, zum Teil voneinander abweichend. Bei der Buche tritt nach den Mitteilungen aus Preußen die Überlegenheit der starken Durchforstung in auffallendem Maße hervor. Die Zuwachsangaben der Tafel A, welche sich auf Bestände mit lockerem Schluß erstrecken, übertreffen diejenigen der Tafel B, welche sich auf Bestände mit gewöhnlichem Schluß beziehen, sehr bedeutend. Es beträgt z. B. auf III. Standortsklasse:

```
              im Alter von  60      80     100    120    140 Jahren
       Der laufende Zuwachs
          nach Tafel A . . . 10,8   11,0   10,2   9,2    8,4 fm
           „     „  B . . . 10,2    9,0    7,6    6,8    5,8 „

       Der Durchschnitts-Zuwachs
          nach Tafel A . . .  4,7    6,3    7,2    7,6    7,7 fm
           „     „  B . . .   4,7    5,9    6,3    6,5    6,4 „
```

In der Geschichte der deutschen Laubholzforsten ist die Fähigkeit der Buche, auf jede Erweiterung des Wachsraumes alsbald zu reagieren, bei vielen Bestandesformen, z. B. in Vorbereitungs- und dunklen Besamungsschlägen, beim Seebachschen und Homburgschen Betrieb bestimmt hervorgetreten. Bei der Kiefer erscheint nach den Mitteilungen aus Preußen der Einfluß der starken Durchforstung auf den Zuwachs gegenüber der mäßigen in manchen Fällen positiv, in anderen negativ, während nach den Mitteilungen der sächsischen Versuchsanstalt die starke Durchforstung mehr geleistet hat. Auch bei der Fichte treten bezüglich der Wirkung der Durchforstung auf dem Gesamtzuwachs manche Verschiedenheiten hervor.

Die meisten Untersuchungen, die bis jetzt zur öffentlichen Kenntnis gebracht sind, erstrecken sich auf den B- und C-Grund der Niederdurchforstung, welche in der Praxis der meisten deutschen Forstverwaltungen fast das ganze 19. Jahrhundert hindurch Geltung gehabt hat. Nach der Anleitung von 1902 soll aber auch die Hochdurchforstung in das Bereich der Untersuchungen gezogen werden. Sie wird nach § 4 der Anleitung bezeichnet als ein Eingriff in den herrschenden Bestand zum Zwecke besonderer Pflege der einstigen Haubarkeitsstämme unter grundsätzlicher Schonung eines Teils der herrschenden Stämme. Die Vorzüge, welche die Hochdurchforstung bei sorgfältiger Ausführung besitzt, erstrecken sich einesteils auf die Deckung des Bodens und die hiermit verbundene größere wirtschaftliche Freiheit, anderenteils auf die raschere Zunahme des Durchmessers der Haubarkeitsstämme. Die wenigen Nachweise, die in dieser Beziehung vorliegen, haben bereits günstige Ergebnisse der Hochdurchforstung bei der Buche erbracht. Es ist zu erwarten, daß diesen ersten Nachweisen weitere von gleicher oder ähnlicher Wirkung folgen werden, wenn sie auch nicht den Charakter einer Regel, sondern einer Ausnahme tragen werden.

II. Merkmale und Maßstäbe.

Zur Verständigung über Art und Grad der Durchforstung muß man bestimmte Merkmale in der Natur vor Augen haben, welche die Bestände charakterisieren, und Maßstäbe, nach welchen man diese Merkmale messen kann. Dieselben liegen einmal im Zustand des Bodens, sodann in der Beschaffenheit der Kronen und dem Grade der Bestandesdichte, welche am besten durch die Stammgrundfläche ihren Ausdruck erhält.

1. Bodenzustand. Es ist ein allgemeiner, des Beweises nicht bedürftiger Grundsatz, den Waldboden so zu behandeln, daß auf ihm ein möglichst hoher Zuwachs erzeugt wird. In den üblichen Ertragstafeln wird die Zuwachsleistung bekanntlich für regelmäßige Bestände, die nach Alter und Standort geordnet sind, dargestellt. Aber bei ihrer Anwendung auf die konkreten Verhältnisse der Praxis muß man sich doch stets der großen Verschiedenheit und Veränderlichkeit aller organischen Bildungen bewußt bleiben. Die Faktoren, welche die Lage bestimmen, kann man vom Stand der Wirtschaft einer bestimmten Zeit als feststehend ansehen. Auch die tieferen Schichten des Bodens bleiben unter diesen Bedingungen ziemlich gleich. Bei den oberen Schichten des Bodens und der Bodendecke ist dies aber nicht der Fall. Von den Vertretern des Dauerwaldes ist in neuester Zeit mit Recht, wenn auch nicht ohne Übertreibung, darauf hingewiesen, wie sehr der Bodenzustand und mit diesem auch der Zuwachs, der auf einem gegebenen Standort geleistet wird, unter dem Einfluß der wirtschaftlichen Behandlung sich verändern[1]. In der Geschichte der Forstwirtschaft wird dieser Einfluß durch die Wirkung der Streunutzung am bestimmtesten zum Ausdruck gebracht.

Aus dem angegebenen Sachverhalt geht hervor, daß, wie es auch im § 1 der Anleitung zur Ausführung von Durchforstungs- und Lichtungsversuchen von 1902 ausgesprochen wird, die Nachweise über die Zuwachsleistungen der Bestände stets in Verbindung mit den Veränderungen, welche der Boden erfährt, gegeben werden müssen. Für sich allein sind die zahlenmäßigen Zuwachsangaben einer bestimmten Zeit in strengerem Sinne nicht beweisend. Wenn z. B. der laufende Zuwachs der Buche auf II. Standortsklasse für das Alter von:

	40	60	80	100	120	140 Jahren
nach Tafel A zu	9,2	13,6	12,2	11,6	10,6	9,8 fm
„ „ B zu	9,2	12,2	10,0	8,0	7,4	7,2 „

---

[1] Wiebecke: Der Dauerwald, 2. Aufl., S. 26 (Die Besserung um 1—2, selbst 3 Ertragsklassen ist überall leicht nachweisbar).

angegeben wird, so kann nicht ohne weiteres angenommen werden, daß das hier hervortretende Verhältnis des Zuwachses beider Tafeln lediglich der Leistung verschiedener Schlußgrade Ausdruck gebe. Wohl aber ist man berechtigt, aus den vorstehenden Zahlen zu folgern, daß in Beständen, die in der Jugend stammreich gehalten sind, mehr Humus vorhanden ist, der bei entsprechenden Eingriffen des Hiebes in stärkerem Grade zersetzt und in einen zur Aufnahme durch die Wurzeln besser geeigneten Zustand gebracht wird, als es durch fortgesetzte schwache oder mäßige Grade, die mit einer Anhäufung von unzersetztem Humus verbunden sind, geschieht.

Die wichtigsten Eigenschaften des Bodens, die für die Art und den Grad der Durchforstung in Betracht kommen, sind einmal sein Gehalt an Humus und dessen Beschaffenheit, zum anderen der Bodenüberzug.

Für die längste Zeit des Bestandeslebens ist ein Bodenzustand wünschenswert, bei welchem die Streudecke dem Mineralboden unmittelbar aufliegt und nicht durch die unfertigen Zersetzungsprodukte der Blätter, Nadeln und anderen Abfälle von ihm getrennt ist. Der mit dem Boden gemischte Humus gibt sich dann nur durch die dunkle Färbung zu erkennen. Wie förderlich eine Mischung von Humus und Mineralboden für die natürliche Verjüngung ist, lehren die Erfahrungen, die in den Laub- und Nadelholzwirtschaften Deutschlands in großem Umfange gemacht und auch in der forstlichen Literatur in reichem Maße niedergelegt sind. Daß aber durch eine solche Mischung auch der Zuwachs außerordentlich gehoben wird, ergibt sich aus vielen Untersuchungen der Jahrringbreiten in kräftig durchforsteten und in allmählich gelichteten Beständen.

Auf der anderen Seite sind die nachteiligen Wirkungen starker Humusauflagerungen in der neueren Zeit allgemein anerkannt und von sachkundiger Seite begründet worden. Auf Standorten, wo die Faktoren der Zersetzung ungenügend sind, wie insbesondere in kühlen Lagen mit kurzer Wachstumsdauer, sowie beim Mangel an tätigen Bodenbestandteilen, geht die Humuszersetzung langsamer vor sich, als seine Neubildung durch die Abfälle der Holzpflanzen und Standortsgewächse. Es erfolgt die Bildung von Trockentorf. Durch die sich bildenden Humussäuren werden die oberen Bodenschichten ausgewaschen. Zugleich tritt eine Verschlechterung der physikalischen Eigenschaften des Bodens ein, namentlich der Lockerheit und Frische. Der unzersetzte, mit dem Boden nicht verbundene Humus verhindert das Eindringen der Niederschläge in das Bereich der Baumwurzeln und führt zu einer in jeder Hinsicht nachteiligen Verdichtung. Vorbeugung der Trockentorfbildung ist deshalb eine wichtige Maßnahme, wo diese Gefahr vorliegt. Neben der Begründung von Mischbeständen kann hier die Durchforstung wesentliche Hilfe leisten. In dieser Richtung wird die Hochdurchforstung der Niederdurchforstung als überlegen angesehen, weil sie mehr Niederschläge an den Boden gelangen läßt und die schädlichen Wirkungen von Sonne und Wind besser abhält.

Nächst dem Humuszustand liegt eine wesentliche Hemmung für das Zustandekommen eines Zuwachsmaximums in den Standortsgewächsen, die den Boden überziehen. Während der längsten Zeit des Bestandeslebens soll ein solcher Überzug gar nicht oder nur in schwachem Grade vorhanden sein. Ein starker Bodenüberzug kommt nur dadurch zustande, daß ein Teil der Bodennährstoffe den Holzpflanzen, welche das Wirtschaftsziel bilden, vorenthalten wird. Hierdurch und durch Abhaltung der atmosphärischen Niederschläge von den Baumwurzeln wird die Zuwachsbildung beeinträchtigt. Auch der hieraus hervorgehenden Forderung einer Zurückhaltung der Standortsgewächse kann am besten durch die Hochdurchforstung entsprochen werden. Bei dieser bleibt ein Unterstand erhalten, dessen Stärke und Beschaffenheit bei Schattenholzarten in allen Altersstufen sachgemäß geregelt werden kann. Bei den Lichtholzarten läßt sich dies Mittel jedoch unter den meisten Verhältnissen gar nicht oder nur unvollkommen zur Anwendung bringen. Bei ihnen kann aber durch Einführung einer Schattenholzart dem Zwecke des Bodenschutzes und damit der Förderung des nachhaltigen Zuwachses am besten genügt werden.

2. Die Beschaffenheit der Krone. Der Zuwachs, der auf einem gegebenen Standort erzeugt wird, ist von der Menge und Beschaffenheit der produktiven Organe, der Wurzeln und Blätter, abhängig. Wenn auch die Wurzeln in ihrem Einfluß auf den Zuwachs der Krone nicht nachstehen, so hat doch der ausübende Forstwirt beim Auszeichnen der Durchforstungen den Blick in erster Linie auf die Kronen der Stämme, die er vor Augen hat, zu richten. Mit diesen steht aber die Wurzel in vielseitigem Zusammenhang.

Die erste Forderung, die bezüglich der Krone zu stellen ist, geht dahin, daß sie möglichst gleichmäßig ausgebildet sein soll. Selbst wenn sechs Stämme mit unsymmetrischen Kronen auf einem gegebenen Raum dasselbe Blatt- und Wurzelvermögen besitzen, wie vier nach allen Seiten gleichmäßig gebildete, so werden diese letzteren auf die Dauer doch mehr leisten als die sechs ungleichmäßigen, weil sie von den Schäden der anorganischen Natur, insbesondere von Anhang und Sturm, weniger zu leiden haben als diese. Auch wird der Satz von Heck, daß die bessere Stammform den größeren Zuwachs leistet, auf die Krone, die mit der Stammform in vielseitiger Beziehung steht, sinngemäße Anwendung finden. Für eine gleichmäßige Kronenbildung ergibt die Hochdurchforstung im allgemeinen bessere Bedingungen als die Beschränkung des Hiebes auf unterdrücktes Material. Bei ihr werden gerade solche Stämme beseitigt, welche der gleichmäßigen Ausbildung besserer Stämme entgegenstehen. Schon

H. Cotta hebt diese Wirkung der Hochdurchforstung, die im stärksten Gegensatz zu Hartigs Durchforstungsangaben steht, hervor. Die Erfahrungen, die in vielen Wirtschaftsgebieten mit der Niederdurchforstung, insbesondere mit den schwachen und mäßigen Graden derselben gemacht sind, zeigen, daß die Gleichmäßigkeit der Kronenbildung durch eine große Stammzahl annähernd gleich starker Stämme, wenn sie auch eine Zeitlang vorhanden ist, auf die Dauer sehr erschwert wird. Das Streben nach Astreinheit, das in der Jugend betätigt werden muß, verlangt, daß die Hochdurchforstung zunächst nur im schwachen Grade vorgenommen werden soll. Das Aufrücken der Krone soll verlangsamt, aber nicht verhindert werden.

Das einfachste, am leichtesten zu erkennende Merkmal zur Beurteilung der Bestandesdichte ist die Höhe des Kronenansatzes oder die Kronenlänge, die sich durch Abzug dieser Höhe von der Baumhöhe ergibt. Der Begriff des Kronenansatzes ist nun aber häufig nicht mit der wünschenswerten Bestimmtheit festzusetzen. Nicht selten befinden sich unter der allseitig ausgebildeten Krone noch einseitig Zweige, über deren Zugehörigkeit zur Krone man zweifelhaft sein kann. Auch rückgänge Äste, die zur Zuwachserzeugung nichts Wesentliches beitragen, finden sich häufig vor. Die Angaben über den Kronenansatz können daher einer verschiedenen Auffassung fähig sein. Zwischen den vorkommenden Stammklassen und zwischen den Individuen der gleichen Klasse finden oft starke Verschiedenheiten im Kronenansatz statt, so daß es nicht wohl möglich ist, die durch Messung einzelner Stämme gefundenen Sätze auf einen ganzen Bestand zu übertragen. Trotz der hieraus hervorgehenden Beschränkung einer scharfen Ermittlung muß auf die zahlenmäßige Beurteilung des durchschnittlichen Kronenansatzes in den Beständen mit besonderer Berücksichtigung der Durchforstung entschiedener Wert gelegt werden.

Aus den Erfahrungen der Praxis ist bekannt, daß mit dem höheren und tieferen Ansatz der Kronen, Vorzüge und Nachteile im Verhalten der Bestände verbunden sind. Die hauptsächlichsten Vorzüge von Bäumen mit bedeutender relativer Kronenlänge liegen zunächst in der Stärke des Schaftdurchmessers. Die durchschnittliche Jahrringbreite der aus Mittelwald hervorgegangenen Stämme des Cubacher Waldes bei Weilburg betrug $1/_3$ cm, während die durchschnittliche Breite gleichaltriger Hochwaldstämme nur etwa $1/_6$ cm betrug. Die Bäume mit tieferem Kronenansatz haben ferner eine stufigere Stammform und sind dadurch widerstandsfähiger gegen Schäden durch Sturm und Anhang. Ihre ungünstigen Seiten liegen dagegen in der größeren Ästigkeit, dem stärkeren Abfall und der größeren Anteilnahme des Reisholzes an der Gesamtmasse, die den Wert des Durchschnittsfestmeters herabdrückt. Aber weder die frei erwachsenen ästigen noch die eingeklemmten, mit dünnen hinaufgetriebenen Kronen versehenen Stämme können das durch Masse und Wert bestimmte Ziel der Wirtschaft bilden. Dieses liegt nicht in den Extremen, sondern im Bereich der Mitte.

Die größte Umgestaltung der Stamm- und Kronenformen, die in der Geschichte der Forstwirtschaft stattgefunden hat, trat infolge der Überführung der früheren durch Stämme mit tiefherabgehenden Kronen ausgezeichneten Mittel- und Plenterwaldungen in den gleichaltrigen schlagweisen Hochwald ein. Besonders charakteristisch und einflußreich waren in dieser Beziehung die von G. L. Hartig für die Buche gegebenen Wirtschaftsregeln. Die volle gleichmäßige Begründung hatte in Verbindung mit der spät begonnenen, schwach und mäßig geführten Niederdurchforstung eine Einengung und ein starkes Hinaufrücken der Krone zur Folge. Die meisten Buchenbestände tragen den hieraus hervorgehenden Mangel ungenügender Kronen- und Stammdurchmesser. Bei der im Bereich der Buche früher vorherrschenden Brennholzwirtschaft trat dieser Mangel nicht hervor; in der Nutzholzwirtschaft der Zukunft wird er sich auch bei der Buche stärker geltend machen.

Auch bei der Fichte sind die Folgen, die zu spät begonnene und zu schwach geführte Durchforstungen für den Ansatz der Kronen und damit auch für die Stärke des Schaftes und die Widerstandsfähigkeit gegen Sturm und Anhang haben, hervorgetreten. Sie liegen im stärksten Grade bei gleichmäßigen Beständen vor, wie noch kürzlich in den hinterlassenen Aufsätzen eines hervorragenden Vertreters frühzeitiger starker Durchforstungen zugunsten dieser letzteren hervorgehoben wurde[1]. In der Literatur wurde das Verhältnis der Kronenlänge zur Baumhöhe durch den sächsischen Oberförster Schuster[2] auf einen zahlenmäßigen Ausdruck gebracht. Dieser stellte die Regel auf: Durchforste so oft und so stark, daß der vollständige Schluß der Baumkronen erhalten wird und daß die Kronenlänge beträgt:

in der V. Altersklasse (1—20 jährig) = der vollen Baumlänge
IV.   ,,   (21— 40 ,,   ) =   ,, $^1/_2$,,
III.   ,,   (41— 60 ,,   ) =   ,, $^1/_3$,,
II.   ,,   (61— 80 ,,   ) =   ,, $^1/_4$,,
I.   ,,   (81—100 ,,   ) =   ,, $^1/_5$,,

In der neueren Zeit haben die forstlichen Versuchsanstalten auch die relative Kronenlänge in das Bereich ihrer Untersuchungen gezogen. Schiffel[3] fügte seinen nach neun Bonitäten und drei Schlußgraden geordneten Tafeln der Fichte eine Spalte: Mittlere Kronenlänge in %

---

[1] Bohdanecky: Zur Frage der Erziehung junger Fichtenbestände. Forstwissenschaftl. Zentralblatt 1926 (nach dem Tode des Verfassers veröffentlicht von Heck).

[2] Allgem. Forst- u. Jagdztg. 1863.

[3] Wuchsgesetze normaler Fichtenbestände 1904, S. 45 ff.

der Schaftlänge ein. Dieselbe betrug auf der mittleren (7.) Standortsklasse:

im Alter von . . .	40	60	80	100	120 Jahren
bei Dichtschluß . .	50	46	46	44	44%
bei Lichtschluß . .	59	51	49	48	47%

Hier ist die Kronenlänge bei Dichtschluß mit etwa 40, bei Lichtschluß mit etwa 60 Jahren gleich der halben Bestandeshöhe. Sie sinkt
dann ganz allmählich, in 20 Jahren nur um 1%, also in einem von den
Angaben Schusters stark abweichenden Maße. Ich selbst habe mit Hilfe
der zuständigen Revierverwalter den Schiffelschen Zahlen andere aus den
Oberförstereien Hinternah (Thüringen), Merenberg (Westerwald), Olbernhau (Erzgebirge) und Zeitz (Reg.-Bez. Merseburg) gegenübergestellt.
Nach diesen ist die Kronenlänge in 90—120jährigen Beständen zu
25—40% der Baumlänge gemessen, bzw. geschätzt worden.

Auch die sächsische forstliche Versuchsanstalt hat die Kronenlänge
an Mittelstämmen bei Fichte und Kiefer untersucht. Für die Pflanzungen
der Fichtenversuchsflächen im Forstrevier Wermsdorf[1] wurden folgende Zahlen für das Verhältnis der Kronenlänge zur Mittelhöhe angegeben:

Alter	29	35	41	47	52 Jahren
Verband 0,85 m²	0,54	0,41	0,38	0,44	0,40%
„ 1,13 „	0,63	0,44	0,38	0,35	0,38%
„ 1,42 „	0,78	0,57	0,40	0,46	0,42%
„ 1,70 „	0,75	0,59	0,38	0,46	0,45%
„ 1,98 „	0,78	0,60	0,45	0,47	0,44%

Die Pflanzungen, die praktisch am meisten in Betracht kommen
(unter 1,5 m²) haben hiernach mit 52 Jahren eine relative Kronenlänge
von 40%, eine Zahl, die als allgemeiner Anhalt auch für praktische Zwecke
verwertbar ist, während die weitständigen Pflanzungen den Einfluß ihrer
Begründung noch erkennen lassen, wenn auch in geringerem Grade, als
man nach dem Aussehen der Bestände, sowie nach der Beschaffenheit
und Verwendungsfähigkeit des Holzes vermutet.

Die Beziehungen von Krone und Schaft erscheinen zunächst als das
Ergebnis physiologischer Entwicklungsgesetze. Es steht aber außer
Zweifel, daß deren Folgen nach verschiedenen Richtungen geleitet wer-
den können. Wie dies geschehen soll, wird durch die ökonomischen
Ziele der Wirtschaft bestimmt. In gut begründeten und gepflegten, von
stärkeren Naturschäden freigebliebenen Beständen kommt hierfür die
Art und der Grad der Durchforstungen in Betracht. Von ihnen ist der
Wachsraum abhängig, welcher den Kronen der bleibenden Stämme zuteil
wird. Wird sehr stark durchforstet, mit Umlichtung der Stämme des

---

[1] Busse u. Jaehn in den Mitteilungen der Sächs. Forstl. Versuchsanstalt,
Band II, Heft 6, Tab. 1.

Hauptbestandes, so bleibt der Ansatz der Krone, absolut gemessen, unverändert; es sterben keine grünen Äste ab. An der Spitze nimmt die Kronenlänge um den vollen Betrag des Höhenwuchses zu. Das Verhältnis der Kronenlänge zur Baumhöhe wird daher größer; der Ansatz der Krone wird relativ tiefer. Finden andererseits nur mäßige Durchforstungen mit Erhaltung des Schlusses statt, so rücken die Kronen rascher in die Höhe, als dem Höhenwuchs entspricht. In der Jugend ist ein starkes Hinaufrücken der Krone und eine Abnahme ihrer relativen Länge zur Erzeugung astreiner vollharziger Stämme erforderlich. Wenn jedoch eine gute Schaftbildung bis zu einer gewissen Höhe hergestellt ist, so liegt kein Grund mehr vor, die Kronen einzuengen und ihre relative Länge zu verkürzen. Die ökonomischen Wirtschaftsziele verlangen vielmehr, daß die Durchmesser des Schaftes gehörig zunehmen, was nur dadurch möglich ist, daß den Kronen genügender Raum zu ihrer Ausdehnung gegeben wird. Die beste Ausnutzung der Wachstumsbedingungen wird bei einer tunlichst harmonischen Ausbildung des ganzen Baumes und seiner einzelnen Teile erzielt. Die Folgen einer solchen Auffassung gehen dahin, daß das Verhältnis der Kronendurchmesser zur Baumhöhe in Beständen mit gut ausgebildeten Stämmen, etwa vom Beginn der zweiten Hälfte der Umtriebszeit an, sich nicht mehr wesentlich verändern soll, wie es auch von manchen Vertretern des Versuchswesens in den Ertragstafeln zahlenmäßig ausgesprochen wird.

In normalen Beständen ist vom Durchmesser der Kronen die Stammzahl abhängig. Für eine harmonische Ausbildung der Stammzahl ist auch ein bestimmtes Verhältnis zwischen dem Kronendurchmesser und der Höhe eine wichtige Bedingung, nicht nur für die Masse des Zuwachses, sondern auch für seine Beschaffenheit, namentlich für das Verhältnis von Derb- und Reisholz. Wie Köhler[1] eingehend begründet hat, ist das wünschenswerte Verhältnis von Kronendurchmesser (k) zu Bestandeshöhe (h) etwa wie 1 zu 6. Es ist erwünscht, daß dies Verhältnis auch bei den Aufnahmen der forstlichen Versuchsanstalten untersucht und zahlenmäßig festgestellt wird. Einige Beispiele aus vorliegenden Messungen mögen hier folgen:

Auf den bekannten Fichtenversuchsflächen des sächsischen Forstreviers Wermsdorf waren in engen Pflanzverbänden (0,85 m)

im Alter von	29	35	41	47	52	62 Jahren
Stammzahl	4900	4200	3300	2200	1500	1300
k^2	2,0	2,4	3,0	4,5	6,7	7,7 qm
k	1,4	1,6	1,7	2,1	2,6	2,8 m
h	8,2	9,6	11,6	13,5	14,6	16,5 m
$h : k$	5,8	6,0	6,2	6,4	5,6	5,9

---

[1] Aus Württemberg: Unsere Forstwirtschaft im 20. Jahrhundert X (Stammzahlen).

Mit der Zunahme des Verbandes nimmt das Verhältnis von h zu k von 7 oder 6 allmählich ab.

Nach den Mitteilungen von Schwappach gestaltet sich das Verhältnis von h zu k folgendermaßen:

Ertragstafel	Alter	40	60	80	100	120 Jahre
von 1890	Stammzahl	4800	2100	1300	1000	800
	k^2	2,1	4,8	7,7	10,0	12,5 qm
	k	1,5	2,2	2,8	3,2	3,5 m
	h	9,2	15,9	20,7	23,9	25,8 m
	$h : k$	6,1	7,2	7,4	7,5	7,4
von 1902	Stammzahl	3000	1500	900	600	500
	k^2	3,3	6,7	11,1	16,7	20,0 qm
	k	1,8	2,6	3,4	4,1	4,5 m
	h	9,3	16,2	21,2	25,0	28,2 m
	$h : k$	5,2	6,2	6,2	6,1	6,3

Aus den Tafeln für die Fichte von 1902, welche für Mittel- und Norddeutschland in erster Linie als Muster für die Bestandesbehandlung angesehen werden, geht hervor, daß hier die Beziehungen von h zu k den Zahlen Köhlers sehr nahe kommen. Da es aber Generalregeln für den Grad der Bestandesdichte nicht gibt, so bedürfen die für gewisse Bestände oder Wirtschaftsgebiete gefundenen Zahlen der Modifikation sowohl nach der physischen Seite, insbesondere nach Klima und Boden, als auch in ökonomischer Beziehung, je nachdem stärkeres oder schwächeres Holz das Wirtschaftsziel bilden soll.

3. Die Stammgrundfläche. Wie die Durchmesser der Krone (k) zur Höhe in Beziehung gesetzt werden können, so kann dies auch in bezug auf den Durchmesser des Schaftes in Brusthöhe (d) geschehen. Geht man bei einer theoretischen Betrachtung von regelmäßigen Beständen mit Stämmen von gleichen (kreisrunden) Kronen, Durchmessern und Abständen aus, so ist der Raum, welchen die Krone des einzelnen Stammes einnimmt $= \dfrac{k^2\,\pi}{4}$; die Querfläche des Schaftes ist $= \dfrac{d^2\,\pi}{4}$; das Verhältnis der Kronen zur Schaftfläche, der relative Wachsraum, $= \dfrac{k^2}{d^2}$. Der Quotient $\dfrac{k}{d}$ ist der einfachste Ausdruck für den Grad der Bestandesdichte, welche die Durchforstung ergeben soll. König hat ihn bekanntlich durch seine Abstandszahl, wie er das Verhältnis zwischen den mittleren Abstand je zweier Räume zu ihrem mittleren Umfang nennt, Ausdruck gegeben. Die Entfernung der Stämme in normalen Beständen der bezeichneten Beschaffenheit ist gleich dem Durchmesser der Krone.

Jeder Eingriff in einen Bestand hat eine Veränderung des Verhältnisses von k zu d zur Folge. Der Durchmesser der Krone nimmt bei Erweiterung des Wachsraumes schneller und stärker zu als der des Schaftes. Wenn der Schluß eines Bestandes durch eine schwache Lichtung unterbrochen oder eine vorhandene Kronenspannung im Wege der Durchforstungen beseitigt ist, so nehmen die Kronen alsbald den vollen, ihnen zur Verfügung stehenden Raum ein, während die Durchmesser nur allmählich sich vergrößern. Kraft gab darüber bestimmte Zahlen. Im allgemeinen darf man nach seinen und anderen Untersuchungen folgern, daß das Verhältnis zwischen k und d um so größer ist, je mehr Freiheit die Krone zu ihrer Ausbildung während der verschiedenen Entwicklungsstufen gehabt hat, um so kleiner, je gedrängter ein Bestand erwachsen ist. Bei einer strengen Untersuchung wird man hierbei auch die Verschiedenheiten der Jahrringbreiten in den oberen und unteren Teilen des Schaftes nicht unberücksichtigt lassen dürfen. Übrigens ergibt sich aus den Grundbedingungen der Zuwachsbildung, daß das vorteilhafteste Verhältnis zwischen Kronen- und Stammdurchmesser für jede Holzart jede Bonität und nach der Gesamtwirkung der Faktoren der Lage verschieden ist. Es ist unter übrigens gleichen Umständen kleiner bei Schatten ertragenden Holzarten, als bei lichtkronigen, da bei jenen im Inneren der Krone lebensfähige Wachstumsorgane enthalten sind, die, wenn auch weniger vollkommen als die äußeren, an der Zuwachsbildung teilnehmen. Das genannte Verhältnis ist ferner kleiner auf gutem als auf geringem Boden, kleiner in milden als in rauhen Lagen, weil auf guten Böden und in milden Lagen die Kronen auf gleichem Raum mehr Blätter enthalten und diese leistungsfähiger sind. Auch der Gehalt oder die Schwere des Holzes ist nicht ohne Einfluß auf das Verhältnis von k zu d.

Für die Beurteilung der Frage, welchen Einfluß die Durchforstungen auf den Zuwachs ausüben, kommt es vorzugsweise darauf an, zu bestimmen, ob und wie sich in den verschiedenen Altersstufen das Verhältnis zwischen k und d ändern soll. In der Geschichte des Waldbaues und der Ertragsregelung lassen sich auch dahingehende Bestrebungen erkennen. König, welcher alle hierher gehörigen Fragen mit der ihm eigenen Originalität behandelt hat, nahm die Höhe der Bestände als Unterscheidungsmerkmal für die Abstandszahlen an. Nach seinen Angaben berechnen sich, wenn man den Umfang auf den Durchmesser und das Fuß, auf Metermaß reduziert, folgende Abstandszahlen:

Höhe	6	12	18	24	30 m
	20,8—19,1	18,8—17,5	17,5—16,3	16,4—15,3	16,1—15,0

Kraft ermittelte auf Grund der Ertragstafeln von Baur für die Buche auf III. Standortsklasse die Abstandszahlen im Alter von

60	70	80	90	100	110	120 J.
17,5	16,5	16,0	15,2	14,7	14,2	13,9

Ich selbst habe eine größere Zahl regelmäßiger reiner Buchenbestände auf ihre Abstandszahlen untersucht. Die Ergebnisse waren folgende:

Alter	43	64	76	105	115 J.
	20,7	17,1	16,5	16,1	15,7

In allen diesen Beispielen hat sich gezeigt, daß die Abstandszahlen in jüngeren Beständen größer sind als in älteren. Allein aus der Tatsache, daß dies Verhältnis in den meisten reinen Buchenbeständen vorliegt, kann nicht gefolgert werden, daß es naturgesetzlich begründet ist. Es war eine Folge der schwachen, auf unterdrücktes Material beschränkten Durchforstung, die im 19. Jahrhundert vorherrschend war. Diese entspricht aber aus triftigen Gründen nicht mehr den auf die Erzeugung von gutem Starkholz gerichteten Wirtschaftszielen der Gegenwart. Nur in jugendlichen Beständen, solange die Rücksicht auf die Bildung astreiner Stämme für die Durchforstung maßgebend ist, muß aus Gründen, die auch in bezug auf Kronenansatz und Jahrringbreite geltend zu machen sind, der Wachsraum eingeschränkt und die Abstandszahl vermindert werden. Nachdem jedoch durch den geschlossenen Stand in der Jugend eine gute Schaftform hergestellt ist, liegt kein Grund vor, noch weiter in dieser Richtung fortzuschreiten. In ökonomischer Beziehung ist alsdann nur der Forderung zu genügen, daß die Schaftdurchmesser gehörig zunehmen, damit die Ziele der Wirtschaft in nicht zu hohen Umtriebszeiten erreicht werden.

Wird nun unterstellt, daß das Verhältnis von k zu d nach Erreichung einer guten Schaftform nicht mehr abnehmen, sondern annähernd gleich bleiben soll, so erhalten die hierher gehörigen Bestimmungsgründe für die Bestandesbildung eine bestimmtere Fassung. Die Stammgrundfläche (g) eines Normalbestandes von der angegebenen Verfassung ist gleich dem Produkt aus der Stammzahl des Bestandes und der Stammgrundfläche des einzelnen Stammes (Mittelstammes). Die Stammzahl ist $= \dfrac{10\,000}{k^2}$; und wenn k als Vielfaches von $d = s \cdot d$ ausgedrückt wird, $= \dfrac{10000}{s^2\,d^2}$, die Stammgrundfläche des einzelnen Stammes ist $= \dfrac{d^2\pi}{4}$, diejenige des Bestandes $= \dfrac{10000}{s^2 \cdot d^2} \cdot \dfrac{d^2\pi}{4}$. Sie ist also vom Durchmesser und damit auch vom Alter unabhängig. Innerhalb der praktisch in Betracht kommenden Grade der Bestandesdichte ergeben sich bei zunehmender Abstandszahl alsdann nachfolgende Stammgrundflächen. Ist

$\dfrac{k}{d} =$	10	12	14	16	18	20, so ist
g	75	52	39	30	22,5	19 qm

Der Beweis der physiologischen Möglichkeit der Bestandesbildung mit Stammgrundflächen in so weiten Grenzen liegt in einzelnen Beständen oder Bestandesteilen fast aller größeren Wirtschaftsgebiete tatsächlich vor. Die älteren Ertragstafeln enthielten demgemäß sehr hohe Sätze für g und demzufolge auch für die Massen, die in Beständen erhalten blieben. Nach Baur stieg g bei der Fichte auf I. Standortsklasse bis zu 60, auf II. bis zu 56, auf III. bis zu 52 qm; bei der Buche bis zu 45,5 — 44,0 — 40,5 qm. In den Tafeln waren auf den besten Bonitäten bei der Tanne über 1500, bei der Fichte über 1300, bei der Buche über 1000 fm Masse angegeben. Wie sehr sich aber die Anschauungen über die erstrebenswerten Grade der Bestandesdichte geändert haben, zeigen die späteren Tafeln Schwappachs. Im Gegensatz zu den früheren Tafeln, nach welchen g bei der Fichte (1890) auf III. Standortsklasse bis zu 53 qm, bei der Kiefer (1889) auf III. Standortsklasse bis 38 qm ansteigt, geben die neueren Ertragstafeln für die III. Standortsklasse folgende Zahlen an:

		Alter 40	60	80	100	120	140 Jahre
Fichte	(1902)	24,8	34,4	38,5	38,4	36,3	— qm
Kiefer	(1908)	26,8	29,4	30,4	30,1	28,5	26,0 qm
Buche A	(1911)	16,8	23,6	23,6	23,5	23,4	23,2 qm
Eiche	(1920)	16,3	17,5	18,3	18,8	18,9	19,0 qm

Am bestimmtesten ist das Prinzip der gleichbleibenden Stammgrundflächen in den Ertragstafeln der Hessischen Staatsforstverwaltung vertreten. Hier betragen die Stammgrundflächen auf III. Standortsklasse

	im Alter von 40	60	80	100	120	140 Jahren
für Eiche (Lichtungsbetrieb) . . .	18,8	20,0	20,0	20,0	20,0	20,0 qm
„ Buche (starke, freie Durchf.) . .	18,0	23,0	25,3	26,0	26,0	26,0 qm
„ Fichte (starke, freie Durchf.) . .	24,8	34,4	38,5	38,4	36,3	— qm
„ Kiefer (Lichtungsbetrieb) . . .	28,8	30,0	30,0	30,0	30,0	30,0 qm

In der neuesten Zeit sind die Beziehungen zwischen Stammgrundfläche und Durchforstung in der deutschen Forstwirtschaft am eingehendsten von Gehrhardt[1] behandelt worden. Er stellt die Stammgrundflächen für die verschiedenen Grade der Durchforstung zahlenmäßig dar. Für die wichtigsten Holzarten gibt er folgende Zahlen:

1. Buche II.

	Alter 60	80	100	120 Jahre
Schwache Durchf. . .	29,3	33,3	35,0	35,3 qm
Mäßige Durchf. . . .	28,0	31,0	32,0	32,1 qm
Starke Durchf. . . .	26,8	27,7	29,0	29,0 qm

2. Fichte II.

	Alter 60	80	100 Jahre
Mäßige Durchf. . . .	42,3	48,2	52,0 qm
Starke Durchf. . . .	39,3	42,5	44,4 qm
Schnellwuchsbetrieb .	36,4	36,8	36,8 qm

---

[1] Ertragstafeln für reine und gleichartige Hochwaldbestände, 2. Aufl., 1930.

Bei beiden Holzarten tritt das oben genannte Prinzip, daß die Stammgrundflächen nach dem 60. bzw. 80. Jahre gar nicht oder nur wenig
ansteigen sollen, klar hervor. Hieraus ist zu entnehmen, wie groß die
Unterschiede sind, welche durch die Durchforstungen im Holzgehalt
und Charakter der Bestände hervorgerufen werden. Daraus ergibt sich
weiter, daß auch die nachhaltigen Folgen, welche durch die Durchforstung bei dauernder Einhaltung des ihnen zugrunde liegenden Prinzips veranlaßt werden, weit stärker sein müssen, als dies seither angenommen worden ist. Die nachhaltige Wirkung stetig geführter kräftiger Durchforstungen kann am besten aus der dänischen Forstwirtschaft erkannt werden.

III. Folgerungen.

Sucht man nun aus den angegebenen Bestimmungsgründen und auf
Grund der zeitlichen Entwicklung der Forstwirtschaft bestimmte Folgerungen für die Ausführung der Durchforstungen zu ziehen, so können
diese folgendermaßen zum Ausdruck gebracht werden:

1. In bezug auf das Geltungsbereich der Durchforstungen.
Wie auf den meisten anderen Gebieten der Forstwirtschaft, so können
auch hier keine allgemeinen Regeln aufgestellt werden, stets sind die
besonderen Verhältnisse gebührend zu würdigen. Ein Rückblick auf
die Geschichte der deutschen Waldungen und ein umfassender Überblick
über die forstlichen Verhältnisse der Gegenwart lehren, daß sich die
Durchforstungen namentlich nach den Holzarten, den Standortsverhältnissen und der Bestandesgeschichte verschieden gestalten müssen.

Nach ihrer natürlichen Veranlagung verlangen Lichtholzarten eine
andere Behandlung als Schattenholzarten. Sie müssen früher und stärker durchforstet werden, als die letzteren, weil diese auf gegebener
Fläche mehr Zuwachs erzeugende Organe besitzen und daher, um einen
gewissen Zuwachs hervorzubringen, weniger Raum bedürfen. Auch Laub-
und Nadelhölzer verlangen, abgesehen von dem verschiedenen Grade
der Wuchsstörungen, denen sie unterworfen sind, eine verschiedenartige Behandlung. Beim Laubholz werden im allgemeinen an die Stärke
und Astreinheit der Stämme höhere Anforderungen gestellt, beim Nadelholz an ihre Länge und Vollholzigkeit. Auf einen allmählichen Abfall
wird am besten bei vollem Bestandesschluß eingewirkt; die Stärke des
unteren astreinen Stammteils, der für die wertvollsten Verwendungsarten des Laubholzes ausschlaggebend ist, wird durch Lichtungen befördert.

Den großen Einfluß der Standortsverhältnisse auf dem Durchforstungsbetrieb zeigt die kritische Vergleichung verschiedenartiger
Waldgebiete. In warmen Lagen ist der Schutz gegen die austrocknende

Wirkung der Sonne und des Windes eine der wichtigsten Aufgaben der Betriebsregelung und Wirtschaftsführung. In hohen, kalten und feuchten Lagen kann dagegen die unmittelbare Einwirkung der Sonne für die Entwicklung der Bestände sehr förderlich sein. Ähnliches gilt auch in bezug auf die chemische und physikalische Beschaffenheit des Bodens. Auf tätigen, namentlich kalkreichen Böden, wo sich die organischen Abfälle rasch zersetzen und schon bei schwachem Lichteinfall Standortsgewächse sich einfinden, ist eine dunkle Bestandeshaltung, durch welche diese zurückgehalten werden, erforderlich, während auf Böden mit langsamer Zersetzung der Bestandesabfälle und Neigung zu Trockentorfbildung der Zutritt von Luft und Sonne heilsam sein kann.

Die Geschichte der Bestände, ihre Entstehung und frühere Behandlung hat überall einen großen Einfluß auf die Führung der Durchforstungen zur Folge. Auch die rechtzeitig eingelegten Hiebe der Bestandespflege beeinflussen die späteren Durchforstungen außerordentlich. Wäre die „Storenjagd", die Jakob Heyer, der Vater von Karl Heyer, schon im Anfang des 19. Jahrhunderts veranstaltete, allgemein durchgeführt worden, so würde Borggreves Plenterdurchforstung, wahrscheinlich nie entstanden sein; oder sie hätte doch niemals die Bedeutung erlangt, die ihr Autor ihr beilegte und die sie unter Umständen auch zweifellos besitzt. Endlich ist auf die zahlreichen Naturschäden hinzuweisen, welche in der Praxis für die Durchforstungen von großer Bedeutung sind. Sie bewirken Verschiedenheiten der Durchforstung, die sich einerseits durch die Vorbeugung von Schäden beziehen, andererseits solche, die nach dem Eintreten von Naturschäden Platz greifen.

2. In bezug auf die Art der Durchforstung. Innerhalb der aus dem Gesagten hervorgehenden Beschränkung wird sich die Betriebsführung in Zukunft voraussichtlich mehr den vorhandenen Stammklassen zuwenden, als es seither geschehen ist und sich nicht auf das unterdrückte Material beschränken. Die Erhaltung eines Unterstandes hat den Vorzug, daß der Boden durch die ständige Beschattung der unterständigen Bestandesglieder jederzeit gedeckt bleibt. Der Wirtschafter erhält hierdurch ein größeres Maß von Freiheit, das bei richtiger Anwendung auf die Massen- und Werterzeugung günstig einwirkt. Eine stetig ausgeführte, in kurzen Intervallen wiederholte Durchforstung im Sinne von Wiebecke und Erdmann[1] würde den Stärkezuwachs der Stämme, zu deren Gunsten der Hieb geführt wird, wesentlich heben. In der stärkeren Zunahme der Durchmesser liegt ein Vorzug der Hochdurchforstung, der dazu beiträgt, daß die Sortimente, die das Ziel der Wirtschaft bilden, in kürzeren Zeiträumen hervorgebracht werden, als bei

---

[1] Waldbau auf natürlicher Grundlage. Zeitschr. f. Forst- u. Jagdw. Januarheft, S. 5, These 3.

der Einengung der gespannten Kronen gleichstarker Stämme geschieht. In der seitherigen Statistik über Zuwachs und Ertrag ist dieser Vorzug noch nicht mit genügender Bestimmtheit nachgewiesen, weil die den Untersuchungen zugrunde gelegten Bestände noch nicht lange genug unter den erforderlichen Bedingungen sich entwickelt haben. Unter den Arbeiten der forstlichen Versuchsanstalten möge hier zur Begründung des Einflusses der Hochdurchforstung auf den Stärkezuwachs nur auf die Durchforstungsfläche des sächsischen Reviers Neudorf im Erzgebirge hingewiesen werden. Borgmann[1] untersuchte den Zuwachs der dortigen Buchen-Versuchsflächen für das Alter von 43—55 Jahren und fand als durchschnittliche jährliche Zunahme des Durchmessers:

	bei Niederdurchforstung		bei Hochdurchforstung
	mäßiger	starker	
auf II	0,29	0,36	0,46 cm
auf IV	0,24	0,30	0,37 cm

So beachtenswert die Ergebnisse solcher Untersuchungen nun auch sind, so hat man sich bei einer kritischen Vergleichung des Verhaltens verschiedener Durchforstungsarten doch Vorsicht und Zurückhaltung aufzuerlegen. Neben ihren Vorzügen steht die Hochdurchforstung nach anderen Richtungen zurück und hat Nachteile gegenüber den vorherrschenden Verfahren der Niederdurchforstung. Weder in bezug auf die Massen noch auf die Werterzeugung hat sie in gut erzogenen Beständen allgemeine Vorzüge. Nach den physiologischen und mathematischen Grundlagen der Zuwachsbildung ist die Leistung an Holzzuwachs von der Oberfläche der Kronen, welche dem Licht der Sonne ausgesetzt sind, abhängig; und diese ist am größten nachdem sich durch lebhaften Höhenwuchs die schlanken Kronenkegel ausgebildet haben, welche regelmäßige Stangenorte charakterisieren. Ferner ist sehr zu beachten, daß, wie die nach Stammklassen geordneten Aufnahmen zeigen, die stärksten Klassen durch die breitesten Jahrringe ausgezeichnet sind. Darin liegt ein entschiedener Grund, diese nicht vor dem Eintreten der Haubarkeit zu nutzen, sondern stehen zu lassen, sofern sie nicht mit besonderen Fehlern behaftet sind, was bei guter Erziehung nicht Regel sondern Ausnahme ist. Die gleichen Folgerungen sind aus der letzten Arbeit von Kienitz[2] zu ziehen, in der nachgewiesen wird, daß Lichtblätter eine weit größere Assimilationsfähigkeit besitzen als Schattenblätter. Auch diese Hinweise führen dahin, daß die Entfernung vorherrschender Stämme während der Zeit des Durchforstungsbetriebs noch nicht zur Ausführung gelangen soll. Sie tritt nur ein, wenn die herrschenden Stämme mit Fehlern behaftet sind, die aber bei einer rechtzeitig begonnenen stetig fortgesetzten Bestandespflege zurück-

---

[1] Thar. Jahrbuch 1915, Forstl. Tagesfragen IV, Buche.
[2] Zeitschr. f. Forst- u. Jagdw. 1931, Maiheft.

tritt. Ihre größte Bedeutung hat die Entnahme vorherrschender Stämme beim Durchforstungsbetrieb gemischter Bestände von verschiedenwertigen Holzarten gehabt, wo sie ein wichtiges Mittel bildete, die wertvollere Holzart gegen die minderwertigen im Wuchse zu fördern. Sie wird daher auch in Zukunft von Bedeutung bleiben.

Was das Alter betrifft, in welchem die Hochdurchforstung auszuführen ist, so kann sie in allen Altersstufen vom Dickungsalter an erfolgen, weil sich die Bedingungen, die zu ihrer Ausführung Anlaß geben, im Laufe der Zeit immer wiederholen. Hinsichtlich ihres Grades gilt im allgemeinen die Regel, daß im jüngeren Alter die schwache Hochdurchforstung Platz greift; sie ist schon mit Rücksicht auf die zunehmende Astreinheit, welche im Verlauf der Bestandesentwicklung erstrebt wird, erforderlich. Im höheren Alter hat man dagegen entweder starke Hochdurchforstungen einzulegen, die dann aber den Charakter von Hauptnutzungen tragen, oder sich der Hiebe im Hauptbestand zu enthalten, da für schwächere Eingriffe nach längere Zeit vorgenommene Hochdurchforstung meist kein geeignetes Material vorhanden ist.

3. In bezug auf die Grade der Durchforstung. Hier hat die geschichtliche Erfahrung in Verbindung mit den naturwissenschaftlichen Grundlagen und Bedingungen der Zuwachsbildung ergeben, daß sich die Extreme der Bestandesdichte ungünstig verhalten. Bei einem sehr dichten Stande der Stämme wird die Ausbildung der Wachstumsorgane gehemmt; Höhe und Stärke bleiben zurück; der Unterdrückskampf, den die ziemlich gleich starken Stämme miteinander führen, bleibt ohne Erfolg. Bei einem sehr weiten Stand der Stämme werden dagegen die natürlichen Kräfte des Standortes nicht gehörig ausgenutzt. Der Boden überzieht sich mit Standortsgewächsen und deren Auftreten ist schon an sich ein Zeichen, daß der Zuwachs, der erzeugt werden könnte, nicht erzeugt wird. Häufig wird die natürliche Verjüngung unter solchen Verhältnissen erschwert oder unmöglich gemacht. Für die Praxis der Zukunft kommen, wie es schon seither in den meisten gut geführten großen Betrieben üblich war, sofern es sich um einstufige Bestände handelt, vorzugsweise, namentlich bei den Pflanzungen, die mittleren Grade der Bestandesdichte in Betracht. Ein Blick auf die tatsächlichen Ergebnisse der betreffenden Untersuchungen gibt zu nachstehenden Bemerkungen Veranlassung:

Bei der Fichte hat nach Schwappachs[1] Ertragstafeln von 1902 bei den angestellten Untersuchungen in einzelnen Fällen der C-Grad die höchsten Zuwachserträge ergeben; in anderen Fällen zeigt der B-Grad eine Überlegenheit über C. Er schließt sich daher dem Urteil von Lorey an, welcher auf Grund seiner Untersuchungen über den Zuwachs

---

[1] Wachstum und Ertrag normaler Fichtenbestände in Preußen 1902. Einfluß verschiedener Durchforstungsgrade, S. 96 ff.

der Fichte den Satz aufstellte: „Die drei arbeitsplanmäßigen Durchforstungsgrade A, B, C weichen in ihrer Wirkung nicht sehr voneinander ab; die Unterschiede sind im Ganzen unbedeutend und lassen keine scharf ausgeprägte Gesetzmäßigkeit erkennen." Gutmann[1] gelangte bei der Zusammenfassung der Ergebnisse der von ihm durchgeführten Durchforstungsversuche der Fichte zu dem Satze: „Von den eingehaltenen drei Graden A, B, C erzeugt der mittlere Grad die größte Gesamtproduktion". Reinhold[1] kam in seiner Arbeit über die Bedeutung der Gesamtwuchsleistung an Baumholzmasse zu dem Urteil, daß auf den besten Standorten die Gesamtwuchsleistung mit der Stärke der Durchforstung steigt, vorausgesetzt, daß der Bestockungsgrad nicht außergewöhnlich sinkt, sondern, daß der Schluß nach etwa 5 Jahren wiederhergestellt ist. Mit Recht wies Krauss[1] darauf hin, daß die ertragreichsten Fichtenbestände sichtlich noch vom alten Laubholz oder Mischwaldboden zehren. In allen größeren Waldgebieten liegen, insbesondere bei Umwandlung von Laub- und Nadelholz, Beispiele vor, welche diese Beobachtung in reichem Maße bestätigen.

Auch in den Mitteilungen aus dem forstlichen Versuchswesen Österreichs tritt die Tatsache, daß die mittleren Grade der Bestandesdichte in ihren Leistungen am Gesamtzuwachs nur wenig voneinander verschieden sind, zahlenmäßig hervor. Schiffel[2] ordnete die von ihm untersuchten Bestände nach drei Schlußgraden: a) Dichtschluß, b) Mittelschluß, c) Lichtschluß. Auf der mittleren der 9 Bonitäten, von denen die mit der höchsten Nummer versehene die beste ist, werden folgende Zahlen für den Gesamtzuwachs angegeben:

Alter	Dichtschluß	Mittelschluß	Lichtschluß	
60	459	454	460 fm	Bauholz
80	648	638	641 fm	„
100	809	803	797 fm	„
120	935	934	938 fm	„

Die erzeugten Gesamtholzmassen sind hiernach fast gleich, für die große Praxis kommen die kleinen Unterschiede nicht in Betracht.

Bezüglich der Kiefer bemerkt Schwappach[3] auf Grund der Ergebnisse der in Preußen durchgeführten Untersuchungen: „Unter den II ... aufgeführten Flächen zeigt die starke Durchforstung bei 5 eine Mehrleistung, bei 6 aber ein Zurückbleiben gegenüber der mäßig durchforsteten Vergleichsfläche." Der langjährige Leiter der sächs. Versuchsanstalt (Kunze[4]) gelangte dagegen für die 70jährigen Kiefern des Forstreviers Kunnersdorf (Sächs. Schweiz) auf Grund sehr gründlicher,

---

[1] Mitteilungen aus der Staatsforstverwaltung Bayerns, 17. u. 18. Heft.
[2] Wuchsgesetze normaler Fichtenbestände 1904 (Normalertragstafel).
[3] Die Kiefer 1908, S. 104.
[4] Mitteilungen aus der Sächs. Forstl. Versuchsanstalt, Band I, Heft 2.

alle 5 Jahre wiederholter Aufnahme zu einer entschiedenen Überlegenheit der starken Durchforstung. Wie sich auch die Ergebnisse gestalten mögen, für den großen praktischen Betrieb hat stets die geschichtliche Auffassung Pfeils auch bei den Durchforstungen weitgehende Bedeutung. Die Art der Durchforstung soll sich stets nach den Eigenschaften des Bodens und der Lage, der Gefahr des Schneebruches, dem Bedürfnis eines kleineren oder größeren Wachsraumes in jedem Alter anpassen: „Bestimmte Vorschriften lassen sich darüber durchaus nicht geben. Nur warnen muß man vor einer zu starken Lichtstellung."

Bestimmter als bei Fichte und Kiefer führen bei der Buche die starken Grade der Durchforstungen zu den höheren Wuchsleistungen. Nach den Mitteilungen aus dem Versuchswesen Preußens[1] ist der Durchschnittszuwachs auf III. Standortsklasse für $u = 120$ nach Tafel A (Erziehung im lockeren Schluß) 7,6 fm, nach Tafel B (gewöhnlicher Schluß) 6,5 fm. Wie aber schon früher hervorgehoben wurde, müssen grade bei der Buche alle Zuwachsergebnisse mit besonderer Rücksicht auf Boden und Verjüngungsmöglichkeit beurteilt werden, so daß nicht ohne weiteres aus dem hohen Zuwachs der Bestände mit 23 qm Stammgrundfläche der Schluß gezogen werden kann, diese dürfte nicht höher bemessen werden. Gerade auf guten Bonitäten können durch lichte Haltung ungünstige Bedingungen für die natürliche Verjüngung hervorgerufen werden. Auch aus Bayern[2] wird mitgeteilt, daß der stärkste Durchforstungsgrad bei der Buche auf guten bis mittelguten Standorten die Gesamtwuchsleistung an Baumholzmasse gesteigert hat.

Weit stärker als auf den Massenzuwachs machen sich die Folgen der Durchforstungsgrade auf die Werterzeugung geltend. Unter den Faktoren, die diese bestimmen, steht die Stärke des Durchmessers an erster Stelle. Deshalb wird sich auch die Betriebsregelung der Zukunft mehr mit dem Stärke- als mit dem Massenzuwachs zu beschäftigen haben. Auch nach dieser Richtung bilden die Ertragstafeln Schiffels wertvolle Grundlagen. Der Unterschied des Durchmessers, den die oben genannten Grade der Bestandesdichte auf der mittleren Bonität zeigen, geht aus folgenden Zahlen hervor:

	Dichtschluß	Mittelschluß	Lichtschluß
60	18,5	20,4	23,0 cm
80	25,0	27,5	31,2 cm
100	30,2	33,1	37,4 cm
120	34,0	37,3	42,0 cm

Der Unterschied der Durchmesser ist für die Praxis sehr bedeutsam: beim Lichtschluß werden in 80jähr. Umtrieb stärkere Stämme erzeugt als beim Dichtschluß im 100jährigen.

---

[1] Schwappach: Die Rotbuche 1911 (Ertragstafel A u. B).
[2] Mitteilungen, 18. Heft, S. 80.

In der neuesten Zeit hat Gehrhardt Ertragstafeln aufgestellt, in welchen die Bestände der Hauptholzarten nach der Standortsklasse und dem Grade der Durchforstung geordnet sind. Für Buche und Fichte sind auf II. Standortsklasse folgende Zahlen charakteristisch und beachtenswert.

1. Buche.

Alter	60	80	100	120 Jahre
Schwache Durchforstung. . .	17,7	24,5	30,4	35,7 cm
Mäßige Durchforstung	18,4	26,0	33,1	39,6 cm
Starke Durchforstung	19,2	27,6	35,8	43,6 cm

2. Fichte.

Alter	60	80	100 Jahre
Mäßige Durchforstung	23,0	30,4	36,2 cm
Starke Durchforstung	26,0	35,7	44,6 cm
Schnellwuchsbetrieb	29,0	41,0	53,0 cm.

Die Ertragstafeln Gehrhardts und manche seiner neueren Aufsätze tragen dazu bei, die Gedanken der Fachgenossen auf die dänische Durchforstung zu richten. Es sind jetzt über 100 Jahre her, seitdem Graf Reventlow auf Grund einer Reise nach Deutschland zu der durch späten Beginn und schwächliche Führung bestimmten Durchforstungsweise G. L. Hartigs Stellung nahm und für seine eigenen Buchenforsten zu Brahetrolleborg Wirtschaftsregeln und Ertragstafeln aufstellte, die zu den Vorschriften Hartigs in entschiedenem Gegensatz standen. Die Durchforstung der Buche soll in Verbindung mit der Läuterung frühzeitig beginnen. Entfernt werden insbesondere schlecht geformte Stämme (Zwiesel, Vorwüchse, krebskranke und sonstige für den bleibenden Bestand nicht geeignete Stämme). Das unterständige Material wird dagegen mit dem Hiebe verschont. Während des Stangenalters bleiben die Bestände stammreich; die Durchforstungen werden häufig aber nur mäßig geführt. Erst nachdem durch den Schlußstand eine gute Schaftform (bis 15 m) hergestellt ist, erfolgen kräftigere Hiebe.

Als wir (einige Fachgenossen aus Preußen) im Anschluß an die Forstversammlung in Kiel (1903) einen Abstecher in dänische Forsten machten, hatten wir Gelegenheit die Durchforstungen der Buche in Brahetrolleborg eingehend kennen zu lernen. Als Grundlage für die praktischen Ausführungen wurde uns eine von Graf Reventlow aufgestellte Ertragstafel bekannt gegeben. In bezug auf Durchforstung und Stärkezuwachs enthielt diese folgende Zahlen:

Alter	38	50	62	74	90	100	110	120 Jahren
Durchmesser	13,9	19,4	24,7	30,2	37,4	41,9	46,3	50,8 cm

Dies bedeutet eine jährliche Zunahme des Durchmessers um 0,45 cm.

Daß die Durchforstung in Dänemark seit jener Zeit sehr stetig und gleichmäßig geführt ist, geht sowohl aus den Mitteilungen Gehrhardts über die Ergebnisse seiner Bereisung dänischer Forsten als auch aus dem Bericht des bekannten dänischen Forstmannes A. Oppermann[1] hervor. Dieser behandelte die dänische Durchforstung auf dem ersten Internationalen Waldbaukongreß 1926. Auf die Frage: Wie ist die dänische Durchforstung? wird bemerkt: „Wir fangen zeitig an, bei 15 bis 20 Jahren; wir kommen oft wieder, anfangs alle 2—3, im mittleren Alter alle 4—6, in Altbeständen alle 6—10 Jahre usw. Auf die Frage, welche Vorteile bietet die dänische Durchforstung, lautet die Antwort: Die Stärke der Bäume wird um 50% vergrößert; die Zwischennutzungen werden sehr groß, in vielen gutgepflegten Revieren bedeutend größer als die Hauptnutzungen. Nach der genannten Ertragstafel für die Buche betrug

Die Masse des Hauptbestandes für $u=$ 100	110	120 Jahren
532	565	595 fm
Die Summe der Vorerträge pro ha . . 653	721	787 fm

In den meisten deutschen Ertragstafeln ist der Einfluß der Durchforstung auf die Stärke der Stämme seither noch nicht in genügendem, den Grundbedingungen der Zuwachsbildung entsprechendem Maße hervorgetreten. Bezüglich der Buche wurde bereits oben die Vermutung ausgesprochen, daß der Einfluß der Erziehung im weiteren Schluß nach Tafel A stärker auf den Durchmesser einwirken müsse, als im Verhältnis der dort angegebenen Zahlen[2]. Auch in bezug auf die Fichte darf eine ähnliche Kritik ausgesprochen werden. In den Mitteilungen aus den Versuchswesen Preußens werden nach der

Ertragstafel	die Stammzahlen	Massen	Durchmesser
von 1890	zu 950	720 fm	26,0 cm
1902	zu 638	547 fm	27,8 cm

angegeben. Daß die geringere Stammzahl nicht stärker auf den Durchmesser einwirkt als im Verhältnis der vorstehenden Zahlen, wird dadurch begründet sein, daß die meisten zur Ertragstafel von 1902 benutzten Bestände erst spät in eine Verfassung gebracht sind, welche dem Prinzip kräftiger Durchforstung entspricht. Für eine stetig geführte starke Durchforstung werden sich auch für den Stärkezuwachs Folgerungen ergeben, wie sie in der dänischen Durchforstung und in den Ertragstafeln von Gehrhardt Ausdruck gefunden haben.

Als ungefähren Maßstab für die Grade der Bestandesdichte habe ich in meiner „Forstlichen Statik" auf der mittleren Standortsklasse eine Stammgrundfläche, nach deren Erreichung keine weitere dauernde Zunahme stattfinden soll, für Eiche von 22 qm, für Buche und Kiefer

---

[1] Actes du Ier Congrès international de Sylviculture 1926, vol. IV, p. 173.

[2] Auf III. Standortsklasse werden für 140jähr. Buchen angegeben:

In den Tafeln von 1893	Stammz. 477	$g = 34,9$ qm	$d = 30,5$ cm
In den Tafeln von 1911	Stammz. 279	$g = 23,2$ qm	$d = 32,5$ cm

von 28 qm, für Fichte von 40 qm empfohlen. Diese Sätze werden nach den preußischen Ertragstafeln bei Eiche, Buche und Fichte mit 80 Jahren, bei der Kiefer schon mit 40 Jahren erreicht. Von da an sollen die Durchforstungen so geführt werden, daß die Stammgrundfläche nicht dauernd erhöht wird. Es ist jedoch zu allen in solche Zahlen gefaßten Sätzen über die Bestandesbildung zu bemerken, daß bei ihrer Anwendung nicht nur die besonderen Verhältnisse der Wirtschaftsgebiete, sondern auch die subjektiven Anschauungen und Ziele des Wirtschaftsführers und Waldeigentümers zu berücksichtigen sind. Der Satz von H. C o t t a[1], daß es solcher Ursachen und Einwirkungen, durch welche das eigentümliche Wachstum der Hölzer abgeändert, verzögert und gefördert, unterbrochen oder vor der Zeit aufgehoben wird, unendlich viele gibt, hat auch jetzt noch seine Geltung und wird solche auch in Zukunft behalten. Für die Praxis wird es sich empfehlen, daß in den Wirtschaftsregeln, die für bestimmte Gebiete gegeben werden, auch über die Art der Bestandesdichte und die Grade der Durchforstung nach Maßgabe der Stammgrundfläche Vorschriften oder Hinweise gegeben werden. Dabei ist aber auch der Umstand zu beachten, daß das Ziel der zukünftigen Wirtschaft voraussichtlich in weit höherem Maße auf die Erziehung gemischter Bestände gerichtet sein wird, als es im 19. Jahrhundert geschehen ist und daß es für solche noch schwieriger ist, zahlenmäßige Grundlagen zu beschaffen und einzuhalten, als es seither beim Vorherrschen von Beständen einer Holzart der Fall war.

---

[1] Systematische Anleitung zur Taxation der Waldungen, S. 158ff.; Anweisung zur Forsteinrichtung und Abschätzung 1820, S. 104ff.

Zweiter Teil

Forsteinrichtung.

Einleitung.

Seitdem Hundeshagen sein originelles System der Forstwissenschaft aufgestellt und begründet hat, ist dieses in der Wissenschaft und Praxis ziemlich allgemein anerkannt und befolgt worden. Danach gehört der Waldbau nebst Forstschutz und Forstbenutzung der forstlichen Produktionslehre an; Forsteinrichtung mit forstlicher Statik, Waldwertrechnung und Haushaltskunde machen den wesentlichen Inhalt der Gewerbs- oder Betriebslehre aus. Eine solche klare Gliederung, wie sie dem Hundeshagenschen System eigentümlich ist, hat für die Auffassung des Forstwesens, namentlich für Studium und Unterricht, große Vorzüge. Aber wichtiger als die systematische Stellung ist doch das Wesen der Gegenstände, die behandelt werden. Und wenn man auf diese näher eingeht, so zeigt sich bald, daß die verschiedenen Zweige der Forstwissenschaft vielmehr Gemeinsames besitzen und mehr gegenseitigen Zusammenhang haben, als man, wenn die verschiedenen Fachzweige systematisch getrennt vor Augen gestellt werden, anzunehmen geneigt ist. Für die Forsteinrichtung besteht ein solcher Zusammenhang hauptsächlich mit der Forstbenutzung in bezug auf die zielbildenden Sortimente, welche die Umtriebszeit bestimmen, und mit dem Forstschutz in bezug auf die atmosphärischen Schäden, welche bei der Herstellung der räumlichen Ordnung berücksichtigt werden müssen. In ganz besonderem Grade besteht aber die Gemeinsamkeit des zu behandelnden Stoffes mit dem Waldbau. Die Forstgeschichte des 19. Jahrhunderts zeigt, daß in allen forstlichen Kulturländern bei der Forsteinrichtung waldbauliche Erwägungen von großem Einfluß gewesen sind. Die Wahl der Holzart, die Art der Bestandesbegründung, die räumliche Ordnung der Verjüngung, die Stellung der Schläge, die Art der Durchforstungen und Lichtungen, die Maßnahmen der Bodenpflege u. a. haben auf die Gestaltung der Wälder mehr Einfluß ausgeübt, als die Einteilung und Vermessung des inneren Details, die Formeln für die Hiebssätze, die Darstellung der Ergebnisse der Betriebsregelung in den Schriften und auf den Karten. Waldbauliche Fehler, welche bei der Betriebsregelung gemacht werden, wirken meist weit nachhaltiger, als solche, die sich auf die Vermessungen der Bestände und die Ermittlung ihrer Massen beziehen. Wenn aber den durch die Forsteinrichtung zu behandelnden waldbaulichen Gegenstandes eine solche Bedeutung zukommt, so folgt ohne weiteres, daß ihr auch ein entsprechender Einfluß auf die zukünftige Wirtschaft zuerkannt werden muß.

Gegen die hier bekundete Auffassung über das Verhältnis von Forsteinrichtung und Waldbau sind in der Neuzeit entschiedene Gegner aufgetreten, die, wenn sich auch die vorliegende Schrift von jeder persönlichen Polemik und Kritik freizuhalten sucht, hier doch nicht übergangen werden können. Möller[1] sprach die Ansicht aus, die Forsteinrichtung habe sich im Laufe des 19. Jahrhunderts eine Stellung angemaßt, die ihr nicht zukomme. Sie sei ausgebaut worden, als ob sie eine selbständige Existenzberechtigung habe, was doch nicht der Fall sei. Es gäbe nur zwei gleich wichtige Haupttätigkeitsgebiete, Holzerzeugung und Holzverwertung oder Waldbau und Forstbenutzung. Zur Ungebühr habe sie sich der Herrschaft bemächtigt. Den von ihr angemaßten Thron gelte es zu zertrümmern. — Eberbach[2] stellte in seiner Schrift den Satz auf: „Sie (die Forsteinrichtung) darf unter keinen Umständen auf die wirtschaftlichen Maßnahmen in einem Walde einen leitenden oder zwingenden Einfluß ausüben. Der Wald muß frei sein von jeder Fessel eines Einrichtungssystems und eines bestimmten Normalwaldbildes. ... Die Waldwirtschaft muß der Forsteinrichtung Ziel und Richtung geben, nicht umgekehrt."

Im Gegensatz zu den Ausführungen von Möller und Eberbach wird von mir der Standpunkt vertreten, daß der wesentlichste Zweck, zu welchem eine Betriebsregelung ausgeführt wird, in der Begründung und Feststellung der zukünftigen Wirtschaftsführung liegt. Sie beruht in ihren wichtigsten Teilen auf der Summe der Erfahrungen, die in der abgelaufenen Wirtschaftsperiode gemacht sind, in der Benutzung der Fortschritte der Forstwissenschaft und ihrer Anwendung auf die Maßnahmen der zukünftigen Wirtschaft. Hierzu ist erforderlich, daß die Leiter der Forsteinrichtungen alle in Betracht kommenden Teile des Forstwesens kennen und beherrschen. Wenn solche Zwecke nicht vorliegen, so bleibt die Forsteinrichtung in dem Sinne, den sie seit einem Jahrhundert gehabt hat, besser unausgeführt. Zu forstlichen Buchhaltern, auf deren Tätigkeit Möller die Forsteinrichtung beschränken möchte, braucht man keine Forstbeamten, die im Besitze einer höheren forstlichen Bildung sind. Um solche Arbeiten vorzunehmen, sind einfach ausgebildete Maßgehilfen und gewandte Rechner meist besser geeignet als Professoren und Forsträte.

---

[1] Der Dauerwaldgedanke 1922, IV, Dauerwald und Forsteinrichtung.
[2] Die Ordnung der Holznutzungen auf wirtschaftlicher und geschichtlicher Grundlage 1913, S. IX.

Während ich in den letzten Jahren die mir obliegenden Forsteinrichtungsübungen in der angegebenen Richtung einleitete, erhielt ich eine wertvolle Stütze meiner Anschauungen durch den Forstmeister Dr. Erdmann[1]. In seinem trefflichen Aufsatz „Waldbau auf natürlicher Grundlage", geht er auf das Verhältnis von Waldbau und Forsteinrichtung näher ein. Er bezeichnet hier den wesentlichen Teil der Forsteinrichtung als eine waldbauliche Betätigung, die deshalb mit waldbaulichen Mitteln begründet werden muß. Beide Hauptzweige des Forstwesens haben in den wesentlichsten Richtungen übereinstimmende Ziele und Aufgaben. Verschiedenheiten ergeben sich in bezug auf die Art der Bearbeitung. Die Forsteinrichtung hat den Blick des Forstwirts auf längere Zeiträume und größere Waldgebiete zu richten und die ökonomische Seite der Wirtschaft bestimmter zu präzisieren. Der Waldbau hat die konkreten Einzelfälle eingehender und mit unmittelbarer Rücksicht auf die örtlichen Besonderheiten ins Auge zu fassen.

Im Zusammenhang mit den Anschauungen über das Verhältnis von Forsteinrichtung und Waldbau steht die vielbesprochene Frage, wer die Arbeiten der Betriebsregelung leiten und ausführen soll. Wenn man den Waldbau in den Vordergrund stellt, so ist man zunächst geneigt, anzunehmen, daß die Oberförster der zu bearbeitenden Reviere die geeignetsten Personen sind, um die periodischen Wirtschaftspläne zu entwerfen und zu begründen, wie es auch in der „Betriebsregelungsanweisung für die Preußischen Staatsforsten" von 1912 ausgesprochen wurde. Diese beginnt mit den Worten: „Die Betriebsregelungsarbeiten gehören zu den Dienstgeschäften des Reviersverwalters." Es unterliegt keinem Zweifel, daß ein tüchtiger Oberförster über alle waldbaulichen Verhältnisse seines Reviers am besten orientiert ist. Unter allen Umständen muß ihm deshalb der gebührende Einfluß eingeräumt werden. Mitwirkung an der Betriebsregelung ist ein ihm zustehendes Recht und eine ihm obliegende Pflicht. Und doch kann die vorliegende Frage nicht in dem Sinne, wie es zunächst erscheint, entschieden werden. Die Tätigkeit des Oberförsters beschränkt sich auf ein einzelnes Revier. Je länger und intensiver er in diesem Revier beschäftigt ist, um so mehr wird er leisten und dabei auch erkennen, daß die Bewirtschaftung eines Reviers, auch eines einfach erscheinenden, in naturwissenschaftlicher, forstwissenschaftlicher und forstgeschichtlicher Beziehung reiche Anregung bietet und die Arbeitskraft eines tatkräftigen Mannes voll ausfüllt. Aber für den Leiter der Forsteinrichtung müssen andere Bedingungen geschaffen werden, als sie dem verwaltenden Oberförster zu Gebote stehen. Es handelt sich bei dieser Frage nicht nur um einzelne Reviere. Die Organisation des Forsteinrichtungswesens, namentlich

---

[1] Zeitschr. f. Forst- u. Jagdwesen 1926, S. 3ff.

größerer Staaten, wird in erster Linie bestimmt durch die Zusammengehörigkeit der Reviere zu größeren Verbänden. Für diese müssen Wirtschaftsregeln aufgestellt werden, die in den Standortsverhältnissen, den ökonomischen Forderungen und in der Wirtschaftsgeschichte ihre wichtigsten Grundlagen haben und demgemäß eine größere wirtschaftliche Einheit bilden. Den hieraus hervorgehenden Forderungen zu genügen, sind die einzelnen Revierverwalter nicht imstande. Deshalb war es zweifellos ein wesentlicher Fortschritt des Forsteinrichtungswesens in Preußen, daß bald nachdem der genannte Satz kund gegeben war, mehrere Forsteinrichtungsanstalten ins Leben gerufen wurden, die gewiß von günstigem Einfluß auf die zukünftige Entwicklung des Forsteinrichtungswesens sein werden. Ihre Keime liegen aber nicht erst in der Neuzeit. Wenn man der Geschichte des Forsteinrichtungswesens nachgeht, so zeigt sich, daß der beste Kenner der Forstgeschichte und der entschiedenste Gegner aller Generalregeln, Pfeil[1], auch der geistige Vater der Forsteinrichtungsanstalten gewesen ist. Er verlangte, daß für die verschiedenen Teile des Preußischen Staates besondere Forsteinrichtungsbehörden errichtet und besondere Forsteinrichtungsinstruktionen gegeben würden. Ebenso geht das Urteil Danckelmanns[2] dahin, daß die Forsteinrichtungspraxis die beste Handhabung durch eine ständige Behörde findet — durch ein Forsteinrichtungsamt, dessen geschulte Beamte mit den Beamten des regelmäßigen Forstbetriebes Hand in Hand gehen.

Die wichtigsten Aufgaben der Forsteinrichtung, die im Nachstehenden behandelt werden sollen, betreffen: die Einteilung der Reviere in ständige Wirtschaftsfiguren, die Ausscheidung der Bestandesabteilungen, die Aufnahme und Bonitierung des Standorts und der Bestände, die Darstellung und Berechnung des Holzvorrats und des Waldkapitals, die Bildung der Betriebsverbände, die räumliche Ordnung der Hauungen, die Bestimmung der Hiebssätze und den Nachweis der Rentabilität.

Erster Abschnitt.

Wirtschaftliche Einteilung.

I. Ständige Wirtschaftsfiguren.

Die ersten Maßnahmen, die auf den Wald, wie er von der Natur gegeben ist, gerichtet sind, erstrecken sich auf seine Teilung. „Jeder größere zusammenliegende Forst muß in einzelne Teile geteilt werden; denn ohne diese würde man nicht imstande sein, diejenigen Stücke zu

---

[1] Kritische Blätter, 41. Band.
[2] Bericht über die Versammlung Deutscher Forstmänner. Eisenach (1876) und Görlitz (1885).

bezeichnen, in denen irgend eine Wirtschaftsmaßregel vorgenommen werden soll, noch würde es möglich sein, den Hieb so zu führen, daß die Bestände zweckmäßig geordnet werden" (Pfeil). Die wichtigsten Maßnahmen des Waldbaues, des Forstschutzes, der Forstbenutzung und der Forsteinrichtung waren mit der Teilung verbunden. Dies tritt in der Geschichte der Forsteinrichtung in Deutschland in vielseitiger Weise hervor. Insbesondere sind manche Vorschriften in den Forstordnungen und manche Ausführungen der alten Jäger u. a. in dieser Beziehung bemerkenswert. Für die Preußischen Staatsforsten waren die von Friedrich dem Großen erlassenen Instruktionen für die räumliche Ordnung von Einfluß.

Die Forstordnungen enthalten anschauliche Mitteilungen über den Zustand eines großen Teils der deutschen Wälder vom 16. bis 18. Jahrhundert, so daß aus ihnen bei tieferem Eingehen ein reiches Material über den Zustand einzelner Waldgebiete gewonnen werden kann. Die Zahl der Gegenstände, die in den Forstordnungen behandelt werden, ist außerordentlich groß. Ihr Inhalt ist, wie Bernhardt hervorhebt, zum Teil negativ, indem sie alles verbieten, was dem Zustand der Waldungen nachteilig werden kann, zum Teil aber auch positiv, indem sie bestimmte Vorschriften über die Behandlung der Wälder und die Ausübung der Nutzungen, die er gewährt, geben. In letzterer Hinsicht ist in bezug auf die Anfänge der Waldeinteilung zu sagen, daß in sehr vielen Forstordnungen die Bemerkung wiederkehrt, „daß das unordentliche, plätzige Hauen, so in den Wäldern hin und wieder geschieht, aufhören solle." Unbeschadet der Wildbahn, Hute und Trift sollen ordentliche Gehäu und junge Schläge angelegt werden. Als Regulator für die Teilung dient die Umtriebszeit. Mit dieser wird die Waldfläche dividiert, um die Größe der Jahresschläge zu bestimmen. Wie verschieden diese aber nach Holz „und Betriebsarten, nach der Lage des Waldes zu den Verbrauchsorten und der Beschaffenheit der Waldungen waren, zeigen die alten Forstordnungen in reichem Maße. Die Mansfelder Forstordnung ordnete z. B. an, daß alle Gehölze in 12jährige Gehaue geteilt werden sollten. Ebenso sollten die Mühlhäuser Forsten in 12, die Miltenberger in 16, andere in 20 und mehr Schläge eingeteilt werden. Die niedrigen Umtriebszeiten finden dadurch eine teilweise Erklärung, daß in den Wäldern, die damals hauptsächlich Gegenstand der Nutzung waren, die Ausschlagwaldungen, Mittel- und Niederwald, im Vordergrunde standen. Aber auch im Hochwald sind die Umtriebszeiten überraschend niedrig. Die Nassauer Forstordnung von 1731 bestimmte z. B., daß die Hochwälder in 68 Jahresschläge geteilt werden sollten.

Unter den aus dem alten Jägertum hervorgegangenen Forstwirten, denen eine umfassende, wissenschaftliche Ausbildung noch nicht zuteil geworden war, steht von Langen an erster Stelle. Er richtete bekannt-

lich zu verschiedener Zeit Waldungen seiner Heimat (Braunschweig) ein
und reiste mit einer Anzahl Fachgenossen nach Dänemark und Norwegen, wo er gleichfalls Waldeinteilungen vorzunehmen hatte. Ein
klares Urteil über seine Tätigkeit ist weder im Walde noch in Schriften
und auf Karten zu erlangen. Einen genaueren Einblick in die Art der
Teilung geben die Abhandlungen seines Freundes und Schülers von
Zanthrier, in denen bemerkt wird: „Bei der Einteilung ist zu beachten, ob die Lage des Reviers bergig oder eben sei; ferner Klima, Holz-
gattung usw. Ist das Revier in bergigen Gegenden gelegen, so muß man
mehr Teile daraus machen, als derjenige nötig hat, dessen Revier in
einer Ebene, in einem sanften Klima liegt. Ein Revier dieser Art muß
in 50—60 Teile geteilt werden, als soviel Jahre es braucht, ehe es wieder
zum tüchtigen Scheit- oder Schlagholz heranwächst; dahingegen das
auf einer Ebene in der Zeit von 30—40 Jahren zu gleicher Vollkommen-
heit kommt. Ist es hingegen vorteilhafter, daß das Holz zu Reisig abgetrieben werde, so erfordert es in den Bergen 20—30 Jahre, auf der
Ebene aber nur 15 Jahre Zeit.“ Auch hier wird vorzugsweise auf den
Mittel- und Niederwald Bezug genommen, doch ist auch der Hochwaldbetrieb eine bekannte Wirtschaftsform. Ebenso ist es bei manchen
anderen der alten Jäger, insbesondere bei Döbel, der in seiner bekannten
Schrift: „Jägerpraktika“ sein Urteil dahin abgibt, daß die Abtriebszeit
in der Ebene für starkes Bauholz zu 80 Jahren, für geringes zu 60 Jahren
angenommen werden soll. In gebirgigen Gegenden soll sie 10—20 Jahre
höher sein.

Am gründlichsten unter den Vorgängern von G. L. Hartig und Cotta
hat Oettelt die Frage der Umtriebszeit behandelt. Er nimmt bei der
Festsetzung der Umtriebszeit und der auf ihr beruhenden Einteilung
sowohl auf die Unterschiede der Holz- und Betriebsarten und die Lage
des Waldes zu den Verbrauchsorten, als auch auf die Stärke, die in einer
bestimmten Zeit erreicht werden kann, und auf die hier noch zu bestimmenden Wirtschaftsziele Bezug. „Will man die Einteilung eines
Forstes machen, so überlege zuerst, in was für einer Gegend du dich
befindest und was du an derselben für Hölzer nötig. ... Man hat auf
dem Thüringer Wald Berge, die von Buchen mitbestanden sind. Wollte
man nun diese Berge als Laubhölzer traktieren und sie in gewisse Hiebe
einteilen, um daraus jährlich eine Menge Wellen schlagen zu lassen, so
wäre dies Torheit, denn man würde da nichts mit den Wellen anfangen
können. ... Hier ist es nötig, daß man das Buchenholz ein solches
Alter erreichen lasse, daß dasselbe in Klaftern geschlagen werden kann.
Ganz anders muß ich aber verfahren, wenn ich solche Laubhölzer in
der Nähe von vielen Ortschaften habe.“ ... Demgemäß bestimmte
Oettelt für die Hochlagen des Thüringer Waldes eine 130jährige, für
Laubwälder, die als Hochwälder zu bewirtschaften sind, eine 100jährige

Umtriebszeit, für die Waldungen in der Nähe von Ortschaften, die im Mittel- und Niederwaldbetrieb bewirtschaftet werden, einen 30- bis 40jährigen Umtrieb.

In der großen Praxis der Preußischen Staatsforstverwaltung ist der Gedanke der Flächeneinteilung in weitem Umfang durch die Instruktionen Friedrichs des Großen verwirklicht worden. Die in der Zeit von 1740—1783 erlassenen Verordnungen und deren Erläuterungen sind vom Oberforstmeister von Kropff[1] eingehend dargestellt. Durch sie wurde vorgeschrieben: „Alle Kiefernforsten sollen nach Verhältnis ihrer Größe, Lage und Umstände, ohne Rücksicht auf ihre Beschaffenheit und die Güte des Bodens zuvörderst in eine gewisse Anzahl Hauptabteilungen, jeder derselben aber in zwei gleich große Teile, Blöcke genannt, und jeder Block in 70 gleich große Schläge geteilt, werden."

Zum Verständnis der niedrigen Umtriebszeiten, die Friedrich der Große verfügte, dienen die Ausführungen von Pfeil, der in seiner Forsttaxation folgendes bemerkt: „In den Preußischen Forsten, die unter Friedrich dem Großen zuerst in der Mark Brandenburg in 70 Schläge geteilt wurden, suchte man diese Übelstände (namentlich die Ungleichheit der Erträge) dadurch zu beseitigen, daß sie nicht kahl abgetrieben, sondern nur so der Reihenfolge nach durchhauen werden sollten, daß man alljährlich von einem Schlage das nutzbare Holz heraushieb und das schwächere bis zum 70jährigen Alter stehen ließ, wodurch sich auch jener kurze Umtrieb erklärt, der sonst um so auffallender ist, als man damals in diesen Forsten nur die starken Hölzer benutzen konnte. Es wurden dadurch aber weder die Übelstände eines sehr ungleichen Ertrags der Schläge beseitigt, noch eine wirkliche Nachhaltigkeit der Benutzung gesichert, indem man nichts weiter dadurch gewann, als eine Beschränkung der Plenterwirtschaft auf bestimmte Flächen und eine bessere Kontrolle des Hiebes."

Die Teilung der Fläche hat hauptsächlich dadurch zur Förderung der Forsteinrichtung beigetragen, daß durch sie der regellose Plenterbetrieb aufgehoben und der schlagweise Betrieb eingeführt wurde. Für den Mittel- und Niederwald war das Verfahren sachgemäß, da es hier der Art und Weise, wie der Betrieb geführt wurde, durchaus entsprach. Beim Hochwald, der seit dem Auftreten von G. L. Hartig an Ausdehnung fortgesetzt zunahm, war dies aber nicht der Fall. Schon die Einführung der Schlageinteilung stieß auf Hindernisse, weil eine regelrechte Vermessung, an die dabei hätte angeschlossen werden können, meist noch gar nicht stattgefunden hatte. In steilem und wechselndem, von Mulden und Rücken durchzogenem Gelände, war die regelmäßige gradlinige Einteilung ganz unbrauchbar. Der hauptsächlichste Grund, der zum

---

[1] System und Grundzüge bei Vermessung und Einteilung der Forsten 1807, 3. Kap., Art. 3.

Verlassen dieser ältesten Art der Einteilung Veranlassung gab, lag aber in dem Umstand, daß die Umtriebszeit, wenn man längere Zeiträume vor Augen hat, keine gleichbleibende, sondern eine variable Größe ist. Sie ändert sich, wie ein Vergleich jener Zeiten, da sie in Geltung stand, mit den nachfolgenden Perioden der Wirtschaft zeigt, mit den Anschauungen der leitenden Forstwirte und den ökonomischen Zielen der Waldbesitzer und der Volkswirtschaft in außerordentlichem Maße. Mehr und mehr wurde erkannt, daß die wirtschaftliche Einteilung von der Umtriebszeit unabhängig sein müsse. In Preußen wurde deshalb allgemein die Einteilung der Reviere in Jagen angeordnet und die Schlageinteilung aufgehoben; nur in Mittel- und Niederwaldrevieren sollte sie bestehen bleiben, wie es auch tatsächlich bis zur Gegenwart geschehen ist. Auch in Sachsen und manchen süddeutschen Staaten haben von jener Zeit ab systematische Einteilungen in ständige Wirtschaftsfiguren stattgefunden.

Wirft man nun einen umfassenden Blick auf die Einteilungen, wie sie sich in den deutschen Hochwaldungen im Laufe des 19. Jahrhunderts tatsächlich gestaltet haben, so ergeben sich, abgesehen von manchen Besonderheiten der einzelnen deutschen Staaten, die wesentlichsten Unterschiede nach dem Charakter des Geländes. Es sind zu unterscheiden Waldungen der Ebene, des Gebirges und Übergänge zwischen beiden.

1. Ebenes und schwach geneigtes Gelände.

Hier hat naturgemäß die gerade Linie geherrscht. Man konnte auf ihr als Basis den Grundsätzen der wirtschaftlichen Einteilung in jeder Beziehung Rechnung tragen. Für die Preußischen Staatsforsten wurde, nachdem die alten Instruktionen aufgehoben waren, im Jahre 1819 eine Instruktion für die preußischen Forstgeometer erlassen, in der gesagt wird:

„Wenn der Forst vermessen und aufgetragen ist, so soll sich der Geometer wegen Einteilung desselben in Jagen mit dem Oberforstmeister Forstmeister und Oberförster besprechen und den Plan dazu entwerfen. Bei dieser Einteilung ist vorzüglich zu beachten: 1. Daß die sogenannten Hauptgestelle von Ost nach West und die Feuergestelle von Nord nach Süd laufen, wenigstens nicht viel von dieser Direktive abweichen. — 2. Daß die Jagen, welche nicht an den Grenzen liegen, in der Regel 200° lang und ebenso breit werden. — 3. Daß, wo schon alte zweckmäßige Gestelle oder passende Wege befindlich sind, diese bei der neuen Einteilung benutzt werden. — 4. Daß womöglich die Landstraßen auf Gestelle fallen. — 5. Daß die Gestelle zur Holzabfuhr so viel wie möglich bequem werden."

Nach diesen Vorschriften ist die Einteilung der damaligen Preußischen Staatsforsten überall erfolgt. Sie hat den gestellten Anforderungen fast das ganze 19. Jahrhundert hindurch entsprochen. Aber von Zeit zu Zeit taucht doch hier, wie es auf allen Lebensgebieten der Fall ist, die Frage auf, ob das Bestehende beizubehalten oder ob es der Verbesserung bedürftig ist.

Eine der allgemeinsten und wichtigsten Regeln der Einteilung geht dahin, daß die Richtung der Einteilungslinien mit der Richtung, in welcher die Verjüngung vollzogen werden soll, in Einklang steht. Hierfür sind zunächst Holzart und Standort bestimmend. In den östlichen Provinzen Preußens sind die ebene Lage und der sandige Boden vorherrschend; die Kiefer ist die weitaus am stärksten vertretene Holzart. Regel der Betriebsführung war fast das ganze 19. Jahrhundert hindurch der Kahlschlag; die Methode der Ertragsregelung war das Fachwerk. Die Anwendung desselben bot keine besonderen Schwierigkeiten. Die Wirtschaftsführung sollte auf der Grundlage der von Ost nach West verlaufenden Hauptgestelle aufgebaut werden. Die Schläge standen mit ihrer Längsausdehnung senkrecht zu den Hauptgestellen von Nord nach Süd. Sie wurden in westlicher Richtung, dem Sturm entgegen, aneinander gereiht. Das Zeitmaß, in dem dies geschah, und die Breite der Schläge waren wesentlich durch die Massen der ersten Wirtschaftsperiode bestimmt. Diese sollten zur Nutzung kommen, ohne daß große Rückstände verblieben oder Mängel in der Erfüllung des Abnutzungssatzes eintraten. War die Breite des Jagens 400 m und die Schlagbreite 80 m, so waren fünf Schläge erforderlich, um das Jagen zu nutzen. Wirtschaftsführung und Ertragsregelung befanden sich im allgemeinen in Übereinstimmung.

Als mir im Jahre 1895 vom Landwirtschafts-Ministerium der Auftrag erteilt war, ein Gutachten über die Bewirtschaftung und den Zuwachs der Kiefer auszuarbeiten, ging das abgegebene, auch in meinen Folgerungen der Bodenreinertragstheorie niedergelegte Urteil dahin, es liege keine Veranlassung vor, bei der Verjüngung der Kiefer von dem Prinzip des Kahlschlags mit allmählicher Aneinanderreihung der Jahresschläge abzuweichen. Dies besteht bekanntlich darin, daß die Jagen im Osten angehauen und die von Nord nach Süd gerichteten Schläge mit längeren Schlagpausen in westlicher Richtung aneinander gereiht werden. Als zweckmäßige Schlagbreite wurde eine solche von 70—100 m angenommen. Für die Kiefer haben Schläge von dieser Breite gegenüber den eigentlichen Schmalschlägen, die sich für schutzbedürftige Holzarten empfehlen, mehr Vorzüge als Nachteile.

Die Kritik, zu welcher die bestehende Einteilung der Preußischen Staatsforsten berechtigten Anlaß gibt, bezieht sich auf die Gefahren, die einmal durch den Sturm, zum anderen durch die austrocknende

Wirkung der Sonne herbeigeführt werden können. Beiden Faktoren ist in der neueren Zeit eine eingehende Behandlung zuteil geworden, auf die hier kurz einzugehen ist.

Wenn inmitten eines größeren Altholzkomplexes ein Jagen abgetrieben wird, so ist das nördlich von ihm gelegene dem Süd- und Südwest-, das südlich gelegene dem Nord- und Nordwestwind ausgesetzt. Das östlich gelegene wird durch den Abtrieb allen von Westen kommenden Winden geöffnet. Es müssen daher drei Seiten gegen die Sturmgefahr geschützt werden. Die hierauf bezüglichen Erwägungen gaben Denzin[1] Veranlassung, die Regel aufzustellen, daß die Richtung der Haupteinteilungslinien nicht parallel zur Hauptsturmrichtung verlaufen, sondern daß sie mit derselben einen Winkel von 45^0 bilden solle. Auf Grund gleicher Erwägungen führte Borggreve[2] in seiner Forstabschätzung aus, daß ein Schneisensystem, welches die meistens rechteckigen Distrikte möglichst mit dem Winkel und nicht mit einer Breitseite nach Westen richtet, die Herstellung und Einhaltung einer guten Bestandesordnung wesentlich erleichtere. Gemäß den Ausführungen der genannten Schriftsteller wird in der Anweisung zur Betriebsregelung von 1925 vorgeschrieben, daß, wenn mit Sturmgefahr zu rechnen ist, die Gestelle gegen die gefährlichste Sturmrichtung Winkel von 45^0 bilden. Da die gefährlichsten Stürme von Westen kommen, so würde an entsprechenden Orten eine Umgestaltung der nach der Instruktion von 1819 bewirkten Einteilungen die konsequente Folge sein.

So richtig die Beobachtungen über die Sturmrichtung von Denzin und Borggreve nun auch sind, so haben sie doch zu Veränderungen der bestehenden Einteilung keine Veranlassung gegeben. Dies wird voraussichtlich auch in Zukunft nicht der Fall sein. Zur Begründung eines konservativen Verhaltens müssen folgende Umstände in Erwägung gezogen werden:

Erstens die Tatsache, daß es sich im größten Teil der östlichen Provinzen Preußens um Kiefern auf sandigen Böden handelt. Die tiefwurzelnde Kiefer hat aber, zumal auf solchen Böden, vom Sturme nur wenig zu leiden. Die Erfahrungen, die in der Kiefernwirtschaft gemacht sind, haben dies seit langer Zeit und an vielen Orten bestätigt. In Eberswalde wurden unter Danckelmanns Leitung, um mit dem Hiebe schneller voranzukommen, die betreffenden Jagen an der Ost- und Westseite häufig auch noch in der Mitte angehauen. Um auf entsprechendem Boden für die Eiche günstige Wachstumsbedingungen herzustellen, wurden Kulissenschläge geführt, die, wie sie auch geführt werden mögen, den westlichen Winden gefährdete Ränder zum Angriff

---

[1] Allgem. Forst- u. Jagdztg. 1880, S. 126ff.
[2] Forstabschätzung 1888, S. 289.

darbieten. Schäden von größerer Bedeutung sind hierdurch aber nicht entstanden.

Zweitens muß darauf hingewiesen werden, daß die Forderung eines dreiseitigen Sturmschutzes keine starke Belastung der Wirtschaft bedeutet. Ein solcher kommt in geregelter Wirtschaft dadurch zustande, daß zwei Seiten durch die Hauptgestelle geschützt werden, wie es im Bereich der Fichte durch die breit aufzuhauenden Wirtschaftsstreifen geschieht. Die dritte Seite der Jagen oder Abteilungen wird aber durch die Führung des Hiebes gegen die Hauptsturmrichtung geschützt.

Drittens ist in der vorliegenden Richtung geltend zu machen, daß, wenn es auch Regel sein muß, die Schlaglinien zu den Einteilungslinien parallel (bzw. senkrecht) zu legen, es in einzelnen Fällen doch begründet sein kann, daß die Schläge schräg zu den Einteilungslinien geführt werden. Eine vollständig neue Teilung ist in solchen Fällen, nicht immer angezeigt, da, wie Oberforstmeister August sich ausdrückte, einem Revier, das seine Einteilung seit längerer Zeit trägt, diese so auf den Leib gewachsen ist, daß sie es so leicht nicht wieder abstreifen kann. Auch ein Drehen der Schlagfronten kann in einzelnen Fällen wohl begründet sein.

Mehr Anlaß zu Abweichungen der Richtung der Hauptgestelle von der Sturmrichtung, als das Bestreben des dreiseitigen Sturmschutzes hat die Rücksicht auf die schädlichen Einwirkungen gegeben, welche durch die austrocknende Wirkung der Sonne für Boden und Jungwuchs erfolgen können. Die Frage, wie die Schläge im Verhältnis zur Sonne geführt werden sollen, hat den Forstwirten in der neueren Zeit reichen Stoff zum Nachdenken gegeben. Chr. Wagners großes Verdienst ist es, daß er die Blicke seiner Fachgenossen auf die Bedeutung der Verjüngungsrichtung gelenkt und die Folgerungen, zu welchen die räumliche Ordnung Veranlassung gibt, sachlich und klar begründet hat.

Das für den Saumschlag am meisten charakteristische Merkmal ist der große Wert, der auf die Erhaltung und Ausnutzung der Frische des Bodens gelegt wird. Als der Blendersaumschlag 1913 auf der Versammlung des Deutschen Forstvereins in Trier den Gegenstand der Verhandlung bildete, wurde sein Einfluß auf die Wirtschaftsführung, namentlich auf die natürliche Verjüngung allgemein anerkannt. Wagner[1] bezeichnete als seinen hauptsächlichsten Vorzug die größere Bodenfrische, die eine grundlegende Bedingung für den Vorgang der Keimung und des Fußfassens der Ansamung sei, und zwar bei allen Holzarten. Eine stetige Frische der obersten Bodenschicht samt der Decke steht als wichtigste Bedingung für ein erfolgreiches Keimen obenan. ... Der Nordrand zeigt in dieser Hinsicht die günstigsten Verhältnisse. Auch

---

[1] Bericht über die 14. Hauptversammlung des D. Forstvereins in Trier 1913, S. 41—43.

Möller konnte auf Grund der in Eberswalde angestellten Untersuchungen das günstige Verhalten der Nordränder in bezug auf die Verjüngung in vielen Fällen zahlenmäßig nachweisen. Was in dieser Beziehung beim natürlichen Anflug in so reichem Maße zu beobachten ist, hat auch für künstlich begründete Jungwüchse entsprechende Gültigkeit.

Auch hinsichtlich der Wirkung des Lichtes verhält sich die Führung der Verjüngungsschläge von Norden her am besten. Hier ist das Prinzip der Stetigkeit von Einfluß, welches für viele Maßnahmen der Forstwirtschaft von so günstiger Wirkung ist. Es kann vom Nordrand aus so gut betätigt werden, wie bei keiner anderen Richtung. Der Unterschied zwischen dem gelockerten Nordrand und einem geschlossenen Bestand ist bezüglich des Lichtes nur gering. Die nachteiligen Wirkungen, welche den östlichen, südlichen und westlichen Seiten der Bestände durch das Einstrahlen der Sonne und das Auftreten von Standortsgewächsen eigen sind, treten hier zurück. Die Stetigkeit trägt dem zunehmenden Bedürfnis der heranwachsenden Holzpflanzen an Feuchtigkeit, Licht und Bodenraum Rechnung; sie hindert gleichzeitig eine gesteigerte Wurzelkonkurrenz des Altholzes und läßt keine Steilränder im Jungwuchs entstehen (Wagner).

Indessen trotz ihrer vielseitigen Vorzüge, darf man die Stetigkeit im Walde doch nicht immer als allgemeingültige Regel ansehen. Sie erleidet Abweichungen durch manche nicht vorauszusehende natürliche Ereignisse und wirtschaftliche Maßnahmen. In erster Linie ist hier die Häufigkeit oder Seltenheit der Samenjahre von Einfluß. Wo diese häufig sind, wird man dem allmählichen Vorgehen bei der Verjüngung den Vorzug geben und wegen der größeren Sicherheit und der leichteren Herstellung von Bestandesmischungen die gleichzeitige Verjüngung auf kleinere Flächen beschränken. Wo aber genügende Samenjahre erfahrungsmäßig nur selten eintreten, hat man allen Grund, die eingetretenen Samenjahre möglichst vollständig auszunutzen, auch wenn dies ohne Einbuße in bezug auf die Stetigkeit der Verjüngung nicht möglich ist. Die Geschichte der Buchenwaldungen und der aus den großen Mastjahren des vorigen Jahrhunderts stammenden Bestände bietet in dieser Beziehung lehrreiche Beispiele.

Abgesehen von besonderen Verhältnissen, die keiner allgemeinen Regel unterstellt werden können, bleibt stets zu beachten, daß auch in den Standortsverhältnissen Gründe liegen können, welche Anlaß geben, die Leitung der Beschirmung anders zu bewirken, als im Sinne des Fernhaltens der Sonnenwirkung. Es gibt viele Standorte, die so beschaffen sind, daß die direkte Bestrahlung der Sonne für Boden und Jungwuchs nicht nachteilig sondern günstig wirkt. Dahin gehören manche Lagen, die so beschaffen sind, daß die ihnen eigentümliche Wärmemenge den Ansprüchen der betreffenden Holzarten nicht genügt, wie die meisten an den horizontalen oder vertikalen Grenzen der natürlichen Verbreitungsgebieten gelegenen Standorte, ferner feuchte, kühle zur Trockentorfbildung geneigte Böden, Mulden mit starker, langsam sich zersetzender Laubdecke u. a.

Endlich hat man sich stets vor Augen zu halten, daß auch an Orten, wo die Rücksicht auf die Erhaltung der Feuchtigkeit einen wichtigen Bestimmungsgrund für die Schlagführung bildet, doch unter Umständen neben dieser noch andere Verhältnisse in das Bereich der Erwägungen, welche die Schlagführung betreffen, einbezogen werden müssen. Bei ausschließlicher oder vorwiegender Berücksichtigung der Frische als des bestimmenden Faktors der Schlagführung gelangte Wagner[1] zu der Folgerung, „daß der für Randbesamung geeignetste Ort ohne Zweifel zwischen Nord- und Nordwestrand liegt, also einer nordsüdlichen, leicht gegen Osten gewendeten Hiebsrichtung entspricht, während alle anderen Richtungen als minderwertig bezeichnet werden müssen." Beschränkend auf die Verjüngungsrichtung wirkt aber häufig der Umstand, daß neben dem Streben nach Erhaltung der Feuchtigkeit auch Rücksicht auf die Sturmgefahr genommen werden muß. Die heftigsten Stürme wehen aber aus derjenigen Richtung, welche in bezug auf die Zuführung von Feuchtigkeit an erster Stelle steht. Die beiden wichtigsten Bestimmungsgründe der Schlagführung wirken daher in entgegengesetzter Richtung. Hieraus folgt, daß allgemeine Regeln über die Führung der Schläge und die Richtung der Einteilungslinien nicht aufgestellt werden können. Ob die Rücksicht auf den Sturm oder auf die Erhaltung der Frische an die erste Stelle zu setzen ist, muß für bestimmte Wuchsgebiete in besondere Erwägung gezogen werden. Gewiß sind die Stürme bei der Regelung der Hiebsfolge seither oft zu einseitig berücksichtigt worden. Es gibt viele Standorte, bei denen auch bei der Fichte die Sturmgefahr zurücktritt. Dahin gehören vorwiegend sandige oder mit schweren Steinen versehene Böden, geringe Bonitäten mit kurzem Holz u. a. Aber für allgemeine Erörterungen darf die Sturmgefahr nicht unterschätzt werden. Das endliche Ergebnis wird in den meisten deutschen Wirtschaftsgebieten dahin gehen, daß die Hauptgestelle von Nordost nach Südwest und die Nebengestelle senkrecht hierauf gerichtet werden.

2. Gebirgsforsten.

In Revieren mit ausgesprochenem Gebirgscharakter kann die gerade Linie als Grundlage für die wirtschaftliche Einteilung in der Regel nicht dienen. Jeder dahingehende Versuch zeigt die Unrichtigkeit eines solchen Bestrebens. Daher erwies es sich nach dem Jahre 1866, als die

---

[1] Die Grundlagen der räumlichen Ordnung, 3. Aufl., 1. Abschn., 4. Kap., S. 159.

preußischen Staatsforsten durch die Erwerbung von Hannover, Hessen und Nassau einen bedeutenden Zugang an Gebirgsrevieren erhalten hatten, nicht als tunlich, diese Waldungen nach dem Vorbild der altländischen Provinzen auf Grund der Instruktion von 1819 einzurichten. Es mußten andere Verfahren angewandt werden, um brauchbare Einteilungen zu schaffen. Das Verdienst, diese wichtige, grundlegende Arbeit sachgemäß vollzogen zu haben, gebührt in erster Linie dem Forstrat O. Kaiser, der, ausgerüstet mit reicher waldbaulicher Erfahrung, vortrefflicher Orientierungsgabe, lebhaftem Interesse an der Sache und ungewöhnlicher Arbeitskraft die große Arbeit der Wegenetzlegung und Einteilung der Gebirgsreviere der genannten Provinzen mit Hilfe zahlreicher jüngerer Hilfskräfte der höheren und niedrigen forstlichen Laufbahn durchführte. Unter seinem unmittelbaren Einfluß sind die meisten Gebirgsforsten in Hessen und Nassau und später auch in anderen Provinzen eingerichtet worden. Gleichzeitig hatte auch Mühlhausen die Einteilung und Wegenetzlegung des Lehrforstreviers Gahrenberg zur Durchführung gebracht. O. Kaiser hat selbst die von ihm geleiteten Arbeiten am Schlusse seines Lebens in mehreren Schriften veröffentlicht. Was seine Arbeiten am meisten auszeichnet, ist die unmittelbare Verbindung der Wegenetzlegung und Einteilung mit den Grundsätzen der Forstwirtschaftslehre und der praktischen Wirtschaftsführung.

Als ich in den Jahren 1877—1881 in der Taxationskommission des Forstrats O. Kaiser beschäftigt gewesen war, habe ich[1] versucht, die Grundsätze, welche bei dem dort eingehaltenen Verfahren leitend waren, und die Art der Ausführung in einer kleinen Schrift niederzulegen.

Die wichtigsten Sätze, welche a. a. O. behandelt werden, enthielten folgende Fassung:

1. Durch das Forsteinrichtungsprojekt sollen rationelle Abfuhrwege konstruiert werden, welche in möglichst direkter Richtung den Transport des Holzes aus dem Inneren des Waldes nach dem Konsumtionsbezirk ermöglichen.

2. Durch das Forsteinrichtungsprojekt sollen Ungleichheiten des Standorts voneinander geschieden werden.

3. Die weitere Teilung der nach 2 gebildeten einheitlichen Standortskomplexe muß so geschehen, daß die Wirtschaftsfiguren von zweckmäßiger Größe und Form gebildet und regelmäßig aneinander gereiht werden.

4. Zur Begrenzung der Wirtschaftsfiguren in horizontaler Richtung werden Wege — zu ihrer Begrenzung in vertikaler Richtung Terrainlinien (seitliche Rücken und Mulden) oder senkrecht zum Terrain liegende Schneisen benutzt.

---

[1] Wegenetz, Einteilung und Wirtschaften in Gebirgsforsten, München 1882.

An diese Sätze mögen nachstehend noch einige Bemerkungen angeführt werden, die in Verbindung mit anderweitigen literarischen Kundgebungen und unter Bezugnahme auf die großen Beispiele der deutschen Gebirgsforsten in prinzipieller und praktischer Hinsicht ein Urteil über diese wichtige Periode der preußischen Forstgeschichte ermöglichen sollen.

Was zunächst die Konstruktion der Hauptabfuhrwege betrifft, so bietet das Verfahren Kaisers in dieser Beziehung am wenigsten Charakteristisches. Die Hauptabfuhrwege sollen, wie es überall Regel ist, aus den inneren und höheren Teilen des Waldes nach den gegebenen Ausgängen geführt werden. Dies kann aber je nach dem Terrain und dem Zusammenhang des Waldes auf sehr verschiedenene Weise geschehen. Auf einzelnes einzugehen, würde zu weit führen. Besonders erwähnenswert sind in dieser Beziehung die von Kautz[1] im Harz angelegten rückläufigen Hangwege, die zumeist einem Tale folgen, sich an geeigneter Stelle von diesem abheben und dann nach der entgegengesetzten Richtung steigen, um einen Sattel oder sonstigen, für das Wegenetz wichtigen Punkt zu erreichen. Übrigens sind als Endpunkte der Hauptabfuhrwege einerseits die geeigneten Eingangsstellen bestehender Straßen, die den Wald berühren oder durchziehen, gegeben, andrerseits bestimmte Punkte der Höhen, unter welchen die Sättel am wichtigsten sind. Für die Verbindung dieser Endpunkte oder die Weglinien selbst sind das Gefäll und die Rücksicht auf guten Ausbau die bestimmenden Momente. Bezüglich des Gefälls wurden zwar seitens der Kaiserschen Taxationskommission keine festbindenden Vorschriften gegeben; aber es war doch Regel, daß, wenn die Abfuhr des Holzes nur nach unten erfolgte, sechs bis sieben — wenn sie auch nach oben bewirkt werden mußte, vier Prozent nicht überschritten werden sollten.

Neben den Hauptfuhrwegen, welche einen ganzen einheitlichen Terrainkomplex aufschließen sollen, sind in den meisten Gebirgsrevieren Talwege von besonderer Bedeutung. Zunächst sind sie überall erforderlich, um die Abfuhr des Holzes von den oberhalb der betreffenden Täler befindlichen Hängen zu ermöglichen. Die wichtigsten unter ihnen sind aber solche, die nicht hierauf beschränkt sind, sondern die einem weitergehenden Absatz dienen sollen. Nach den großen Mustern, die in den Straßen der Alpen und anderen Gebirgsländern vorliegen, verlaufen solche Wege zunächst in den betreffenden Tälern; sie heben sich aber dann durch Kurven oder mit anderen Mitteln von diesen ab und steigen solange, bis sie die Sättel oder Pässe erreichen, durch die sie mit weiteren Waldgebieten verbunden werden. Sie erhalten hierdurch den Charakter von Hauptwegen.

---

[1] Waldwegebau und Wasserpflege im Harz. —Zeitschr. f. Forst- u. Jagdw. 1907, S. 639ff.

Talrandwege haben für mittlere und tiefere Gebirgslagen auch dadurch Bedeutung, daß sie häufig als Grenzen verschiedener Kulturarten dienen sollen. Kaiser hat dieser Aufgabe einen besonderen Teil seiner Schrift über die Pflege der Bodenwirtschaft gewidmet. Er stellte den Satz auf: „Die erste Forderung einer rationellen Bodenwirtschaft muß die systematische Abgrenzung der Land- und Forstwirtschaftsgebiete sein." Hierbei handelt es sich in erster Linie um die Erhaltung bzw. Zurückeroberung derjenigen Flächen, durch deren dauernde Erhaltung als Wald für die Gesamtbodenwirtschaft eines Landes der höchste Nutzeffekt erzielt werden kann, um das Gebiet des Schutzwaldes. — Breite Mulden zwischen den bewaldeten Gebirgshängen sind meist mit Wiesen bedeckt; sie müssen in der Regel mit Randwegen, die als Kulturgrenzen dienen, versehen werden. Ebenso ist es auch an den Außengrenzen der Feldgemarkungen, wo oft Ackerflächen in den Wald einspringen und Waldflächen aus dem Bereich des Waldes heraustreten. Bei der Abgrenzung des Waldes muß ein gutachtliches Urteil über die in Frage kommenden Kulturarten abgegeben werden. In den meisten Fällen genügt hier eine gutachtliche Schätzung, für die Höhenlage, Exposition, Abdachung, Bodenbeschaffenheit und Entfernung von den bewohnten Orten die bestimmenden Faktoren sind. Wie die Verhältnisse aber auch liegen mögen, erwünscht ist es unter allen Umständen, daß als Grenze verschiedener Kulturarten vorhandene Wege benutzt oder neue angelegt werden. Der Wald bedarf der Wege zur Aufnahme des über ihnen befindlichen Holzes. Für Wiesen und Äcker ist es wünschenswert, daß der Waldesschatten ferngehalten wird, für den Weg selbst ist es gut, daß er schnell austrocknen kann. Praktische Beispiele über Ausführungen dieser Art hat Kaiser in seinen Arbeitsgebieten in großem Umfang durchgeführt.

Mit der Anlage der Wege, insbesondere der Talwege, steht die wichtige Frage, ob und wie auf die Regelung des Wassers eingewirkt werden kann, in vielseitigem Zusammenhang. Wie Wagner durch seinen Blendersaumschlag auf die Erhaltung der Feuchtigkeit als des wichtigsten Faktors für die Verjüngung und den Zuwachs einwirkt, so suchte Kaiser durch die Zurückhaltung des Wassers im Walde und seine Leitung von feuchten nach trockenen Lagen die produktive Kraft des Waldbodens zu erhöhen. In Hessen waren zu jener Zeit, da die Zusammenlegung der Gemarkungen vielfach noch nicht stattgefunden hatte, die auf die Abgrenzung des Waldes gerichteten Verhältnisse noch nicht so weit geregelt, daß sie als dauernd hätten angesehen werden können. Kaiser fand auf dem armen, durch Wasserrisse und Nutzungen der Bodenstreu geschwächten Buntsandsteinböden viele Flächen, die ihrer natürlichen Bodendecke beraubt waren, so daß häufig ein regelloser Abfluß des Wassers herbeigeführt wurde. Er ordnete für sein Wirkungsgebiet an, „daß in allen Bodenausformungen, welche bei Regen und Schneeabgang die Wassermengen zeitweise aufnehmen und ... nach dem Tale führen, Wasseransammlungsvorrichtungen, Hang- und Sammelgräben eingelegt werden, welche das Wasser festhalten und zur Einsickerung in das Erdreich veranlassen sollen.'' Weiter erkannte er beim Ausbau der Wegenetze die Möglichkeit einer Erhöhung der Bodenfeuchtigkeit durch Anlage der Weggräben und Leitung des in ihnen befindlichen Wassers. Er gab überall die Vorschrift, daß das Grabenwasser nicht in die nächsten Mulden, sondern mittels kleiner Gräben nach trockenen Stellen geleitet werden sollte. — Endlich ist auch noch die mit der wirtschaftlichen Einteilung und Wegenetzlegung verbundene Anlage von Teichen zu erwähnen, zu denen die Verbindung zweiseitiger Talwege häufig die Möglichkeit bot. Sie könnten zur Bewässerung von Wiesen, zu Fischzuchtanlagen und anderen Zwecken verwendet werden.

Für die Betriebsregelung war die oben aufgestellte These, daß durch die Einteilung der Gebirgsforsten die Verschiedenheiten des Standorts voneinander getrennt werden sollten, am meisten einschneidend. Die von der Natur gebildeten Trennungslinien, die Verschiedenheiten des Standorts bewirken, sind Rücken und Mulden. Sie geben die besten Grenzen für die Betriebsklassen ab, da sie für Holzart, Erziehung und Umtrieb die wichtigsten Bestimmungsgründe darbieten. Für die auf solche Weise gebildeten Betriebsverbände können am besten Wirtschaftsregeln aufgestellt werden, die um so mehr an Bestimmtheit und Klarheit gewinnen, je besser sie der Natur entsprechen. Die natürlichen Linien des Geländes sind nicht nur häufig bestimmend für die Bonität, sondern sie bilden auch die Grenzen für manche Schäden und Eigentümlichkeiten der Natur, wie Frost, Anhang und Wind u. a. Daher müssen sie auch als Grenzen für die Bildung der Hiebszüge eingehalten werden. Nicht nur die Hauptrücken, welche entgegengesetzte Hänge voneinander scheiden, sondern auch seitliche Rücken und Mulden sind häufig als Hiebszuggrenzen zu benutzen, da von ihnen aus der Hieb häufig nach verschiedenen Richtungen geführt werden muß.

Die für das Kaisersche Einrichtungsverfahren am meisten charakteristische Maßnahme betrifft die Frage, ob und inwieweit die Wege zur Bildung ständiger Wirtschaftsfiguren benutzt werden sollen. Wenn Wege eine für die Einteilung geeignete Lage haben oder leicht erhalten können, ist ihre Benutzung zur Begrenzung der Wirtschaftsfiguren in der Regel geboten. Alle Arten von Wegen können hierzu in Frage kommen. Hauptabfuhrwege müssen in genügender Breite aufgehauen werden. Ihre Seiten können sich bemanteln, so daß sie in dieser Beziehung die Eigenschaften von Wirtschaftsstreifen besitzen. Bedingung ihrer Brauchbarkeit zur Einstellung ist aber, daß sie eine gestreckte Richtung haben und daß der Abstand von den nächst höheren und nächst tieferen Begrenzungslinien ein angemessener, nicht zu ungleichmäßiger ist.

Sind die mit Rücksicht auf die Abfuhrzwecke entworfenen Hauptwege zur Einteilung nicht geeignet, so ist, bevor sie endgültig abgesteckt werden, zu untersuchen, ob ihnen nicht durch Veränderung des Gefälls eine Lage gegeben werden kann, in der sie, unbeschadet des Abfuhrzweckes, zur Einteilung verwendet werden können. Von dieser Möglichkeit wird aber nur in stärkerem Maße Anwendung gemacht werden, wenn das durchschnittliche Gefäll nicht zu hoch ist. An einem Weg, dessen Durchschnittsgefäll dem Maximum nahe kommt, sind wesentliche Veränderungen in dieser Beziehung in der Regel ausgeschlossen.

Durch die Korrektur der Holzabfuhrwege werden jedoch selten erhebliche Änderungen bewirkt werden. Meist wird bei ihnen der Zweck der Holzabfuhr als der wichtigere vorangestellt werden müssen. Anders verhält es sich mit den Nebenwegen. Sie können meist, ohne von ihrer Brauchbarkeit als Abfuhrmittel zu verlieren, so gelegt werden, daß sie eine für die Einteilung möglichst günstige Lage erhalten. Diese Regel ist von Einfluß auf die Einführungsstellen der Neben- in die Hauptwege. Wird eine Höhenschichtengrenze aus einem Haupt- und einem Nebenweg zusammengesetzt, so muß dieser letztere dem ersteren da eingeführt werden, wo dieser aufhört, selbst eine passende Begrenzung abzugeben.

Nach Maßgabe der für die Einteilung gegebenen Bestimmung geht die Aufgabe des Einrichters dahin, einen gegebenen Waldteil so mit Wegen und anderen Teilungslinien zu durchziehen, daß er in gleichmäßige Schichten und regelmäßige Wirtschaftsfiguren zerlegt wird. Bei der Anlage des Einteilungsnetzes ist das Augenmerk dahin zu richten, daß eine möglichst direkte Abfuhr aus dem Inneren des Waldes nach den gegebenen Ausgängen ermöglicht wird; daß die Größe der einzelnen Wirtschaftsfiguren von der durchschnittlichen Größe nicht zu sehr abweicht; daß die zur Einteilung dienenden Wege und Terrainlinien als solche Zusammenhang haben und nicht ohne Grund unterbrochen werden; daß nicht mehr Fläche zur Einteilung verwendet wird, als nötig ist. —

3. Abweichungen und Übergänge.

Richtet man die Blicke auf umfassende und weit auseinanderliegende Waldgebiete, so treten die Ursachen zu Veränderungen, Abweichungen und Ergänzungen der vorstehenden Ausführungen sehr deutlich hervor. Die Bedeutung des Örtlichen macht sich in ganz besonderem Grade bei der Wegenetzlegung und wirtschaftlichen Einteilung geltend. Zunächst gibt schon das Terrain hierzu Veranlassung. In einem Gelände, in welchem Rücken und Mulden vielfach wechseln, sieht man sich oft schon der Kosten wegen genötigt, die Wegnetzlegung auf einzelne

Hauptwege zu beschränken; schroffe und felsige Hänge schließen den Wegebau oft ganz aus, so daß, wo solche Verhältnisse vorherrschen, ein Wegenetz und eine auf ein solches gegründete Einteilung überhaupt nicht durchgeführt werden können. Ist dagegen das Gelände so schwach geneigt, daß die gerade Linie in der Fallrichtung befahren werden kann, oder verlaufen die Hänge so gleichmäßig, daß seitliche Erhebungen und Senkungen die Fahrbarkeit der geraden Linie nicht hindern, so kann das Einteilungssystem der Ebene Anwendung finden und der Einteilung die gerade Linie zugrunde gelegt werden, die ja in mancher Hinsicht in bezug auf die gestreckte Lage der Wege und die Bildung der von ihnen begrenzten Hiebszüge zweifellos Vorzüge besitzt. Auch die bestehenden Beförderungsanlagen sind auf die Wegenetzlegung nicht ohne Einfluß. Wo Seen und andere gute Wasserwege vorhanden sind, wird die Flößerei jederzeit Bedeutung behalten; sie ist die billigste Art der Beförderung des Holzes. Im Hochgebirge mit sehr bedeutenden Höhenunterschieden gilt dasselbe in bezug auf das Riesen und Schleifen der Hölzer von den Höhen nach den Talstraßen. Auch Eisenbahnen werden ihre Bedeutung behalten, wenn ihre Benutzung durch das Bestreben, große Kahlschläge zu vermeiden, auch nicht gefördert wird.

Von wesentlichem Einfluß auf die Gestaltung der wirtschaftlichen Einteilung waren aber auch die Wirtschaftsgeschichte und die durch sie herbeigeführten Waldzustände. In den meisten Ländern machten sich die Schriften der hervorragenden Männer geltend, die dem Forstwesen um die Wende des 18. und 19. Jahrhunderts beschieden waren. G. L. Hartig schreibt in seiner Anweisung zur Taxation: Die 150 bis 200 Morgen großen ständigen Wirtschaftsfiguren müssen womöglich mit graden 1 bis $1^1/_2$ Ruten breiten Schneisen begrenzt werden, wenn kein Weg, Bach, Feld oder Wiese eine stets scharf abschneidende Grenze macht. Diese Schneisen müssen so angelegt werden, daß sie zur Holzabfahrt benutzt, folglich viele Waldwege durch sie entbehrlich gemacht werden können. In Sachsen legte H. Cotta mit der Übernahme der Forsteinrichtung auch die Grundlagen der wirtschaftlichen Einteilung. Alle Forsten wurden durch Hauptgestelle, die zunächst von Ost nach West, später von Nordost nach Südwest verliefen, und durch senkrecht zu ihnen gerichtete Schneisen in regelmäßige Rechtecke gelegt, die auch für die Hiebsführung richtunggebend sein sollten. — Auch Pfeil, K. Heyer u. a. haben eingehende Regeln für die Ausführung der wirtschaftlichen Einteilung gegeben.

Unter den neueren Vertretern der Forsteinrichtung hat Judeich[1] auf die Einteilung der Sächsischen Staatsforsten hervorragenden Einfluß ausgeübt. Er legte Gewicht auf die Benutzung der Wege zur Ein-

---

[1] Die Forsteinrichtung, 6. Aufl., S. 274.

teilung, ohne indessen in dieser Beziehung soweit zu gehen, wie es dem Systeme Kaisers entspricht. „Die Wege bilden die besten Grenzen der Abteilungen, namentlich aber der Hiebszüge und Betriebsklassen, bezüglich der Abfuhr aus den zu beiden Seiten liegenden Beständen." Ein bleibendes Denkmal ist Judeich in dieser Beziehung durch den nach ihm benannten Judeichweg im Revier Tharandt gesetzt, der ein charakteristisches Beispiel ist für den oben aufgestellten Satz, daß durch die Einteilung Ungleichheiten des Standorts voneinander getrennt werden sollen. Gegenüber dem System Kaiser traten aber bei Judeich auch Abweichungen hervor. Er will die Anwendung der Wege zur Einteilung beschränkt wissen. „Das Wegenetz hat andere Aufgaben zu erfüllen als das Einteilungsnetz" sagt er a.a.O. In noch stärkerem Grade wurde dies von anderen Vertretern Sachsens betont. Neumeister[1] will die Benutzung der Wege für Einteilung auf die Ebene beschränkt wissen; im Gebirge verwirft er sie wegen der vielen Krümmungen, die sie erhalten müssen. August[2] sagt im Blick auf die in seinem Revier (Olbernhau im Erzgebirge) erfolgten Sturmschäden, für die Fichtenwirtschaft mit ihren Kahlflächen eignen sich die im Gebirge mit vielen Krümmungen wenig zu Einteilungslinien, insbesondere wenig zur Begrenzung der Hiebszüge. Kempe[3] bezeichnet es als ein Glück, daß Sachsen von der grundlegenden Verbindung von Wegenetz und Einteilung abgekommen sei. Dagegen gab Pause[4] ein praktisches Beispiel (Revier Waldenburg in Sachsen), das sehr gut als Beleg für das Kaisersche System hätte dienen können. Für die von der Sächsischen Forsteinrichtung eingeschlagene Richtung auf dem vorliegendem Gebiet ist eine im Jahre 1899 erlassene Anweisung über die Bearbeitung von Wegenetzen charakteristisch, durch die angeordnet wurde, daß das Augenmerk dahin gerichtet werden solle, ob und inwieweit eine Vereinigung des Wegenetzes mit dem Einteilungsnetz anzustreben sei und welche Änderungen dieses durch das Wegenetz zu erfahren habe. —

Erkennt man aus Vorstehendem, daß sowohl nach persönlichen Anschauungen, als auch aus sachlichen Gründen Verschiedenheiten zwischen Preußen und Sachsen auf dem vorliegenden Gebiete bestanden haben — und ebenso verhält es sich zwischen anderen Ländern — so darf man zur richtigen Beurteilung der Sache nicht verkennen, daß es auch innerhalb Preußens an Differenzen in bezug auf die wirtschaftliche Einteilung namentlich betreffs der Wege zur Benutzung für dieselbe nicht gefehlt hat, wie es auf einem Gebiet, das so sehr durch örtliche und zeitliche Verhältnisse bestimmt wird, nicht wohl anders sein kann. Im Taunus

---

[1] Die Forsteinrichtung der Zukunft.
[2] Allgem. Forst- u. Jagdztg. 1902, Südoststürme.
[3] Bericht über die 50. Versamml. des Sächs. Forstv. 1906.
[4] Allgem. Forst- u. Jagdztg. 1902.

und Hessischen Hügelland, wo das Kaisersche Verfahren entstand, hatte
das Gelände nur mäßige Neigungen und das Laubholz war vorherrschend.
Im Harz [1], Thüringer Wald, Erzgebirge und anderen mittel- und süddeutschen Forsten war das Nadelholz vorwiegend und steiles Gelände,
das dem Wagebau mehr Schwierigkeiten entgegensetzt, weit stärker
vertreten. Hieraus ergeben sich manche Verschiedenheiten, auf die auch
von berufener Seite hingewiesen werden muß.

Ähnlich wie in Sachsen haben sich die auf die wirtschaftliche Einteilung bezüglichen Verhältnisse auch in den größeren süddeutschen
Staaten entwickelt. In Bayern war lange Zeit eine Instruktion von 1830
für das Forsteinrichtungswesen bestimmend. Für die Bildung der Abteilungen sollten darnach vorzugsweise bleibende, wirtschaftliche Verhältnisse von Einfluß sein. Ihre Begrenzung erfolgt, so weit sie vorhanden
sind, durch natürliche Linien; außerdem durch künstliche Schneisen,
Wege usw. An dieser ständigen Waldeinteilung, welche für die Geschichte
des Waldes von Bedeutung ist, bei der Bevölkerung sich eingelebt hat
und bei der Landesvermessung häufig zur Bildung von Katasterparzellen
benutzt wurde, dürfen Änderungen nur aus zwingenden Gründen vorgenommen werden.

In Württemberg liegen die Verhältnisse ähnlich. Die eingehendste
Darstellung der geschichtlichen Entwicklung des Forsteinrichtungswesens ist von Graner anläßlich der elften Hauptversammlung des
Deutschen Forstvereins gegeben. Dabei wurde besonderes Gewicht auf
die Bildung mäßig großer Abteilungen gelegt. Sie sollten nach den
bleibenden, nicht dem Wechsel unterworfenen Verhältnissen gebildet
werden. Das Einteilungsnetz hat sich einerseits den natürlichen Trennungslinien des Geländes anzupassen, andrerseits den ständigen Wegen
und zweckmäßig gelagerten, vorhandenen Teilungslinien, unter Berücksichtigung der vorherrschenden Windrichtungen. Oberster Grundsatz
ist dabei die Rücksicht auf die Bildung geeigneter Hiebszüge und auf
einen waldbaulich zweckmäßigen Gang der Verjüngung. Die Einteilung
in Abteilungen soll die bleibende Grundlage des Betriebs bilden; Änderungen sollen daher nach Möglichkeit vermieden werden.

In Baden sind ähnliche Grundsätze aufgestellt und angewandt
worden. Als Grenzlinien der Abteilungen sind in erster Reihe natürliche
Geländescheiden, in zweiter Reihe künstliche Linien zu verwenden. Von
weitgehendem Interesse sind die über die Änderungen bestehender Waldeinteilungen in der Dienstweisung von 1912 gegebenen Vorschriften, in
denen gesagt wird: Eine vollständige oder teilweise Änderung der bestehenden Einteilung darf nur da vorgenommen werden, wo diese die
Feststellung des forstlichen Tatbestandes erschwert oder den Erfolg der

---

[1] Zeitschr. f. Forst- u. Jagdw. 1907, S. 642.

Wirtschaft beeinträchtigt, aber auch in solchen Fällen nur dann, wenn das Wegenetz so weit ausgebaut ist, daß die daran sich anlehnende neue Einteilung als dauernd zweckmäßig angesehen werden kann. ... Bei Neueinteilungen müssen falls die Ertragsstatistik dadurch wertlos würde, die einzelnen Teile der alten Abteilungen als Unterabteilungen bis zu ihrer Verjüngung beibehalten werden.

Aus der vorstehenden kurzen Darstellung ist zu ersehen, daß auch in Süddeutschland die Grundsätze des Kaiserschen Systems Anwendung gefunden haben, wenigstens insoweit, daß die natürlichen Linien des Geländes sowie die bleibenden Wege schon seither weitgehend zur Einteilung benutzt worden sind und in Zukunft benutzt werden sollen. Bei ihrer Durchführung ist aber, wie oben mehrfach hervorgehoben wurde, weit konservativer verfahren, als es im letzten Drittel des vorigen Jahrhunderts von der preußischen Staatsforstverwaltung durch die Mitglieder der Kaiserschen Texationskommission geschehen ist. Die Gründe der verschiedenen Richtungen liegen hauptsächlich darin, daß in den süddeutschen Staaten, ebenso wie es in Sachsen der Fall war, auf die bestehenden Verhältnisse weit mehr Rücksicht genommen werden mußte. In vielen süddeutschen Staatsforsten, insbesondere in Baden, lagen gut ausgebaute Wege vor, die bei der Einteilung nicht unberücksichtigt bleiben konnten. Auch die bestehenden Einteilungen mußten in stärkerem Maße beachtet werden, als es in den Gebirgsforsten der Provinz Hessen-Nassau geschah, wo man durch die bestehenden Verhältnisse nur wenig gebunden war. Endlich ist auf die große Bedeutung der Forstgeschichte und Ertragsstatistik hinzuweisen, auf welche gerade in Süddeutschland seit langer Zeit umfangreiche Arbeiten gerichtet worden sind, die von einer plötzlichen Umgestaltung der bestehenden Einteilung in ungünstiger Weise betroffen werden würden. Zu einem endgültigen Abschluß ist aber die Frage der wirtschaftlichen Einteilung noch nicht gelangt. Es werden sich voraussichtlich sowohl kleinere Änderungen im Rahmen des Bestehenden erforderlich machen, als auch größere Umgestaltungen im Laufe langer Zeiträume.

II. Die Ausscheidung der Bestandesabteilungen.
(Unterabteilungen, in Preußen Abteilungen.)

Während auf anderen Gebieten der Forstwissenschaft seit G. L. Hartigs bahnbrechendem Einfluß die allgemeine Regel weit über das wünschenswerte Maß Anwendung gefunden hat, läßt ein Blick auf die Praxis der Betriebsregelung erkennen, daß bei der Ausscheidung der Bestandesabteilungen in den Staatsforstverwaltungen unnötig viele und starke Abweichungen stattgefunden haben und noch immer stattfinden. Es ist daher angezeigt, zu prüfen, ob nicht dahin zu streben ist, daß diese großen Ungleichheiten der Behandlung zum Verschwinden gebracht oder allmählich vermindert werden können.

Im schlagweisen Hochwald, der seit dem Bestehen einer geordneten Forstwirtschaft in den forstlichen Kulturländern am stärksten vertreten ist, bildet die Unterabteilung die Einheit, welcher den Betriebsregelung und Wirtschaftsführung zugrunde gelegt werden muß. Alle taxatorischen Arbeiten (Beschreibung, Bonitierung, Holzmassenermittlung usw.), alle waldbaulichen Maßnahmen (Verjüngung, Bestandespflege, Durchforstung usw.), alle Einträge in die Wirtschaftsbücher u. a. werden auf die Bestandesabteilungen bezogen. Da jede bleibende Neuerung von den bestehenden Verhältnissen ausgehen muß, so tritt bei der Aufstellung der Wirtschaftspläne die Frage an den Forsteinrichter heran, ob die bestehenden Unterabteilungen unverändert bleiben, oder ob und in welcher Richtung Änderungen vorgenommen werden sollen. Im Gegensatz zur Einteilung in ständige Wirtschaftsfiguren, die, einmal durchgeführt, den Charakter des Bleibenden trägt, bedarf die Ausscheidung der Unterabteilungen bei der Revision der Wirtschaftspläne erneuter Erwägungen.

Die Frage, wie die Bestandesabteilungen ausgeschieden werden sollen, ist in den Lehrbüchern der Forsteinrichtung meist sehr kurz behandelt, obwohl man über die große Bedeutung, die sie für die Betriebsregelung und Wirtschaftsführung besitzt, nicht in Zweifel sein kann. Eine sehr eingehende, noch immer beachtenswerte Abhandlung über die Unterabteilungen ist von Danckelmann[1] ausgearbeitet worden. Er gab eine sachgemäße Kritik der bestehenden Verhältnisse, zeigte das Ungenügende der seitherigen Behandlung und erteilte Regeln, die auch in der Praxis Berücksichtigung gefunden haben. Die meisten der betreffenden Vorschriften sind aber von den Vertretern der Forsteinrichtung, insbesondere durch die Anweisungen zur Forstbetriebsregelung erlassen. Einige der bekanntesten mögen nachstehend eine kurze Besprechung finden, wenn diese auch bei der angegebenen Sachlage nur unvollkommen sein kann.

In Preußen war die Richtung, welche bei der Trennung und Zusammenlegung der Bestände eingeschlagen wurde, durch die herrschenden Fachwerksmethoden bestimmt. Im Vordergrunde standen hier die ganzen Jagen. Der zweite Abschnitt der Instruktionen von 1819, welcher die Einteilung behandelt, bezieht sich nur auf Jagen und Niederwaldschläge; die Bestandesabteilungen werden nicht erwähnt. Auch die Instruktion von 1836 ist beherrscht von der Richtung und Aneinanderreihung der Jagen. Im allgemeinen ging das Streben der Wirtschaft auf die Vereinfachung des inneren Details. Die Durchführung der

---

[1] Zeitschr. f. Forst- u. Jagdw. 1880, über die Bildung der Holzbodenabschreibungen.

Hartigschen Taxation nach der Instruktion von 1819 wäre bei einer weitgehenden Ausscheidung der Bestandesabteilungen nicht möglich gewesen. Bezüglich der allgemeinen Richtung, die eingehalten werden sollte, wird in den forstlichen Verhältnissen Preußens[1] folgendes bemerkt: „Es wird dahin gestrebt, die Altersverschiedenheiten in den einzelnen in einer Wirtschaftsfigur vorhandenen Bestandesabteilungen dadurch zu beseitigen und Bestandeseinheit in derselben herzustellen, daß die Abteilungen in einer und derselben Wirtschaftsperiode, oder, wenn dies der zu große Altersunterschied nicht zuläßt, wenigstens in zwei nahe aneinander liegenden Perioden zum Abtrieb und zur Verjüngung gelangen, um dann für die Zukunft den gleichzeitigen Abtrieb vorzubereiten. Opfer werden dabei aber möglichst vermieden." Eine sachgemäße Begründung für das bei der Bestandesausscheidung anzuwendende Verfahren wurde erst durch die Betriebsregelungsanweisungen von 1912 und 1925 gegeben. Hier heißt es: „Durch Abteilungslinien wird getrennt, was verschieden bewirtschaftet werden muß, was verschiedene Betriebsmaßnahmen erfordert"... Als Gründe für die Ausscheidung von Holzbodenabteilungen innerhalb einer ständigen Wirtschaftsfigur kommen hiernach vor allem in Betracht: Verschiedenheit der Betriebsart, Verschiedenheit der Holzart, erheblichere Unterschiede im Alter, in der Bestandesverfassung und unter Umständen auch größere Verschiedenheiten im Boden. — „Abteilungen von weniger als 1 ha Flächengröße sind in der Regel nicht auszuscheiden. — Durch eine zu weit gehende Ausscheidung von Abteilungen wird die Betriebsregelung und die spätere Wirtschafts- und Buchführung erschwert, während bei einer zu wenig eingehenden Abteilungsbildung die Darstellung auf der Wirtschaftskarte und in den Plänen unvollständig und ebenso wie die Feststellung des Holzvorrats ungenau wird. — Für einen gleichartigen Bestand ist eine Abteilung dann auszuscheiden, wenn sich bei Aufstellung des Betriebsplanes ergibt, daß ein örtlich genau festzulegender Teil wesentlich anders als der übrige Bestand bewirtschaftet werden muß."

Auch in Bayern führte das kombinierte Fachwerk, welches während des 19. Jahrhunderts die vorherrschende Methode der Betriebsregelung war, dahin, daß die Unterabteilungen nicht zu klein ausgehalten wurden. Bei den großen gleichartigen Bestandesmassen, welche in den meisten Staatsforsten vorlagen, war das Alter der Bestände und ihr Haubarkeitsdurchschnittszuwachs der wichtigste Bestimmungsgrund für die Bildung der Unterabteilungen und ihre Einreihung in die Perioden des Wirtschaftsplans. Mit Rücksicht auf den Zustand der Bestände wurden aber Abweichungen vorgenommen; wüchsige Bestände wurden zurückgestellt, rückgängige vorgezogen. Eingehende, auf wirtschaftlichen Ge-

---

[1] v. Hagen-Donner: Die forstlichen Verhältnisse Preußens, 3. Aufl., S. 198.

sichtspunkten beruhende Vorschriften wurden erst durch die Forsteinrichtungsanweisung von 1910 gegeben. Die Bedeutung der Unterabteilung für die Betriebsregelung und Wirtschaftsführung wird hier voll anerkannt und folgendermaßen begründet: „Für die Ausscheidung der Bestände sind lediglich wirtschaftliche Gesichtspunkte maßgebend. Die ausgeschiedenen Bestände[1] (die Unterabteilungen) sind die Wirtschaftseinheiten. Sie bilden die Grundlage für die Ordnung der Wirtschaft und für die Nutzung des Waldes, sowie für die Buchung der Erträge und des Aufwandes. — Die Bestandesausscheidung hat deshalb alle die Bewirtschaftung und den Ertrag beeinflussenden Verschiedenheiten zu erfassen; sie muß ein richtiges Bild der Waldzusammensetzung geben. — Der Bestand soll nach Standort, Bodengüte, Holzart, Alter und Bestandesverfassung möglichst einheitlich sein. Die Wichtigkeit einer möglichst vollständigen Erfassung aller wesentlichsten Bestandesverschiedenheiten ergibt sich aus dem Umstand, daß auf der Bestandesausscheidung die Altersklassenübersicht aufgebaut ist, welche die Grundlage für die Bemessung der Flächenabnutzung bildet. Andrerseits darf die Ausscheidung nicht ins Kleinliche gehen und muß stets mit der Intensität der Wirtschaft im Einklang stehen. Unterabteilungen von geringerer Größe als 1 ha sind nur ausnahmsweise zu bilden."

Eine Übersicht über die geschichtliche Entwicklung der Einteilung in Württemberg[2] ist in der erwähnten Schrift von Graner enthalten. Danach sind durch die im Jahre 1850 erlassenen Vorschriften für die Abschätzung und Einrichtung als Unterabteilungen Teile der Abteilungen bezeichnet, deren Bestände zwar für jetzt nach Holzart und Alter abweichende Verhältnisse zeigen, aber künftig vereinigt werden sollen.

Bestimmter und klarer wird die Bedeutung der Unterabteilungen in den neuen Forsteinrichtungsvorschriften gefaßt, in welchen gesagt wird: „Die Unterabteilungen sind die Einheiten des laufenden Betriebs. Sie sollen nach Holzart, Alter, Standort, Bestandesverfassung möglichst gleichartig sein. Anlaß zur Ausscheidung von Unterabteilungen, bei der im allgemeinen nicht unter 0,5 ha herabgegangen werden soll, liegt vor: 1. Wenn eine andere als die in der Abteilung sonst herrschende Holzart räumlich getrennt vorhanden ist; 2. Wenn bei gleicher Holzart der Altersunterschied die Einreihung in eine andere Altersklasse bedingt; 3. Bei erheblicher Verschiedenheit der Wuchsverhältnisse, insbesondere des Schlußgrades.

---

[1] Mitteilungen aus der Staatsforstverwaltung Bayerns, 11. Heft, Forsteinrichtungsanweisung 1910.

[2] Die Forstverwaltung Württembergs 1910, § 21, Das Forsteinrichtungswesen.

In Baden war, wie nach anderen Richtungen so auch bezüglich der Bestandesausscheidung, die Tatsache von Einfluß, daß in einem großen Teil der Staats- und Körperschaftswaldungen beim Vorherrschen der Tanne der Femelschlagbetrieb mit horstweiser Verjüngung vorherrschend war. Bei dem allmählichen Gang der Verjüngung, zu denen meist mehrere Samenjahre benutzt werden, können die Bestände nicht, wie es bei künstlichen Kulturen der Fall ist, in horizontaler und vertikaler Richtung scharf abgegrenzt werden; sie verwachsen nach beiden Richtungen ungleichmäßig. In der Forsteinrichtungsordnung von 1912 werden folgende Vorschriften gegeben: 1. Als Unterabteilungen sind solche Flächenteile einer Abteilung auszuscheiden, die wesentliche Unterschiede in Standortsgüte, Holzart oder Alter aufweisen und daher eine besondere wirtschaftliche Behandlung erfordern. Die Ausscheidung erfolgt jedoch nur unter der weiteren Voraussetzung, daß die Flächenteile nach Form, Lage und Größe als wirtschaftlich selbständig betrachtet werden können und daß die Bestandesverschiedenheit voraussichtlich dauernd sein wird. 2. Die Unterabteilungen bilden die Einheit für Wirtschaftsvorschrift und Wirtschaftsvollzug. 3. Ihre Grenzen sind im Walde durch Aushieb, Bezeichnung der Eckpunkte u. a. kenntlich zu machen. Die Fläche ist vom Taxator im Anschluß an Grenz- und Abteilungssteine und feste Weglinienpunkte möglichst genau zu ermitteln.

Im Gegensatz zu den genannten Vorschriften wird in § 4 der Dienstanweisung über Forsteinrichtung von 1924 bemerkt, daß Unterabteilungen nur ausnahmsweise und nur dann auszuscheiden sind, wenn eine dauernde Sonderbehandlung von Flächenteilen erforderlich ist. Die Mindestfläche soll 1 ha betragen.

Die für Baden[1] hinsichtlich der Unterabteilungen getroffenen Bestimmungen von 1924 haben überall Beifall gefunden, wo plenterwaldartige Bestandesformen vorlagen oder angestrebt wurden. Da hier die wesentlichsten Bestimmungspunkte für die Bildung von Unterabteilungen, Unterschiede des Alters und der Holzart, als bestimmende Momente meist nicht vorlagen, so trat die Menge der auszuscheidenden Bestände sehr zurück. In dieser Beziehung waren schon seit längerer Zeit die Taxationsinstruktionen mancher Kantone der Schweiz sehr bemerkenswert. Hier war infolge des gebirgigen Geländes, des Schutzwaldcharakters der meisten Waldungen des Landes und des Vorherrschens der Tanne der Plenterwald weit stärker vertreten als in Deutschland. In der neuesten Zeit wurde die Beschränkung oder Aufhebung der Unterabteilungen von den Vertretern des sogenannten Dauerwaldes befürwortet, welche mit größerer oder geringerer Bestimmtheit die Ungleich-

---

[1] Krutina: Die badische Forstverwaltung 1891, 7. Abschn., Forsteinrichtung.

altrigkeit und den Mischwald auf die Fahne schrieben. Wiebecke antwortete im letzten Abschnitt seiner bekannten Schrift auf die Frage: Wie ist die Betriebseinrichtung? „Unterabteilungen können fast ausnahmslos wegfallen, sie erschweren nur die jährlichen Abrechnungen." Und Möller stellte unter der Aufschrift: Auswirkung des Dauerwaldgedankens in der forstlichen Praxis die Thesen auf: „Dauerwaldwirtschaft fordert den Mischwald und Dauerwaldwirtschaft fordert Ungleichaltrigkeit." Durch beide Forderungen wird die Ausscheidung von Abteilungen (im preußischen Sinne) beschränkt.

In Hessen sind als Unterabteilungen, die in der Anleitung von 1903 als „Gruppen" bezeichnet werden, Verschiedenheiten innerhalb der Abteilungen zu trennen, welche nach Standort, Holzart, Alter, Wuchs usw. so wesentlich voneinander abweichen, daß sie einer besonderen Behandlung unterworfen werden. Über die Mindestgröße der Gruppen werden keine Vorschriften gegeben. Nach den mitgeteilten Beispielen kommen solche bis 0,3 ha vor. Die Wirtschaftsziele werden für den zur Zeit der Aufnahme vorliegenden Bestand in die Pläne eingetragen; eine etwaige Veränderung kann im Laufe der Wirtschaftsperiode beantragt werden.

Im Gegensatz zu den auf Verminderung der Unterabteilungen gerichteten Bestrebungen der meisten größeren deutschen Staatsforstverwaltungen stehen die Verhältnisse in Sachsen. Wie ich[1] an anderer Stelle unter Beifügung von Beispielen hervorgehoben habe, gehen hier die Unterabteilungen bis zu einer Größe von 0,2 ha und noch weiter herab. Als Ursache einer so weit gehenden Ausscheidung ist geltend zu machen, daß zum Nachweis des Waldzustandes und zur Begründung der Hiebsätze die Altersklassen möglichst genau dargestellt werden sollen. Dieser Vorzug läßt sich nicht in Abrede stellen. Durchschnittsangaben zusammengesetzter Bestände über Alter, Verhältnis der Holzarten u. a. lassen meist zu wünschen übrig; sie geben oft kein zutreffendes einheitliches Bestandesbild, wie es wirklich vorliegt. Abgesehen von der Taxation sind genaue Darstellungen auch für manche andere Nachweise von Wert. Auf der anderen Seite steht aber einer zu weit gehenden Ausscheidung der Bestände der Umstand entgegen, daß die Wirtschaftsführung, insbesondere die Buchung der Erträge, dadurch erschwert wird.

Als die wichtigste Folgerung, die bei einem Rückblick auf die Geschichte der Forsteinrichtung und ihren jetzigen Zustand bezogen werden kann, geht aus dem Gesagten hervor, daß hier, wie in vielen anderen Zweigen des Forstwesens, die Extreme vermieden werden müssen. Die Unterstellung, man brauche Unterabteilungen in der Regel überhaupt nicht auszuscheiden, kann wohl für sehr extensive Wirtschaften zweck-

---

[1] Die Fortbildung des Sächs. Forsteinrichtungsverfahrens 1920, S. 12—17.

Martin, Geschichtliche Methode. 13

mäßig sein, wie sie im 18. Jahrhundert unter der Herrschaft des Plenterwaldes bestanden haben und noch jetzt in manchen Hochgebirgsforsten und anderen großen zusammenhängenden Waldkörpern vorliegen. Aber für den weitaus größten Teil der forstlichen Kulturländer ist die durch die hervorragenden Begründer und Förderer der Forstwissenschaft vertretene Einführung des schlagweisen Betriebs die wichtigste Grundlage. Sie muß als geschichtliche Tatsache hingenommen werden, und wird auch in Zukunft Geltung behaupten. Die Aufstellung guter Wirtschaftspläne hat eine gründliche Sonderung der Bestände zur Voraussetzung.

Die hier ausgesprochene Ansicht schließt nicht aus, daß das Streben, unnötige Unterabteilungen zu vermeiden, sehr berechtigt ist. Eine solche Richtung, die in den Anweisungen Preußens und Bayerns Ausdruck gefunden hat, wurde schon von den Vertretern des Fachwerkes durch die Zusammenfassung der Bestände einer Abteilung in gemeinsame Perioden bewirkt. In der Neuzeit kommen andere Mittel der Vereinfachung zur Geltung: Zunächst das Bestreben der Herstellung gemischter Bestände. Schon K. Heyer hat unter den Vorzügen derselben auch die Vereinfachung der Bildung von Betriebsklassen und ihre Glieder nachdrücklich hervorgehoben. Sodann ist die natürliche Verjüngung mit einer Verminderung der Unterabteilungen verbunden. Bei ihr lassen sich die einzelnen Teile des Jungwuchses (Gruppen, Horste, Streifen usw.) nicht so scharf trennen, daß die Verschiedenheiten der Holzarten und des Alters durch gerade Linien gesondert werden könnten. Die verschiedenartigen Jungwüchse und die erforderlichen künstlichen Ergänzungen müssen zu einer Einheit zusammengefaßt werden. Auch das Prinzip der Stetigkeit im Sinne von Chr. Wagner steht der Bildung einer großen Zahl von Unterabteilungen entgegen.

Auf der anderen Seite liegen unter Umständen Verhältnisse vor, welche bei sorgfältiger Wirtschaft eine Vermehrung der vorhandenen Unterabteilungen zur Folge haben. Sie hat ihre Ursache einerseits im Standort, andrerseits in den Bestandesverhältnissen. Das Wort, das Oberforstmeister August seinen Nachfolgern als Vermächtnis hinterließ: „Im ganzen Elbsandsteingebirge ist eine peinliche Auswahl der standortsgemäßen Holzarten dringend geboten. So oft der Standort wechselt, muß, zuweilen auf kleinster Fläche, Holzart und Kulturverfahren mit wechseln," führt bei entsprechender Größe und Lage der Standortsverschiedenheiten häufig zu vermehrten Unterabteilungen. So werden z. B. in Gelände mit häufig wechselnden Expositionen, wie es in dem genannten Wirtschaftsgebiet vorliegt, die Nordhänge und Mulden der Fichte, die Südhänge der Kiefer zugewiesen, wodurch bei entsprechender Größe besondere Unterabteilungen gebildet werden müssen.

Zweiter Abschnitt.

Darstellung der Standorts- und Bestandesverhältnisse.

I. Standort.

1. Bestimmende Faktoren.

Der Standort ist für die meisten Aufgaben der Betriebsregelung und Wirtschaftsführung die wichtigste Grundlage, der allgemeinste Bestimmungsgrund. An erster Stelle steht das mit der Lage verbundene Klima, das durch die Menge und Verteilung von Wärme und Feuchtigkeit bestimmt wird. An zweiter Stelle steht der Boden, der den bleibenden Maßstab bildet für alles, was im Walde erzeugt wird und erzeugt werden kann. Alle Fortschritte des Forstwesens stehen mit den beiden Faktoren des Standortes direkt oder indirekt im Zusammenhang.

1. Klima. Unter den älteren Forstwirten hat keiner auf dem vorliegenden Gebiet einen so starken und nachhaltigen Einfluß ausgeübt wie Pfeil. In der Einleitung seiner bedeutendsten Schrift[1] und in zahlreichen Aufsätzen der „Kritischen Blätter" hat er auf Grund treffender Beobachtungen und reicher Erfahrungen die Bedeutung des Klimas für die Waldbäume so eingehend behandelt, wie kein forstlicher Schriftsteller vor ihm. Er tadelt die vorhandenen Lehrbücher, daß sie häufig die klimatischen Verschiedenheiten nicht gehörig berücksichtigten; er weist hin auf die großen Unterschiede im Verhalten der Holzarten, die sich bei Abweichungen bezüglich der Wärme der Niederschläge und Luftfeuchtigkeit ergeben, und stellt dann den Satz auf: „Jedes unserer Forsthölzer hat seine klimatische Heimat, in welcher es am besten gedeiht, sich am vollkommensten entwickelt, den wenigsten Gefahren unterworfen ist und die kleinsten Ansprüche an den Boden macht, weil die Beschaffenheit der Atmosphäre so günstig ist, daß die weniger entsprechende Bodenbeschaffenheit dadurch ausgeglichen wird." Zugleich trat er auch hier in scharfen Gegensatz zu den Vertretern derjenigen Richtungen, welche den Begriff des Normalzustandes aufstellten und als Leitstern der Betriebsregelung ansahen. Gegen sie richtete sich der bekannte Satz, den Pfeil in den Sitzungssälen aller Forstvereine anzuschlagen empfahl: „Es gibt keinen allgemeinen Normalzustand der Wälder und kann folglich auch keine allgemeine Regeln zur Herstellung desselben geben."

In der Literatur der auf Pfeil folgenden Periode ist die Bedeutung der örtlichen Verhältnisse in vielen Artikeln der forstlichen Zeitschriften und noch mehr in der forstlichen Praxis zur Geltung gelangt. Die Mit-

---

[1] Die deutsche Holzzucht 1860 (letztes Werk).

13*

teilungen der Autoren sind zu umfangreich, als daß hier näher auf sie Bezug genommen werden könnte. Nur auf einen ihrer hervorragendsten Vertreter, den Oberlandforstmeister Grebe in Eisenach, möge hingewiesen werden. Seine hierher gehörige Arbeit beschränkt sich zwar auf die Buche, ist aber so vielseitig und in das Wesentliche eindringend, daß sie noch für die Gegenwart und für die Zukunft, nicht nur für reine Buchen, sondern andere Holzarten und Mischbestände, Bedeutung hat und haben wird. Charakteristisch für die Richtung Grebes ist der von ihm an die Spitze seiner Schrift gestellte Satz, daß der Buchenhochwaldbetrieb sehr wesentlichen Modifikationen unterliegen müsse, die teils durch die Verschiedenheit des Standortes, teils durch abweichende Bestandeszustände bedingt seien. Ohne bestimmte Beziehungen auf Standort und Bestand sei jede Anleitung zum Betrieb des Buchenhochwaldes ohne Halt und Fundament. In der Praxis sind diese sehr begründeten Forderungen aber häufig nicht genügend anerkannt und befolgt worden. Einerseits standen die meisten Praktiker unter dem Einfluß der allgemeinen Regeln G. L. Hartigs, durch welche der Buche in vielen Ländern eine zu große Ausdehnung, namentlich in reinen Beständen, gegeben wurde. Andrerseits wurde der Buche, namentlich in der zweiten Hälfte des 19. Jahrhunderts, wegen ihrer geringen Rentabilität eine zu weitgehende Geringschätzung entgegengebracht, die, in Verbindung mit der häufig stark ausgeübten Streunutzung, in vielen Ländern ihre Abnahme zur Folge hatte.

Pfeils bedeutendster Schüler, Borggreve, hat sich zwar in bezug auf die Anwendung allgemeiner Regeln von seinem Lehrer entfernt; bezüglich der Auffassung des Klimas und seines Einflusses auf die Forstwirtschaft muß er jedoch als Nachfolger der von Pfeil vertretenen Richtung bezeichnet werden. Um die Bedeutung des Klimas in das rechte Licht zu rücken, schickte Borggreve[1] in seiner Holzzucht der Aufstellung der forsttechnischen Regeln einen Abschnitt über die Verbreitung der deutschen Holzgewächse (und ebenso über ihre Ernährung und Fortpflanzung) voraus, in dem ausgeführt wurde, daß „die tatsächliche Verbreitung der Holzgewächse, das Ergebnis des äußerst schwierig zu zerlegenden Zusammenwirkens einer großen Zahl von teils nur früher, meist aber noch jetzt tätigen Einflüssen sei, die sich nur zum geringen Teil nachweisen lassen, aber vorhanden sein müssen und unter zwei Kategorien fallen: 1. Natürliche erbliche Fähigkeiten der Art für den Existenzkampf; 2. fördernde und hemmende Einwirkungen der Außenwelt.“ Unter Hinweis auf bekannte Tatsachen der Geographie der Waldbäume stellte er den wichtigen Grundsatz auf, daß jede Holzart die völlig richtigen klimatischen Bedingungen für ihr Gedeihen

---

[1] Die Holzzucht, 2. Aufl. 1891, S. 48ff.

im großen und auf die Dauer nur in solchen Gegenden findet, in welchen sie von Natur häufig vorkommt oder wenigstens früher vorgekommen ist.

Zu den gleichen Folgerungen führten die umfassenden Beobachtungen die H. Mayr[1] auf seinen großen Reisen in ausländische Waldgebiete gemacht und in seinem Waldbau niedergelegt hat. Die Ergebnisse seiner Forschungen gingen dahin, daß Entstehen und Gedeihen der Pflanze, insbesondere Anbau, Erziehung und Ernte, in erster Linie von der Wärme des Klimas des Standortes abhängig sind. „Sieht man von dem durch die menschliche Gewinnsucht abgemagerten und erschöpften Böden ab, so kommt der Boden erst als der in zweiter Linie entscheidende Faktor in Betracht; bei Klimagleichheit entscheidet der Boden."

Bei der Beschreibung des Klimas zum Zwecke der Forsteinrichtung werden in der Regel die Bezeichnungen der „Anleitung zur Standorts- und Bestandesbeschreibung beim forstlichen Versuchswesen[2]" zugrunde gelegt. Danach wird das Klima gekennzeichnet: Durch die mittlere Jahrestemperatur; durch die mittlere Jahresmenge des Niederschlags, durch die niedrigste Temperatur im Winter, welche überhaupt beobachtet worden ist. Außer den Jahresmitteln sollen, wenn irgendmöglich, Temperatur und Niederschlag auch für die einzelnen Monate angegeben werden. Die Angaben werden in der Regel den Aufzeichnungen der nächsten Wetterwarte entnommen. Auch die klimatischen Besonderheiten, namentlich solche, die stärkere Schäden zur Folge haben können, (Anhang, Frost u. a.) sind anzugeben. Von sehr großem Einfluß ist die Luftbewegung. Die Winde werden unterschieden als starke Winde oder Stürme, welche Bruch und Wurf zu Folge haben, und mäßige. Erstere sind bestimmend für die räumliche Ordnung des Waldes, namentlich für Anhiebe und Schlagführung. Aber auch die mäßigen Winde sind von großer, früher vielfach nicht gewürdigter Bedeutung. Sie wirken bei stetigem Auftreten sehr ungünstig auf die Frische des Bodens ein, und müssen, wie die Beschaffenheit der Bestandesränder an vielen Orten ersehen läßt, bei der Betriebsregelung ebenso beachtet werden, wie die heftiger, aber seltener wirkenden Stürme.

Zufolge der klimatischen Bedingungen hat jede Holzart ihr eigentümliches Optimum, das dadurch ausgezeichnet ist, daß die betreffende Holzart erstens nachhaltig am meisten Zuwachs erzeugt und zweitens am leichtesten und vollständigsten auf natürlichem Wege verjüngt werden kann. Je weiter ein Standpunkt vom Optimum sich entfernt, um so mehr gehen seine Leistungen zurück. Die eingehendsten Beobachtungen und Untersuchungen über den Einfluß des Klimas auf die Entwicklung der Holzgewächse im Einzelstande und in Beständen sind von H. Mayr gemacht und in seinem Waldbau niedergelegt worden. Sie

---

[1] Waldbau auf naturgesetzlicher Grundlage 1909, 1. Teil, 3. Abschn.

[2] Erste Abteilung, Standortsbeschreibung, B. Klima.

erstrecken sich insbesondere auf Masse und Güte des erzeugten Holzes, sowie auf die waldbaulichen Maßnahmen, welche zu ergreifen sind, um den auf den Ertrag gerichteten Zwecken der Wirtschaft zu genügen.

Bezüglich der Massenerzeugung geht der wichtige Satz, den Mayr aufstellte, dahin, daß unter Voraussetzung gleicher Bodengüte und eines hohen Alters (Umtriebszeit von 80—120 Jahren) die Wachstumsleistung eines Baumes am größten im Optimum sei. Sie nimmt nach dem wärmeren Klima hin ab, und ebenso nach dem Klima hin, welches kühler ist, als das Optimum. Daß dieselbe Regel auch für Bestände Geltung hat, wird ein näheres Eingehen auf die Wuchsbedingungen und das Verhältnis zwischen den einzelnen Gliedern nicht zweifelhaft erscheinen lassen.

Betreffs der Güte des erzeugten Holzes ergeben die meisten der betreffenden Untersuchungen, daß die Bedingungen für die Erzeugung der wichtigsten Eigenschaften des Gebrauchswerts (Vollholzigkeit, Astreinheit, Spaltbarkeit, Dauer usw.) im Optimum am günstigsten liegen und von da aus mit steigender und sinkender Wärme des Klimas abnehmen. Insbesondere ist das Verhältnis der Bestandteile der Jahrringe vom Klima abhängig. Je längere Zeit die Holzbildung unter dem Einfluß intensiver Sommerwärme erfolgt, um so größer ist der dichtere Teil der Jahrringe, um so größer das Gewicht, mit dem wichtige technische Eigenschaften im Zusammenhang stehen, um so besser die Beschaffenheit des Holzes im ganzen. In zu kühlem Klima überwiegt der lockere Teil der Jahrringe, oft reifen diese nicht genügend aus. In einem zu warmen Klima erfolgt die Saftbewegung häufig zu frühzeitig. Es entstehen dadurch breite Frühlingsschichten, durch die der Wert des Holzes im ganzen herabgedrückt wird. Es kommt hinzu, daß in einem zu warmen Klima gewisse Schäden der organischen Natur in verstärktem Maße auftreten.

Unter den waldbaulichen Verhältnissen, welche zum Klima in Beziehung stehen, sind vorzugsweise die Schnellwüchsigkeit in der Jugend, das Lichtbedürfnis, die Fähigkeit, geschlossene Bestände zu bilden, und die Leichtigkeit natürlicher Verjüngung hervorzuheben. Das Höhenwachstum ist nicht nur als Element der Massenerzeugung zu würdigen; wichtiger ist in waldbaulicher Hinsicht, daß im jugendlichen Höhenwuchs eine wirksame Waffe im Kampf ums Dasein liegt, den die Holzgewächse mit Forstunkräutern in anderen schädlichen Einwirkungen der organischen und anorganischen Natur zu führen haben. Die natürliche Verjüngung wird durch die Häufigkeit der Samenjahre sehr erleichtert; ebenso durch die Fähigkeit des Standorts zur Zersetzung der Bestandesabfälle, die Bildung von Humus und die Mischung desselben mit dem Mineralboden. In allen diesen Beziehungen verhalten sich die Standortsoptima am günstigsten.

Auf das Verhalten des Standorts, insbesondere des Klimas wurde bereits früher[1] unter Bezugnahme auf die wichtigsten Holzarten hingewiesen. Über die einflußreichsten Aufgaben der Betriebsregelung (Wahl der Holz- und Betriebsart, Begründung und Erziehung der Bestände, Feststellung des Umtriebs und des Hiebsatzes) muß ein eingehendes Urteil abgegeben werden. Hierzu leisten die jetzt vorliegenden Ertragstafeln gute Dienste. Aber gerade wegen ihre Bedeutung für die Betriebsregelung muß für ihre Fortbildung Sorge getragen und von Zeit zu Zeit eine sachliche Kritik vorgenommen werden.

Der beste Maßstab für die Leistungsfähigkeit eines Standorts zur Holzerzeugung liegt in dem Gesamtzuwachs, der im Laufe einer Umtriebszeit hervorgebracht wird. Nicht nur die Haubarkeitsmasse, sondern auch sämtliche in der Umtriebszeit erfolgten Vornutzungen sind in die hierauf gerichtete Rechnung einzubeziehen. Um die Bonität des Standorts vollständig darzustellen, darf auch das Reisholz trotz seiner Geringwertigkeit nicht unbeachtet gelassen werden. Der Durchschnittszuwachs wird durch den Zuwachs aller Altersstufen einer regelmäßigen Betriebsklasse bestimmt, von dem deshalb bei der Beurteilung der Leistungsfähigkeit des Standorts ausgegangen werden muß.

Unter den meisten Verhältnissen wird ein sachgemäßes Urteil aus den Normalertragstafeln entnommen werden können. Wenn z. B. der laufende Zuwachs der Buche auf II. Standortsklasse im 60. Jahr 16,3, im 100. Jahr 11,6, im 140. Jahr 9,8 fm beträgt, so können diese Zahlen für das Verhältnis der Leistungen des Standorts in den betreffenden Altersstufen unterstellt werden. Sie finden ihre Erklärung in der Abnahme der Wuchskraft, der Zunahme der Samenerzeugung und dem Eintreten mancher Schäden im höheren Alter. Ähnliches gilt für die Fichte, bei der der laufende Zuwachs von 17,6 fm im 60. Jahr auf 9,0 im 120. Jahr zurückgeht. Wohl aber machen sich bei der Kiefer starke Bedenken in der vorliegenden Richtung geltend. Wenn in den Normalertragstafeln der laufende Zuwachs auf II. Standortsklasse im Alter von:

40	60	80	100	120	140 Jahren
zu 11,2	8,2	7,1	6,0	4,4	2,8 fm

angegeben wird, so wird ein sachkundiger Vertreter ein solches Verhältnis nicht als normal anerkennen. Weder physiologische, chemische und physikalische Gesetze noch die Regeln des Waldbaues können es gerechtfertigt erscheinen lassen, daß ein Standort nur ein Viertel der Holzmasse erzeugt, zu deren Hervorbringung er fähig ist.

2. Boden. Unter gegebenen klimatischen Verhältnissen ist der Boden der ausschlaggebende Produktionsfaktor. Da die Leistung des

---

[1] Im ersten Teile dieser Schrift, 1. Abschn., B. I—IV.

Bodens meist von vielen Eigenschaften desselben abhängig ist, so ist es nicht zulässig, bestimmte, auf einzelne Eigenschaften begründete Theorien über seine Leistung aufzustellen. Gemäß den Aufgaben der Betriebsregelung hat man den Blick auf die chemischen und physikalischen Eigenschaften, auf den Humusgehalt und den Bodenüberzug zu richten.

Die Frage nach der Bedeutung der chemischen und physikalischen Eigenschaften des Bodens für die Waldbäume ist in der forstlichen Literatur sehr verschieden beantwortet. Von der einen Seite wird darauf hingewiesen, daß der Bedarf der Holzgewächse an Mineralstoffen sehr gering sei und daß daher der chemische Gehalt auch bei der Bonitierung des Bodens keine hervorragende Rolle spielen könne. Hierauf fußend stellte G. Heyer in seiner Bodenkunde den Satz auf: „Die wichtigsten Faktoren der Bodengüte sind Feuchtigkeit, Tiefgründigkeit, Lockerheit und Humushaltigkeit." W. Schütze untersuchte verschiedene Böden erster bis fünfter Klasse von Diluvialsand der norddeutschen Ebene und fand, im Gegensatz zu Heyer, daß für die Leistung der norddeutschen Sandböden der Mineralstoffgehalt von ausschlaggebender Bedeutung sei. Gewiß ist man berechtigt, aus dem geringen Bedarf der Holzgewächse an Kali, Kalk, Phosphor u. a. Mineralstoffen auf die Genügsamkeit der Holzarten zu schließen, die namentlich aus einem Vergleich des chemischen Gehalts des Holzzuwachses mit dem Gehalt der wichtigsten landwirtschaftlichen Gewächse (Getreide, Kartoffeln, Rüben usw.) sehr auffallend hervortritt. Allein die meisten chemischen Elemente, in erster Linie der Kalk, wirkten doch in stärkerem Maße auf die Leistung des Bodens, als dem Bedarf der Bäume zur Holzbildung entspricht. Sehr sachgemäß hat Erdmann[1] das Verhältnis der chemischen und physikalischen Eigenschaften des Bodens in bezug auf den Zuwachs dargestellt, indem er ausführt: „In den physikalisch-biologischen Faktoren — Feuchtigkeit, Durchlüftung, Lockerheit, Tätigkeit, Wärme, liegt das Schwergewicht der Beeinflussung des Holzpflanzenwuchses durch die Eigenschaften des Bodens, nicht im Gehalt an mineralischen Nährstoffen, der … für sich allein sehr wenig imstande ist, die Produktionsleistung eines Bestandes größer oder geringer zu gestalten." Wie sich dies nun aber auch verhalten mag — es kann nicht wohl einem Zweifel unterliegen, daß die Tätigkeit der Forstwirte auf dem vorliegenden Gebiet weit mehr Anlaß gibt, auf den Zustand des Bodens hinsichtlich seiner physikalischen als seiner chemischen Eigenschaften einzuwirken: Die Tiefgründigkeit wird durch die Erhaltung aller organischen Stoffe, die dem Boden beim natürlichen Wachstumsprozeß zufließen, gehoben; die Frische durch die Art der Schlagstellungen und die Leitung des Wassers von feuchten nach trockenen Stellen verbessert. Die Lockerheit

---

[1] Die nordwestdeutsche Heide in forstlicher Beziehung 1907.

wird günstig beeinflußt durch organische Abfälle jeder Art, durch Schutz der Bestandesränder gegen die aushagernde Wirkung der Sonne und des Windes und durch tunlichste Erhaltung bodenschützender Unterstände. Übrigens stehen die chemischen und physikalischen Eigenschaften des Bodens nicht in einem Gegensatz. „Daß in vielen Fällen eine gewisse Beziehung zwischen Mineralstoffgehalt und Ertragsklasse in Erscheinung tritt, erklärt sich dadurch, daß dem chemischen Verhältnis des Bodens vielfach, freilich nicht immer die physikalischen mit bestimmen und somit indirekt oft wirksam werden können." (Erdmann.)

Die Eigenschaften des Mineralbodens sind dem wirtschaftenden Forstmann im wesentlichen gegeben. In weit höherem Maße kann von ihm auf die Humushaltigkeit des Bodens und die ihn bedeckenden Standortsgewächse eingewirkt werden. Es ist ein besonderes Verdienst von Pfeil, die Bedeutung der Humushaltigkeit des Bodens, in erster Linie des im Osten Deutschlands vorherrschenden Sandbodens, erkannt und auf Grund reicher Beobachtungen und Erfahrungen in seinen Schriften dargelegt zu haben. In dem bedeutendsten Werk, das er hinterlassen hat, hebt er den Einfluß des Humus wieder und wieder hervor. Noch jetzt sind seine Ansichten sehr beachtenswert, wenn ihm auch eine strenge auf Untersuchungen beruhende Behandlung fern lag.

Als Mittel, den Boden gegen die Abnahme des Humus zu schützen, werden von Pfeil folgende bezeichnet: 1. Der Anbau reichbelaubter Holzarten, 2. Die Erziehung des Holzes in geschlossenem Stande, 3. Vermeidung hoher Umtriebe ohne Sorge für Bodenschutz, 4. Vermeidung früher starker Durchforstungen, 5. Baldiger Anbau nach der Abholzung. („Der Abholzung jeder Fläche muß der Anbau mit vollen geschlossenen Beständen auf dem Fuße folgen, um die Zeit, wo die Humuserzeugung unterbrochen wird, möglichst abzukürzen.")

So sehr man auch die Bedeutung des Humus für den Bodenzustand und die Holzmassenerzeugung anerkennt, so darf man doch nicht die Ansicht vertreten, als sei durch die Art der Wirtschaftsführung stets ein möglichst hoher Humusgehalt des Bodens anzustreben. Bei den hierher gehörigen Fragen kommt es nicht nur auf die Masse der organischen Stoffe an, die den Boden durch den jährlichen Abfall von Blättern, Nadeln, Reis usw. zugeführt werden, sondern auch auf die Lagerung dieser Stoffe, die Schnelligkeit und den Grad ihrer Zersetzung und ihre Mischung mit dem Mineralboden. Von wesentlichem Einfluß sind hierbei stets die klimatischen Faktoren, unter denen der Prozeß der Humusbildung vor sich geht. Wo diese Faktoren ungenügend sind, insbesondere in kühlen und nassen Lagen erfolgt die Anhäufung der genannten Stoffe in stärkerem Grade als dem vermindernden Einfluß, welcher durch die Zersetzung bewirkt wird, entspricht. Die Folge davon

ist, daß sich stärkere Schichten unvollkommen zersetzten Humus an-
häufen. Solche dem Boden auflagernden Schichten verhalten sich in
chemischer und physikalischer Beziehung ungünstig. Durch die sich
bildenden Humussäuren werden die oberen Bodenschichten ausgewaschen; das Porenvolumen wird verringert, der Gehalt des Bodens an
atmosphärischer Luft wird kleiner; das organische Leben im Boden
verkümmert oder wird ganz aufgehoben.

Ganz anders liegen die Verhältnisse, wenn die Zersetzungsfaktoren,
Wärme, Sauerstoff, Feuchtigkeit gehörig auf den Boden einwirken können. Der unter den Einfluß dieser Faktoren sich bildende, milde, mit
dem Mineralboden gemischte Humus wirkt in chemischer Beziehung
günstig, weil er die zur Holzbildung nötigen Stoffe in zugänglicher Form
enthält. In noch höherem Grade wirkt er auf die physikalischen Eigenschaften des Bodens. Feste Bodenarten werden durch Humusbeimi-
schung gelockert, lose (Sandböden) durch sie bindiger gemacht; in
beiden Fällen wird die Krümelung gefördert.

Da auf guten Böden einerseits mehr Humusstoffe erzeugt und der
Bodenbildung zugeführt werden, andererseits die den Humus vermin-
dernde Zersetzung schneller vor sich geht, als auf geringem, so ist es
erklärlich, daß über das Verhältnis von Humus und Bodengüte häufig
abweichende Ansichten bestanden haben und noch bestehen. In Ra-
manns[1] Bodenkunde wird der Satz ausgesprochen, daß die besten Wald-
böden in der Regel arm an Humus sind. Er teilt unter Bezugnahme
auf die früheren Untersuchungen von Schütze ein Beispiel mit, wonach
der Gehalt des untersuchten Diluvialsandes an Humus

auf I	II	III	IV	V Standortsklasse
0,9	0,6	1,8	1,5	1,4%

beträgt. Das Maximum an Humus liegt hiernach auf der mittleren
Standortsklasse vor und fällt von dieser nach beiden Seiten. Andererseits
wird es aber auch als richtig angesehen, daß der Forstmann alle Maßnahmen bevorzugt, durch welche der Humusgehalt befördert werden
kann.

Mit dem Humus des Bodens, sowie in seinen chemischen und physikalischen Eigenschaften stehen auch die Standortsgewächse, die den
Boden bekleiden, im Zusammenhang. Sie verleihen ihm ein bestimmtes
Gepräge und geben gewisse für die Betriebsregelung wichtige Eigenschaften am schnellsten zu erkennen. Am bestimmtesten treten die den Typus
des Waldbodens kennzeichnenden Merkmale in Wäldern hervor, die
ihren ursprünglichen Charakter bewahrt haben. Es ist deshalb auch
sehr bezeichnend, daß die nordischen Fachgenossen den Waldtypen am
meisten Aufmerksamkeit geschenkt haben. Cajander[2] hat das Wesen

---

[1] Ramann: Forstliche Bodenkunde und Standortslehre, § 89: Der Humus.
[2] Wesen und Bedeutung der Waldtypen 1927, S. 35ff.

und die Bedeutung der Waldtypen wiederholt zur Darstellung gebracht. Er unterschied für Finnland folgende typische Gruppen: 1. Die Klasse der Heidewälder (Flechtentyp, Heidelbeerflechtentyp, Heidekrauttyp usw.). 2. Die Klasse der frischen moosreichen Wälder (Dickmoostyp, Heidelbeertyp usw.). 3. Die Klasse der Hainwälder (Farntyp u. a.). 4. Die Klasse der Bruchmoorwälder. 5. Die Klasse der Reisermoorwälder.

Die in Finnland bezüglich der Unterscheidung von Waldtypen ausgeführten Arbeiten haben auch in Deutschland verdiente Beachtung gefunden. Abweichungen in bezug auf die Bildung und Anwendung typischer Waldformen treten hier jedoch zufolge mancher Verschiedenheiten ein, die nach der Natur der Länder und der Geschichte der Bodenkultur beiderseits vorliegen. In der Sandebene Norddeutschlands kommen weitgehende Unterschiede im Typus vor, je nachdem der Untergrund aus Sand, Lehm, Mergel oder Ton besteht. In alten Kulturländern sind ferner durch den Einfluß menschlicher Tätigkeit starke Veränderungen in den Waldtypen herbeigeführt.

In den deutschen Staatswaldungen wurden in der neueren Zeit die Standortsbeschreibungen meist nach der Anleitung für das forstliche Versuchswesen von 1908 ausgeführt. Danach wird der Boden bezeichnet: 1. als nackt oder offen, wenn der Mineralboden frei zutage liegt; 2. als bedeckt, wenn die Bodendecke aus der Bodenstreu besteht; 3. als benarbt, wenn ihn die Bodenflora nur locker bedeckt; 4. als verwildert, wenn ihn die Bodenflora vollständig verschließt und stark durchwurzelt. Für die längste Zeit des Bestandeslebens entspricht der bedeckte Bodenzustand den Aufgaben der Wirtschaft am besten. Für die Fähigkeit der natürlichen Verjüngung ist der benarbte Boden charakteristisch. Der verwilderte Bodenzustand ist möglichst hinten zu halten.

Als Gewächse, die die herrschende Bodenflora bilden, bezeichnet die Anleitung: a) Sträucher und strauchartige Holzgewächse; b) Krautartige Blütenpflanzen; c) farnartige Gewächse; d) Gräser, und zwar breitblättrige, saftige Gräser und schmalblättrige Angergräser; e) Moose Astmoose, Haftmoose, Polstermoose und Torfmoose); f) Beerkräuter; g) Heide; h) Flechten.

Als Endergebnis der hier nur kurz angedeuteten Betrachtungen wird gesagt werden dürfen, daß die wichtigsten Bestimmungen für die Richtung, welche durch die Wirtschaftspläne eingeschlagen werden soll, zu den beiden Faktoren des Standorts, Klima und Boden, in Beziehung gesetzt werden müssen. Insbesondere ist die Wahl der Holzarten, die Art und der Grad ihrer Mischung, ihre Pflege, Läuterung und Durchforstung von den wesentlichsten Eigenschaften des Klimas und Bodens abhängig. Hieraus folgt weiter, daß den beiden Faktoren des Standortes, bei der Betriebsregelung eine sehr eingehende Begründung und eine Nachweisung ihrer Besonderheiten gegeben werden muß. Die waldbaulichen Verhältnisse, die im Standort ihre wichtigste Grundlage haben, schneiden viel tiefer in den Kern und das Wesen der Wirtschaftspläne ein, als manche anderen Materien, die seither häufig die Zeit des Forsteinrichters über Gebühr in Anspruch genommen haben.

2. Die Bildung der Standortsklassen.

Die Bildung der Standortsklassen ist hauptsächlich zur Begründung der forsttechnischenMaßnahmen, die im Wirtschaftsplan vorgeschrieben werden, und als Grundlage für die Berechnung von Vorrat und Zuwachs erforderlich. Wie auf allen Gebieten der Bodenkultur so liegt auch in der Forstwirtschaft der beste Maßstab für die Bonität des Standortes in der Menge von Produkten, welche in einer bestimmten Zeit auf ihm erzeugt werden können. Da die Bewirtschaftung des Waldes im Großbetrieb nicht auf einzelne Bestände, sondern auf eine Summe von Beständen bezogen wird, so ist nicht der laufende Zuwachs einer bestimmten Altersstufe, sondern der Durchschnittszuwachs, der sich auf eine gegebene Fläche oder ein bestimmtes Alter bezieht, der Bonitierung zu Grunde zu legen. Auch der so verstandene Durchschnittszuwachs kann verschieden aufgefaßt — er kann auf Derbholz beschränkt oder auch auf das Reisholz ausgedehnt werden.

Wichtiger ist die Frage, ob sich der den Maßstab der Nutzung bildende Durchschnittszuwachs auf die sogenannte Hauptnutzung (Haubarkeits- oder Endnutzung) beschränken oder ob er auch die Vornutzungen, welche im Wege der Durchforstung oder als zufällige Nutzungen erfolgen, umfassen soll. Lange Zeit spielten die Durchforstungen als Elemente des Ertrags wegen des ungenügenden Aufschlusses der meisten Waldungen und des Mangels an Beförderungsmitteln eine unbedeutende Rolle. Für den jetzigen Stand der Forstwirtschaft läßt sich jedoch die Außerachtlassung der Vorerträge bei den Zuwachs und Ertrag betreffenden Fragen nicht rechtfertigen. Die Vornutzungen haben für den Fortschritt der forstlichen Technik und der besseren Verwertungsmöglichkeit, namentlich auch der geringeren Sortimente, eine weit größere Bedeutung erhalten, als es in der Zeit extensiver Betriebsführung der Fall war. Die Ertragsstatistik läßt dies überall erkennen. Nach den Ertragstafeln von Schwappach (1902) beträgt der Anteil der Durchforstungen am Gesamtertrag:

Bei der Fichte (III. Standortskl.) für $u =$	60	80	100	120
	29,4	38,2	46,1	52,3 %
Bei der Buche (III. Standortskl. A) für $u =$	80	100	120	140
	46,0	55,3	60,6	64,5 %

Auch bei den Tafeln von Gehrhardt[1] übertrifft die Masse der Vorerträge den Endertrag.

Wenn die Vorerträge der wirklichen Bestände gegenüber den Zahlen der Normalertragstafeln auf wesentliche Abweichungen zeigen, so sind sie doch bedeutend genug, um bei der Bestimmung des Ertrags beachtet zu werden. Der Haubarkeitsdurchschnittszuwachs für sich allein ist kein Maßstab der Bonität. Er verändert sich in starkem Maße lediglich infolge des Grades der Durchforstungen und unabhängig von positiven Zuwachsleistungen. Schwach geführte Durchforstungen haben einen höheren Haubarkeitsdurchschnittszuwachs zur Folge als solche, die auf die höchste Wertleistung gerichtet sind. Die Fähigkeit eines Standortes, einen bestimmten Ertrag hervorzubringen, wird nur durch den Gesamtzuwachs nachgewiesen, nicht aber ausschließlich durch denjenigen Teil desselben, welcher in den bleibenden Bestand übergegangen ist und erst am Schluß der Umtriebszeit zur Nutzung kommt. Ebenso müssen alle ökonomischen und wirtschaftspolitischen Verhältnisse, die für den Ertrag und die Betriebsführung von Einfluß sind, auf den Gesamtzuwachs bezogen werden.

Bei der Würdigung der Zugehörigkeit der Ertragsanteile ist ferner zu berücksichtigen, daß eine strenge Durchführung der Trennung von Haupt- und Vorerträgen, trotz der von manchen Forstverwaltungen gegebenen Vorschriften in vielen Fällen nicht einwandfrei bewirkt werden kann. Zwischen einem Buchenvorbereitungsschlag, der als Hauptnutzung gebucht wird, und einer kräftig, nach dem Muster der Ertragstafel A von Schwappach durchführten Durchforstung besteht kein wesentlicher Unterschied. Ebenso verhält es sich bei den Lichtungen verschiedener Grade, die namentlich bei Kiefer und Eiche von Bedeutung sind, die Schlagstellungen gehen hier ganz allmählich ineinander über. Auch manche Schäden der Natur gestatten namentlich, wenn sie wiederholt auftreten, keine scharfe Unterscheidung.

Die Einbeziehung der Vorerträge in die Nachweise der Ertragsleistung übt auf die Wirtschaftsführung im allgemeinen einen konservativen Einfluß aus. Nach den Ertragstafeln von Schwappach tritt z. B. der Höchstbetrag der Durchschnittszuwachs für die Fichte auf III. Standortsklasse bei Beschränkung auf den Endertrag schon im 65. und 70. Jahre ein, bei Einbeziehung der Vorerträge erst im 95. Jahre.

Bei einem Blick auf die Menge der Bestimmungsgründe für die Standortsgüte tritt die Frage in den Vordergrund, ob es zulässig oder empfehlungswert ist, die von so vielen Faktoren abhängige Bonität in einer beschränkten Zahl von Klassen zum Ausdruck zu bringen. Wiederholt sind gegen die übliche Fünfzahl Einwendungen erhoben worden.

---

[1] Ertragstafeln für reine u. gleichartige Hochwaldbestände, 2. Aufl. 1930.

Schon H. Cotta schlug vor, daß man die denkbar niedrigste Leitung eines Standorts mit 0, die höchste mit 100 bezeichnen solle. Innerhalb dieses weiten Rahmens könnten dann alle vorkommenden Verschiedenheiten eine Stelle finden. Den gleichen Gedanken sprach später Borggreve[1] aus; man könne gerade so gut und gerade so wenig 100 oder 1000 unterscheiden wie 3 oder 5.

Die Tatsache der unendlichen Mannigfaltigkeit organischer Bildungen ist nun aber keine besondere Eigentümlichkeit der Forstwirtschaft. Sie ist allen Zweigen der organischen Natur, allen physischen und geistigen Wachstumsvorgängen, allen wirtschaftlichen und politischen Gestaltungen eigentümlich. So wenig man sich aber auf anderen Gebieten wegen der Menge von Verschiedenheiten abhalten läßt, eine beschränkte Zahl von Klassen zu bilden, kann diese Mannigfaltigkeit in der Forstwirtschaft als ein Gegensatz zur Bildung einer beschränkten Klassenzahl angesehen werden.

Das hier ausgesprochene Prinzip, daß der Gesamtzuwachs an Haupt- und Vornutzungen, Grundlage und Maßstab des forstlichen Ertrags bilden soll, ist der neueren Zeit am bestimmtesten von der Badischen Forsteinrichtung[2] vertreten worden. Die zahlenmäßigen Bonitäten stimmen hier mit dem durchschnittlichen Gesamtzuwachs (dGz) im 100. Jahre überein. Bei der Buche ist

für die	3.	4.	5.	6.	. . . .	11. Standortsklasse
$dGz =$	3	4	5	6		11 fm

Bei der Fichte werden die Klassen mit 2 fm Ertragsdifferenz gebildet. Es ist auf

	4.	6.	8.	10.	12.	14.	16. Standortsklasse
$dGz =$	4	6	8	10	. . .	. . .	16 fm

Trotz der Richtigkeit und Einfachheit der in den badischen Hilfstafeln ausgesprochenen Grundgedanken wird eine allgemeine Anwendung dieses Verfahrens voraussichtlich auf Widerstand stoßen. Es ist wünschenswert, daß auf dem Gebiete der Bonitierung eine einheitliche Regelung durch Vereinigung der Vertreter des Forsteinrichtungswesens angebahnt und eingeführt wird. In der seitherigen deutschen Praxis ist es ziemlich allgemein üblich geworden, daß die Bonitäten eines Waldgebietes für die Hauptholzarten nach fünf Klassen gesondert werden, von denen die erste die beste, die fünfte die geringste ist.

Der einfachste Maßstab für die Güte des Standorts ist die Höhe. Sie kann zwar nicht in schärfstem Sinne als ein Maßstab der Leistungsfähigkeit gelten. Dieser liegt vielmehr im Massenzuwachs, der

---

[1] Forstliche Blätter 1878, S. 263ff.; Forstabschätzung 1888, S. 89.
[2] Hilfstafeln für Forsttaxatoren, herausg. von der Forstabteilung des Finanzministeriums 1924.

wenigstens im regelmäßigen Hochwald, später als die Höhe kulminiert und auch später wieder abnimmt. Auch sind die Wachstumsbedingungen und die von ihnen abhängigen Kronen- und Stammbildungen von Einfluß. Für die meisten Zwecke der Forsteinrichtung, insbesondere für den regelmäßigen Hochwald ist jedoch die Höhe als Maßstab der Standortsbonität genügend.

II. Bestandesverhältnisse.

1. Beschreibung.

Ein Blick in die Wirtschaftspläne, die in den größeren deutschen Staaten im Laufe des 19. Jahrhunderts zur Anwendung gelangt sind, zeigt, daß bei der Darstellung der Bestände sehr verschieden verfahren ist. Zunächst wurden die Beschreibungen meist sehr ausführlich gemacht, einer eigentlichen Beschreibung entsprechend. Später wurden sie wesentlich vereinfacht, in der richtigen Erkenntnis, daß der Beschreibung der einzelnen Bestände eine allgemeine Darstellung der Bestandesverhältnisse für ganze Reviere oder Betriebsverbände vorauszugehen habe. Für die Zwecke der Statistik und Geschichte erschien es aber wünschenswert und dem Fortschritt förderlich, daß für jede ständige Wirtschaftsfigur ein besonderes Blatt in größerem Maßstab angelegt wurde, welches unter Beifügung eines Kartenauszuges eine eingehende Beschreibung erhielt. So bestand für Preußen schon seit längerer Zeit eine dahingehende Bestimmung durch die Anleitung zur Führung des Hauptmerkbuches (früher Taxationsnotizenbuches), welches eine Reviergeschichte bilden sollte, aus der die Veränderungen der forstlichen Verhältnisse, sowohl der ganzen Oberförsterei als ihrer einzelnen Teile ersehen werden könnten. Für Bayern, Württemberg, Baden und andere deutsche Staaten sind entsprechende Bestimmungen getroffen.

In der neueren Zeit wurde seitens der Vertreter der forstlichen Versuchsanstalten die oben genannte Anleitung zur Standorts- und Bestandesbeschreibung ausgearbeitet. Als die wichtigsten Gegenstände, auf welche sich die Bestandesbeschreibung erstrecken soll, werden hier die nachfolgenden angegeben: Zunächst die Holzart. Je nach dem Auftreten einer oder mehrerer Holzarten im einzelnen Bestand werden reine und gemischte Bestände unterschieden. Als gemischt gelten solche Bestände, in welchen neben der Hauptholzart noch eine zweite Holzart zu wenigstens 5%, bemessen nach der Stammgrundfläche, vertreten ist. Auch die Art der Mischung muß in der Beschreibung angegeben werden. Hinsichtlich der Betriebsarten sind die üblichen Unterscheidungen: Hochwald, Plenterwald, Mittelwald, Niederwald zu treffen. Die Entstehung der Bestände muß besonders hervorgehoben werden, wenn sie auf den Bestandescharakter Einfluß hat und mit Sicherheit zu erkennen ist. Die Stellung der Bestände wird durch entsprechende Eigenschaftswörter (gedrängt, geschlossen, licht, räumlich usw.) bezeichnet. Das Maß des Schlusses wird durch Angabe der Stammgrundfläche oder durch das Verhältnis eines vorliegenden zu einem normalen Bestand (durch den Vollertragsfaktor) ausgedrückt. Unvollkommenheiten des Schlusses werden als Lücken, Fehlstellen, Räumden oder Blößen bezeichnet. Wesentliche Eigentümlichkeiten, Krankheiten, Fehler u. a. sind besonders hervorzuheben.

Am meisten Bedeutung für die Aufstellung der Betriebspläne und die Richtung, welche bei der Wirtschaftsführung in Zukunft eingehalten werden soll, muß dem Alter beigelegt werden. Dieses ist deshalb bei der Beschreibung der einzelnen Bestände und zu ihrer Zusammenfassung und den Abschlüssen der Betriebsverbände sorgfältig zu untersuchen und darzustellen.

Die älteren Forstwirte (vor G. L. Hartig und H. Cotta) ordneten die Bestände nach natürlichen Alterstufen. Sie waren, wenn sie in Zahlen angegeben wurden, nach ungleichen Abstufungen gebildet. So unterschied Oettelt für Nadelholzhochwald 8 Altersklassen: 1. Haubares Holz, über 75jährig; 2. Mittelholz, 55—75jährig; 3. gereinigte Hölzer, 40—55jährig; 4. Stangenholz, 24—40jährig; 5. junges Dickicht, 12 bis 24jährig; 6. Junger Wuchs, unter 12 Jahr alt; 7. Hoffnung gebende Schläge; 8. Schläge, die keine Hoffnung geben — von Wedell bildete meist nur wenige, ungleich abgestufte Altersklassen; für Nadelholz waren dieselben: 1. Bau- und Nutzholz oder auch haubares Holz; 2. anwachsendes Holz von 20—50 Jahren; 3. junger Anwuchs, unter 20 Jahren; 4. ledige Flecke, so zu kultivieren. Auch Hennert, Maurer, Schilcher u. a. verfuhren ähnlich.

Ein Fortschritt, der für die praktische Betriebsregelung in der Folgezeit (während des ganzen 19. Jahrhunderts) von Bedeutung werden sollte, wurde dadurch herbeigeführt, daß die Methode des Fachwerks mehr und mehr zur Anwendung gelangte. Hierbei wurde ein Einrichtungszeitraum, meist gleich der Umtriebszeit, festgesetzt, der in Perioden von gleicher Länge eingeteilt wurde. Es lag nahe, auch die Altersklassen nach denselben meist 20jährigen Abstufungen zu bilden. Die tatsächlichen Verhältnisse wurden durch eine alle Bestände eines Reviers oder Revierteils umfassende Altersklassentabelle dargestellt. Das Ziel der Wirtschaft war auf ein normales Altersklassenverhältnis gerichtet, das aus dem Umfang der Altersstufe zur Umtriebszeit hervorging. Meist wurden die Altersklassen für die Hauptholzarten gesondert dargestellt.

Einem einwandfreien Nachweis der Altersklassen stellte die Ungleichaltrigkeit der Bestände, welche infolge der früheren Plenter- und Mittelwaldwirtschaft häufig vertreten war, Schwierigkeiten entgegen. Die Ungleichaltrigkeit tritt entweder in der Art ein, daß zwei oder mehrere

Altersklassen scharf voneinander getrennt vorkommen oder so, daß
mehrere Altersklassen eine Einheit in bezug auf das Alter bilden sollen.
Bei den scharf getrennten Klassen wurden in der Regel zwei verschiedene
Alter in die Pläne eingesetzt. Am meisten Bedeutung hat die mehrstufige
Bestandesbildung bei den in der Verjüngung begriffenen Beständen.
Hier wurde früher so verfahren, daß die betreffenden Bestände entweder
ganz dem Altholz oder ganz dem Jungholz zugeteilt wurden. Allmählich
bildete sich aber die dem natürlichen Verhalten am besten entsprechende
Methode aus, daß diese Bestände, je nach ihrer Beschaffenheit zum Teil
der Altholz-, zum Teil der Jungholzklasse zugewiesen wurden. Beim
Lichtungsbetrieb mit Unterbau wurden die Bestände nach dem Altholz
in die Pläne eingetragen. Gehen dagegen die Alter verschiedener Bestandesglieder allmählich ineinander über, so muß in der Regel ein
mittleres Alter eingesetzt werden, das entweder gutachtlich oder mittels
einer Formel bestimmt wird.

Wichtiger als die formalen Bestimmungen über die Bildung und
Buchung der Altersklassen ist die Frage, ob bei der Wirtschaftsführung
eine Zunahme der Gleichaltrigkeit (bzw. der Gleichheit in bezug auf die
Schlagstellung überhaupt) erstrebt, oder ob eine umgekehrte Richtung
eingeschlagen werden soll. Bei den älteren Vertretern, in erster Linie
bei G. L. Hartig, war das Ziel der Wirtschaft, nachdem der Mittel-
und Plenterwald aufgegeben waren, auf eine möglichst gleichmäßige
Bestandesbildung gerichtet. Es wurden große Schläge zu gleicher Behandlung herangezogen. Die Stellung der zu verjüngenden Bestände
sollte tunlichst gleichmäßig erfolgen, und zwar so, daß sich die Kronen
der Mutterbäume beinahe berührten, oder nur wenig voneinander entfernt blieben. Grebe übertrug das Prinzip der Gleichheit besonders
auf den Jungwuchs. Er gab die Vorschrift, daß bei der Führung der
Lichtschläge nicht die stärksten, sondern die zurückgebliebenen Teile
der Verjüngung durch die Schlagstellung im Wuchse gefördert werden
sollten. Borggreve untersuchte die Wirkungen der Beschirmung in
bezug auf Sonne, Niederschläge, Unkräuterwuchs, Wind u. a. und kam
zu dem Ergebnis, daß der von G. L. Hartig vertretene gleichmäßige
Schirmschlag als die beste Form der Verjüngung im Hochwald anzusehen sei.

Trotz der großen Bedeutung, die G. L. Hartig und seine Nachfolger
für die Forstwirtschaft gehabt haben und behalten werden, darf man die
Mängel nicht übersehen, die seine allgemeinen Verjüngungsregeln in
Verbindung mit dem späten Beginn und der schwächlichen Ausführung
der Durchforstungen für die Geschichte der Wälder des 19. Jahrhunderts
gehabt haben. Die Bestände aus Naturverjüngungen waren meist sehr
stammreich, bis zu einem weit höheren Alter, als es für die Erziehung
erwünscht war. Stockausschläge, Vorwüchse, und andere schlechte

Bestandesglieder wurden zu spät aus den Beständen entfernt. Die Durchmesser blieben infolge der großen Bestandesdichte schwach, dadurch
wurde die Menge und Beschaffenheit der Nutzholzerzeugung beeinträchtigt. Die Kronen rückten zu schnell nach oben und blieben zu
schmal, wodurch die Widerstandsfähigkeit gegen manche Schäden der
anorganischen Natur beeinträchtigt wurde. Der Boden blieb oft länger
und stärker mit einer reinen Laubdecke versehen, als es für die natürliche Verjüngung erwünscht ist. Es war daher natürlich, daß in der
zweiten Hälfte des 19. Jahrhunderts eine Reaktion gegen die Wirtschaftsführung Hartigs eintrat. Als einer der stärksten Gegner des geschlossenen
gleichaltrigen Hochwaldes trat G. Wagener auf, der die höhere Leistungsfähigkeit des gleichaltrigen dichtgeschlossenen Hochwaldes bestritt. Einflußreicher auf die Entwicklung der neueren Forstwirtschaft
war K. Gayer durch seine auf Herstellung gemischter Bestände gerichtete Führung der Verjüngungsschläge. Aus den meisten nach
G. L. Hartig bewirkten Verjüngungen sind, namentlich bei der Buche,
reine Bestände hervorgegangen, während seit K. Heyer und Gayer
das Ziel der Wirtschaft mehr und mehr auf gemischte Bestände gerichtet werden sollte. In der Forstgeschichte dieses Jahrhunderts erhielten die Maßnahmen der Praxis und die Arbeiten der Versuchsanstalten wesentlichen Einfluß auf die Stellung der Bestände, nicht nur
auf die Grade der Bestandesdichte sondern auch auf die Frage der
Gleichheit oder Ungleichheit der Bestandesbildung. Es würde zu weit
führen, hier auf einzelnes einzugehen. Nur kurz möge auf die im vorigen
Abschnitt hervorgehobenen Durchforstungsverfahren hingewiesen
werden.

Bei jeder Bestandesbeschreibung ist es Aufgabe des Taxators, sich
ein Urteil zu bilden, sowohl über die Grade des Bestandesdichte und die
Veränderungen, welche in dieser Beziehung im Laufe der nächsten
Wirtschaftsperiode herbeigeführt werden sollen, als auch über das Bestreben nach Gleichheit und Ungleichheit in den einzelnen Bestandesteilen mit Rücksicht auf die etwa vorkommenden Verschiedenheiten
nach Holzarten und Altersklassen. Allgemeine Geltung hat der Grundsatz, daß Extreme jeder Art bei den Vorschlägen über die Gestaltung der
Bestände vermieden werden sollen. Mit jeder waldbaulichen Richtung
können positive und negative Wirkungen verbunden sein. Den nachteiligen Folgen, welche oben an die von G. L. Hartig, Grebe, Borggreve
aufgestellten Lehren geknüpft wurden, steht als positives Moment der
Umstand gegenüber, daß bei ihrer Ausführung der Boden in gutem
Zustand erhalten und die Holzmassenerzeugung in einem Grade gefördert wird, wie es auf anderem Wege nicht möglich ist.

In bezug auf die Lichtholzarten verhält es sich umgekehrt. Die Tatsache, daß die Lichtholzarten, in erster Linie die Eiche, aus vielen Laub-

holzforsten, wo sie unter Herrschaft von Mittel- und Plenterwald die ihr entsprechenden Wuchsbedingungen fand, verschwunden sind, beweist, daß zu ihrer Erhaltung und Einführung andere Bedingungen hergestellt werden müssen, als dies in den meisten großen Waldgebieten geschehen ist. Nicht die Gleichheit der Schlagstellungen ist das Mittel zur Erhaltung der lichtbedürftigen Holzarten, sondern ihre Begünstigung durch Gewährung einer ihnen genügenden Lichtzufuhr, wie es auch seit der Mitte des vorigen Jahrhunderts in den meisten größeren Laubholzgebieten Nord- und Süddeutschlands geschehen ist.

Aus dem hier angedeuteten Verhalten darf nun aber nicht gefolgert werden, daß es Aufgabe der Zukunft sei, den schlagweisen Betrieb zurückzudrängen und an seine Stelle den Mittel- und Plenterwald wieder einzuführen. In der neueren Zeit wurden dahin gehende Bestrebungen am bestimmtesten durch Eberbach[1] vertreten. Er stellte den Satz auf, daß derjenige Vorrat am meisten leiste, „der räumlich so geordnet steht, daß hohe und starke, mittelhohe und mittelstarke, niedrige und schwache, gut bekronte Bäume so über die zur Verfügung stehende Fläche verteilt sind, daß der Luftraum darüber von den Blättern und Nadeln gehörig ausgenutzt wird. Der also beschaffene Vorrat zeigt das Bild eines ungleichaltrigen Waldes, des Femelwaldes.“ Bevor jedoch solchen Bestrebungen in größerem Maße Folge gegeben werden kann, muß nachdrucksvoll hervorgehoben werden, daß die bedeutendsten Führer des Forstwesens im 19. Jahrhundert — G. L. Hartig, H. Cotta, Hundeshagen, Pfeil, K. Heyer, Burckardt, Danckelmann u. a. — übereinstimmend den schlagweisen, nach Altersklassen geordneten Hochwald als die beste Art der Walderziehung angesehen und viele tüchtige Praktiker ihre Lehren in die Tat umgesetzt haben.

Mehr als in reinen Beständen hat das Streben nach Ungleichheit in gemischten Beständen Bedeutung. Es darf hieraus aber nicht die Berechtigung zu den früher vorherrschenden Betriebsarten des Mittel- und Plenterwaldes gefolgert werden. Die wichtigste Aufgabe der Zukunft geht vielmehr dahin, daß im Rahmen des schlagweisen Betriebs die Bedingungen für die Erzeugung der am besten geeigneten Holzarten und Stammstärken geschaffen werden.

2. Die Schätzung der zu nutzenden Holzmassen.

Die Berechnung der Holzmasse wurde früher als eine der wichtigsten Aufgaben der Forsteinrichtung angesehen und dieser nach K. Heyers Vorgang einverleibt. Es ist jedoch zu beachten, daß Holzmassenaufnahmen nicht nur zu Zwecken der Forsteinrichtung, sondern auch für

---

[1] Die Ordnung der Holznutzungen auf wirtschaftlicher und geschichtlicher Grundlage 1913, S. 4.

andere Aufgaben aus den Gebieten der Forstbenutzung, Waldwertrechnung und forstlichen Statik vorgenommen werden. Zu den meisten dieser Aufgaben, insbesondere zu statischen Untersuchungen, ist aber ein größerer Genauigkeitsgrad und eine strengere Behandlung als für die Forsteinrichtung erforderlich. Daher ist es empfehlenswert, daß die Holzmeßkunde als ein besonderer Zweig der Forstwissenschaft angesehen wird, wie es in der neueren Literatur auch meist geschieht.

Schon seit Beginn einer geordneten Forstwirtschaft war es Regel, daß die Nutzungen als Haupt- oder Haubarkeitsnutzungen und Vornutzungen unterschieden wurden. Alle Buchungen der Erträge erfolgten in diesem Sinne. Um die Nutzungen begrifflich festzulegen, sind von den einzelnen Staatsforstverwaltungen Bestimmungen über ihre Zugehörigkeit getroffen worden. Für Preußen galten darnach als Hauptnutzungshiebe: Flächenweise Bestandesabtriebe; Stammweise Verjüngungshiebe; diejenigen stamm- und forstweisen Durchhauungen des Hauptbestandes in haubaren und nicht haubaren Orten, welche eine Bestandesergänzung erfordern oder die vorausgesetzte Hauptnutzung um mehr als 5% schmälern usw. Zur Vornutzung gehören diejenigen Holznutzungen, welche sich nur auf den Nebenbestand (zurückbleibende und unterdrückte Stämme) ertsrecken oder den Hauptbestand nur in solchem Maße treffen, daß sie weder eine Ergänzung desselben noch eine mehr als 5% betragende Schmälerung der vorausgesetzten Hauptnutzung zur Folge haben. Ähnliche Bestimmungen sind auch in Sachsen u. a. Staaten getroffen worden.

Wenn nun auch eine solche Trennung zur Klarstellung der Wirtschaft wesentlich beiträgt, so kann doch nicht verkannt werden, daß eine strenge Durchführung der auf die Trennung gerichteten Bestimmungen häufig nicht möglich ist. Es gibt eine Menge von Nutzungen, über deren Zugehörigkeit zu der einen oder anderen Klasse Zweifel eintreten, die mit der nötigen Sicherheit nicht gehoben werden können. Dahin gehören z. B. die der Verjüngung vorausgehenden kräftigen Durchforstungen älterer Bestände. Diese werden jetzt oft so geführt, daß sie zum Teil (sofern sie unterdrücktes Material entnehmen) als Vornutzungen — zum Teil (sofern sie Stämme des Hauptbestandes entfernen) als Hauptnutzung angesehen werden müssen. Ebenso verhält es sich auch bei Lichtungshieben und Nutzungen durch Naturereignisse.

Die vorliegende Frage hat ihre wesentlichste Bedeutung mit Rücksicht auf die Kontrolle. Die genannten Gegensätze der Bezeichnung sind nicht einschneidend, wenn beide Teile des Ertrags der wirksamen Kontrolle unterworfen werden. Wenn aber nur die als Hauptnutzung gebuchten Erträge wirksam kontrolliert werden, können die sich ergebenden Unterschiede sehr einschneidend sein.

Als Methoden, welche zur Aufnahme der Bestandesmassen dienen, sind bekanntlich folgende in der seitherigen Praxis zur Anwendung gelangt:

1. **Die Aufnahme ganzer Bestände** mit der Kluppe und dem Höhenmesser, nach Holzarten getrennt. Sie ist da am Platze, wo einfachere Methoden nicht angewendet werden können; insbesondere in stammarmen lückigen Beständen, in unregelmäßigen Mischungen, in Besamungs- und Lichtschlägen, beim Oberholz des Mittelwaldes und im Plenterwalde.

2. **Die Aufnahme von Probeflächen.** Sie sind in größeren stammreichen Beständen auf gleichem Standort und mit gleichmäßiger Bestockung zu empfehlen und wurden schon frühzeitig angewandt. Stärkere Ungleichheiten des Standorts und der Bestände, namentlich solcher mit verschiedenen Mischungsarten und Mischungsgraden, schließen dagegen die Anwendung von Probeflächen aus.

3. **Erfahrungssätze der seitherigen Wirtschaft.** Wo die Wirtschaft in Zukunft nach denselben Grundsätzen wie der seitherigen geführt werden soll und die zu schätzenden Bestände den früher benutzten gleich oder ähnlich sind, ist von den früheren Ergebnissen möglichst ausgiebig Anwendung für die zukünftige Betriebsführung zu machen.

4. **Okularschätzung.** Sie hat schon frühzeitig Anwendung gefunden. Vor Beckmann — schreibt Bernhardt in seiner Forstgeschichte — pflegte man die Holzmasse in einem Waldteil dadurch zu ermitteln, daß mehrere Förster denselben umgingen oder umritten, in einiger Entfernung voneinander auch quer durchschritten, um dann durch Zusammenstellung ihrer auf sehr oberflächlicher Okularschätzung beruhenden Angaben ein Bild von der Holzhaltigkeit der untersuchten Bestände zu erlangen. Beckmann umzog nun die zu schätzenden Waldteile mit Bindfaden, ließ dann in jeden Baum einen buntgefärbten Birkennagel einschlagen und wählte für jede Stärkeklasse anders gefärbte Nägel usw. Sei Verfahren ist allgemein bekannt und machte zu jener Zeit großes Aufsehen.

Als sich die Holzmeßkunde ausgebildet hatte, wurde die Okularschätzung sehr verschieden beurteilt. Von den Freunden einer möglichst exakten Behandlung des Forstwesens wurde auf die Fehler hingewiesen, die mit dieser verbunden sein können. Es kommt jedoch nicht auf die Höhe der Fehler an, die möglicherweise gemacht werden können, sondern vielmehr darauf, ob und inwieweit ein geübter Taxator, dem die erforderlichen Hilfsmittel zur Verfügung stehen, imstande ist, starke Fehler zu vermeiden. In der Praxis hat die Schätzung stets Freunde gehabt. Sie erfolgt nicht nach Willkür sondern durch Urteile, die auf der Grundlage der gewonnenen Erfahrungen und unter Benutzung der entsprechenden Hilfsmittel gewonnen werden. Es ist von wesentlicher Bedeutung, daß man in einem gegebenen Waldgebiet durch längere taxatorische Tätigkeit eine sehr beachtenswerte Fähigkeit zur Holzmassenschätzung erlangt und daß bei guter Geschäftsführung Material gewonnen wird, dessen Benutzung diese erleichtert. Charakteristisch hierfür ist die Geschichte der Sächsischen Forsteinrichtung.

Wichtiger aber als der Erwerb der Fähigkeit zur Okularschätzung ist der Umstand, daß eine genaue zahlenmäßige Übereinstimmung zwischen der Schätzung der zu erwartenden Erträge und dem tatsächlichen Einschlag, auch bei der gründlichsten Aufnahme im großen Betriebe nicht möglich ist. Es ist ein Irrtum, zu meinen, man könne eine gute Ertragsregelung dadurch erzielen, daß man die Stämme aller Abteilungen, deren Verjüngung in der nächsten Wirtschaftsperiode in Angriff genommen werden soll, ausmißt. Die Dauer, welche die Verjüngung einer Abteilung tatsächlich in Anspruch nimmt, und die Dauer der Periode, auf welche die Erträge bezogen wurden, stimmen oft nicht miteinander überein. Bei der natürlichen Verjüngung nimmt oft schon die Vorbereitung die ganze Periode in Anspruch. Bei der künstlichen Begründung schutzbedürftiger Holzarten ist es Regel, daß die Schläge schmal geführt und allmählich aneinander gereiht werden, woraus sich in bezug auf die Zeit ähnliche Folgerungen wie bei der natürlichen Verjüngung ergeben.

Ein umfassender Blick auf die genannten Verfahren der Holzmassenermittelung und ihre Anwendung in der großen Praxis kann nur zu dem Ergebnis führen, daß sie sämtlich Wert haben, daß aber für keins der Anspruch allgemeiner Gültigkeit erhoben werden kann. Stets müssen, entsprechend der von Pfeil nachdrücklich vertretenen Richtung, die besonderen Verhältnisse der zu bearbeitenden Wirtschaftsgebiete und Reviere berücksichtigt werden. Es empfiehlt sich, daß dem Wirtschafter eine größere Fläche zum Zwecke der Verjüngung zur Verfügung gestellt wird, als dem periodischen Flächenabnutzungssoll entspricht. Demgemäß geht eine weitere Regel dahin, daß die Masse der zu verjüngenden Abteilungen nicht vollständig, sondern nur zum Teil (etwa zu ein Drittel oder ein Halb oder zwei Drittel) dem nächsten Wirtschaftszeitraum, zugewiesen werden. Die Methode des Fachwerks, stets die vollen Massen einer Abteilung in die Berechnungen für den Hiebssatz hereinzuziehen, hat ihre Bedeutung verloren und war ein wesentlicher Grund für die Aufhebung der genannten Methode.

Hinsichtlich der Vornutzungen ergibt sich aus dem Wesen der Sache, daß bei ihrer Schätzung, Durchführung und Kontrolle eine weit freiere Behandlung angezeigt ist, als bei den Haubarkeitsnutzungen. Im allgemeinen zeigt der Rückblick auf die Geschichte der Massenschätzungen bei den Vornutzungen die Tendenz zu größerer Einfachheit. In der von

G. L. Hartig verfaßten Instruktion von 1819 sollten die Durchforstungserträge für jede der sechs zwanzigjährigen Perioden getrennt nach Kloben, Knüppel und Reiserholz nachgewiesen werden. Diese Bestimmungen konnten aber noch weniger zur Durchführung gelangen, als
die entsprechenden Vorschriften für die Hauptnutzungen, die nach
den vier Sortimenten: Nutzholz, Kloben, Knüppel, Reis getrennt
wurden. Später gab die Hemmung, welche der Durchforstungsbetrieb
durch die strenge, auf Haupt- und Vornutzung gerichtete Kontrolle,
Anlaß zu der Vorschrift, daß die wirksame Kontrolle auf die Hauptnutzung beschränkt werden solle. Auf den Durchforstungsbetrieb hat
zweifellos diese Bestimmung sehr günstig eingewirkt; die früheren Hemmungen wurden mit einem Male beseitigt. Aber den Ansprüchen, die
wegen der ökonomischen Bedeutung der Durchforstungen zu stellen
sind, kann die Beschränkung auf den Flächennachweis nicht genügen.
Die Erträge, die sie beim jetzigen Stand der Wirtschaft leisten, sind
viel zu bedeutend, um bei der Schätzung übergangen zu werden.

Dritter Abschnitt.

Das Waldkapital.

Wie jede nachhaltige Wirtschaft, so bedarf auch die Forstwirtschaft
zu ihrer geordneten Führung als dauernder Grundlage eines Kapitals,
dessen Zweck auf die Erzeugung von Waldprodukten gerichtet ist.
Hieraus geht hervor, daß in der Forstwirtschaft (ebenso wie in anderen
Wirtschaftszweigen) ein Gegensatz gegen eine Betriebsführung, welche
die Kapitalbildung negiert, keinen Bestand von längerer Dauer haben
kann.

Das Waldkapital besteht einerseits aus dem Holzvorrat, unter
welchem die Summe der Bestände, die zum Zwecke der Produktion
erhalten werden müssen, verstanden wird, andrerseits aus dem Boden,
der die notwendige Grundlage alles Pflanzenwachstums ist. Die Verbindung beider Teile schließt jedoch nicht aus, daß sie unter Umständen
voneinander getrennt gehalten werden, da der Boden durch seinen bleibenden und unbeweglichen Charakter in mancher Hinsicht anderen
Regeln unterworfen ist, als der mit den Durchforstungsregeln und den
Umtriebszeiten wechselnde Holzvorrat.

I. Vorrat.

Die Bestimmungsgründe des Vorrats sind einerseits forstlicher,
andrerseits ökonomischer Natur. Sie liegen in den Standortsverhältnissen,
den Holz- und Betriebsarten, der Höhe der Umtriebszeiten, der Art
und den Graden der Durchforstung u. a.

Seit langer Zeit, insbesondere seit Begründung der sogenannten Vorratsmethoden, wird in der Forstwirtschaft ein wirklich vorhandener und ein normaler Vorrat unterschieden. Dem letzteren soll der wirkliche Vorrat im Laufe der Zeit angenähert werden.

Die Aufgaben, auf welche bei der Behandlung des Vorrats einzugehen ist, betreffen seine wirtschaftliche Natur, seine charakteristischen Eigentümlichkeiten, seine Ermittlung nach Masse und Wert und die Höhe seiner Verzinsung.

1. Die wirtschaftliche Natur des Vorrats.

Für eine zutreffende Beurteilung der Bedeutung, welche dem stehenden Holzvorrat zukommt, ist eine geschichtliche Behandlung besonders geeignet, in vieler Hinsicht mehr als die mathematische Methode der forstlichen Betriebslehre, die seit den Kämpfen zwischen Wald- und Bodenreinertrag im Vordergrunde gestanden hat. Geht man auf die Methoden der Betriebsregelung mit besonderer Berücksichtigung des Verhaltens des Holzvorrats näher ein, so muß anerkannt werden, daß dieser nicht notwendig und allgemein als Kapital, das der Gütererzeugung dienen soll, aufgefaßt werden kann. Waldungen waren vorhanden, bevor eine Wirtschaft mit den Begriffen: Arbeitslohn, Kapitalzins, Grundrente existierte. Bei der ersten Ansiedlung eines Volkes erscheint der Wald nicht als ein Mittel zur Erzeugung von wirtschaftlichen Gütern. Er ist im Gegenteil ein Hindernis der Kultur und muß möglichst gründlichst ausgerodet werden, damit die ersten Zwecke der Ansiedler, die in der Erzeugung von Lebensmitteln bestehen, erreicht werden. Mit dem Seßhaftwerden der Bevölkerung, die der ständige Ackerbau mit sich bringt, wird dem Walde mehr Wert beigelegt. Er dient zur Befriedigung der Bedürfnisse einer dünnen Bevölkerung an Holz, Streu und anderen Nebennutzungen und muß deshalb erhalten werden. Aber es sind meist nur Teile größerer Waldungen, die diesem Zwecke dienen sollen; die von bewohnten Orten entfernt gelegenen und mangelhaft aufgeschlossenen Wälder bleiben ungenutzt. Erst auf den höheren Kulturstufen trägt der Wald, infolge der Zunahme des Holzbedarfes an den meisten Nutzholzarten, der Verbesserung der Verkehrsmittel und der Entstehung und Ausbreitung des Holzhandels, ziemlich allgemein, wenigstens in den Kulturländern, den Charakter eines der Gütererzeugung dienenden Kapitals.

In der neuesten Zeit ist die Auffassung des Vorrats als Kapital mit zunehmender Bestimmtheit anerkannt worden. Insbesondere tritt dies in Preußen hervor, wenn man die neueren Forsteinrichtungsanweisungen mit denen früherer Zeiten vergleicht. Auf der Hauptversammlung des Vereins preußischer Staatsoberförster in Berlin 1927 hielt Forstmeister Dr. Erdmann einen Vortrag über die Stellung der Forstwirtschaft im Rahmen der Staatsforstverwaltung. Hier wurde mit Entschiedenheit betont, daß den Staatsforstbeamten eine ausreichende ökonomische Einstellung fehle. Diese bestehe darin, daß die Beamten sich klar seien über die gegenseitige Bedingtheit von Wirtschaftsaufwand und Wirtschaftserfolg. Auf diese Ausführung Erdmanns wurde vom Herrn Minister für Landwirtschaft im Preußischen Landtag im April 1927 Bezug genommen. Er sprach die Meinung aus, daß jeder Oberförster über die Frage der forstlichen Bilanzierung, die Höhe der Verzinsung des Vorratskapitals und die ganze ökonomische Seite der Wirtschaft genügend unterrichtet sein müßte. Die gleiche Richtung war in der Anweisung zur Ausführung der Betriebsregelungen im Jahre 1925 vertreten worden, die mit dem Satze begann, daß der Betrieb in den Staatsforsten wirtschaftlich und nachhaltig sein solle. Vom Standpunkt der Wirtschaftlichkeit müsse eine angemessene Verzinsung der in den Betrieben angelegten Kapitalien (Boden und Holzvorrat) gefordert werden.

Wenn nun auch der Vorrat als Kapital der Forstwirtschaft anerkannt wird, so ist doch bei allen auf ihn gerichteten Erörterungen zu beachten, daß er auch auf den höheren Kulturstufen Eigenschaften besitzt, die ihn von den meisten Kapitalien des gewerblichen Lebens, von Gebäuden, Maschinen, Hilfsstoffen usw. unterscheiden. Sie haben zur Folge, daß manche sonst dem Kapital eigentümliche Eigenschaften, Beziehungen und Nachweise nicht ohne weiteres auf ihn übertragen werden können. Hierher gehört in erster Linie die Verbindung des Vorrats mit dem Boden. Sobald das Holz vom Boden getrennt ist, scheidet es aus der Zugehörigkeit zum Vorratskapital aus. Die Verbindung mit dem Boden hat zur Folge, daß das Vorratskapital nur zur Erzeugung von Holz, also demselben Stoff, aus dem es selbst besteht, benutzt werden kann. Auch als Grundlage für Anleihen ist es wegen der Möglichkeit jederzeitiger Verringerung nur in beschränktem Maße verwendbar. Sodann ist die lange Dauer, die von der Begründung bis zur Hiebsreife verfließt, ein charakteristisches Merkmal des Vorrats.

Die wichtigste Frage, welche bei der Betriebsregelung an den stehenden Holzvorrat geknüpft werden muß, geht dahin, welche Tendenz in bezug auf seine Höhe eingeschlagen — ob er gleichbleiben oder erhöht oder vermindert werden soll. Damit hängt der Begriff des normalen Vorrats, über den in der Literatur und Praxis sehr verschiedene Ansichten bestanden haben und noch bestehen, eng zusammen. Auch hier ist eine geschichtliche Auffassung für die Begründung der Richtung, welche in der zukünftigen Wirtschaft eingeschlagen werden soll, von Wert. Wenn man die vorliegenden Anweisungen für die Aufstellung der Wirtschaftspläne unter Bezugnahme auf die bekannten Schriften durchmustert, so sind neben vielen zeitlichen und örtlichen Abweichungen im einzelnen zwei hervortretende prinzipielle Bestimmungsgründe erkennbar, nämlich:

Erstens die Zunahme der Intensität der Wirtschaft. Sie besteht darin, daß dem Boden im Laufe der fortschreitenden wirtschaftlichen Kultur eine wachsende Menge von Arbeit und Kapital zugeführt oder auf ihm erhalten wird. In der Landwirtschaft ist die Zunahme der Intensität ein wesentlicher Bestimmungsgrund ihrer geschichtlichen Entwicklung. In den Anfängen der menschlichen Gesellschaft herrschen Betriebssysteme vor, bei welchem der Boden mit seiner organischen Bedeckung der wichtigste Bestimmungsgrund für das ist, was erzeugt werden soll. In der Forstwirtschaft sind die Beziehungen zwischen den Entwicklungsstufen der Volkswirtschaft und dem Grade der Intensität weniger scharf erkennbar, weil sich die Forstwirtschaft, die das Produkt einer langjährigen Vergangenheit ist, dem Zustand der Volkswirtschaft weniger schnell anpassen kann. Aber im Grunde wirken bei ihr die Wirtschaftsbedingungen in der gleichen Richtung. Die dem forstlichen Betriebe dienenden Flächen werden in den meisten Kulturländern durch Rodungen eingeschränkt; der Verbrauch an Forstprodukten wird dagegen (abgesehen von Wirtschaftskrisen usw.) mit der wachsenden Bevölkerung größer. Der kleiner werdenden Waldfläche muß also ein höherer Ertrag abgerungen — der Zuwachs muß mit den Mitteln der forstlichen Technik erhöht werden. Dies kann nur durch größere Intensität, durch wachsenden Aufwand von Arbeit und Erhöhung des Wertes des vorhandenen Kapitales geschehen. Der Blick auf die Geschichte des Waldes läßt nicht darüber im Zweifel, daß, sofern es sich um planmäßige Wirtschaftsführung und um zum forstlichen Betriebe geeignete Waldbesitzer handelt, eine solche Entwicklung auch stattgefunden hat. Die Wirtschaft war früher extensiver, nicht nur in bezug auf die Arbeit sondern auch in bezug auf das Kapital, das in ihr wirksam ist. Die meisten Naturwaldungen früherer Zeit waren infolge der regellosen Nutzungen von Holz und anderen Walderzeugnissen sehr mangelhaft. Die alten Forstordnungen des 16. und 17. Jahrhunderts lassen hierüber keinen Zweifel. Auch von den älteren Vertretern forstlicher Schriften (von Langen, Zanthier, Oettelt u. a.) sind ähnliche Richtungen eingeschlagen worden. In der Nähe bewohnter Orte waren der Mittelwald und Niederwald in großem Umfang vertreten. Eine entschiedene Erhöhung des Vorrats trat erst in größerem Umfang ein, als durch G. L. Hartig u. a. die natürliche Verjüngung in zunehmendem Maße eingeführt wurde. Mehr noch geschah dies, als das Wirtschaftsziel bestimmter auf die Erzeugung von Nutzholz verschiedener Art und Stärke gerichtet wurde, während vorher das Hauptziel der Forstwirtschaft stärkeres und schwächeres Brennholz gebildet hatte.

Ein zweiter Bestimmungsgrund für die Höhe des Vorrats lag in der Forderung, daß das Verhältnis zwischen der erzeugten Holzmasse (dem Jahreszuwachs) und dem ihr zugrunde liegenden Holzvorratskapital ein angemessenes sein soll. Je höher der Vorrat in einem Bestande oder einem Betriebsverband anwächst, um so kleiner ist bei übrigens gleichbleibenden Bedingungen das genannte Verhältnis. Selbst wenn es der Wirtschaft gelingt, den Zuwachs bei steigendem Alter auf gleicher Höhe zu halten, ist das Zuwachsprozent doch stark abnehmend. Beispiele hierfür ergeben sich aus der neueren Ertragsstatistik in reichem Maße. Nach den Tafeln von Schwappach für die Fichte in Mittel- und Norddeutschland ist auf II. Standortsklasse ein Alter von 100 Jahren die Masse (Derb- und Reisholz) 900 fm, das Zuwachsprozent 0,7; nach den Tafeln von 1902 (mit kräftigem Durchforstungsbetrieb) ist unter gleichen Bedingungen die Masse 683 fm, das Zuwachsprozent 1,8. Nach den Ertragstafeln von Gehrhardt ist auf II. Standortsklasse

Alter	80 Jahre		100 Jahre	
	Masse	Zuwachs	Masse	Zuwachs
Mäßige Durchforstung	615 fm	1,8%	726 fm	1,3%
Starke Durchforstung	550 fm	2,1%	618 fm	1,6%
Schnellwuchs	486 fm	2,5%	510 fm	1,9%

Für die Buche ergibt sich auf II. Standortsklasse nach Tafel A ein normaler Vorrat ca. 300 fm, nach Tafel B ein solcher von ca. 380 fm. Es geht aus Berechnungen dieser Art hervor, daß sich die starke Durchforstung, welche die Ertragstafel der Fichte von 1902 und die Tafel A der Buche Ausdruck gibt, sich in bezug auf das Verhältnis von Zuwachs und Vorrat weit günstiger verhält als die mäßigen Grade.

Aus der Tatsache, daß den genannten beiden Bestimmungsgründen (Zunahme der Intensität und angemessene Verzinsung) entgegengesetzte Tendenzen eigentümlich sind, geht hervor, daß ein Höchstbetrag des Vorrats, auch wenn man im allgemeinen eine konservative Richtung verfolgt, nicht als Ziel der forstlichen Betriebsregelung aufgestellt werden darf. Der höchste Vorrat würde sich ergeben bei Einführung eines Erziehungsprinzips, wie es von G. L. Hartig in erster Linie für die Buche, aber auch für die meisten anderen Holzarten vertreten wurde, das ausgezeichnet war durch späten Beginn und mäßige Grade der Durchforstungen und Erhaltung vollen Schlusses bis zur Einführung der Verjüngungsschläge. Das Hinausschieben der Samenerzeugung durch den geschlossenen Stand und der geringe Betrag an Reisholz führen unter übrigens gleichen Umständen zu hohem Vorrat an Derbholz. Noch mehr tritt die Überlegenheit des Hartigschen Betriebs anderen Betriebsarten gegenüber hervor. Möller[1] glaubte seinen Dauerwald

---

[1] Der Dauerwaldgedanke 1922, S. 68.

bezüglich des Vorrats einen Vorrang zuerkennen zu dürfen. Er bemerkt in seiner Schrift: „Da wir im Dauerwaldbetrieb nicht einen erheblichen Bruchteil der Fläche von der Derbholzproduktion dadurch ausschließen, daß wir ihn zur Erziehung übergroßer Mengen junger Pflanzen bestimmen, so muß im Dauerwalde der richtige Vorrat stets höher sein als in einem nach den Grundsätzen des schlagweisen Hochwaldes eingerichteten Walde. . . . Der Vorrat soll möglichst hoch und muß jedenfalls höher sein als der ertragstafelmäßige Normalvorrat des schlagweisen Hochwaldes." Allein Beweise für die Richtigkeit einer solchen Auffassung sind nicht erbracht. Aus dem Zustand der deutschen und außerdeutschen Wälder kann sie nicht begründet werden. Weder die Nachteile der stammreichen Begründung für die Höhe des späteren Vorrats, noch die Vorzüge einer mehrstufigen Bestandesbildung lassen sich aus der Geschichte der deutschen Forsten nachweisen.

Wenn auch der normale Vorrat wegen der Menge der Faktoren, die auf ihn einwirken, häufig nicht mit der gewünschten Bestimmtheit angegeben werden kann, so ist es doch immer von Wert, daß für seine Höhe bei der Betriebsregelung leitende Prinzipien aufgestellt werden. In der neuesten Zeit haben daher auch die größeren deutschen Staatsforstverwaltungen den Standpunkt, den sie in bezug auf den Holzvorrat einnehmen, durch amtliche Verordnungen zum Ausdruck gebracht. Für die Richtung, welche in Preußischen Staatsforsten in dieser Beziehung vertreten werden soll, hat die Betriebsregelungsanweisung von 1925[1] klare Richtlinien gegeben. In ihr wird der wichtige Grundsatz an die Spitze gestellt, daß der Betrieb in den Staatsforsten wirtschaftlich und nachhaltig sein soll. „Vom Standpunkt der Wirtschaftlichkeit muß eine angemessene Verzinsung der in den Betrieben angelegten Kapitalien (Boden und Holzvorrat) gefordert werden." Dieses Prinzip wird, wie die Anweisung hervorhebt, dazu führen, beim Nadelholz, die verhältnismäßig wenig einträgliche Starkholzzucht etwas einzuschränken und dafür die Erzeugung schwächerer Nutzhölzer (Gruben, Papier, Schwellen und Bauholz) entsprechend zu erweitern. Damit decken sich auch die volkswirtschaftlichen Erfordernisse. Als die Hauptrichtlinien für die Betriebsregelung werden in der Anweisung gezeichnet: „Möglichste Vermeidung von unwirtschaftlichen Überaltern, sowie von Abtrieben wirtschaftlich unreifer Bestände und möglichster Ausgleich der periodischen Erträge."

Die Verhältnisse in Bayern[2] auf dem vorliegenden Gebiet sind durch den 1908 von Graf Toerring an die Kammer der Reichsräte gerichteten Antrag auf Erhöhung der Nutzungen aus den bayerischen Staatswaldungen bekannt geworden. Aus den dem Antrag beigefügten

---

[1] I. Wirtschaftsgrundsätze, Wirtschaftsziele, 1—6.
[2] Die Nutzung im Bayerischen Staatswald, V, Der Ausgleichfonds.

Tafeln geht hervor, daß der Holzvorrat bzw. die Altersklassen, durch die er dargestellt wird, höher ist, als in den meisten anderen deutschen Staaten, was aus der Geschichte des Landes und seiner Forsten, sowie aus der Entfernung großer zusammenhängender dünn bevölkerter Waldgebiete von den Stätten des großen Holzverbrauches hervorgeht. Die Staatsregierung hat bei der Prüfung des Antrags auf die Notwendigkeit eines allmählichen Vorgehens bei allen tiefgehenden Veränderungen, namentlich aber auf die volkswirtschaftliche Bedeutung des Waldes und seiner Nutzungen hingewiesen. In forsttechnischer Beziehung wurde geltend gemacht, daß beim stehenden Holzvorrat eine mindestens dreiprozentige Verzinsung zu erhoffen sei. Von diesen 3% wurde aber der größere Teil in dem Steigen der Holzpreise erblickt; Massen- und Wertzuwachs wurden nur zu 1% veranschlagt. Wenn es nun auch nicht zweifelhaft ist, daß ein allmähliches Vorgehen im volkswirtschaftlichen Interesse geboten ist, so darf doch auch nicht verkannt werden, daß der Massen- und Qualitätszuwachs unter dem Einfluß guter Durchforstungen niemals so weit sinken darf, als in dem angegebenen Beispiel ausgesprochen ist[1]. Auch bleibt zu beachten, daß die Maßnahmen über Umtrieb und Vorrat stets den besonderen zeitlichen und örtlichen Verhältnissen charakteristischer Wirtschaftsgebiete Rechnung tragen und daher nie allgemein, sondern stets getrennt nach Holzart, Standort und ökonomischer Lage festgesetzt werden müssen.

In einem gewissen Gegensatz zu den großen zusammenhängenden Waldungen Bayerns hat in bezug auf den stehenden Holzvorrat seit langer Zeit die sächsische Staatsforstwirtschaft gestanden. Zufolge des starken Holzverbrauches der dichten Bevölkerung der zahlreichen Flößereianlagen, welche das Holz nach den Großstädten beförderten, des Bedarfs der Hammerwerke und später der holzverarbeitenden Fabriken waren die Waldungen in größtem Teil des Landes stark ausgenutzt. Nur in einzelnen entlegenen Tälern waren sehr holzreiche Bestände vorhanden. Von der Forsteinrichtungsanstalt[2] wurde in der Mitte des vorigen Jahrhunderts der Vorrat im Durchschnitt des ganzen Landes zu 152 fm je Hektar Holzboden eingeschätzt. Er ist dann allmählich gestiegen und betrug gegen Ende des Jahrhunderts 180—190 fm[3]. In den letzten Jahren wurde befürchtet, daß die Nutzungen den Zuwachs überstiegen und dadurch der Vorrat angegriffen würde. Eine den Zuwachs übersteigende Nutzung hat jedoch seither nicht statt-

---

[1] A. a. O. Der Holzpreis stieg im Jahrzehnt 1900—1910 um mehr als 2%; der Massenzuwachs des über 100jährigen Holzes ist mit $^1/_2$—$^3/_4$% festgestellt, der Qualitätszuwachs ist sicherlich $^1/_4$%.

[2] Die Entwicklung der Staatsforstwirtschaft im Königreich Sachsen. — Thar. Forstl. Jahrbuch, 47. Band, Tab. 4 u. a.

[3] Putscher: Die Entwicklung der sächs. Staatsforstwirtschaft im letzten Jahrhundert. Jahresbericht des D. Forstvereins 1928, S. 236ff.

gefunden, wie aus der Tatsache geschlossen werden darf, daß in der zweiten Hälfte des vorigen Jahrhunderts nur durchschnittlich 5 fm Derbholz je Hektar Holzboden genutzt sind[1]. Dies ist erheblich weniger als dem Durchschnittszuwachs an Derbholz auf der IV. Standortsklasse, der zu 6 fm angegeben wird, entspricht. Übrigens wird es nach den jetzigen Verhältnissen erforderlich, daß der wirkliche volle, Haupt- und Vornutzung betreffende Zuwachs zu dem tatsächlichen Vorrat und den tatsächlichen Nutzungen in Verbindung gesetzt wird, während früher diese Beziehungen auf den Haubarkeitsdurchschnittszuwachs beschränkt blieben.

Von allgemeinem Interesse in bezug auf den stehenden Holzvorrat sind die Verhältnisse in der Staatsforstwirtschaft B a d e n s. Das lange Zeit hindurch angewandte Verfahren der Betriebsregelung, welches den Hiebssatz nach der Methode K. Heyers festsetzte, machte regelmäßige Untersuchungen über Vorwort und Zuwachs erforderlich. Von Einfluß auf die Höhe der Nutzung und des Vorrats waren neben dem Lich- tungszuwachs, von dem bei der vorherrschenden Naturverjüngung weit- gehende Anwendung gemacht wurde, die ökonomischen Wirtschafts- prinzipien. In der Forsteinrichtungsordnung von 1912[2] war vorgeschrie- ben, daß das Ziel der Wirtschaft auf einen nachhaltig möglichst hohen Waldreinertrag neben gleichzeitiger angemessener Verzinsung der in der Wirtschaft festgelegten Kapitalien gerichtet werden solle. Nach diesem Grundsatz sei über Holzart, Betriebsart und Umtriebszeit Ent- scheidung zu treffen. Die tatsächliche Entwicklung der Verhältnisse in B a d e n hat jedoch gezeigt, daß zwei ihrem Kerne nach verschiedene Prinzipien nicht nebeneinnader herrschend sein können. Daß das Prinzip des höchsten Waldreinertrags zu außerordentlich konservativen Folgerungen führt, wird aus den Zuständen, die jetzt im Walde vorliegen, geschlossen werden dürfen. Gegen eine solche Richtung wandte sich der jetzige Leiter der Badischen Forstwirtschaft, Landforstmeister Philipp[3] mit den Worten: „Zu hohes Wirtschaftskapital und unnötig verlängerte Produktionszeiträume, die selbst wieder kapitalvermehrend sich aus- wirken, bedeuten nichts anderes als einen völligen Wirtschaftsbankrott." In der im Jahre 1924 erlassenen neuen Dienstweisung über Forst- einrichtung wurde als Ziel der Wirtschaft ein möglichst hoher Boden- reinertrag unter voller Erhaltung der Bodenertragsfähigkeit bezeichnet. Die forstliche Produktion soll dem Gesetz der Wirtschaftlichkeit unter- stehen und demgemäß alle bei ihr mitwirkenden Faktoren gebührend berücksichtigen. Dies gilt insbesondere auch bezüglich des Vorrats- kapitals. Es wurde dann hinzugefügt, daß die Ergebnisse der Ertrags-

---

[1] A. a. O., Tab. 4, Holzvorrat.

[2] Dienstweisung über Forsteinrichtung § 27.

[3] Philipp u. Kurz: Die Verlustquellen in der Forstwirtschaft 1928, S. 64.

untersuchungen in Baden, in den meisten Fällen auf 100jährige Umtriebszeiten hinwiesen, während in den Gebirgswaldungen vielfach Vorräte vorhanden seien, die einem 140—170jährigen Umtrieb entsprächen.

Da, wie oben ausgeführt wurde, der zeitliche Vorrat durch zwei nationalökonomische Regeln, den obigen Sätzen 1 und 2, bestimmt wird, so ist es erklärlich, daß eine absolute bleibende Form für den Vorrat nicht gegeben werden kann. Immer aber wird sich zeigen, daß nicht die Aufspeicherung möglichst hoher Vorräte das erste Ziel der Forstwirtschaft ist, sondern die Herstellung und Erhaltung der Quellen, aus welchen neue Güter und forstliche Werte gebildet werden. Nach Friedrich Lists[1] bahnbrechendem Einfluß steht nicht die Theorie der Tauschwerte, wie er die Lehre von Adam Smith nennt, an erster Stelle für den Fortschritt der Volkswirtschaft, sondern die Theorie der produktiven Kräfte. Die dieser eigentümliche Kraft, Reichtümer zu schaffen, ist nach List weit wichtiger als der Reichtum selbst. „Sie verbürgt nicht nur den Besitz und die Vermehrung des Erworbenen, sondern auch den Ersatz des Verlorenen." Wenn Lists Schrift auch Übertreibungen enthält, so ist sie doch durch die nationale und produktive Richtung, die sie vertritt, für den Fortschritt der Forstwirtschaft fruchtbarer als die einseitige Betonung möglichst hoher Vorräte.

Daß das Holzvorratskapital, wie Erdmann hervorhebt, eine seiner Bedeutung entsprechende Behandlung noch nicht erhalten hat, liegt in der Schwierigkeit, die mit exakten, zahlenmäßigen Nachweisen verbunden ist. Von seiten einer strengen mathematischen Schule, als deren entschiedenster Vertreter G. Heyer anzusehen ist, wurde verlangt, daß der Vorrat möglichst genau, auf exaktem mathematischem Wege, ermittelt werde. Die mathematische Behandlung dieses und anderer Zweige der Forstwirtschaft hat für die Klarstellung ihrer Grundlagen und Ziele zweifellos fördernd gewirkt. Sie lieferte jedoch durch die einseitige Betonung des mathematischen Elementes den Gegnern einer schärferen Auffassung der Wirtschaftsprinzipien Anlaß zur Kritik, die aber nicht das Prinzip der Wirtschaft, einen möglichst hohen Reinertrag hervorzubringen, betraf, sondern vielmehr die Methode seiner Behandlung[2].

Ebensowenig wie aus der wirtschaftlichen Natur können aus der beschränkten Verwertbarkeit der Forstprodukte Folgerungen gegen das Reinertragsprinzip gezogen werden, wie von Bose, Baur u. a. geschehen ist. Am stärksten und originellsten trat aber auch in dieser Beziehung Borggreve den Vertretern der Reinertragslehre entgegen. Wenn man es nicht schwarz auf weiß lese, schreibt er, hielte man es nicht

---

[1] Das nationale System der politischen Ökonomie, 7. Aufl., S. 16—18, 120 u. a.

[2] Borggreve: Die Forstreinertragslehre 1878, S. 103.

für möglich, daß Forstleute ganz ignorieren können, wie Holz eben doch nur ein ganz beschränkt verwendungs- und transportfähiges Gut ist. Nur einen Weg gebe es, einen zahlenmäßigen Wert für größere Waldkomplexe zu erhalten — das ist der plötzliche und vollständige öffentlich meistbietende Verkauf bei gänzlich freier Konkurrenz. Aber die jederzeitige Verwertbarkeit eines Wirtschaftsgutes ist keine Bedingung für die Höhe seiner Schätzung. Sie besteht in gleicher Weise für Holz, wie für andere Wirtschaftsgüter (Landgüter, Häuser, Viehbestände), auch diese würden unverwertbar sein, wenn mit einem Male alle Grundstücke einer Gemarkung oder Häuser einer Stadt, oder Viehbestände eines Kreises zum Verkauf kämen.

2. Die Ermittelung des Vorrats.

Geht man auf die geschichtliche Entwicklung des Vorratsnachweises näher ein, so tritt als wesentlicher Bestimmungsgrund für denselben der Umstand hervor, daß es in früherer Zeit vorzugsweise Zwecke der Veräußerung und der Abfindung für Waldgerechtsame waren, für welche Vorratsermittelungen vorgenommen wurden. Daher ist es erklärlich, daß die meisten Vorschriften über diese im Anschluß an Waldwertberechnungen oder als deren Grundlage erlassen wurden. Hierbei wurden an die Genauigkeit der Berechnungen größere Ansprüche gestellt, als es für die Zwecke der Forsteinrichtung großer Reviere nötig und ausführbar ist. Später wurde die Ermittlung der Holzmassen als Teil der Forsteinrichtung angesehen; sie erschien unter deren Vorarbeiten. Da sie aber auch noch zu anderen Teilen des Forstwesens in Beziehung steht und im Laufe der Zeit an Umfang zugenommen hat, so wird die Holzmeßkunde in der neueren Zeit, als ein selbständiger Fachzweig angesehen, der neben der Forsteinrichtung auch in der Forstbenutzung und der Waldwertrechnung zu vielseitiger Anwendung gelangt.

In der Forsteinrichtung werden Holzmassenaufnahmen meist auf diejenigen Bestände beschränkt, welche in der nächsten Wirtschaftsperiode zur Verjüngung kommen sollen. Erst als Hundeshagen, K. Heyer und andere Vertreter der forstlichen Literatur und Praxis die Schätzung des ganzen Vorrats als Grundlagen für die Methoden der Forsteinrichtung begründet hatten, machte sich das Bedürfnis geltend, Masse und Wert des gesamten Vorrats zum Ausdruck zu bringen.

In der neuesten Zeit werden durch die Einführung des Plenterbetriebs, die Forderung einer Trennung von Kapital und Rente und die Aufstellung von Bilanzen an den Vorratsnachweis vielfach größere Ansprüche gemacht, als es seither der Fall war.

a) *Die Masse des Vorrats.*

Betrachtet man die geschichtlichen Verhältnisse auf dem Gebiete des Vorratsnachweises in verschiedenen Ländern, so zeigen sich nach

Zeit und Ort große Unterschiede. Solche liegen vor in bezug auf die Art der Holzmassenaufnahme, je nachdem sie durch Schätzung oder Messung erfolgt, in bezug auf die Grade der Genauigkeit, die in beiden Fällen verlangt werden, und in bezug auf die Behandlung der Vorerträge, je nachdem diese in die Ertragsregelung einbezogen werden oder von ihr ausgeschlossen bleiben.

Die Bestände, deren Massen dem Hiebssatz des nächsten Wirtschaftszeitraumes zufließen sollen, werden mit den Beträgen, zu denen sie für diesen Zweck veranschlagt werden, in den Nachweis des Vorrats aufgenommen. Je nach Alter und Beschaffenheit kommen für die haubaren Bestände vollständige Aufnahmen mit der Kluppe in Betracht, die namentlich in unregelmäßigen und lichten Orten erforderlich werden; ferner Aufnahmen von Probeflächen in regelmäßigen, älteren Beständen; oder Okularschätzungen mit Zuhilfenahme der in der seitherigen Wirtschaft gemachten und in den Wirtschaftsbüchern niedergelegten Erfahrungssätze.

Für regelmäßige angehend haubare Bestände und für mittelalte Orte stehen Schätzungen nach Ertragstafeln an erster Stelle. Sie bilden ein sehr wertvolles Hilfsmittel für die Massenschätzungen und müssen auch für andere wichtige Aufgaben der Ertragsregelung und forstlichen Statik verwendet werden.

Die Ertragstafeln sind für die Entwicklung der Forsteinrichtung im 19. Jahrhundert von großem Einfluß gewesen. Mit Rücksicht hierauf, sowie in Ansehung mancher auf Ungleichaltrigkeit gerichteter Bestrebungen der neueren Zeit, die zu den vorliegenden Ertragstafeln in einem gewissen Gegensatz stehen, sind hier einige Bemerkungen über die Ertragstafeln am Platze.

Die wesentlichste Anregung auf dem Gebiete der Ertragsregelung erfolgte durch K. Heyer. In seinem bekannten „Aufruf zur Bildung eines Vereins für forststatische Untersuchungen", welcher der in Darmstadt im Jahre 1845 tagenden Versammlung süddeutscher Forstwirte übergeben wurde, und in der von ihm und anderen Forstwirten 1846 verfaßten „Anleitung zu forststatischen Untersuchungen" wurde die Forderung erhoben, daß die Masse und der Zuwachs charakteristischer Bestände durch positive Untersuchungen ermittelt werden sollten. Die Berechtigung dieser Bestrebungen wurde allgemein anerkannt; aber ihre Durchführung erfolgte sehr langsam. Es fehlte in den verschiedenen deutschen Staaten an einer einheitlichen Sortierung des eingeschlagenen Holzes und an einer einheitlichen Organisation des ganzen Versuchswesens. Erst nachdem die politische Einheit des deutschen Reiches vollzogen war, konnte sich auch die Forstwirtschaft in dieser Beziehung einheitlich entwickeln. Es entstand der Verein der forstlichen Versuchsanstalten. Durch die gemeinsame Tätigkeit der Vertreter der größeren deutschen

Staaten wurde der Arbeitsplan für die Aufstellung für Holzertragstafeln nach dem Entwurf der Preußischen Versuchsanstalt im Jahre 1874[1] vereinbart. Die Ertragstafeln sollten eine Darstellung der Holzerträge an Haupt- und Vornutzung in normalen Beständen für die Verschiedenheiten der Betriebsarten, der Holzarten, der Standorte und des Alters zur Aufgabe haben. Für den Hochwald sollten Ertragstafeln für die Hauptholzarten (Buchen, Fichten, Kiefern, Tannen und womöglich auch Eichen) in reinen oder doch annähernd reinen Beständen aufgestellt werden. Sie sollten die Stammzahl, die Stammgrundfläche, die mittlere Bestandeshöhe, die gesamte oberirdische Holzmasse, den Durchschnittszuwachs und den Normalzuwachs angeben. Auf der hierdurch gewonnenen Grundlage wurden bald neue Ertragstafeln, zunächst für die Fichte, dann auch für andere Holzarten bearbeitet und veröffentlicht.

Nach § 6 des genannten Arbeitsplanes hat sich die Auswahl und Aufnahme der Bestände ausschließlich auf möglichst normale und gleichartige Bestände zu erstrecken. Unter normalen Beständen sind solche zu verstehen, welche nach Maßgabe der Holzart und des Standorts bei ungestörter Entwicklung auf großen Flächen von mindestens 1 ha „als die vollkommensten" anzuerkennen sind. Bei der Betriebsregelung wurden die wirklichen Bestände zu den normalen durch Multiplikationen mit einem Vollertragsfaktor in Beziehung gesetzt.

Die genannte Bestimmung des § 6 kann nun aber zu sehr abweichenden Folgerungen führen. Der Normalbestand der Ertragstafeln ist kein fester Begriff von allgemeiner Gültigkeit; er kann nach sachlichen Verhältnissen und persönlichen Urteilen verschieden sein. Nicht nur sind die durch den Standort bedingten Verschiedenheiten weit mannigfaltiger, als der üblichen Fünfzahl entspricht — auch nach der seitherigen Wirtschaftsführung und nach den Ansichten der Wirtschaftsführer oder Besitzer können die Urteile über das, was normal genannt wird, voneinander abweichen. Demgemäß ergeben sich auch große Unterschiede in bezug auf den normalen Vorrat.

Beschränkend auf die Anwendung der zur Zeit vorliegenden Ertragstafeln wirkt auch die Abweichung der Wirtschaftsziele von denjenigen, die zur Zeit der Aufstellung der Tafel zugrunde gelegen haben. Diese bezogen sich nach den gegebenen Erklärungen auf reine oder doch annähernd reine Bestände. In der Neuzeit wird das Wirtschaftsziel mehr und mehr auf gemischte Bestände gerichtet.

Trotz dieser und anderer Ausstellungen, die an den Ertragstafeln der Versuchsanstalten gemacht werden können, darf man ihre Bedeutung nicht unterschätzen. Durch die planmäßigen Arbeiten, welche auf sie gerichtet worden sind, enthalten sie eine Menge gründlicher Nachweise,

---

[1] Ganghofer: Das forstliche Versuchswesen 1881, XIV. Arbeitsplan für die Aufstellung von Holzertragstafeln.

nicht nur für die Massenschätzungen, sondern auch für viele andere Beziehungen, die für das Verhalten der Holz- und Betriebsarten, der verschiedenen Stammklassen, für den Einfluß des Wachsraumes auf Höhe und Stärke, die Umtriebszeit und andere Verhältnisse von Wert sind. Immer aber bleibt zu beachten, daß Ertragstafeln keine starren Gebilde sind, sondern daß sie einen zeitlich und örtlich verschiedenen, durch ihre seitherige Geschichte und die gegebenen Entwicklungsbedingungen bestimmten Charakter besitzen.

Wichtiger als die Genauigkeit der Aufnahme ist das Prinzip, welches hierbei in bezug auf die ausscheidenden Bestandesteile befolgt wird. Wie schon an anderer Stelle hervorgehoben wurde, ist von vielen Vertretern der Forsteinrichtung, insbesondere von den Begründern der Vorratsmethoden, die Ansicht ausgesprochen, daß der Vorrat der einzelnen Bestände nicht nach dem wirklichen Gehalt, den sie zur Zeit der Aufnahme besitzen, einzusetzen sei, sondern nach dem Produkt aus ihrem Alter und dem Haubarkeitsdurchschnittszuwachs. Diese Methode besitzt den Vorzug großer Einfachheit. Für den normalen Vorrat, der bei der Betriebsregelung angestrebt wird, besteht die bekannte Formel $nv = \dfrac{u\,z}{2}$. Wenn es sich bei der Regelung des Ertrags wirklich nur um die Enderträge handelte, so könnte gegen ihre Anwendung nichts gesagt werden. Ihr einflußreichster Vertreter ist K. Heyer[1]. Er stellte den Satz auf: „Man findet die Größe des normalen Vorrats für die Zwecke der Ertragsregelung, indem man das Alter einer jeden Stufe mit dem normalen Haubarkeitsdurchschnittszuwachs multipliziert und die Produkte addiert." So sehr man auch K. Heyers grundlegende Bedeutung für die Ertragsregelung zu schätzen hat, so muß doch bestimmt ausgesprochen werden, daß die Ausschließung derjenigen Bestandesteile, welche vor der Haubarkeit zur Nutzung kommen, vom Vorratsnachweis bei der jetzigen Bedeutung der Vornutzungen nicht aufrechterhalten werden kann. Die Vornutzungen haben durch die forsttechnischen Fortschritte und die Verbesserung der Absatzverhältnisse stetig zugenommen. Maßgebend für das, was ein Bestand in seiner Lebenszeit geleistet hat, ist nicht die Masse, die am Schluß der Umtriebszeit noch vorhanden ist, sondern die Summe der Endnutzung und aller Vornutzungen, die im Laufe der Umtriebszeit stattgefunden haben. Sie kann sich entweder auf die gesamte oberirdische Holzmasse erstrecken oder auf das Derbholz beschränkt bleiben.

Der jetzige Stand der Forsteinrichtung auf dem vorliegenden Gebiete hat seine Wurzeln in der seitherigen Forstgeschichte. In der Praxis der meisten deutschen Staaten ist aber der Vorrat, wie schon oben hervorgehoben wurde, durch das Altersklassenverhältnis ersetzt

---

[1] Waldertragsregelung, 3. Aufl. § 34.

worden. Zweifellos ist dieses auch in vieler Hinsicht besser geeignet, ein Urteil über den Waldzustand abzugeben, als ein in Masse oder Geld ausgedrückter Vorrat. Aber zu manchen Aufgaben der Forsttechnik und Forstpolitik kann der Nachweis des Vorrats in der Fassung eines durch Masse und Wert bestimmten Kapitals nicht entbehrt werden.

In bezug auf die Ermittlung der Masse des Vorrats waren die Staaten, welche das Fachwerk frühzeitig verlassen hatten, den anderen, in welchen dieses herrschend blieb, vorangegangen. In Baden machte die Anwendung der Ertragsregelungsmethode von K. Heyer die Aufnahme des Vorrats notwendig. Auch in den Anweisungen von 1912 und 1924 werden Vorschriften über die Ermittelung des Vorrats gegeben. In Sachsen wurden schon bald nach Gründung der Forsteinrichtungsanstalt Vorratsschätzungen ausgeführt. Die Masse der 1—40jährigen Bestände wurde nach den Abschlüssen der Bonitäts- und Altersklassentabelle berechnet. Der Vorratsnachweis der über 40jährigen Bestände erfolgte bei jeder 10jährigen Hauptrevision durch Okularschätzung. Nach dieser betrug im Durchschnitt des ganzen Landes der Vorrat je Hektar Holzboden in der Jahrzehnten:

1844/53	1854/63	1864/73	1874/83	1884/93	1884/1903	1904/13
152	162	177	189	187	189	185 fm

In den meisten anderen deutschen Staaten liegen die Vorratsnachweise noch in den Anfängen. In Bayern sind besondere Aufnahmen des Vorrats in der Regel auf Bestände zu beschränken, welche für den nächsten 10jährigen Zeitabschnitt zum Angriff bestimmt werden. Okularschätzung ist zulässig, wenn Angleichung an Hiebsergebnisse, an bereits aufgenommene Bestände oder an Ertragstafeln ein genügend verlässiges Resultat erwarten läßt. Zur Beurteilung des Standes der Wirtschaft, namentlich um ersehen zu können, ob ein Überschuß oder ein Fehlbetrag am Vorrat besteht, ist die Schätzung auf den gesamten Vorrat auszuführen. Nach Muster 12 der Forsteinrichtungsanweisung ist eine summarische Berechnung des gesamten wirklichen Derbholzvorrats und des gesamten Derbholzsollvorrats vorzunehmen. Die hierzu erforderlichen Schätzungen sind nach Maßgabe der Altersklassencharakteristik unter Benutzung von Ertragstafeln zu bewirken. — In Preußen[1], wo im 19. Jahrhundert das kombinierte und Flächenfachwerk zur Anwendung gelangten, erhielten die vorliegenden Bestände ihren Ausdruck durch das Altersklassenverhältnis. Erst in der Anweisung von 1925 wird die Bedeutung des Vorrats als Grundlage der Betriebsregelung hervorgehoben. Es heißt dort: Der Normalzustand wird angestrebt durch allmähliche Herstellung des der Umtriebszeit entsprechenden normalen Altersklassenverhältnisses. Das Verfahren

---

[1] Betriebsregelungs-Anweisung 1925, II. Methode.

wird daher auch als Altersklassenmethode bezeichnet. „Die in der Anweisung aufgestellten Richtlinien machen es aber erforderlich, bei stark anormalen Altersklassenverhältnis als nächstes Ziel die Herstellung des normalem Vorrats aufzustellen, daneben aber auch ... die Herstellung einer normalen Altersabstufung mit im Auge zu behalten. Gemessen wird hierbei ... der Vorrat am Flächendurchschnittsalter der Betriebsklasse."

Das Altersklassenverhältnis wird beim schlagweisen Betrieb für die Betriebsregelung stets von Bedeutung bleiben. Indessen der Fortschritt auf diesem Gebiet wird doch in Zukunft mehr nach dem Vorratsnachweis hin erfolgen müssen. Für die ökonomische Würdigung der forstlichen Verhältnisse bleibt das Alter ein ungenügender Maßstab. Bei gleichem Durchschnittsalter können die Massen und Werte der Bestände je nach den technischen Verhältnisse sehr verschieden sein.

b) *Der Wert des Vorrats.*

Für viele Maßnahmen der Forstwirtschaft ist die Rücksicht auf die Beschaffenheit der Erzeugnisse wichtiger als ihre Menge. Die Holzmasse, die auf einem gegebenen Standort nachhaltig erzeugt wird oder erzeugt werden kann, ist in erster Linie von der Güte dieses Standortes abhängig; sie kann, wie die vorliegenden Ertragstafeln und die Ergebnisse mancher Untersuchungen zeigen, bei verschiedener Begründung, verschiedener Durchforstung und Lichtung, verschiedener Umtriebszeit annähernd gleich sein. Auf die Beschaffenheit des Holzes wirken diese Maßnahmen weit bestimmter ein.

Beim Nachweis des Wertes ist der Zweck, zu welchem die Aufnahme des Vorrats erfolgt, von Einfluß auf die Art und Genauigkeit der Ausführung. Wie in den Lehrbüchern der Waldwertrechnung ausgeführt wird, kann der Wert der Bestände, die den Vorrat zusammensetzen, als Kosten-, Erwartungs- oder Verbrauchs-(Verkaufs-)wert berechnet werden.

Kostenwerte werden bekanntlich derart hergeleitet, daß die zur Bestandesbildung wirksamen Produktionsfaktoren, welche in den Bodenrenten, den Kultur- und Verwaltungskosten bestehen, auf das gegenwärtige Bestandesalter prolongiert werden. Hiervon kommen die etwa eingegangenen Erträge, ebenso bezogen auf die Gegenwart, in Abzug. Der auf solche Weise nachgewiesene Tauschwert (Preis) ist eine notwendige Bedingung für eine nachhaltige Wirtschaftsführung und hierdurch von allgemeiner bleibender Bedeutung für deren Aufrechterhaltung. Für die Nachhaltigkeit der Produktion ist es erforderlich, daß die Erträge die Produktionskosten übertreffen, da der Zweck der wirtschaftlichen Erzeugung in der Regel auf einen Überschuß des Ertrages über die Kosten gerichtet ist. Trotz dieser allgemeinen Beziehung kann eine unmittelbare Anwendung der Kostenwerte in der Forstwirtschaft nur im beschränktem Maße stattfinden. In der langen Zeit zwischen Begründung und Ernte treten Wirkungen auf die Holzpreise ein, die von den Erzeugungskosten unabhängig sind. Am ersten lassen sich Kostenwerte für junge künstlich begründete regelmäßige Bestände anwenden, bei denen die Bestandteile der Kosten leicht und einwandfrei nachgewiesen werden können.

Die Methode der Erwartungswerte beruht auf dem richtigen Gedanken, daß alle Werte, welche in der Forstwirtschaft erzeugt werden, von den zu erwartenden Erträgen abhängig sind. Sie entsprechen dem Interesse des Waldeigentümers oder Käufers. Gleichwohl ist auch die Anwendbarkeit von Erwartungswerten sehr beschränkt. Bei jüngeren und mittelalten Beständen sind gegen sie analoge Einwendungen zu erheben, wie gegen Kostenwerte für ältere. Die Werte des Holzes in ferner Zukunft können nicht mit Sicherheit in zahlenmäßiger Fassung eingesetzt werden. Auch wenn keine Naturschäden eintreten, sind die Werte der Haubarkeitserträge je nach der technischen Behandlung, insbesondere der Art und dem Grade der Durchforstungen, sehr verschieden, wie aus den neueren Ertragstafeln zur Genüge ersehen werden kann. Mehr noch gilt die Unsicherheit in bezug auf die zukünftigen Tauschwerte des Holzes. Daß sie sich stetig, der Zeit entsprechend, ändern, wie von mancher Seite unterstellt wird, kann nur für bestimmte ruhige Wirtschaftsperioden, nicht aber allgemein angenommen werden.

Weitaus am meisten Bedeutung muß der Schätzung des Holzes nach den Verkaufs- oder Verbrauchswerten beigelegt werden, die als Produkte von Masse und Wert zu berechnen und darzustellen sind. Daß auch Verkaufswerte Mängel besitzen, bedarf keines Beweises. Junge Bestände haben meist gar keinen Verbrauchswert, wohl aber einen wirtschaftlichen Wert. Allein die jungen Bestände machen nur einen kleinen Teil des ganzen Vorrats aus und können leicht eingeschätzt werden. Der reale Verbrauchswert hat schon deshalb für ältere und mittelalte Bestände besondere Bedeutung, weil er unabhängig ist von dem Zinsfuß, der für Kosten- und Erwartungswerte eine so einflußreiche Rolle spielt, obwohl er nie einwandfrei nachgewiesen werden kann. Es ist ferner zu beachten, daß für den wichtigsten Zweck, zu welchen bei der Forsteinrichtung Nachweise der Bestandeswerte vorgenommen werden, nämlich für die Ermittelung des Wertzuwachses, des wichtigsten Faktors für die Umtriebszeit, nur die materiellen durch Massen und Wert der Einheit bestimmten Verbrauchswerte zugrunde gelegt werden können.

Da sich junge Bestände nicht nach dem Verbrauchs- und Erwartungswert bestimmen lassen, für ältere aber gerade diese Berechnung oder Schätzungsart die wichtigste ist, so führt eine auf ganze Reviere oder Betriebsverbände gerichtete Überlegung zu der Einsicht, daß eine einheitliche Methode des Vorratsnachweises, wenn sie auch an sich nicht nur wegen der anzuwendenden Formel sondern auch aus sachlichen Gründen wünschenswert erscheint, nicht durchgeführt werden kann. Es empfiehlt sich deshalb, den Vorrat nach Altersstufen zu ordnen und einesteils die älteren, andernteils die jüngeren Bestände für sich zu berechnen. Tatsächlich würde auch in der Praxis derjenigen Staaten, in welchen der Vorrat nebst seiner Verzinsung überhaupt der Berechnung oder Schätzung unterworfen wird, in dieser Weise verfahren. Insbesondere gilt dies von der Sächsischen Staatsforstverwaltung, die das Waldkapital schon seit der Mitte des vorigen Jahrhunderts zur Darstellung gebracht hat. Nach den betreffenden Bestimmungen des Forsteinrichtungsamtes sind die 1 bis 40- (bzw. 60-)jährigen Bestände nach der Formel für den Bestandeskostenwert zu berechnen. Die älteren Bestände werden nach dem Produkt aus Masse- und Durchschnittswert der Masseneinheit geschätzt. Auch in Baden sollen nach der Forsteinrichtungsordnung von 1912 die Bestandeswerte, etwa bis zum 40jährigen Bestandesalter, nach dem Kostenwert, die der älteren Bestände nach dem Verkaufswert ermittelt werden. Die Kostenwertberechnung ist in der Regel soweit in Anwendung zu bringen, als die Bestände in der Hauptsache noch keine Handelsware liefern. Sie werden auf Grund des Abschlusses der Waldstandsübersicht für die 20 Jahre umfassenden Altersgruppen berechnet, und zwar bei annähernd gleichmäßiger Verteilung der einzelnen Alter innerhalb der Gruppe auf die Mitte der Altersklasse, d. i. auf das Jahr 10, 30, 50 usw., bei unregelmäßiger Verteilung auf das sich ergebende mittlere Flächenalter. — In den meisten anderen Staaten sind die Vorschriften über die Berechnung der Bestände und des Waldkapitals vorzugsweise für die Zwecke des An- und Verkaufs sowie der Ablösung von Grundgerechtigkeiten erlassen worden. In Preußen sollen nach den allgemeinen Vorschriften von 1905, betreffend Waldwertsberechnungen, die unter 40—50 Jahre alten Bestände in der Regel nach dem Erwartungs- oder Kostenwerte berechnet werden; ältere und alle hiebsreifen Bestände sind in der Regel nach ihrem Verkaufswert zu veranschlagen.

Die wichtigsten Forderungen, die man zum Nachweis des Wertes des Vorrats für die Betriebsregelung zu stellen hat, gehen dahin, daß

1. für alle oder doch die wichtigsten für die Betriebsführung ausschlaggebenden Sortimente, die jährlichen bzw. periodischen Durchschnittspreise berechnet und bekannt gegeben werden;

2. für die am meisten vertretenen Bonitäten und Altersstufen die Werte des stehenden Holzes, die sich nach den das Durchschnittsfestmeter zusammensetzenden Sortimenten ergeben, nachgewiesen werden;

3. für die Vergangenheit, soweit entsprechendes Material vorliegt, die Verwertungspreise der Sortimente angegeben werden;

4. für größere Wirtschaftsgebiete die Preise getrennt nachgewiesen werden.

3. Die Verzinsung des Vorrats.

Bei einem Betriebe, in welchem der Produktionsfaktor „Kapital" eine so wichtige Rolle spielt, wie in der Forstwirtschaft, wird die Frage der Verzinsung jederzeit von Bedeutung bleiben. Gegensätzliche Richtungen sind nicht von Dauer. Unter dem umgestalteten Einfluß, den der Weltkrieg auf das Wirtschaftsleben ausgeübt hat, konnte sich wohl die Ansicht bilden, daß die Forderung der Verzinsung in der Forstwirtschaft nicht aufrecht erhalten werden könne. Allein der Weltkrieg mit seinen zerstörenden Wirkungen kann der zukünftigen Forstwirtschaft und dem in ihr sich vollziehenden Wertbildungsprozeß nicht zugrunde gelegt werden. Ein Volk, in dem die zerstörende Wirkung des Krieges auf lange Dauer wütete, würde zugrunde gehen. In jeder entwicklungsfähigen Volkswirtschaft muß aber auch Kapital gebildet werden. Dies geschieht aber nur, wenn eine Verzinsung desselben erwartet werden kann. Die hierauf gerichteten Erörterungen werden deshalb in Zukunft in allen prinzipiellen Fragen ebenso liegen, wie es in der Vergangenheit gewesen ist.

Trotz der Anerkennung der Notwendigkeit einer Verzinsung kann die Höhe des Zinsfußes in bestimmten Zahlen von allgemeiner Gültigkeit nicht festgestellt werden. Die Rechnungen, welche man für diesen Zweck ausführt, gelten nur unter besonderen Bedingungen, von denen eine auch den angewandten Zinsfuß betrifft. Zu einer dahin gerichteten Ansicht sind aber hervorragende Nationalökonomen in Gegensatz getreten, von denen hier nur Helferich und v. Thünen genannt werden sollen. Helferich vertrat nach dem Erscheinen von Preßlers „Rationellem Waldwirt" die Ansicht, daß ein Waldeigentümer, der privatwirtschaftlich richtig wirtschafte, seinen Berechnungen den landesüblichen Zinsfuß zugrunde legen müsse. Von Thünen führte in seinen wenig bekannten, aber tiefgehenden Untersuchungen über Bodenrente und Umtriebszeit, durch die ihm ein ehrenvoller Platz in der Geschichte der forstlichen Betriebslehre zukommt, einen gleichmäßigen Zinsfuß von 4% ein. Die Forstwirtschaft hat jedoch durch die lange Dauer des Wachstums der Bäume und durch die Regeln der forstlichen Technik soviel Eigentümlichkeiten, daß sonst gültige Sätze über das Verhältnis von Rente und Kapital, das den Zinsfuß bestimmt, nicht ohne weiteres auf sie übertragen werden können. Als die wichtigsten Besonderheiten des forstlichen Zinsfußes sind folgende geltend zu machen:

Erstens die Forderung, daß derselbe niedrig sein soll. Die Gründe hierfür sind von der großen Mehrzahl der Forstwirte übereinstimmend anerkannt worden. Sie liegen zunächst in der langen ununterbrochenen Dauer der Wirksamkeit des Wald- bzw. Vorratskapitals. In anderen Zweigen des Wirtschaftslebens kommt eine so stetige Wirksamkeit des Kapitals nur selten vor. Sodann muß (wenigstens wenn, wie es im praktischen Leben meist geschieht, der Zinsfuß im weiteren Sinne gefaßt wird) die Sicherheit der Waldwirtschaft in Rücksicht gezogen werden. Trotz der vielen Naturschäden, welchen die Waldbestände bei allen Holzarten und in allen Altersstufen ausgesetzt sind, ist die Sicherheit des ganzen Betriebs in der Forstwirtschaft doch weit größer als in den meisten Zweigen des gewerblichen Lebens, die von den Schwankungen der wirtschaftlichen Zustände stärker betroffen werden. Ein weiterer Grund zur Anwendung niedriger Zinsfüße muß in dem Umstand gefunden werden, daß die Erträge der Forstwirtschaft im Laufe der fortschreitenden Kultur zu steigen pflegen. Wie die Landwirtschaft, so muß auch die Forstwirtschaft fähig sein, die Massenerträge durch forsttechnische Maßnahmen und Erweiterung der Absatzmöglichkeiten zu erhöhen. In noch höherem Maße gilt dies in bezug auf die Beschaffenheit des Holzes, die durch die Maßnahmen der Verjüngung und Pflege im hohen Grade gefördert werden kann.

Eine zweite Eigentümlichkeit des forstlichen Zinsfußes, die aber im Kreise der Forstwirte weniger anerkannt wird als die erstgenannte besteht darin, daß er nicht für alle Holzarten und Bestandesformen als gleich angenommen werden kann. Die Berechtigung, verschiedene Zinsfüße zur Anwendung zu bringen, liegt darin, daß die Ursachen, aus welchen bei der Forstwirtschaft im allgemeinen ein niedriger Zinsfuß angewandt wird, unter verschiedenen wirtschaftlichen Verhältnissen nicht in gleichem sondern in verschiedenem Maße vorliegen. Verschieden ist die Stetigkeit der Massen- und Werterzeugung, verschieden die Sicherheit der Betriebsführung, verschieden die Berechtigung der Vermutung zukünftiger Ertragssteigerung. Indem man diese Bestimmungsgründe gehörig würdigt, gelangt man insbesondere zu verschiedenen Zinsfüßen nach Holzarten und Umtriebszeiten. Bei verschiedenen Holzarten ist die Sicherheit des Betriebs häufig verschieden. Je besser das Klima einer Holzart entspricht, um so weniger Schäden ihres Wachstums sind zu befürchten. Laubholz bietet im allgemeinen eine größere Sicherheit als Nadelholz, das von den Gefahren der organischen und anorganischen Natur mehr zu leiden hat. Gemischte Bestände gewähren eine größere Sicherheit als reine. Was die Umtriebszeit betrifft, so findet der, schon in der preußischen Anleitung zur Waldwertberechnung von 1866 kundgegebene Ausspruch: „Je länger ein Zeitraum ist, für welchen ein Kapital ohne Unterbrechung und ohne daß die mit Wiederanlegung verbundene Mühe, Kosten, Zeitverlust und zeitweise Zinsenausfälle eintreten, mit Zins auf Zins werbend sicher angelegt wird, um so kleiner kann der Zinsfuß sein" in der forstlichen Praxis vielseitige Anwendung. Diese findet jedoch große Schwierigkeiten, weil die Unterschiede des Zinsfußes bei verschiedenen Holzarten und Umtriebszeiten nicht leicht zutreffend begründet werden können und weil die Ausführung der Berechnungen sehr umständlich ist.

Wie aus den meisten Erörterungen über den forstlichen Zinsfuß hervorgeht, liegt eine wesentliche Besonderheit desselben in dem Umstand, daß er vom landesüblichen Zinsfuß unabhängig oder wenigstens nicht direkt abhängig ist. Die Richtigkeit dieser Auffassung ist zwar von den meisten Nationalökonomen, welche der Forstwirtschaft nähergetreten sind, nicht anerkannt worden. Der Zinsfuß gilt im Gegenteil als ein ziemlich gleichbleibender Faktor, im Gegensatz zu den anderen Zweigen des Einkommens. Schon A. Smith hebt hervor, daß von den zahlreichen Umständen, welche den Arbeitslohn verändern, nur zwei den Kapitalzins berühren, insbesondere die mit den betreffenden Geschäften verbundene Gefahr oder Unsicherheit. Roscher stellte an die Spitze des Abschnitts seiner Schrift über den Kapitalzins den Satz auf: „Innerhalb desselben volkswirtschaftlichen Gebietes trachten die verschiedenen Kapitalverwendungen regelmäßig nach einem gleichen Zinsfuß." Daher war es auch verständlich, daß Helferich[1] über die Ansicht der Forstwirte, die für ihren Betrieb einen niedrigen Zinsfuß unterstellten, ziemlich erstaunt war. Er schrieb: „An sich erscheint es schwer verständlich, wie über ein rein faktisches Verhältnis, wie der Zinsfuß, eine Verschiedenheit der Ansichten bestehen kann." Er fügte, um seine Ansicht zu präzisieren, hinzu, daß ein Waldeigentümer, wenn er privatwirtschaftlich richtig wirtschaften wolle, in Deutschland mit 5%, in Österreich mit 6% rechnen müsse. Die größte Mehrzahl der wissenschaftlichen und praktischen Forstwirte teilte jedoch die Ansicht Judeichs, der in seiner Antwort an Helferich ausführte: „Der Zinsfuß läßt sich ganz rein eigentlich niemals darstellen; er ist eine Summe verschiedener wirtschaftlicher Faktoren, die ihrerseits wieder von verschiedenen Verhältnissen abhängig sind.... Dies hat zur Folge, daß er eine fragliche Größe ist und stets bleiben wird." Und so ist es auch in der Tat. Die Forstwirtschaft hat durch die lange Dauer, welche die Bäume zu ihrer Hiebsreife bedürfen, Eigentümlichkeiten, durch die sie sich von fast allen anderen Wirtschaftszweigen unterscheidet. Das in den Staatsforsten und anderen großen Waldkörpern vorliegende Kapital ist die Folge einer ein Jahrhundert langen Wirtschaftsgeschichte. Bei einer geordneten, nach den Regeln des Waldbaues und des Forstschutzes geleiteten Wirtschaft wird das Bestandeskapital, welches den Vorrat bildet, nur allmählich verändert. Die vorliegenden Bestandeszustände müssen zunächst als

---

[1] Forstliche Blätter 1872, Sendschreiben von Judeich.

eine durch die Geschichte gegebene Tatsache hingenommen werden. Auf die Höhe der Verzinsung ist diese Gebundenheit des forstlichen Betriebskapitals von großem Einfluß. Das treffendste Beispiel, das infolgedessen für das Verhältnis des forstlichen zum landesüblichen Zinsfuß eintreffen kann, liegt in der Gegenwart vor: Während die Schuldzinsen für geliehene Kapitalien, insbesondere für kurzfristige Kredite, so hoch sind, wie es in früheren Zeiten kaum jemals der Fall war, zeigt der Versuch, die Verzinsung des Holzvorratskapitals nachzuweisen, infolge der gesunkenen Holzpreise und die gestiegenen Werbungskosten einen außerordentlich niedrigen Stand der Verzinsung.

Als Beispiele für die großen Unterschiede in der Höhe der Verzinsung sei hier nur auf Preußen und Sachsen Bezug genommen. In der Sächsischen Staatsforstwirtschaft wurde die Verzinsung des Waldkapitals schon seit der Mitte des vorigen Jahrhunderts durch die Forsteinrichtungsanstalt nachgewiesen. Sie wird angegeben für die Jahrzehnte

1854/63	1864/73	1874/83	1884/93	1894/1903	1904/13
zu 2,15	2,59	2,57	2,44	2,22	2,26

Sie lag hiernach zwischen 2 und 3%. In den letzten Jahren ist sie aber durch die Ungunst der wirtschaftlichen Verhältnisse um mehr als die Hälfte, auf 1,05% gesunken. In Preußen ergab sich bei den in einigen Staatsoberförstereien angestellten Untersuchungen über die Bilanz für das Jahr 1924/25 eine Verzinsung des Waldkapitals von 1,41% für die Buche, von 1,47% für die Fichte und von 1,64% für die Kiefer, während nach der allgemeinen Verfügung über Waldwertberechnungen von 1905 ein Zinsfuß bei 80 jährigen und niederem Umtrieb von 3% — bei höherem Umtrieb ein solcher von 2,5% Anwendung finden soll.

In bezug auf die Anwendung des Zinsfußes muß man, trotz der Bedeutung, die ihm beizulegen ist, die Regel aufstellen, daß ihr Nachweis in der Form von ausführlichen Berechnungen wegen zahlreicher Faktoren, die sich nicht in Zahlen fassen lassen, möglichst zu beschränken ist. Hierbei kommt ferner in Betracht, daß die Behandlung der hierher gehörigen Aufgaben nach dem Zweck, dem sie dienen sollen, verschieden ist. Für Kauf, Verkauf und andere Eigentumswechsel verbundene Arbeiten, die sich meist auf kleinere Objekte beziehen, muß die Schätzung oder Berechnung tunlichst genau erfolgen. Die Einführung eines Zinsfußes kann hier in der Regel nicht umgangen werden. Bei den Aufgaben des Waldbaues und der Forsteinrichtung für größere Wirtschaftsgebiete ist eine genaue Berechnung der einzelnen Objekte oft nicht möglich. Einrichter und Verwalter geben ihr Urteil meist in der Form eines praktischen Gutachtens ab, dem zahlenmäßige Nachweise, wenn sie auch nicht streng beweisend wirken, doch nach Möglichkeit beizufügen sind. Wichtiger als die absoluten Nachweise sind hier häufig die relativen, die durch das Verhältnis bestimmt werden, in welchem die Wirkungen verschiedener Maßnahmen zueinander stehen.

Sodann lehren die Tatsachen der Forstgeschichte und die Zustände der deutschen Waldungen in der Gegenwart, daß neben den objektiven Bestimmungsgründen der Wirtschaftsführung, die auf den Zinsfuß einwirken, auch subjektive Bestimmungsgründe von Einfluß sind. Sie haben ihre Ursache in dem Willen des Waldbesitzers. Niemand kann gezwungen werden, eine bestimmte Verzinsung seines Waldvermögens als Gesetz anzuerkennen oder die Motive des Handelns vollständig anzugeben. Ein kapitalkräftiger Waldbesitzer (z. B. der Staat, der die Interessen der Allgemeinheit zu vertreten hat, oder auch ein Großgrundbesitzer, der den forstlichen Betrieb im Interesse seiner Nachkommen regelt) kann einen Zinsfuß von 2 ½% als genügend ansehen, während eine waldbesitzende Gemeinde, die auf die Erzeugung von Bauholz das Hauptgewicht legt, eine 3%ige Verzinsung ihres Waldkapitals anstrebt, und ein kleiner bäuerlicher Wirt seinen Betrieb auf Grubenholz einrichtet, das eine Verzinsung des Waldkapitals von 3 ½% gewährt.

II. Boden.

Der Wert des Bodens wird, wenn nicht vorausgegangene Verkäufe einen Nachweis desselben darbieten oder aus Vergleichen mit dem Wert gleichartiger landwirtschaftlich benutzter Boden ein Urteil gewonnen werden kann, bekanntlich durch Berechnung des Bodenerwartungswerts ermittelt. Dieser ergibt sich durch Gegenüberstellung der positiven und negativen, auf die Gegenwart reduzierten Elemente des Ertrags. Mag nun der Boden in der einen oder anderen Weise berechnet oder geschätzt werden — so wird sich für gute, mit entsprechenden Holzarten und Altersklassen bestandene Reviere ergeben, daß er nur einen kleinen Teil des Waldkapitals ausmacht. Er steht mit den Beständen, die auf ihm erwachsen sind, in kausalem Zusammenhang und kann deshalb unter Umständen auch als ein Bruchteil des Vorrats ausgedrückt werden.

Wäre nun der Tauschwert des Bodens der ausschließliche Bestimmungsgrund und ein genügender Maßstab für seine Bedeutung, so wäre es auffallend, daß auf den Bodenwert und seine Rente eine so große Bedeutung gelegt wird, wie es seit der Mitte des vorigen Jahrhunderts der Fall gewesen ist. Allein eine solche Unterstellung ist nicht zutreffend. Ein sehr wesentlicher Grund für die Bedeutung des Bodens liegt darin, daß er, wie andere Naturgaben (Wärme, Licht, Luft), die Grundlage jeder Art von Forstwirtschaft bilden und dadurch wirtschaftlichen Wert haben kann, auch wenn dies nicht zahlenmäßig nachzuweisen ist. Dies gilt zunächst schon in physischer Beziehung. In einem bestimmten klimatischen Gebiet hängen alle wirtschaftlichen Maßnahmen und deren Erfolge vom Boden ab. Die Wahl der Holzarten und ihre Mischung werden in erster Linie durch den Boden bestimmt. Für die Möglichkeit der natürlichen Verjüngung, die Art und Weise der Kultur, die Hiebe der Bestandespflege, für Durchforstungen und Lichtungen, Unterbau, Überhalt und andern Maßnahmen ist die Beschaffenheit des Bodens der wichtigste Bestimmungsgrund.

Entsprechendes gilt auch in ökonomischer Beziehung. Hier wird seit Ricardo und v. Thünen ziemlich allgemein die einflußreiche Lehre vertreten, daß der Boden und der auf dem Boden entfallende Reinertrag durch die Wirtschaftsführung auf einen Höchstbetrag gebracht werden sollen. Die tiefste und bleibende Ursache hierfür liegt nicht in den mathematischen Berechnungen, die wegen des Schwankens der Rechnungsfaktoren eine strenge mathematische Gültigkeit nicht besitzen, sondern in seinen wirtschaftlichen Eigenschaften, insbesondere seiner Unbeweglichkeit und Unvermehrbarkeit. Während alle anderen Produktionsfaktoren, namentlich Arbeit und Kapital, im Laufe des wirtschaftlichen Fortschritts zunehmen, bleibt der Boden in seiner Ausdehnung unverändert. Beide Eigenschaften sind von Einfluß auf die ökonomische Wertschätzung. Durch die Unbeweglichkeit gewährt der Besitz des Bodens ein hohes Maß von Sicherheit, daß ihm zur Verpfändung in besonderem Grade geeignet macht. Durch seine Unvermehrbarkeit hat der Boden einen natürlichen Monopolpreis.

In der weiteren Ausgestaltung der Produktionsfaktoren, insbesondere des Bodens, kommt ein wirtschaftlicher Grundsatz zur Anwendung, den Helferich in die Worte faßte: „Sind in einem Geschäft verschiedene, teils umlaufende, teils fixe Kapitalien in Anwendung, so erhält das jeweils fixeste beim Steigen des Ertrags über den Durchschnittssatz den ganzen Mehrgewinn, wie es anderenfalls den ganzen Verlust zu tragen hat, der sich beim Sinken des Ertrags ergibt.“ Alle anderen Produktionsfaktoren können weit schneller aus dem forstlichen Betrieb herausgezogen oder in ihn eingeführt werden.

Bei den Berechnungen oder Schätzungen, die den Bodenwert oder den Bodenreinertrag betreffen, muß stets der Zweck, zu welchen die betreffenden Maßnahmen vorgenommen werden, gebührend beachtet werden. Wenn es sich um Kauf und Verkauf, Tausch, Bewertung von Abfindungsflächen und ähnliches handelt, muß der Wert, zu dem diese Dinge berechnet werden, der Natur der Geschäfte entsprechend möglichst genau in der Fassung bestimmter Zahlen festgesetzt werden. Sofern es sich aber nicht um Eigentumswechsel, sondern um Aufgaben des Waldbaus und der Forsteinrichtung für die eigene Wirtschaft handelt, liegen die Verhältnisse, welche die Art und Genauigkeit der Rechnungen und Schätzungen bestimmen, wesentlich anders. Auch hier sind gute statistische Nachweise erwünscht. Aber sie lassen sich in großen Betrieben auf mathematischem Wege häufig nicht durchführen; einerseits wegen des großen Umfangs der Objekte, andrerseits, weil bei den meisten und wichtigsten Aufgaben Faktoren von Einfluß sind, die eine mathematische Fassung überhaupt nicht zulassen. Wichtiger als die Schärfe der Rechnungen sind die Folgerungen, welche aus der Summe der in Betracht kommenden Faktoren für die wirtschaftlichen Maßnahmen gezogen werden können. Für die wichtigsten Aufgaben der Einrichtung und Verwaltung handelt es sich weniger um absolute, als um relative Wertnachweise, nämlich um das Verhältnis, in welchem verschiedene Maßnahmen (verschiedene Holzarten, verschiedene Kulturverbände, verschiedene Durchforstungsgrade usw.) in bezug auf die Hebung der Bodenwerte zueinander stehen.

Bei allen hier in Betracht kommenden Aufgaben leistet eine gute Preisstatistik gute Dienste. Da diese zeigt, daß gesunde, astreine Stämme weit höhere Preise besitzen als ästige oder sonst minderwertige, so ergibt sich ohne weiteres, daß zur Erhöhung der Bodenwerte schlechte Bestandesglieder entfernt, gute im Wuchse begünstigt werden. Da ferner der Wertzuwachs, der den wichtigsten Bestimmungsgrund für die Hiebsreife und Umtriebszeit bildet, an astreinen Stämmen weit stärker und anhaltender ist als an ästigen, so liegt in der guten Stammpflege auch das beste Mittel zur Einhaltung höherer Umtriebszeiten und die Berechtigung zu konservativer Wirtschaftsführung.

Vierter Abschnitt.

Die Bildung der Betriebsverbände.

Vor fünfzig Jahren verfaßte ich nach längerer Beschäftigung mit Forsteinrichtungsarbeiten in der Provinz Hessen-Nassau eine kleine Schrift[1], welche das von Forstrat O. Kaiser vertretene Verfahren der Waldeinteilung und Betriebsregelung behandelte. Der Abschnitt über die Bildung der Betriebsverbände begann mit folgenden Worten:

„Eigentliche Wirtschaftsverbände, d. h. organische, in innerem Zusammenhange stehende Glieder einer Wirtschaftseinheit gibt es überall nur zwei. Wir nennen sie Betriebsklassen und Hiebszüge. Erstere umfassen diejenigen Bestände einer Wirtschaftseinheit, welche einer gleichartigen Bewirtschaftung unterworfen werden sollen, letztere solche Teile der ersteren, welche in einer regelmäßigen Folge hinsichtlich ihres Abtriebs oder ihrer Verjüngung stehen." Diese Auffassung habe ich seither in der Forsteinrichtung und Forstverwaltung, im akademischen Unterricht und in der Literatur beibehalten und lege sie auch hier zugrunde.

---

[1] Wegenetz, Einleitung u. Wirtschaftsplan in Gebirgsforsten 1882, 2. Teil 2. Abschnitt.

Andere Teilungen werden aus Gründen des Umfangs und der Lage der Objekte, sowie der Geschäftsführung, nicht aber aus forsttechnischen Gründen, welche die Verbände bestimmen, vorgenommen.

I. Betriebsklassen.

Durch die Bildung von Betriebsklassen sollen diejenigen Bestände einer Wirtschaftseinheit zu einem Verbande zusammengefaßt werden, welche innerhalb des Zeitraumes, für welchen der Wirtschaftsplan aufgestellt wird, einer gleichartigen Bewirtschaftung unterworfen werden; verschieden zu bewirtschaftende Bestände sind dagegen durch Zuweisung zu verschiedenen Betriebsklassen voneinander zu trennen.

Verschiedenheiten in der Bewirtschaftung, welche Anlaß geben können, Betriebsklassen zu bilden, erstrecken sich insbesondere auf die vorkommenden Betriebsarten, Holzarten und Umtriebszeiten. Dauernden Abweichungen in dieser Richtung liegen in einem geordneten Betriebe meist Verschiedenheiten des Standorts zugrunde. Sofern die rechtlichen Verhältnisse in einem Revier verschieden sind, können auch sie zur Bildung besonderer Betriebsklassen Veranlassung geben.

Da hiernach die Bildung der Betriebsklassen in dem Standort und der forstlichen Technik ihre wesentlichsten Bestimmungsgründe finden, ist es erforderlich, daß die bei der Forsteinrichtung aufzustellenden Wirtschaftsregeln zu ihnen in Verbindung gesetzt werden.

Bei Berücksichtigung der genannten Bestimmungsgründe scheint die Zahl der Betriebsklassen eines Reviers so groß sein zu müssen, als den Kombinationen aus den vorkommenden Betriebsarten, Holzarten und Umtriebszeiten entsprechend ist. In der Praxis gestaltet sich die Betriebsklassenbildung jedoch weit einfacher. Zuächst wird sie beschränkt durch eine gewisse Mindestgröße. Das Maß derselben ist nach der Größe der Wirtschaftseinheit verschieden, soll aber im allgemeinen der Forderung genügen, daß innerhalb der Betriebsklassen ein regelmäßiger nachhaltiger Betrieb in Aussicht genommen werden kann. Kleine Flächen, z. B. einzelne Erlenbestände an Wasserläufen, bleiben bei der Betriebsklassenbildung unberücksichtigt. Ferner sind wirtschaftliche Verschiedenheiten geringeren Grades nicht in besonderen Betriebsklassen zum Ausdruck zu bringen; Bestände, die solche enthalten, können meist unbedenklich zu derselben Betriebsklasse verbunden werden. Am wenigsten wird eine derartige Verschmelzung bei Abweichung der Betriebsarten zulässig erscheinen. Verschiedene Betriebsarten erfordern bei der Ertragsregelung und Wirtschaftsführung eine zu verschiedene Behandlung, als daß ihre Vereinigung zu derselben Betriebsklasse zulässig oder zweckmäßig erscheinen könnte. Wohl aber ist dies bei verschiedenen, ähnlich zu bewirtschaftenden Holzarten durchführbar. Insbesondere ist die Vereinigung angezeigt, wenn die verschiedenen

Holzarten nicht nur getrennt sondern auch in Mischungen auftreten. K. Heyer[1] hat es bereits im Jahre 1854, in der ersten Auflage seines Waldbaues, als Vorzug der gemischten Bestände bezeichnet, daß sie die größte Verminderung der Betriebsklassen ermöglichen. Auch hinsichtlich der Umtriebszeit kann man kleinere Unterschiede bei der Bildung der Betriebsklassen unbeachtet lassen. Eine Trennung der Bestände im Sinne einer strengen Theorie ist selten ausführbar. In den Zahlen der Wirtschaftspläne können nur mittlere Verhältnises zur Darstellung gelangen. In der Praxis ergeben sich durch die Art der natürlichen Verjüngung und auch bei einer allmählichen Führung der Kahlschläge soviel Abweichungen in der Zeit der Endnutzung in jedem größeren Bestand, daß in dieser Beziehung Unterschiede der Hiebsreife von 10 oder 20 Jahren nicht immer zur Bildung von Betriebsklassen Anlaß geben können.

Innerhalb desselben Wirtschaftsgebietes werden die Ausscheidungen der Betriebsklassen durch die Faktoren des Standortes bestimmt. Auf gleichem Standort liegt in der Regel keine Veranlassung vor, verschiedene Holzarten, Betriebsarten oder Umtriebszeiten einzuführen. Auf geringem Boden ist meist gar nicht die Möglichkeit zu verschiedener Wirtschaftsführung vorhanden. Für gute Bonitäten ist diese allerdings gegeben. Eine eingehende Untersuchung der Wirtschaftsführung und ihrer Rentabilität wird jedoch auch hier zu einer einfachen Gestaltung des Betriebs und demgemäß zu einer Beschränkung der Betriebsklassenbildung führen.

II. Hiebszüge.

Seitdem im Anfang des vorigen Jahrhunderts in Preußen durch G. L. Hartig, in Sachsen durch H. Cotta die Grundlagen für eine räumliche Ordnung der Staatsforsten geschaffen waren, haben sich die Richtungen, die damals eingeschlagen wurden, im Sinne ihrer Begründer weiter entwickelt.

Die preußischen Staatsforsten wurden zufolge der Instruktionen für die Königlich Preußischen Forstgeometer von 1819 durch regelmäßige, von Ost nach West verlaufende Hauptgestelle und senkrecht dazu gerichtete Feuergestelle in regelmäßige Wirtschaftsfiguren (Jagen) geteilt, für deren Größe zunächst ein Quadrat von 200 Ruten als Muster gelten sollte. Für die räumliche Ordnung wurde in der gleichzeitig erlassenen Abschätzungsinstruktion[2] als Regel vorgeschrieben, daß der Plan zur künftigen Bewirtschaftung eines Forstes so eingerichtet werden müsse, daß sich die für jede Periode zum Abtrieb bestimmten Jagen

---

[1] Der Waldbau, 5. Aufl. § 7, I, S. 39, Vorzüge der gemischten Bestände.

[2] Im 7. Abschnitt der Instruktion (vom Entwurf eines vorläufigen Taxationsplanes).

soviel wie möglich aneinander schließen sollten. In der neueren Literatur ist diese Richtung von Borggreve[1] mit Entschiedenheit vertreten. Der Nachfolger Hartigs, von Reuß, ein Schüler von Cotta, gab Regeln für die räumliche Ordnung, deren vorherrschende Gedanken dadurch bestimmt waren, daß die östlichen Jagen vor den westlichen, die nördlichen vor den südlichen zum Abtrieb gelangten.

In Sachsen wurden die Regeln der räumlichen Ordnung bei der Übernahme der Forsteinrichtung durch H. Cotta durchgeführt. Welcher Wert Cotta auf die räumliche Ordnung und insbesondere die Bildung von Hiebszügen legte, geht aus seiner bekannten These hervor, die in Sachsen bis zur neuesten Zeit befolgt ist: „Eine gute (auf die Fläche gegründete) Einrichtung des Waldes ist gewöhnlich viel wichtiger, als die Ertragsbestimmung." Eine eingehende Begründung der räumlichen Ordnung ist von seinem Sohne Wilhelm gegeben worden. Dieser schreibt mit besonderer Rücksicht auf den Tharandter Wald und die in ihm vorherrschende Fichte: „Da die häufigsten und beträchtlichsten Nachteile und Gefahren für Fichtenwaldungen durch Winde und Stürme herbeigeführt werden und die neueren Beobachtungen der aufmerksamsten Forstleute sich zu dem Resultat vereinigt haben, daß es äußerst ersprießlich für das Gedeihen für dergleichen Waldungen sei, die Anhäufungen zu großer Massen von Beständen einerlei Alters zu vermeiden und dagegen nach größerer Vereinzelung der Schläge zu trachten, so mußte natürlich das Hauptaugenmerk dahin gerichtet sein, für die Zukunft eine Schlagführung vorzubereiten, bei welcher der Wald gegen die Einwirkung der Stürme möglichst gesichert bleibt und bei welcher zugleich eine gehörige Vereinzelung der Schläge tunlich ist"[2]. Mit diesen Grundsätzen stimmen auch die später durch v. Reuß und v. Hagen gegebenen Vorschriften überein. Die trotzdem in Preußen und Sachsen vorliegenden großen Unterschiede in der Betriebsregelung beider Länder sind im wesentlichen Folge der verschiedenen Holzarten und Standortsverhältnisse.

Das von G. L. Hartig und später von Borggreve betätigte Streben nach Zusammenlegung der Altersklassen hat offenbare Nachteile. Mit den großen Verjüngungsflächen oder Jahresschlägen, welche die Zusammenlegung der Altersklassen zur Folge hat, sind, besonders im Nadelholz, mannigfache Gefahren verbunden, namentlich solche durch Feuer, Insekten, Frost, Hitze, Unkrautwuchs. Was den Sturm betrifft, so kann die Wirkung der Zusammenlegung sehr verschieden sein. Bei Anwendung der natürlichen Verjüngung werden bei einer gleichmäßigen Unterbrechung des Bestandesschirmes auf großen zusammenhängenden

---

[1] Kritik der sog. Zerreißung der Altersklassen-Forstabschätzung, S. 291 ff.

[2] Akten des Forstamts Tharandt, betreffend die Beschreibung des Tharandter Waldes durch W. v. Cotta 1830.

Flächen sehr ungünstige Bedingungen herbeigeführt. Ihre Folgen sind vielen Waldungen, besonders im Gebiet der Tanne und Buche, aufgeprägt. Bei Anwendung der künstlichen Verjüngung verhält sich die Zusammenlegung dem Sturme gegenüber günstiger. Es ist in dieser Beziehung ein Vorzug, daß bei großen Schlägen weniger Aufhiebe erforderlich sind. Indessen die bekannten, großen Schlägen eigentümlichen Mißstände fallen doch bei kritischen Vergleichen weit stärker in die Wagschale.

Die Auseinanderlegung der Betriebsflächen verhält sich in der wichtigsten Richtung, die hier in Betracht kommt, nämlich in bezug auf die Bedingungen, die den Jungwüchsen gegeben werden, weit günstiger. Die Jahresschläge bleiben klein; sie können allmählich aneinander gereiht werden. Boden und Jungwuchs behalten Schutz gegen die nachteiligen Wirkungen von Sonne und Wind. Insektenschäden bleiben beschränkt auf kleinere Gebiete. Die Nachbesserungen können leichter und besser durchgeführt werden. Hinsichtlich der Sturmwirkungen können verschiedene Folgen eintreten. Die häufigen Bestandesöffnungen sind an sich nicht erwünscht; allein bei dem Schutz der seitlich angrenzenden Bestände und der Führung der Schläge gegen die herrschende Sturmrichtung läßt sich in den meisten Fällen ein genügender Schutz gegen die schädlichsten von Westen kommenden Stürme herbeiführen.

Aus der angegebenen, auf Erfahrung und Beobachtung beruhenden Sachlage ergibt sich, daß ein unbedingter Vorzug keinem der genannten Systeme der Bestandeslagerung zukommt. Aber eine auf die wichtigsten deutschen Waldgebiete gerichtete Würdigung der Verhältnisse läßt nicht darüber in Zweifel, daß die Hinwirkung auf eine Trennung, der gleichzeitig zu verjüngenden Flächen, der gegensätzlichen Richtung entschieden vorzuziehen ist. Dies tritt in vielen Waldgebieten und in den Vorschriften der leitenden Behörden hervor, insbesondere auch in der Preußischen Staatsforstverwaltung. Hier ist nicht das von G. L. Hartig vertretene Prinzip der Zusammenlegung der Verjüngungsflächen beibehalten, sondern vielmehr dasjenige seines Nachfolgers, des Oberlandforstmeisters v. Reuß, der ein Schüler Cottas war und dessen Lehre auch für Preußen zur Anwendung gebracht hat. Demgemäß wird auch in der treffenden Darstellung der Betriebsregelung in Preußen[1] bemerkt: „Es gilt als Erfordernis einer guten Bestandesordnung, daß nicht zu große aneinander liegende Flächen einer und derselben Periode überwiesen werden, da, namentlich im Nadelholz, die Gefahren durch Feuer, Insekten, Windbruch usw. desto größer sind, je größere Flächen einer Altersklasse zusammenliegen. Die Bildung angemessener Schlagtouren

---

[1] v. Hagen-Donner: Forstl. Verhältnisse Preußens, 3. Aufl., S. 198.

(Hiebszüge) wird daher ganz besonders in das Auge gefaßt und dabei das Ziel verfolgt, jeder Periode soviel voneinander getrennt gelegene Wirtschaftsfiguren zu überweisen, daß unter Einhaltung angemessener Schlaggrenzen ein Wechsel in den Schlägen eingerichtet werden kann usw.''

Hinsichtlich der Bestimmtheit des Verlaufes der Hiebszüge und ihrer Bezeichnung haben sich in den forstlichen Kulturländern zwei verschiedene Verfahren ausgebildet. Auf der einen Seite gilt es als Regel, daß die Grezen der Hiebszüge auf den Karten und im Walde bestimmt festgelegt werden, so daß Anfang und Ende wie bei einer Abteilung genau angegeben werden können. So ist es z. B. in österreichischen Staats- und Privatforsten, von denen ich ein Beispiel in meiner Forsteinrichtung[1] übernommen habe. Auf der anderen Seite tragen Hiebszüge aber unter Umständen einen elastischen veränderlichen Charakter, da Ursachen vorliegen können, zu vermuten, daß im Laufe der Zeit Änderungen im Bestande eines Hiebszuges eintreten werden. Als dahin gerichtete Ursachen sind zu bezeichnen:

1. Das Auftreten von natürlicher Verjüngung in Teilen des Hiebszuges, die dann entsprechend zu behandeln sind.

2. Die Unterbrechung einer Holzart durch eine andere zum Zwecke des Bodenschutzes oder aus anderen Gründen.

3. Die Änderung der Schlagform mit Rücksicht auf Sturmgefahr, die es ratsam machen kann, den Schlägen die Form von Keilen zu geben, deren Spitze nach der vorherrschenden Windseite zu richten ist.

4. Dasselbe kann geschehen mit Rücksicht auf das Rücken des Holzes von den Mittellinien der Keile nach den begrenzenden Seiten, oder auch, in welligem Gelände, von dessen Erhebungen nach den beiderseitigen Mulden.

5. Scharfe Unterschiede des Geländes, die Anlaß zu abweichender Bewirtschaftung geben können. In allen solchen Fällen begnügt man sich damit, die Anhiebsflächen der nächsten Wirtschaftsperiode kenntlich zu machen und im übrigen den Verlauf des Hiebes nur durch Karten, welche Holzart und Altersklasse angeben, zu charakterisieren.

Wie die Verhältnisse auch liegen mögen, stets muß dahin gestrebt werden, daß durch die Betriebsregelung der Wirtschaft ein möglichst hohes Maß von Sicherheit gegeben wird. Um dieses herbeizuführen, müssen genügende Anhiebsmöglichkeiten geschaffen werden. Die diesem Zwecke dienenden Mittel sind teils waldbaulicher Natur, teils liegen sie auf dem Gebiet der Forsteinrichtung. Waldbaulicher Art sind alle Maßnahmen, durch welche die Gleichmäßigkeit der Kronen der herrschenden Stämme gefördert wird. Zunächst ist schon die Art der Be-

---

[1] Martin: Die Forsteinrichtung, 4. Aufl., 3. Teil, 2. Abschn., III. Die Bildung der Hiebszüge, Tafel 10 (Hiebszugskarte von Gratzen).

gründung nicht ohne Einfluß. Weiterhin muß auf die gleichmäßige Bildung und einen nicht zu hohen Ansatz der Kronen im Wege der Bestandespflege eingewirkt werden. Es dient zur Erhöhung der Widerstandsfähigkeit, wenn mit der Ausführung der Durchforstungen frühzeitig begonnen wird. Die Hiebe müssen zugunsten der herrschenden Stammklassen geführt werden, weil diese am besten befähigt sind, allen äußeren Gefahren Widerstand zu leisten. Vorwüchse müssen frühzeitig entfernt werden, so daß keine Veranlassung vorliegt, später, im Alter der Sturmgefahr, zu ihrer Beseitigung die Bestände zu durchlöchern. Besondere Vorsicht erfordern alle Arten von Lichtungshieben. Da die Stämme im Zustand der Umlichtung von der Sturmgefahr am meisten bedroht sind, müssen sie vorher allmählich an den Freistand gewöhnt werden. Auf nassen Böden kann die Entwässerung der Kulturflächen zur Verminderung von Sturmschäden angezeigt sein; sie soll aber unter Berücksichtigung des hohen Wertes der Bodenfeuchtigkeit auf das unbedingt erforderliche Maß beschränkt bleiben. Von besonderer Bedeutung für die Widerstandsfähigkeit gegen Sturm ist eine richtige und vollständige Anlage der Waldmäntel. Diese sollen so beschaffen sein, daß sie selbst dem Wind standhalten und zugleich den ihnen vorgelegenen Bestandesteilen Schutz geben. Die Maßnahmen der Forsteinrichtung bestehen insbesondere in der Anlage der Einteilungslinien, die eine solche Breite haben sollen, daß sie sich bemanteln, sowie in der Herstellung von Loshieben und Umhauungen, durch welche gefährdete Bestände widerstandsfähig gegen atmosphärische Schäden gemacht werden sollen.

In der Geschichte und dem jetzigen Zustand der Forsteinrichtung haben die Hiebszüge eine sehr verschiedene Beurteilung erfahren. In manchen guten Forstwirtschaften ist der Begriff des Hiebszugs in seiner konkreten Durchführung ganz unbekannt; so namentlich in vielen Laubholzgebieten und in Kiefernrevieren auf Sandboden. Unter anderen Verhältnissen, namentlich im Bereich der Fichte, bildet dagegen die räumliche Ordnung die wichtigste Grundlage einer guten Betriebsregelung. Schon vor hundert Jahren wurde eine dahin gehende Richtung von H. Cotta und in der Neuzeit von Christoph Wagner vertreten. Bei der zukünftigen Entwicklung der Betriebsregelung wird stets zu beachten sein, daß es in der Forstwirtschaft keinen allgemeinen Normalzustand gibt und daher auch keine allgemeine Regeln, einen solchen zu erreichen. Noch immer gilt das Urteil von Pfeil, das dieser beim Rückblick auf die Taxationsgeschichte der größeren forstlichen Kulturstaaten Deutschlands aufstellte: „Die Erfahrung hat gelehrt, daß sich keine bestimmte Instruktion zur Betriebsregulierung geben läßt, die überall gleich anwendbar wäre".

Fünfter Abschnitt.

Die Bestimmung der Umtriebszeit.

I. Allgemeine Bedeutung der Umtriebszeit.

Der Begriff der Umtriebszeit ist schon lange in die Forstwissenschaft eingeführt; eine tiefergehende Begründung ihrer Höhe hat aber nur selten und meist nicht in einer ihrer Bedeutung entsprechenden Weise stattgefunden. In den früheren Perioden der Forstwirtschaft wurde eine solche Begründung meist für unnötig gehalten. Bei der ungleichmäßigen Zusammensetzung des regellosen Plenterbetriebes, der Belastung der meisten Waldungen mit Servituten, dem Mangel einer ausreichenden Ertragsstatistik und dem Stande der Forstwissenschaft und ihrer Vertreter war ein genügender Nachweis des Hiebsreifealters nicht möglich. Auch in der neueren Zeit machen sich bisweilen Anschauungen geltend, welche die Notwendigkeit einer eingehenden Ermittelung der Umtriebszeit nicht anerkennen. Man kann in der Tat darauf hinweisen, daß die Umtriebszeit von so vielen naturwissenschaftlichen, ökonomischen, forsttechnischen und forstgeschichtlichen Verhältnissen abhängig ist, daß ein scharfer Nachweis ihrer richtigen Höhe schwer durchführbar erscheint. Es ist ferner bekannt, daß es wohl möglich ist, sich mittelst des gesunden Menschenverstandes ein Urteil über die Hiebsreife der verschiedenen Holzarten in einem bestimmten Wirtschaftsgebiet zu bilden, wie es nicht nur von vielen Forstwirten, sondern auch von manchen Handwerkern und anderen Holzverbrauchern jederzeit geschehen ist.

Trotz der angegebenen Verhältnisse, welche in den Einzelfällen der Praxis zur Geltung kommen, muß die Ermittelung der Umtriebszeit oder, was im Prinzip und in der Methode mit ihr zusammenfällt, der Hiebsreife — als eine der wichtigsten Aufgaben der Forsteinrichtung angesehen werden. Borggreve[1] bezeichnet sie als die wichtigste der ganzen sog. Forstwissenschaft. Die lange Dauer, welche zwischen der Begründung der Bestände und ihrer Ernte liegt, und der schwierige Nachweis der Reife des Holzes geben der Forstwirtschaft ihren eigentümlichen Charakter, durch den sie sich von allen anderen Wirtschaftszweigen unterscheidet. In einem Betrieb, in welchem der Faktor Zeit eine so große Rolle spielt, wie in der Forstwirtschaft, muß diesem Faktor eingehende Würdigung zuteil werden. Die Umtriebszeit hat deshalb große Bedeutung, weil sie mit allen Verhältnissen, welche das Wachstum und den Gebrauchswert der Bäume betreffen, in Zusammenhang steht. Dies gilt in erster Linie bezüglich der Physiologie und Bodenkunde. Eine gute Begründung der Umtriebszeit ist nicht möglich, ohne daß auf

---

[1] Die Forstabschätzung 1888, Vorwort, S. VII.

diese grundlegenden Faktoren eingegangen wird. Auch mit den Maßnahmen der forstlichen Technik steht die Umtriebszeit in vielseitiger Verbindung, insbesondere mit dem Waldbau, dem Forstschutz und der Forstbenutzung. Der Waldbau macht seinen Einfluß auf die Umtriebszeit vorzugsweise mit Rücksicht auf die Verjüngung und Durchforstung geltend, der Forstschutz mit Rücksicht auf den Sturm und andere Gefahren, die Forstbenutzung mit Rücksicht auf den Gebrauchswert des Holzes. Sie ist ferner von allen Verhältnissen, welche das Eigentum am Walde betreffen, abhängig, insbesondere von dem Vermögen, dem Charakter, der sozialen Stellung des Besitzers, sowie seinem Interesse an der Allgemeinheit und der Zukunft. Tatsächlich treten in allen Ländern, in denen Forstwirtschaft betrieben wird, die Verschiedenheiten der Umtriebszeit nach den Eigentumsverhältnissen in die Erscheinung.

Die Umtriebszeit wird in der Regel auf Gruppen von Beständen bezogen, die bei der Betriebsregelung zu wirtschaftlichen Einheiten, zu Betriebsklassen zusammengefaßt werden. Neben der Holz- und Betriebsart ist sie ein wesentlicher Bestimmungsgrund für die Durchführung der Maßnahmen dieses wichtigen Betriebsverbandes. Zur Begründung der Umtriebszeit legt man dann eine aus jährlich oder periodisch abgestuften Beständen gebildete Betriebsklasse zugrunde und untersucht deren Massen- und Wertsleistungen, wobei man zunächst von normalen Beständen und Betriebsverbänden ausgeht.

Gegen den Begriff, das Wesen und die Anwendung der Umtriebszeit sind im Laufe der Forstgeschichte des letzten Jahrhunderts mehrfach Einwendungen erhoben worden. Am stärksten ist dies von den Vertretern des Plenterwaldes geschehen. Beim Plenterwalde wird die Hiebsreife nicht auf Bestände bezogen, sondern auf einzelne Stämme. Eine eigentliche Umtriebszeit glauben die Vertreter des Plenterwaldes nicht nötig zu haben. Schon Oberforstmeister Werneburg[1], der in der Mitte des vorigen Jahrhunderts den Plenterwald vertrat, machte unter den Vorzügen desselben auch die Unabhängigkeit von einer allgemeinen Umtriebszeit geltend. Die Vertreter des neuzeitlichen Plenterwaldes sind ihm hierin gefolgt. Unter ihnen ist in erster Linie Eberbach[2] zu nennen. „Die Holzerzeugung — schreibt dieser — muß nach ihrer praktischen Seite hin in einer fortgesetzten Zuwachspflege der wertvollsten und zuwachskräftigsten Bäume bestehen. Wie alt sie werden sollen, darüber auf der Grundlage einer Umtriebszeit Bestimmung zu treffen, ist zwecklos. Man erhält sie solange als möglich. ... Die Umtriebszeit ist ein Hilfsmittel veralteter Einrichtungsformen und kein Bedürfnis der Waldwirtschaft.“ Möller nahm zur Begründung der

---

[1] Über den geregelten Plenterbetrieb — Zeitschr. f. Forst- u. Jagdw. 1875.
[2] Die Ordnung der Holznutzungen auf wirtschaftlicher und geschichtlicher Grundlage, S. 9.

größeren Massenerzeugung des von ihm vertretenen Dauerwaldes auf Eberbach eingehend Bezug und machte sich seine Anschauungen zu eigen. Wiebecke[1] widmete in seiner bekannten Schrift der Umtriebszeit einen besonderen Abschnitt und bezeichnete sie als eine „kameralistische Erfindung". Sie wird dann der Hiebsreife gleichgestellt und auf die Beschaffenheit und Stärke der einzelnen Individuen bezogen. „Umtriebsreif, weil hiebsreif sind: Die toten, die absterbenden, bestimmte kranke, die wesentlich schlechteren, sowie solche Stämme, die in Brusthöhe mindestens 45 cm stark sind."

Wenn nun auch die Notwendigkeit einer eingehenden Untersuchung der Zeit, welche die wichtigsten Waldbäume zur Erzeugung bestimmter Sortimente nötig haben, nicht bezweifelt werden kann, so muß doch aus denselben Gründen wie beim Vorrat hervorgehoben werden, daß ein scharfer, zahlenmäßiger Nachweis auch hier nicht durchführbar ist. Solche Beispiele müssen beim Versuchswesen durchgeführt werden. Aber bei der Bestimmung der Umtriebszeit für ganze Reviere oder größere Waldgebiete kommen neben den zahlenmäßig nachweisbaren Faktoren noch andere zur Geltung, die eine mathematische Behandlung ausschließen.

II. Geschichtliche Bemerkungen.

Geht man, eine geschichtliche Methode befolgend, auf die Lehren, welche aus der Vergangenheit für die Umtriebszeit gezogen werden können, näher ein, so wird man zunächst auf die Flächenteilung geführt, die während des 17. und 18. Jahrhunderts in vielen deutschen Wirtschaftsgebieten bestanden hat. Bevor hier die ersten praktischen Maßnahmen ausgeführt werden konnten, mußte eine Entscheidung über die Höhe der Umtriebszeit, welche der Betriebsregelung zugrunde gelegt werden sollte, getroffen werden. Viele Forstordnungen legen Zeugnis davon ab, daß dies auch tatsächlich geschehen ist. Die meisten von ihnen sprechen die Forderung aus, daß „das unordentliche plätzige Hauen, so in Wäldern hin und wieder geschieht", aufhören müsse. Es sollen ordentlich Gehäu und junge Schläge unbeschadet der Wildbahn und Hute angelegt werden. Für die Größe der Schläge einer Wirtschaftseinheit dient als bestimmender Faktor die Umtriebszeit. Ziemlich allgemein, auch beim Hochwald, wurde sie sehr niedrig gehalten.

Eine ähnliche Richtung, wie sie in den Forstordnungen ausgesprochen ist, befolgten im 18. Jahrhundert die Vertreter des alten Jägertums und die aus ihm hervorgegangenen Forstwirte. Unter Bezugnahme auf früher Gesagtes sei hier nur auf drei der im dritten Abschnitt genannten Vertreter der Forstwirtschaft des 18. Jahrhunderts, auf Oettelt, v. Langen

---

[1] Der Dauerwald, 2. Aufl., S. 56, XV.

und v. Zanthier, hingewiesen. Oettelt begründete die Umtriebszeit sowohl für die Laubholzwaldungen der Ebene und des Hügellandes, als auch für die mit Nadelholz bestandenen Gebirgsforsten. Er vertrat den Grundsatz, daß die Umtriebszeit cet. par. um so höher sein müsse, je weiter die Waldungen von den Orten des Verbrauchs entfernt seien. Demgemäß bestimmte er für die Hochlagen des Thüringer Waldes eine 130jährige, für Landreviere von Nadelholz und Laubholzhochwald eine 100jährige, für die Waldungen in der Nähe der Ortschaften den Mittel- und Niederwald mit einer 30—40jährigen Umtriebszeit.

Von weitgehendem Einfluß war die von v. Langen ausgehende, nicht nur in Deutschland sondern auch in Dänemark und Norwegen betätigte Richtung. Die Wirtschaftsregeln v. Langens können allerdings weder aus der Literatur noch aus den jetzigen Waldzuständen klar erkannt werden. Am ungetrübtesten — schrieb mir Oberförster Langerfeldt, einer der besten Kenner v. Langens — läßt sich das Bild seiner Einrichtung aus der von ihm als Leiter der damaligen Betriebsregelung in Norwegen entworfenen Anordnungen von 1735 entnehmen. Es sollten darnach die Nadelholzwaldungen in 70—80jährigem Umtrieb bewirtschaftet und demgemäß auch eingeteilt werden. Die Laubholzwaldungen wurden dem jetzigen Mittelwald entsprechend bewirtschaftet, in 30—40jährigem Umtrieb für harte, in 25—30jährigem Umtrieb für weiche Holzarten. In den braunschweigischen Weserforsten, deren Betriebsregelung auch von v. Langen geleitet wurde, sollte ein sogenannter Stangenholzbetrieb mit 50jähriger Umtriebszeit eingeführt werden. In Verbindung mit dem Durchforstungsbetrieb, der von v. Langen lebhaft gefördert wurde, und wegen des häufigen Rückgangs der Ausschlagfähigkeit haben diese Stangenholzwaldungen an manchen Orten einen hochwaldartigen Charakter erhalten, so daß sie als Vorboten des später eingeführten Hochwaldes, dem aber zahlreiche Überhaltstämme eingefügt waren, angesehen werden können.

Einen bestimmter erkennbaren Einfluß als v. Langen hat sein Schüler H. D. v. Zanthier auf die Umtriebszeit der deutschen Waldungen ausgeübt. Nach ihm sollten bei der Einteilung, die der Umtriebszeit zugrunde zu legen ist, Holzart, Standort und Ausschlagfähigkeit berücksichtigt werden. In dem Abschnitt seiner Schrift, welche die Einteilung der Forsten behandelt, wird bemerkt, daß die betreffenden Regeln beim Laubholz und Nadelholz verschieden durchgeführt werden müssen. Der Einfluß der Ausschlagfähigkeit und des vorherrschenden Brennholzbetriebs macht sich geltend. „Wenn man erstlich Laubhölzer in eine Einteilung bringen will, so muß man beobachten, ob die Forsten aus ebenen oder bergigen Gegenden bestehen. Bestehen sie aus ebenen Boden, so ist allemal zu vermuten, daß das Klima gelinder, der Grund und Boden besser, auch das Holz wachsbarer ist, daher man festsetzen kann, solche Reviere 10—20 Jahre eher abzutreiben, als die, so in den Bergen liegen. Es kommt aber auch darauf an, wozu ich das Holz nutzen will und was für Sorten es sind. Ist es Hainbuche, Birke oder anderes meliertes Holz und die Absicht geht nur damit auf das Verkohlen, so kann ich solche Reviere in 30 Jahren völlig abtreiben. Sind aber viel Buchen und Eichen darunter . . ., so lasse ich die Stangen gern stärker werden; alsdann muß die Zeit von wenigstens 40 Jahren angenommen werden. Länger kann man aber die Zeit nicht hinaus setzen, weil man sich sonst gefallen lassen muß, daß der Ausschlag nicht erfolgt." Beim Nadelholz wird der Form und Richtung der Schläge große Bedeutung beigemessen. Nachdrücklich wird hervorgehoben, daß nicht zu breite Schläge geführt werden sollen. Übrigens soll beim Nadelholz in erster Linie die Verwendungsfähigkeit als Bauholz für die Umtriebszeit bestimmend sein. Sie soll betragen: In der Ebene für starkes Bauholz 80, für schwaches 60 Jahre; in Gebirgsforsten für starkes Bauholz 90—100, für schwaches 70—80 Jahre.

Bekannt sind ferner die Instruktionen Friedrichs des Großen, durch welche die Flächenteilung für die preußischen Kiefernreviere zur Anwendung gebracht werden sollte. Sie schrieben eine Einteilung der zu bildenden Blöcke in 60 oder höchstens 70 Schläge vor. Die kurzen Umtriebe, welche hier und an anderen Orten der Einteilung, auch im Hochwald zugrunde gelegt wurden, finden dadurch eine Erklärung, daß es Regel war, von Überhalt Anwendung zu machen. Die Bestände sollten nicht kahl abgetrieben, sondern nur so der Reihenfolge nach durchhauen werden, daß man alljährlich von einem Schlage das nutzbare Holz heraushieb und das schwächere Holz bis zum 70jährigen Alter stehen ließ.

Für den Niederwald war die Flächenteilung zweckmäßig; sie hat sich deshalb hier bis zur Gegenwart erhalten. Bei ihrer Übertragung auf den Hochwald ergaben sich aber an vielen Orten Unzuträglichkeiten, die hauptsächlich ihren Grund darin hatten, daß die graden künstlichen Linien den Bildungen der Natur nicht entsprechen. In Preußen wurde deshalb schon bald nach den genannten Instruktionen ein Reglement und später (1819) eine Instruktion[1] eingeführt, welche die von der Umtriebszeit unabhängige Einteilung in die jetzt bestehenden Jagen anordnete.

Als zu Ende des 18. und Anfang des 19. Jahrhunderts der jungen Forstwissenschaft die hervorragenden Männer beschieden waren, die der Behandlung des deutschen Waldes den Stempel ihres Geistes aufgeprägt haben, zogen diese auch die Frage der Umtriebszeit in das Bereich ihrer Tätigkeit. Insbesondere sind in dieser Hinsicht G. L. Hartig,

---

[1] Abschätzungsinstruktion von 1819, 5. Abschnitt.

H. Cotta, Hundeshagen, Pfeil, König, K. Heyer, Preßler und viele Vertreter des forstlichen Versuchswesens hervorzuheben.

G. L. Hartig bestimmte die Umtriebszeit für Eichenhochwaldungen auf 180 bis 200, für Buchenhochwaldungen auf 80 bis 120, für Nadelholzwaldungen auf 60 bis 120 Jahre. In der von ihm erlassenen Instruktion war ein Formular enthalten, aus dem zu ersehen ist, daß für die Hauptholzarten der preußischen Staatsforsten, Buche und Kiefer, eine 120jährige Umtriebszeit mit sechs 20jährigen Perioden vorherrschend war. Übrigens vertritt Hartig im Gegensatz zu seinen sehr allgemein gehaltenen Waldbauregeln die Berechtigung von Abweichungen der Umtriebszeit mit Rücksicht auf Bodengüte, Klima, Beschaffenheit des Holzes u. a.

H. Cotta[1] hat seine Ansichten über die Umtriebszeit in seinem Waldbau niedergelegt. Charakteristisch ist der weite Zeitraum, der bei den meisten Holzarten für die Umtriebszeit angegeben wird. Die Haubarkeit der Buchen fällt zwischen das 80. und 160. Jahr; der 120jährige Umtrieb ist am üblichsten; in diesem Alter wird gewöhnlich die größte Holzmasse und die passendste Stärke der Bäume erlangt. Mildes Klima und sehr guter Boden erlauben jedoch — und flachgründiger Boden fordert einen niedrigeren Umtrieb, Mangel an Holz aber zwingt oft dazu. Tiefgründiger Boden macht einen hohen Umtrieb rätlich, der Verbrauch von starkem Holze aber notwendig. Die rauhe Lage fordert zuweilen, aber nicht immer, einen hohen Umtrieb. — Der Umtrieb der Eichen wird zwischen 150 bis 200 Jahren, am häufigsten auf 180 Jahre festgesetzt. — Bei der Fichte werden drei verschiedene Verjüngungsalter hervorgehoben: Die Besamungsschläge durch übergehaltene Bäume, der reine Abtrieb bei aneinander gereihten Schlägen und der Kulissenhieb oder die Springschläge. Bei allen drei Verjüngungarten fällt der Umtrieb zwischen 60 bis 140 Jahre. In den Plänen, die Cotta seinen Schriften beigefügt hat, sind zum Teil vier Perioden zu 30 Jahren, zum Teil sechs Perioden zu 20 Jahren angegeben.

Hundeshagen hat durch die systematische Bearbeitung der ganzen Forstwissenschaft, durch die Begründung der forstlichen Statik, durch die Würdigung des ökonomischen Verhaltens des Holzvorrats und durch die von ihm vertretene Abschätzungsmethode auf die Entwicklung der forstlichen Betriebslehre und die Anschauungen ihrer Vertreter einen tiefgehenden, nachhaltigen Einfluß ausgeübt. Die unmittelbare Anwendung der von ihm vertretenen Grundsätze auf die Umtriebszeit ist aber geringer, als man nach dem Inhalt seiner Schriften erwartet. Hundeshagen[2] schreibt: „Ganz gleiche Bewandtnis (wie mit der Betriebsweise, die von den Vermögensverhältnissen des Waldeigentümers, sowie von

---

[1] Anweisung zum Waldbau, 4. Aufl. 1928, 4. u. 5. Kapitel.
[2] Forstliche Gewerbslehre, 3. Aufl., § 628.

den zeitlichen und örtlichen Waldzuständen abhängig ist) hat es mit der Umtriebszeit. Denn auch sie ist größtenteils von örtlichen Absatzverhältnissen, von zufälligem Materialvorrat im ganzen Forst und von der Fähigkeit und Neigung des Waldbesitzers, größere und kleinere Materialkapitale in seinem Forst anlegen zu können und zu wollen, abhängig; und folglich reicht eine vollständige Kenntnis der veränderlichen Größe derselben bei diesem oder jenem Umtrieb vollkommen zur Auswahl der den Umständen entsprechenden hin." Gegen die hier von Hundeshagen ausgesprochenen Ansichten ist jedoch zu bemerken, daß die Umtriebszeit, sofern sie im Sinne der forstlichen Statik aufgefaßt wird, nach ihrem Wesen und ihrer Bedeutung, nach Umfang und Tiefe, nach ihrem Zusammenhang mit den Standorts- und Bestandesverhältnissen und ihren Beziehungen zu allen Zweigen der forstlichen Technik und den ökonomischen Zielen eine weit größere Bedeutung besitzt, als ihr hier von Hundeshagen beigelegt wird.

Pfeil[1] hat, wie auf allen forstlichen Gebieten so auch auf dem vorliegenden, die Besonderheiten der Holzarten und des Standorts nachdrucksvoll vertreten und die Aufstellung allgemeiner Regeln für die Umtriebszeit mit Entschiedenheit bekämpft. Er trat allen Bestrebungen, welche dahin gerichtet waren, Zuwachs, Vorrat und Umtrieb nach Formeln zu berechnen, wie es namentlich seitens der Vertreter der Vorratsmethode geschah, mit der ihm eigenen Schärfe entgegen. Insbesondere bei der Kiefer, die er ständig zu beobachten Gelegenheit hatte, erschien ihm jede mathematische Behandlung undurchführbar. Für die Art der Betriebsregelung müßten vor allem die Natur und wirtschaftliche Behandlung der Hauptholzarten bestimmend sein. Bei der Buche müsse anders verfahren werden als bei der Fichte und bei dieser wieder anders als bei der Kiefer. Jede Abweichung in den chemischen und physikalischen Eigenschaften des Bodens, jede Störung durch die zahlreichen Naturschäden, denen die Kiefer in allen Altersstufen in besonderem Maße ausgesetzt sei, werfe dahin gehende Berechnungen über den Haufen. Von einem allgemeinen Hiebsreifealter oder Umtrieb könne deshalb bei der Kiefer keine Rede sein. Durch die Schwankungen des Zuwachses, der den wichtigsten Bestimmungsgrund der Hiebsreife bilde, sei auch die Bestimmung des Umtriebs in festen Zahlen nicht durchführbar. Gegenüber Pfeils, durch die Betonung des Örtlichen charakterisierten Standpunkt, muß nun aber betont werden, daß es trotz der vielen Besonderheiten, die auf den örtlichen Betrieb von Einfluß sind, doch auch hier allgemeine Regeln gibt, wie sie in den neueren Ertragstafeln und durch andere Untersuchungen zum Ausdruck gekommen sind.

Im Gegensatz zu Hundeshagen und Pfeil, die ihre Ansichten über die Umtriebszeit teils in sehr allgemeiner, teils in unbestimmter Fassung

---

[1] Kritische Blätter, 31., 35., 40. u. 41. Band.

ausgesprochen haben, gab König[1] in seiner Forstmathematik trotz des Mangels an Ertragsgrundlagen bestimmte zahlenmäßige Nachweise über den Gang des Massen- und Wertzuwachses und damit auch für die Umtriebszeit. Er stellte Tafeln auf, von denen die einen den Massen- und Wertszuwachs normaler Holzbestände, die anderen den Massen- und Wertsertrag normaler Wirtschaftswälder nachweisen sollten. Als die für die Umtriebszeit wichtigsten Angaben sind die Wertzuwachsprozente vom Bestand und die Wertnutzungsprozente eines ganzen Verbandes anzusehen. Als Holzarten dienten ihm die Lärche als Repräsentant der starken, die Buche als Repräsentant der schwachen Entstehung. Die betreffenden Zahlen für die Buche sind folgende:

1. Wertzuwachs-Prozent normaler Holzbestände.

Alter	40—50	60—70	80—90	100—110	120—130 Jahre
	9,85	5,50	3,67	2,45	0,93%

2. Wertsertrag normaler Wirtschaftswälder.

Alter	60	80	100	120	140 Jahre
	6,15	4,59	3,64	2,83	2,22%

Diese Rechnungsergebnisse sind weniger nach ihrer zahlnemäßigen Bestimmtheit von Interesse, als wegen der Unterschiede, die bei allen prozentischen Berechnungen bestehen, je nachdem sie auf einzelne Bestände oder auf ganze Betriebsverbände bezogen werden.

In bezug auf die normale Umtriebszeit wird dann von König aus geführt, daß diese in der Regel nicht unter dem Bestandesalter stehen solle, „in welchem das Wertzuwachsprozent des eben schlagbaren Bestandes von dem erforderlichen Zinsfuß abfällt", aber womöglich auch nicht über dem Umtriebsalter vom ganzen Waldverbande. Zwischen diesen beiden Grenzen werden dann noch eine Reihe besonderer Bestimmungsgründe (persönliche Verhältnisse des Waldeigentümers, Gefahren der Wirtschaft, Erhaltung eines guten Bodenzustandes u. a.) geltend gemacht.

K. Heyer[2] hat sowohl durch seine Schriften, insbesondere seine Waldertragsregelung, als auch durch besondere Untersuchungen und Vorträge einen fördernden, nachhaltigen Einfluß auf die Frage der Umtriebszeit ausgeübt. Er sah als Hauptbestimmungsgrund derselben den Gang des Zuwachses an. Sowohl für den laufenden als auch für den durchschnittlichen Zuwachs wurden eingehende Untersuchungen gemacht und bestimmte Ergebnisse gewonnen. Auf Grund derselben sprach Heyer die Ansicht aus, daß der laufende Zuwachs des Hauptbestandes bei den meisten Holzarten schon frühzeitig, zugleich mit dem Höhenwuchs das Maximum erreiche. Für seine Stellung in der Frage der Umtriebszeit

---

[1] Forstmathematik, 4. Ausg. § 423, 424, 432, 433.
[2] Die Waldertragsregelung, 3. Aufl., S. 21.

ist folgende Bemerkung charakteristisch: „Den Freunden sehr hoher Umtriebe werden diese (von ihm gemachten) Erfahrungen, allerdings nicht erwünscht sein; sie mögen aber erwägen, daß allgemeine Naturgesetze sich wohl eine Zeitlang verheimlichen, aber nicht unterdrücken lassen und einige Beruhigung wieder dahin finden, daß der höchste durchschnittliche Massenertrag über die vorteilhafteste Umtriebszeit nicht allein entscheidet.“

K. Heyers regste Tätigkeit auf dem vorliegenden Gebiete richtete sich auf die Förderung des forstlichen Versuchswesens. Im Jahre 1845 erließ er bekanntlich einen Aufruf zur Bildung eines Vereins für forststatische Untersuchungen. Dem Aufruf schloß sich im folgenden Jahre eine Anleitung zu solchen an, welche im ersten Teil die Hauptnutzungserträge, im zweiten die Nebennutzungen, im dritten weitere Untersuchungsgegenstände aus den Gebieten des Waldbaus, der Forstbenutzung und der Ertragsregelung behandelte. Die Anleitung bildet einen wichtigen Ausgangspunkt für die Entwicklung des forstlichen Versuchswesens, mit dem die Frage der Umtriebszeit in naher Beziehung steht. Zunächst schritt dasselbe nur langsam vorwärts. Die Fortschritte wurden gehemmt durch die Abweichungen in der Aufarbeitung des Holzes und die Verschiedenheit der Maße. Erst nachdem im Jahre 1872 die Einigung auf diesem Gebiete vollzogen war, konnten die Arbeiten des Versuchswesens erfolgreicher in Angriff genommen werden. Als seine ersten Früchte in bezug auf Zuwachs und Umtrieb erschienen die Ertragstafeln von Kunze[1] und Baur[2]. Die von K. Heyer gefundenen Ergebnisse seiner Zuwachsuntersuchungen erhielten durch diese Ertragstafeln eine Bestätigung.

Gegen die von den genannten Vertretern des Versuchswesens gezogenen Folgerungen trat Borggreve[3] in die Schranken. Er zeigte unter Hinweis auf die wichtigsten Holzarten, daß für die Höhe der Umtriebszeit nicht allein die auf die Haubarkeitsnutzungen beschränkten Erträge bestimmend seien und daß durch Einbeziehung der Durchforstungserträge die Kulimination des Durchschnittszuwachses und damit auch der Hiebsreife und der Umtriebszeit wesentlich hinausgeschoben werde. Als Beispiel sei hier auf die Ertragstafeln für Fichte und Buche von Schwappach hingewiesen. Auf der mittleren (III.) Standortsklasse ist der Gesamtdurchschnittszuwachs:

Bei der Fichte für $u =$	60	80	100	120 Jahre	
	9,2	10,1	10,2	9,9 fm	
Bei der Buche für $u =$		80	100	120	140 Jahre
		6,3	7,2	7,6	7,7 fm

---

[1] Supplemente des Thar. Jahrbuchs 1877.
[2] Die Fichte in Bezug auf Ertrag, Zuwachs und Form 1877.
[3] Forstabschätzung S. 98ff., Ertragstafeln und Umtrieb.

Aus diesen Zahlen geht hervor, daß die Gesamtmasse unter normalen Verhältnissen bei Fichte und Buche von der Höhe der Umtriebszeit nur wenig beeinflußt wird. Die Kiefer zeigt zwar mit der Erhöhung derselben von 100 auf 140 Jahre eine Abnahme des Gesamtdurchschnittszuwachses von reichlich 20%; allein in guten Beständen findet in der Regel ein Unterbau mit der Buche statt, und dadurch wird das Sinken, das reine Bestände später zeigen, aufgehoben.

III. Der Einfluß der Reinertragslehre auf die Umtriebszeit.

Den Einfluß der Reinertragslehre auf die Wirtschaftsführung habe ich in früheren Schriften eingehend behandelt. Bei der zeitlichen und räumlichen Beschränkung, der ich mich zu unterwerfen habe, kann ich hier nur einige wenige allgemein zu haltende Gegenstände berühren. Insbesondere ist auf folgendes einzugehen: Erstens auf die Wirtschaftsprinzipien, welche dem Betriebe zugrunde gelegt werden, zweitens auf die Verschiedenheiten, die sich ergeben, je nachdem die Urteile und Rechnungen auf einzelne Bestände oder auf ganze Verbände (Reviere, Betriebsklassen) — auf einzelne Personen oder nationale Körperschaften oder auch ein ganzes Volk bezogen werden; drittens auf die miteinander übereinstimmenden und gegensätzlichen Folgerungen, die aus den Wirtschaftsprinzipien und den Regeln der forstlichen Technik hervorgehen.

1. Wirtschaftsprinzip.

Ein Reinertrag tritt in der Forstwirtschaft, wie in allen anderen Wirtschaftszweigen, dadurch hervor, daß von dem Ertrag die Produktionskosten abgezogen werden. So einfach dieser Satz auch erscheint, so lehrt doch die Geschichte, daß er seit Beginn der Forstwissenschaft bis zur Gegenwart sehr verschieden aufgefaßt worden ist.

Der positive Bestandteil des Reinertrags wird einmal durch den Massenzuwachs bestimmt, der jährlich im Walde erzeugt wird; sodann durch die Werterhöhung, welche die gesunden Stämme eines Bestandes infolge der Verstärkung ihrer Durchmesser und ihrer zunehmenden Astreinheit erlangen. Der Ertrag erfolgt durch die Nutzung derjenigen Bestände oder Bestandesteile, von denen angenommen wird, daß sie die Hiebsreife erreicht haben. Sie bezieht sich entweder auf einen ganzen Bestand oder auf einzelne Stämme, und zwar (abgesehen von kranken, schlecht geformten usw.) auf solche, die wegen des zunehmenden Raumbedarfs der stehenbleibenden Stämme entfernt werden müssen. Erstere bilden den Haupt- oder Haubarkeitsertrag, letztere die Vorerträge. Denkt man sich eine regelmäßige, aus u Altersstufen gebildete Betriebsklasse, so besteht unter normalen Verhältnissen die jährliche Gesamtnutzung aus dem gesamten Holz des ältesten, u jährigen Schlags (A)

und aus der Summe aller Durchforstungserträge (D). Soll die Nutzung auf normale Verhältnisse bezogen werden, so ist der gesamte jährliche Rohertrag der Betriebsklasse gleich $A + D$, der Flächeneinheit $= \dfrac{A + D}{u}$.

Die Produktionskosten sind im Gegensatz zu dem begrifflich einfachen Rohertrag einer verschiedenen Auffassung fähig. Geht man von den Personen aus, in deren Interesse die Forstwirtschaft geführt wird, so können volkswirtschaftliche und privatwirtschaftliche Produktionskosten unterschieden werden. Unter volkswirtschaftlichen Kosten in strengerem Sinne werden dann nur solche verstanden, durch welche dem Volksvermögen Bestandteile entzogen werden, durch deren Verausgabung dieses daher eine Verminderung erleidet. Hierher gehören die Werte, welche durch den auswärtigen Handel ausgeführt werden; sodann Stoffe, welche mit ihrer Substanz in die neu erzeugten Produkte übergehen, so daß sie als selbständige Teile des Vermögens in den betreffenden Nachweisen nicht mehr aufgeführt werden; endlich die Abnutzung des stehenden Kapitals. Dagegen trifft die Verminderung des Volksvermögens durch die Produktion nicht zu bezüglich derjenigen Ausgaben, welche in der Benutzung des Kapitals und des Bodens, sowie in der Verausgabung von Arbeitslöhnen liegen. Vom privatwirtschaftlichen Standpunkt werden dagegen alle in Arbeitslöhnen, Kapitalzinsen und Bodenrenten bestehenden Ausgaben als Produktionskosten in Rechnung gestellt.

Die genannten Unterschiede zwischen der volks- und privatwirtschaftlichen Auffassung können auch auf den Reinertrag übertragen werden. Geschieht dies, so sind die Erzeugnisse des Waldes fast ganz als volkswirtschaftlicher Reinertrag anzusehen. Den Boden besitzt ein Volk unentgeltlich; eine Bodenrente wird volkswirtschaftlich nicht verausgabt. Die Gehälter und Löhne, die vom Waldeigentümer an Beamte und Arbeiter bezahlt werden, die Zinsen, die der Schuldner an den Gläubiger entrichtet, erscheinen vom Standpunkt eines ganzen Volkes nicht als Kosten; es wird dadurch nur eine Veränderung in der Verteilung des Volksvermögens herbeigeführt. Der einzelne Waldbesitzer muß dagegen zum Nachweis des Reinertrags alle in Arbeitslöhnen, Kapitalzinsen und Bodenrenten bestehenden Ausgaben in Rechnung stellen. Diese begriffliche Verschiedenheit gestattet keinen Zweifel. Für die Gestaltung der Forstwirtschaft kommt es aber darauf an, ob aus den begrifflichen Verschiedenheiten abweichende, wirtschaftliche Folgerungen hervorgehen. Diese Frage ist im Prinzip zu verneinen. Wenn man sich in der Forstwirtschaft auf den volkswirtschaftlichen Standpunkt stellt, wie es in erster Linie die Vertreter der Gesamtheit eines Volkes tun müssen, so darf das leitende Prinzip, nach dem die Wirtschaft geführt wird, niemals einem einzigen Wirtschaftszweig — sei es der Forstwirtschaft oder irgendeinem anderen — entlehnt werden. Vielmehr geht alsdann die dem Interesse des Volks entsprechende Aufgabe der Wirtschaft dahin, daß ein möglichst hoher Reinertrag aus der gesamten nationalen Wirtschaft hervorgebracht wird. Kein einzelner Wirtschaftszweig hat Anspruch auf eine Regelung der Verhältnisse, die dahin gerichtet ist, daß für ihn ein Höchstbetrag zustande kommt. Alle einzelnen Zweige der nationalen Produktion müssen sich mit Rücksicht auf den höchstmöglichen Gesamtertrag gewisse Beschränkungen gefallen lassen. Vom volkswirtschaftlichen Standpunkt gilt das Gesetz der Konkurrenz, das verlangt, daß die Faktoren der Gütererzeugung solchen Wirtschaftszweigen zugeführt werden, in welchen sie am meisten zu leisten imstande sind.

Nach dem Objekt der Wirtschaft, auf das der Reinertrag bezogen wird, sind Waldreinertrag, Bodenreinertrag und Unternehmergewinn (Wirtschaftserfolg) zu unterscheiden. Um den Waldreinertrag zu ermitteln, sind nur solche Aufwendungen vom Rohertrag abzuziehen, welche von außen in den Wald eingeführt werden. Dies sind die Arbeitslöhne im weitesten Sinne. Der Waldreinertrag hat stets große Bedeutung und muß mit den vielseitigen Mitteln der forstlichen Technik innerhalb der durch die ökonomischen Gesetze gegebenen Regeln gefördert werden. Da der Wald ein zusammenhängendes Ganzes bildet, so kann durch die praktische Geschäftsführung ein anderer, als der auf den ganzen, aus Boden und Vorrat bestehenden Wald bezüglicher Reinertrag unmittelbar aus der Wirtschaft nicht nachgewiesen werden. Als bestimmendes Prinzip der Wirtschaftsführung kann die Theorie des größten Waldreinertrags aber nicht angesehen werden. Sie steht zu der für Kapitalien jeder Art gültigen Forderung der Verzinsung im Gegensatz und gelangt zu außerordentlich konservativen Folgerungen, die aus forstlichen und ökonomischen Gründen nicht eingehalten werden können.

Endlich muß auch der sogenannte Unternehmergewinn, den G. Heyer in die forstliche Literatur einführte, dem Begriff des Reinertrags untergeordnet werden. Er ergibt sich, wie schon König hervorhob, dadurch, daß man auch den Boden als Bestandteil der Erzeugungskosten ansieht und seine Rente, wie den Zins des Vorrats, vom Rohertrag in Abzug bringt. Ein solches Verfahren muß als korrekt bezeichnet werden. Seine Anwendung wird jedoch durch den Umstand erschwert, daß die Bodenrente, wie Helferich seinerzeit begründet hat, als Folge der Wirtschaftsführung anzusehen ist. Daher kann sie häufig nicht von vornherein bei der Forsteinrichtung festgelegt, muß vielmehr zunächst als unbekannte Größe angesehen werden. „Der Wert des Bodens und seine Rente — sagt Helferich — müssen sich erst aus der Wirtschaft entwickeln ...“

2. Der Unterschied im Verhältnis von Werterzeugung und Kapital zwischen Einzelbeständen und Betriebsverbänden.

Die meisten Vertreter der Reinertragslehre sind bei der Behandlung der Aufgaben, die sie sich gestellt haben, vom Einzelbestand ausgegangen. Preßler entwickelte an ihm das Weiserprozent, Faustmann, G. Heyer u. a. den Bodenerwartungswert. Mit Rücksicht auf die Einfachheit der Anschauung und Behandlung war ein solches Verfahren auch sehr erklärlich. Die Urteile, welche bei der Betriebsregelung für große zusammenhängende Forsten abgegeben werden, müssen aber nicht auf den Einzelbestand oder auf den aussetzenden Betrieb, sondern auf den jährlichen Betrieb, auf eine Summe von Beständen, die im wirtschaftlichen Zusammenhang stehen (Reviere, Betriebsklassen) bezogen werden. Insbesondere muß der Staat, sowohl als Waldbesitzer, wie auch als Vertreter der Interessen eines ganzen Volkes, den nachhaltig jährlichen Betrieb als Grundlage für alle großen forstwirtschaftlichen und forstpolitischen Fragen und Aufgaben ansehen.

Die Frage, ob Gegensätze bestehen, je nachdem ein ganzer nachhaltig bewirtschafteter Wald oder einzelne Bestände zum Gegenstand der Untersuchung gemacht werden, ist für die Richtung, welche in der Forstwirtschaft eingeschlagen werden soll, von großer Bedeutung. Die Beziehungen zwischen dem Einzelnen und dem Ganzen, oder zwischen dem aussetzenden und dem jährlichen Betrieb glaubte G. Heyer[1] mit den Worten klargestellt zu haben: „Alle die Sätze, welche für den Unternehmergewinn des aussetzenden Betriebes entwickelt wurden, gelten auch für den jährlichen Betrieb. Der Beweis für die Richtigkeit dieser Behauptung folgt aus dem Axiom, daß das Ganze gleich der Summe seiner einzelnen Teile ist. Ein zum jährlichen Betrieb eingerichteter Wald kann offenbar als ein Komplex von Beständen angesehen werden, von welchem jedes einzelne im aussetzenden Betrieb bewirtschaftet wird.“

Auch Faustmann, Judeich, Stötzer u. a. vertraten im wesentlichen den gleichen Standpunkt. Faustmann[2] schloß seine bekannte Arbeit über die Berechnung der Bodenwerte mit der Bemerkung, daß es in bezug auf den Wert des Bodens gleich sei, ob man den aussetzenden oder den jährlichen Betrieb der Rechnung unterstelle. Judeich führte aus, daß die Kosten der Holzerzeugung bei Anwendung des aussetzenden und des jährlichen Betriebs gleich hoch seien.

Unterstellt man normale Verhältnisse, bei denen keinerlei Hemmungen in bezug auf die Betriebsführung vorliegen, so können gegen diese theoretischen Sätze keinerlei Einwendungen erhoben werden. Die Übereinstimmung zwischen dem Ganzen und der Summe seiner Teile hat,

---

[1] Handbuch der Forstl. Statik 1871, S. 22.
[2] Allgem. Forst- u. Jagdztg. 1849.

soweit es sich um Maße, Gewichte und überhaupt Verhältnisse quantitativer Art handelt, allgemeine Gültigkeit. Die Leistung eines Baumes ist von der Menge seiner Blätter und Wurzeln, die Leistung eines Bestandes von der Arbeit der einzelnen Stämme, diejenige eines größeren Waldes von der Leistung der Bestände, die ihn zusammensetzen, abhängig. Trotz solcher selbstverständlich erscheinenden Beziehungen lehrt aber die Geschichte der Forstwirtschaft mit großer Bestimmtheit, daß in der Praxis sehr verschieden gewirtschaftet wird, je nachdem man es mit einer Summe von einzelnen isolierten Beständen zu tun hat, oder mit einem Wirtschaftsverband, dessen Glieder in organischer Verbindung miteinander stehen. Für organische Körper gilt die genannte Regel der Übereinstimmung zwischen dem Ganzen und der Summe der Teile nicht ohne weiteres. Die Summe der Teile einer Pflanze ist, wenn ihr Zusammenhang gelöst wurde, der ganzen Pflanze nicht mehr gleich, sondern ungleich. Auch in der allgemeinen Wirtschaftslehre hat dieser Satz Gültigkeit. Eine der bedeutendsten und einflußreichsten Schriften, die auf dem Gebiete der deutschen Volkswirtschaft geschrieben sind, nämlich das „Nationale System der politischen Ökonomie“ von Friedrich List, bedeutete einen Gegensatz gegen die von A. Smith vertretene Lehre, daß in der Nationalökonomie die Summe der einzelnen Wirtschaften mit der Volkswirtschaft identisch sei. List vertrat den Standpunkt, „daß die Summe der produktiven Kräfte einer Nation nicht gleichbedeutend sei mit dem Aggregat der produktiven Kräfte aller Individuen“, daß vielmehr die Einheit der Nation das Band sei, welches die Einzelnen, wie die Lebenskraft die Zellen der Pflanzen, zusammenhalte. Die Geschichte der Politik und Volkswirtschaft hat die Richtigkeit der von Fr. List vertretenen Anschauungen nach den wesentlichsten Richtungen bestätigt; und in Zukunft wird zweifellos der nationale Charakter der Wirtschaft einflußreicher sein, als atomistische und kosmopolitische Theorien.

Wenn nun auch dem Wald nicht im gleichen Sinne wie einem organischen Lebewesen oder der menschlichen Gesellschaft der Charakter des Organischen beigelegt werden kann, so spielt doch auch in der Forstwirtschaft der Zusammenhang, in welchem die Bestände eines Reviers untereinander und zu dem Ganzen, dem sie angehören, stehen, eine wichtige Rolle. Der Unterschied, der sich für die Wirtschaft ergibt, je nachdem man die Bestände als isolierte Teile oder als zusammenhängende Glieder eines Verbandes auffaßt, kommt namentlich nach zwei Richtungen zur Geltung, nämlich einmal durch die räumliche Ordnung, in der die Bestände verjüngt werden, sodann durch die Art und Weise, wie der stehende Holzvorrat berechnet wird.

Das Verdienst, die Bedeutung der räumlichen Ordnung für die Betriebsführung zuerst nachdrücklich betont und im Bereich seiner praktischen Wirksamkeit zur Anwendung gebracht zu haben, gebührt H. Cotta. In seiner Forsteinrichtung stellte er die These auf, daß eine gute auf die Fläche gegründete Einrichtung des Waldes gewöhnlich wichtiger sei, als die Ertragsbestimmung. Cotta hat durch Aufstellung und Anwendung dieser These m. E. auf die sächsische Forsteinrichtung einen größeren Einfluß ausgeübt als Preßler, dessen Verdienste hierdurch übrigens nicht geschmälert werden dürfen, durch das Weiserprozent. In den meisten anderen deutschen Staaten ist die räumliche Ordnung lange Zeit hindurch nicht genügend gewürdigt worden; namentlich in vielen Laubholzgebieten blieb sie fast unbeachtet. Erst als Chr. Wagner durch seine bekannte Schrift die Bedeutung der räumlichen Ordnung nach allen Richtungen hin beleuchtet hatte, wurde das Interesse an diesem wichtigen Gegenstand in weiten Kreisen angeregt. Beispiele hierfür sind in den Forstwirtschaften Nord-, Mittel- und Süddeutschlands in reichem Maße hervorgetreten.

Die räumliche Ordnung macht ihren Einfluß auf die Zeit der Abnutzung nach zwei verschiedenen Richtungen geltend. Einmal ist die Verteilung der in der nächsten Zeit zu verjüngenden Orte über die ganze Fläche der Reviere oder Wirtschaftseinheiten zu beachten. In dieser Beziehung haben sich bekanntlich im Laufe des vorigen Jahrhunderts zwei einander entgegengesetzte Systeme ausgebildet, das Streben nach Zusammenlegung und Zerreißung der Altersklassen und Verjüngungsflächen. Sodann gibt die Bildung von Hiebszügen zu Abweichungen in der Zeit der Abnutzung Veranlassung.

Auf die Behandlung des Vorrats in der Forsteinrichtung wurde schon früher (im 3. Abschnitt) hingewiesen. Unbedingt richtige Methoden der Vorratsberechnung gibt es bekanntlich nicht. Für jedes Verfahren werden sich bei einer tiefer gehenden Untersuchung Mängel und Fehler ergeben, nicht nur des Grades, sondern auch des Prinzips. Im allgemeinen Wirtschaftsleben haben Kostenwerte die weitestgehende Bedeutung; sie sind eine Grundbedingung für den Bestand der Wirtschaft und die Nachhaltigkeit der Erzeugung. Aber in der Forstwirtschaft treten sie sehr zurück. Zufolge der langen Dauer, die zwischen Begründung und Ernte der Bestände liegt, können die Bedingungen für die Anwendung von Kostenwerten in älteren Beständen ganz andere sein, als es in jugendlichen der Fall ist. Entsprechendes gilt auch für Erwartungswerte. Die zukünftigen Werte können oft nicht mit Sicherheit geschätzt werden, auch wenn man die zur Verfügung stehenden statistischen Nachweise als wertvolle Belege zur Begründung der Umtriebszeit nach Möglichkeit benutzt und von dem Verfahren der Interpolation in weitgehendem Maße Anwendung macht. Als die wichtigste Wertart ist für die forstlichen Erzeugnisse der reale Verbrauchswert, der die Bestände nach Maßgabe der Sortimente, die in ihnen enthalten sind, berechnet oder einschätzt. In diesem Sinne sind auch die meisten Bestimmungen über die Wertnachweise und ihre Anwendung in den Ertragstafeln und a. a. O. zustande gekommen.

Gegen die Anwendung von Verbrauchswerten bei der Begutachtung der Umtriebszeiten machte G. Heyer, namentlich König und v. Thünen gegenüber, geltend, daß die Berechnung des Vorrats nach dem Verbrauchswert unrichtig sei. Der Größe des für eine Wirtschaft erforderlichen Betriebskapitals dürfe nur nach dem Erzeugungsaufwand bemessen werden. Wenn dies geschieht, so wird der Widerstreit, der sich in bezug auf das Einzelne und die Gesamtheit der Bestände ergibt, aufgehoben. Jedes einzelne Glied, und demgemäß auch der ganze Verband, wächst in einer gleichmäßigen Reihe, die durch den Zinsfuß bestimmt wird. Indessen die Kosten- und Erwartungswerte des normalen und wirklichen Vorrats sind, auch bei einer guten und vollständigen Statistik, in absehbarer Zeit nicht durchführbar. Wie die Verhältnisse aber auch liegen mögen, die Rücksichtnahme auf den Zusammenhang der Teile eines Verbandes wird in der Regel dahin führen, daß dem Betriebe eine konservativere Richtung gegeben wird, als es sonst der Fall sein würde. Beispiele hierfür würden sich in großer Menge aus der Geschichte der Betriebslehre erbringen lassen.

3. Allgemeine Folgerungen.

Wirft man einen kritischen Blick auf die Entwicklung der deutschen und außerdeutschen forstlichen Kulturländer, so wird man meist finden, daß die Wirtschaftsprinzipien der Wald- und Bodenreinertragslehre viel geringeren Einfluß auf die Behandlung und Beschaffenheit der Wälder gehabt haben, als nach der Literatur meist angenommen wird. Weit größere Unterschiede der tatsächlichen Verhältnisse sind durch die ökonomische Lage der Waldungen, wie man das Verhältnis des Waldes zu den Verbrauchsarten nennen kann, veranlaßt worden. Sehr viele Waldungen in Nord-, Mittel- und Südeuropa legen hiervon Zeugnis ab. In der Nähe von Wasserstraßen, auf denen die Beförderung von Nutz- und Brennholz leicht vonstatten ging, wurde die Abnutzung oft ohne jede Rücksicht auf den nachhaltigen Wald- und Bodenreinertrag durchgeführt. Wo dagegen der Abbringung Schwierigkeiten oder Hindernisse entgegenstanden, blieben die Waldungen von der Axt unberührt. Aber auch wenn man Waldungen vergleicht, deren Nutzung keine Schwierigkeiten entgegenstehen, wird man das Zurücktreten der genannten Prinzipien bestätigt finden. Zu seiner Erklärung dient die Tatsache, daß beide Theorien neben ihren Gegensätzen viel Gemeinsames haben, und zwar gerade auf Gebieten, die den forstlichen Praktiker in besonderem Grade beschäftigen. Die übereinstimmenden Folgerungen beziehen sich auf den Bodenzustand, die Art der Verjüngung und Bestandespflege, auf das Verhalten der Betriebsarten und die Folge, in welcher die Bestände zur Abnutzung und Verjüngung herangezogen werden.

Erhaltung des Bodens in gutem Zustand ist eine Forderung, die von den verschiedensten Richtungen der Forstwirtschaft anerkannt wird. Sie bedarf, da sie aus dem Wesen der Sache hervorgeht, keiner besonderen Begründung. Bei einer guten Verfassung des Bodens wird sowohl die absolute Leistung des Waldes, von der der Waldreinertrag abhängig ist, gehoben, als auch das den Bodenreinertrag bestimmende Verhältnis zwischen Zuwachs und Vorrat, weil auf einem in gutem Zustand befindlichen Boden der Zuwachs weit besser gefördert werden kann, während dies bei ungünstigen Bodenzuständen zweifelhaft ist. Wie sich beide Richtungen, wenn sie konsequent durchgeführt werden könnten, verhalten würden, ist nicht leicht und immer nur für bestimmte Verhältnisse nachweisbar. Unter Umständen ist der frühere Abtrieb, der bei der Reinertragswirtschaft erfolgt, nicht ohne nachteilige Wirkung. Andererseits aber gibt es keine ungünstigeren Bedingungen für die Bodenzustände, als das Vorhandensein alter, reiner Bestände von Lichtholzarten, denen kein Bodenschutzholz beigegeben ist. Je länger sie in solchem Zustand erhalten werden, um so mehr leidet der Boden durch die Wirkungen von Sonne und Wind.

Eine gute Bestandespflege, bei welcher Vorwüchse und andere schlecht geformten Bestandesglieder rechtzeitig entfernt werden, hat gleichfalls sowohl auf die absolute Wertleistung als auf das Verhältnis des Zuwachses zur vorhandenen Masse günstigen Einfluß, weil schlecht geformte Bestandesglieder sowohl in ihrer absoluten als auch in ihrer relativen Leistung gegen gut gebaute Stämme mit symmetrischen Kronen und richtigem Ansatz derselben wesentlich zurückstehen. Übrigens darf angenommen werden, daß gut geführte technische Maßnahmen auf die Umtriebszeit in konservativem Sinne einwirken. Der Beweis hierfür ergibt sich im allgemeinen aus dem Unterschied der Preise verschiedener Qualitätsklassen. Am stärksten ist dies bei der Eiche der Fall; in geringerem Grade aber auch bei der Buche, sowie anderen Laub- und Nadelholzstämmen.

Auch den verschiedenen Betriebsarten gegenüber verhalten sich die beiden Wirtschaftsprinzipien der Wald- und Bodenreinertragstheorie in den wesentlichen Richtungen übereinstimmend. Der Niederwald steht zu beiden im Gegensatz, weil er unter den meisten Verhältnissen infolge der Abnahme der Ausschlagfähigkeit zur Erhaltung des Bodens in gutem Zustand, die beide Theorien verlangen, nicht fähig ist. Der Mittelwald verhält sich in bezug auf die absolute und relative Werterzeugung insofern ungünstig, als die künstlichen Lichtungen, durch welche der Zuwachs gefördert werden soll, in einem Alter eingelegt werden, in welchem zu einer Beschleunigung des Zuwachses nach dem Grundsatz seiner Verzinsung noch kein Grund vorliegt. Die frühe Lichtung des Oberholzes hat ästige Stämme und frühe Hiebsreife zur Folge. Der Plenterwald würde beim Vorliegen geeigneter Holzarten und auf geeignetem Standort dem schlagweisen Hochwald nicht nachstehen, ihn sogar in der Erzeugung einzelner wertvoller Stämme übertreffen; doch sind die in der Praxis vorliegenden Bedingungen, namentlich für Lichtholzarten, unter den meisten Verhältnissen zu ungünstig, als daß allgemeine Folgerungen hieraus gezogen werden dürften.

Bei der **Forsteinrichtung** ist häufig die Folge, in welcher die Bestände zur Abnutzung herangezogen werden sollen, wichtiger, als die Beurteilung der Hiebsreife an sich. Auch muß das Prinzip der Stetigkeit der Wirtschaftsführung unter allen Umständen gewahrt bleiben. Es nötigt oft zu konservativerem Vorgehen, als den Maßstäben der Bodenreinertragslehre oder anderer mathematischer Prinzipien entspricht. In bezug auf die **Wahl der Bestände zu den Endhieben** lautet der übereinstimmende Grundsatz, daß die schlechtesten Bestände zuerst herangezogen werden und daß die räumliche Ordnung gewahrt wird.

Gegensätzliche Folgerungen zwischen der Wald- und Bodenreinertragstheorie ergeben sich bei Beschränkung auf den regelmäßigen Hochwald einmal bezüglich der Durchforstung der Stangenorte. Schon Preßler hat zur Begründung seiner Lehre nachdrucksvoll darauf hingewiesen, „daß wir das naturgesetzliche Sinken des ersten oder quantitativen Zuwachsprozentes (a) im geschlossen erzogenen Bestand durch einen zweckmäßig lebhaften Durchforstungsbetrieb nicht bloß zum Stehen, sondern, (und) selbst noch in 70—80jährigen Fichtenbeständen, auf frischen Standorten, nicht selten zu ganz erheblichem Steigen zu bringen vermögen". Durch diese Betonung der kräftigen Durchforstung, die später auch in der Praxis zahlreiche Vertreter und Freunde fand, hat Preßler bedeutenden Einfluß auf die forstliche Praxis ausgeübt. Die Ausführung starker Durchforstungsgrade und die Anwendung der Hochdurchforstung sind hierher gehörige Beispiele.

Am stärksten macht sich die Differenz in den Folgerungen der Wald- und Bodenreinertragslehre in bezug auf die **Umtriebszeit** geltend. Wird der Quotient $\frac{A}{u}$ für verschiedene Umtriebszeiten untersucht, so wird leicht ersichtlich, zu wie außerordentlich hohen Umtrieben die Wirtschaft des höchsten Waldreinertrags, wenn sie konsequent durchgeführt wird, in gesunden, geschlossen erzogenen Beständen führt. Es bedarf nur eines Massen- und Wertzuwachsprozentes, das größer als 1 ist, um den genannten Quotienten für $u = 100$ eine steigende Tendenz zu geben. Die Bodenreinertragslehre kann sich auch bei den bescheidensten Anforderungen an die Verzinsung des Waldkapitals diesen Folgerungen nicht fügen. Sie gelangt überall zu niedrigeren Umtriebszeiten. Aber auch die hierin liegende Differenz wird dadurch vermindert, daß die Umtriebszeit, wenn sie unter den Einfluß der Verjüngung gestellt wird, nicht durch eine bestimmte Zahl im Sinne eines Rechnungsexempels zum Ausdruck gebracht wird, sondern in größeren wirtschaftlichen Perioden, welche meist mehrere Jahrzehnte umfassen. Dies ist bei der künstlichen Bestandesbegründung eine Folge der Bildung der Hiebszüge mit schmalen, allmählich aneinander gereihten Jahresschlägen; bei der natürlichen Verjüngung geschieht es durch die allmähliche Vorbereitung der Bestände und die folgenden Lichtungen.

Durch den Wert, welcher auf die Boden- und Bestandespflege, sowie die Stetigkeit der Betriebsführung gelegt wird, hat die Frage der Umtriebszeit einen in wesentlichen Richtungen veränderten Inhalt und eine andere Art der Begründung erhalten. Bei der einseitig mathematischen Behandlung, die im Bereich der Reinertragslehre lange Zeit vorherrschend war, glaubte man die Frage der Umtriebszeit nach dem Muster eines Rechenexempels lösen zu können. G. Heyer[1] gab eine dahin gehende klare Anweisung: „Man sucht zuerst eine der betreffenden Lokalität entsprechende Ertragstafel zu erlangen, welche die Haubarkeitsnutzungen, Zwischen- und Nebennutzungen mit ihren Geldwerten angibt, stellt den Betrag der jährlichen Kosten und der Kulturkosten, sowie den geforderten Wirtschaftszinsfuß fest und berechnet dann nach bekannten Regeln den Bodenerwartungswert für die in Betracht zu ziehenden Umtriebszeiten. Diejenige Umtriebszeit, bei welcher der Bodenerwartungswert ein Maximum erreicht, würde also das größte Einkommen gewähren, mithin als finanzielle Umtriebszeit zu betrachten sein." Nun ist aber stets im Auge zu behalten, daß für die Feststellung der Umtriebszeiten häufig eine Menge natürlicher, ökonomischer und forsttechnischer Verhältnisse in Rücksicht gezogen werden müssen, die einem zahlenmäßigen Nachweis schwer oder gar nicht zugänglich sind. Daher sind Nachweise über die Hiebsreife, welche die Umtriebszeit bestimmt, meist in die Form eines gutachtlichen Urteils zu bringen, dem die zahlenmäßig nachweisbaren Bestandteile der Begründung als Belege beigefügt werden.

IV. Die Ermittelung der Umtriebszeit.

1. Nach Wirtschaftsziel und Zuwachs.

Die Hiebsreife des Holzes, welche unter normalen Verhältnissen mit der Umtriebszeit übereinstimmt, ist einerseits von den Sortimenten, welche das Ziel der Wirtschaft bilden sollen, abhängig; andererseits vom Höhen- und Stärkezuwachs, durch welchen die Zeit bestimmt wird,

---

[1] Handbuch der forstlichen Statik 1871, S. 33.

welche zur Erzeugung der betreffenden Sortimente nötig ist. In jedem Wirtschaftsgebiet können für die Hauptholzarten solche Sortimente bezeichnet werden. Die Einheit, welche hierbei in Betracht kommt, ist entweder die gesamte oberirdische Holzmasse oder die gesamte Derbholzmasse oder das in der Form von Stämmen auszuhaltende Nutzholz.

Den wichtigsten Bestimmungsgrund für die zielbildende Nutzholzklasse ergeben die Durchschnittspreise der seitherigen Wirtschaft. Eine gute und vollständige Nachweisung derselben ist deshalb zur Begründung der Umtriebszeiten erforderlich.

Beim Laubholz wird die Verwendungsfähigkeit vorzugsweise durch den untersten Abschnitt des Schaftes bestimmt. Der mittlere Teil desselben ist mit mehr oder weniger starken Astrückständen besetzt, die meist eine Trennung vom untersten Abschnitt nötig machen; der oberste Teil des Schaftes trägt, so lange der Baum steht, die grüne Krone. Beim Nadelholz spielt, seinen Verwendungsarten entsprechend, die Länge der Stämme eine wichtigere Rolle als beim Laubholz. Daher bilden das untere Stück und das mit Astrückständen versehene mittlere Stück des Schaftes meist eine Einheit, deren Wert vorzugsweise durch den oberen Durchmesser bestimmt wird.

Die Zeit, welche notwendig ist, um Stämme von einer bestimmten, das Wirtschaftsziel bildenden Länge und Stärke zu erzeugen, setzt sich hiernach zusammen:

1. aus dem Zeitraum (a), welcher nötig ist, um die Höhe (l), in welcher die Stammklassen gebildet und gemessen werden, zu erreichen;

2. aus dem Zeitraum, der erforderlich ist, um an dieser Stelle die das Wirtschaftsziel bestimmende Stärke hervorzubringen.

Ist hier der Durchmesser gleich d, die durchschnittliche Jahrringbreite $\dfrac{1}{n}$, so beträgt die zur Bildung des zielbildenden Stammes erforderliche Zeit $a + \dfrac{nd}{2}$.

Ein ausführlicher Nachweis, der nach Holzart, Standort, Wirtschaftsgeschichte u. a. vorkommenden Möglichkeiten, kann hier wegen Mangels an Zeit und Kraft nicht gegeben werden. Im Anschluß an zahlreiche frühere Messungen und unter Bezugnahme auf meine Forsteinrichtung lasse ich hier nachstehendes Beispiel folgen:

Laubholz.

Holzart	Standort	Wirtschaftsziel: astreine Stämme mit		a	d	n	$\dfrac{nd}{2}$	$u = a + \dfrac{nd}{2}$
		l	d in l					
Eiche	gut	10 m	60 cm	20	60	5	150	170
„	mittel	8 m	50 cm	20	50	6	150	170
Buche	gut	10 m	50 cm	20	50	5	125	145
„	mittel	8 m	40 cm	20	40	6	120	140

Nadelholz.

Holzart	Stand-ort	Wirtschaftsziel: astreine Stämme mit		a	d	n	$\dfrac{n\,d}{2}$	$u = a + \dfrac{n\,d}{2}$
		l	d in l					
Fichte	gut	18 m	20 cm	50	20	4	40	90
Kiefer	„	16 m	24 cm	50	24	4,5	54	104

Um dies Verfahren aber über eine mechanische Behandlung empor-zuheben, sind grundlegende Untersuchungen durch die Forsteinrichtungs- und Versuchsanstalten in langer planmäßiger Folge erforderlich.

Entsprechend dem verschiedenen Verhalten des laufenden und durchschnittlichen Massenzuwachses muß auch bei den Jahrringen die Breite in einem bestimmten Alter und die durchschnittliche Breite unterschieden werden. Wesentlich verstärkt wird das Verhältnis zwischen laufender und durchschnittlicher Ringbreite durch den Gang und Grad der Durchforstungen. Auch ist zu bemerken, daß bei den gründlichsten und regelmäßigsten Untersuchungen des Zuwachses, welche durch die forstlichen Versuchsanstalten erfolgen, die Veränderungen des Durch-messers auf den Bestandesmittelstand bezogen werden, der mit zu-nehmendem Alter in höhere Klassen aufrückt.

2. Nach dem Weiserprozent.

Das Weiserprozent drückt bekanntlich das Verhältnis aus, in welchem die Wertzunahme eines Bestandes zu dem ihr zugrunde liegen-den Produktionsfonds steht, der sich aus dem Bestandeswert und dem Grundkapital (Boden + Verwaltungs- + Kulturkostenkapital) zu-sammensetzt.

Die erste und originellste Behandlung des Weiserprozents ist von König ausgegangen. Er bestimmte, das reine Wertszunahmeprozent vom Holzbestand, indem er Verwaltungskosten und Bodenrenten von der Wertsmehrung in Abzug brachte. Nach den später üblichen Be-zeichnungen kann es durch die Formel

$$\frac{A_{m+1} - A_m - (B+V)\,0{,}0\,p}{A_m} \cdot 100$$

ausgedrückt werden.

Die größte Regsamkeit auf dem vorliegenden Gebiete hat Preßler entfaltet. Er begründete das Weiserprozent durch die Formel $(a + b + c)$ $\dfrac{H}{H + G}$, worin a, b und c die Prozente des Massen-, Werts- und Teuerungs-zuwachses, H den Bestandeswert, G das sogenannte Grundkapital (Boden, Verwaltungs- und Kulturkostenkapital) bedeuten.

Die erste Anwendung des Weiserprozents auf die Forsteinrichtung wurde von Judeich gemacht, indem er sowohl die theoretischen Grundlagen des einen Abschnitts seines Lehrbuches bildenden Weiserprozents herleitete, als auch die Bestimmungsgründe des Hiebsatzes und der Auswahl der für diesen dienenden Bestände Regeln aufstellte. Unter steter Rücksichtnahme auf die Hiebsfolge sollen in den Hiebsentwurf aufgenommen werden: Alle wirtschaftlichen Notwendigkeiten (Loshiebe u. a.); alle entschieden hiebsreifen Orte, deren Weiserprozent unzweifelhaft unter den angenommenen Wirtschaftszinsfuß gesunken ist; alle Bestände, welcher der Ordnung der Hiebsfolge entschieden als Opfer fallen müssen; endlich Bestände, deren Hiebsreife im Sinne des Weiserprozents zweifelhaft ist und für welche deshalb entsprechende Untersuchungen von besonderer Wichtigkeit sind.

Berechnungen von Weiserprozenten wurden auf Anregung von Preßler und Judeich zuerst in Sachsen vorgenommen. Im Jahre 1866 trat eine aus Vertretern der Verwaltung, der Forsteinrichtung und des forstlichen Unterrichts gebildete Kommission zu einer Beratung zusammen, um die Weiserprozente der Fichte und Kiefer zu untersuchen. Nach dem Durchschnitt der ausgeführten Messungen ergaben sich für das Prozent des Massenzuwachses (a), des Wertszuwachses (b) und für das Weiserprozent (w) folgende Zahlen, denen für die Verhältnisse Sachsens besonderer Wert beigelegt werden mußte:

Fichte II. Standortsklasse.

Alter	60—70	70—80	80—90	90—100 Jahre
a	3,3	2,5	2,0	1,5%
b	0,9	0,8	0,6	0,5%
$a + b$	4,2	3,3	2,6	2,0%
w	3,5	2,9	2,3	1,9%

Kiefer II. Standortsklasse.

Alter	60—70	70—80	80—90	90—100 Jahre
a	2,5	2,1	1,7	1,5%
b	0,8	0,3	0,4	0,5%
$a + b$	3,3	2,4	2,1	2,0%
w	2,8	2,1	1,8	1,8%

Das Ergebnis in bezug auf die Umtriebszeit ging dahin, daß diese bei der Fichte, Sachsens wichtigster Holzart, betrug

	auf	I.	II.	III.	IV. Standortsklasse
Zinsfuß	3%	55—65	65—75	75—85	85—95 Jahre
„	2,5%	65—75	75—85	75—85	85—95 „

Wichtiger als die Formeln des Weiserprozents, welche in verschiedener Weise aufgestellt werden können, ist die Frage, welche Bedeutung diesem für die Betriebsführung zukommt und ob es sich empfiehlt, dasselbe bei der Forsteinrichtung zu ermitteln. So schätzenswert auch eine Begründung desselben sein kann, so läßt doch die Geschichte der Forsteinrichtung seit der Mitte des vorigen Jahrhunderts erkennen, daß seine seitherige Anwendung in den deutschen Staatsforstverwaltungen weit beschränkter gewesen ist, als man nach seinem Wesen erwartet. Zur Erklärung dieser auffallend erscheinenden Tatsache dient der Umstand, daß für die Wahl der zu verjüngenden Bestände noch andere Faktoren von Einfluß sind, welche die aus dem Weiserprozent gezogenen Folgerungen unter Umständen beeinträchtigen. Dahin gehört insbesondere: der Stand des Holzvorrats, die räumliche Ordnung der Bestände, die Beschaffenheit der Bestände, der Betrieb der Durchforstungen, die Bodenzustände u. a.

3. Nach der Verzinsung des Waldkapitals.

Das Weiserprozent bezieht sich, wenigstens unmittelbar, nur auf den Einzelbestand. Die Forsteinrichtung hat es aber im Großbetrieb mit einer Summe von Beständen zu tun, die im jährlichen Betrieb bewirtschaftet werden. Für diesen ist es charakteristisch, daß die ihm angehörigen Bestände als ein Ganzes behandelt werden müssen, dessen Teile untereinander und mit dem Ganzen, von dem sie Teile sind, im Zusammenhang stehen. Die Erträge und Wirtschaftskosten werden auf die ganzen Flächen gleichmäßig übertragen. Als die Einheit, welche hier an erster Stelle steht, sind zunächst Betriebsklassen anzusehen, weiterhin ganze Reviere. Für die Verhältnisse größerer Wirtschaftsgebiete, insbesondere die Staatsforsten, müssen aber auch ganze Länder oder Landesteile in Betracht gezogen werden.

Geht man, um die Grundlagen der Wirtschaft möglichst einfach zu gestalten, von einer normalen Betriebsklasse mit u gleichgroßen, nach Altersklassen abgestuften Flächen aus, so ist dabei erstens der Rohertrag, der in der Summe der erzeugten Produkte besteht, nachzuweisen; zweitens der Reinertrag, der sich durch Abzug der Betriebskosten vom Rohertrag ergibt; drittens das Verhältnis zwischen dem Reinertrag und dem Waldkapital, welches die Verzinsung darstellt.

Der Ertrag wird bekanntlich in der Regel nach der Hauptnutzung (mit A bezeichnet) und der Summe der unter normalen Verhältnissen jährlich in gleicher Höhe und Beschaffenheit eingehenden Durchforstungen (D) dargestellt. Von den Produktionskosten kommen diejenigen für die Aufbereitung des Holzes alsbald in Abzug, so daß in der Regel $A + D$ die erntekostenfreien Werte des Holzes bezeichnen. Ebenso verhält es sich mit den Kultur- und Verwaltungskosten ($c + v$), die nach ihren einfachen jährlichen oder durchschnittlich jährlichen Beträgen eingesetzt werden. Es ist daher für den jährlichen Betrieb charakteristisch, daß ein Prolongieren von Ausgaben oder Diskontieren von Erträgen nicht stattfindet.

Das dem jährlichen Ertrag zugrunde liegende Kapital besteht aus dem Boden (B) und dem Vorratskapital (N, normaler Vorrat). Trotz mancher Verschiedenheiten der diese beiden Faktoren beherrschenden Gesetze ist es üblich, sie als eine Einheit, das Waldkapital, zusammenzufassen. Der Boden unterliegt hinsichtlich seiner Wertbestimmung einer verschiedenen Auffassung und Behandlung, woraus manche Differenzen hervorgehen können. Er wird einmal als eine variable Größe angesehen. Sein Wert ist abhängig von den natürlichen Wachstumsfaktoren, von der forstwirtschaftlichen Behandlung und den volkswirtschaftlichen Verhältnissen der Wirtschaftsgebiete, zu denen er in Beziehung steht. So geschieht es auch tatsächlich von verschiedenen Richtungen. In dem bekannten Briefwechsel zwischen Helferich[1] und Judeich erklärte jener, daß er den Wert des Bodens und seine Rente zunächst als unbekannt annehme; „beide müssen sich erst aus der Wirtschaft entwickeln", und Judeich erklärte in seiner Antwort, daß er mit der Ansicht Helferichs völlig einverstanden sei. Tatsächlich durchdringt diese Auffassung die ganze Forstwirtschaft. Der Wert des Bodens ist eine Folge der Betriebsführung, eine Folge der Fortschritte der forstlichen Technik, mancher Erfindungen in der Verwendung des Holzes; er ist eine Folge mancher volkswirtschaftlichen Verhältnisse, namentlich der Zunahme des Wohlstandes, der Verbesserung der Verkehrsmittel, mancher politischen Maßnahmen auf dem Gebiete des Handels, der Beförderung u. a. Diese Auffassung schließt aber nicht aus, daß man sowohl zu forstlichen Aufgaben (namentlich zum Nachweis des Waldkapitals und zur Etatsbegründung), als auch zur Berechnung des Vermögens des Waldeigentümers den Wert des Bodens in bestimmter zahlenmäßiger Fassung angeben muß, wie es auch in den meisten anderen Zweigen des wirtschaftlichen Lebens üblich ist.

In einfachster Form erscheint die Verzinsung des Waldkapitals beim jährlichen Betrieb durch die bekannte Formel

$$\frac{(An + Da + \ldots Dq)\ 100}{u\,B + u\,N + u\,V + \dfrac{c}{0{,}0\,p}},$$

in der die einzelnen Größen sinngemäß auf die zugehörigen Flächen bezogen werden.

Unter den älteren Forstwirten steht König[2] in der vorliegenden Richtung an erster Stelle. Er hat das ganze, auf Ertrag, Zuwachs und Umtrieb bezügliche Gebiet der forstlichen Betriebslehre am originellsten behandelt und dadurch die nachfolgenden Vertreter der Reinertragslehre, insbesondere Preßler, mehr beeinflußt, als es allgemein bekannt geworden ist. Von den Ertragsverhältnissen einzelner Bestände, auf die sich das Weiserprozent bezieht, geht König zu denjenigen normaler Wirtschafts-

---

[1] Forstliche Blätter 1872, Sendschreiben an Judeich II.

[2] Forstmathematik, 4. Ausg. § 433, Gegensätze des Wertsertrags normaler Wirtschaftswälder.

wälder über. Die Rechnungen werden, getrennt nach Holzarten der starken Entstehung, die durch die Lärche repräsentiert werden, und der schwachen Entstehung, für welche die Buche charakteristisch ist, durchgeführt. Königs Berechnungen sind deshalb von hohem und bleibendem Interesse, weil sie die großen Unterschiede erkennen lassen, die sich nach der verfolgten Methode ergeben, je nachdem die Rechnung auf einzelne Bestände oder auf ganze Verbände bezogen wird. Das Wertszunahmeprozent des einzelnen Bestandes beträgt bei der Buche für die Altersstufen von

60—70	70—80	80—90	90—100	100—110	110—120 Jahren
5,50	4,40	3,67	3,05	2,45	1,24%

Das Wertnutzungsprozent normaler Wirtschaftswälder ist dagegen folgendermaßen angegeben:

Alter	60	80	100	120	140 Jahre
	6,15	4,59	3,64	2,83	2,22%

G. Heyer, der in der forstlichen Betriebslehre wiederholt den Satz aussprach, daß das Ganze gleich sei der Summe seiner Teile, trat dem Dualismus Königs entgegen und machte geltend, daß bei einer Rentabilitätsrechnung das Vorratskapital nur nach seinem Kostenwert veranschlagt werden dürfe. Hierdurch würden die von König ausgesprochenen Differenzen zwischen der Verzinsung des Einzelbestandes und eines Wirtschaftsverbandes aufgehoben. Noch immer ist die Anwendung des Kostenwertes viel umstritten. Wenn dieser auch für die Entwicklung des Wirtschaftslebens der Kulturvölker von grundlegender Bedeutung ist und deshalb auch in der Forstwirtscahft stets beachtet werden muß, so kann hier doch ein rechnungsmäßiger Nachweis mit dem Anspruch der Richtigkeit häufig nicht geführt werden, weil im Laufe der langen Zeit, welche die Waldbäume zu ihrer Reife bedürfen, durch technische und volkswirtschaftliche Verhältnisse Veränderungen der Preise eintreten, die von den aufgewendeten Kosten unabhängig sind.

Einen ähnlichen Standpunkt wie König hat auch Kraft in der Frage der Umtriebszeit, insbesondere in bezug auf das Verhältnis zwischen dem aussetzenden und jährlichen Betrieb, eingenommen. Als Leiter einer größeren staatlichen Forstverwaltung mußten ihm die großen Unterschiede entgegentreten, die in der Praxis zwischen beiden Arten der Betriebsführung tatsächlich vorliegen. Für die Berechnung der Verzinsung gab Kraft für Fichte II. Standortsklasse folgende Zahlen:

1. Verzinsungsprozent des Einzelbestandes.

Alter	60	70	80	90	100 Jahre
	3,8	2,4	2,0	1,4	1,1%

2. Verzinsungsprozent der normalen Schlagreihe.

$a =$	60	70	80	90	100 Jahre
	6,0	4,9	3,9	3,3	2,8%

Im Anschluß an diese Berechnungen schrieb Kraft: „So interessant die Lehre vom Weiserprozent ist, so wird ihre Anwendbarkeit doch wohl überschätzt. Zunächst ist zu bedenken, daß das Weiserprozent, auf den ältesten Bestandteil eines im Nachhaltbetriebe stehenden Komplexes angewandt, nur über die Verzinsung der Begründungskosten dieses Einzelbestandes, nicht des ganzen Komplexes belehrt, während wir doch, wenn wir einmal Waldwirtschaft treiben wollen, dem Gesamteffekt des Nachhaltbetriebes eine vorwiegende Bedeutung zuschreiben müssen."

Gegen die von Kraft durchgeführten Berechnungen richtete G. Heyer[1] dieselben Argumente, die von ihm gegen König geltend gemacht worden waren. Sodann ging Heyer bei der Begründung der Kostenwerte von der Ansicht aus, der Waldbesitzer sei imstande, ein bestimmtes Verzinsungsprozent seiner Wirtschaft zu verlangen. „Hat der Waldbesitzer ein gewisses Prozent p festgesetzt, welches er von seiner Wirtschaft fordert und daher auch seinen Rentabilitätsberechnungen zugrunde legt, so muß er jede Wirtschaftsweise, welche weniger als dieses Prozent liefert, als verlustbringend betrachten. Hierbei kann es keinen Unterschied machen, ob der Wald, welcher weniger als p Prozent einträgt, mit dem jährlichen oder aussetzenden Betrieb behandelt wird; eine Verlustwirtschaft ist immer da, sobald nicht p Prozent erzielt werden." Nun liegt aber die Sache so, daß das Prozent, welches in der Forstwirtschaft erzielt wird, nicht oder nicht vollständig vom Wunsch und Willen des Waldbesitzers abhängig ist. In erster Linie ist die Höhe der Verzinsung die Folge von forsttechnischen und volkswirtschaftlichen Verhältnissen, die zum großen Teil als gegebene betrachtet werden müssen. Grade die Gegenwart und letzte Vergangenheit lehrt dies mit großer Bestimmtheit. Ein ausschließlich auf mathematische Elemente aufgebauter forstlicher Betrieb wird immer nur unter bestimmten Bedingungen möglich sein.

Ziemlich gleichzeitig mit König ist auch J. H. v. Thünen[2], der bekannte Landwirt und Nationalökonom, in bezug auf die Ermittelungen der Untriebszeit auf Grund der Höhe des Vorrats und seiner Verzinsung tätig gewesen. Der dritte Teil seines „Isolierten Staates" behandelt die Grundsätze zur Bestimmung der Bodenrenten, der vorteilhaftesten Umtriebszeit und des Werts der Holzbestände von verschiedenem Alter für Kiefernwaldungen. Er berechnete die Massen nach den Erträgen seines Gutes Tellow in Mecklenburg. Für den Nachweis der Werte standen ihm jüngere und ältere Bestände zur Verfügung; die übrigen wurden durch Interpolation eingesetzt.

---

[1] Handbuch der Forstlichen Statik 1871, S. 72.
[2] Der isolierte Staat in Beziehung auf Landwirtschaft usw. 3. Aufl. 1875.

Da v. Thünen, der nicht Forstmann war, die in Betracht kommenden Verhältnisse und Maßnahmen sich nicht in genügender Weise zu eigen machen konnte, da er ferner manche Hypothesen aufstellte, die nicht ohne weiteres als zutreffend angesehen werden können, so hat er im Kreise der Forstwirte wenig Beachtung gefunden. Nichtsdestoweniger sind seine sehr mathematisch gehaltenen Ausführungen wegen ihres logischen Aufbaues und ihrer exakten Durchführung von weitgehendem Interesse. Sie müssen gerade in der Gegenwart, da die Notwendigkeit einer scharfen Erkenntnis des Zuwachses und der daraus hervorgehenden Folgerungen immer allgemeiner anerkannt wird, beachtet werden.

Die wesentlichsten Folgerungen in bezug auf Bodenreinertrag und Umtriebszeit gingen dahin, daß der Höchstbetrag der Bodenrenten bei der Kiefer unter den vorliegenden Standortsverhältnissen eintritt:

Ohne Vornahme von Durchforstungen in 42 Jahren mit 44 Werteinheiten,
bei schwacher Durchforstung in 55 Jahren mit   79 Werteinheiten,
bei mäßiger   „   „ 67 „   „   97   „   ,
bei starker   „   „ 93 „   „   135   „   .

Nach diesen Ergebnissen seiner Rechnung fährt v. Thünen fort: „Das 90jährige Holz liefert aber noch keine starken Balken und keine Sägeblöcke. Betrachten wir nun, was dem längeren Umtrieb in den Weg tritt, so finden wir die Ursache davon in dem starken Wachsen der Zinsen des Bestandeskapitals. Dieses ist nun aber keine unveränderliche Größe; wir können es durch größere Lichtstellung der Bäume wesentlich vermindern. Haben aber die Bäume durch geschlossenen Stand in der Jugend die zum Bauholz erforderliche Schaftlänge und Astreinheit erlangt und kommt es nur darauf an, den Durchmesser zu verstärken, so können sie jede Lichtstellung ertragen." Im weiteren Verfolg dieses Gedankenganges begab sich v. Thünen auf das Gebiet der Lichtungen und legte seinen Berechnungen verschiedene Bestandesstellungen zugrunde, die dadurch charakterisiert wurden, daß der Abstand der Stämme einem gewissen Vielfachen der Stammdurchmesser gleichkam. Eine Folge der Lichtungen war eine außerordentliche Steigerung der Bodenrente. Das Maximum derselben wird erst bei einem zwanzigfachen Abstand und bei einer sehr hohen Umtriebszeit erreicht. Die Erweiterung des Wachsraumes soll allmählich erfolgen. Im Lichtungsbetrieb sieht v. Thünen das beste Mittel, um der Forderung der Wirtschaft an die Verzinsung ihres Betriebskapitals zu genügen und zugleich den Ansprüchen der Volkswirtschaft gerecht zu werden.

Stellt man die Theorie der Bestandesdichte in Beziehung zu den vorherrschenden Maßnahmen der Praxis, so ergibt sich ein starker Gegensatz. Während G. L. Hartig, der einflußreichste Vertreter der Forstwirtschaft, mit besonderem Nachdruck die Vorschrift gab, daß bei den

Durchforstungen, die in zeitlichen Abständen von 20 Jahren ausgeführt werden sollten, der obere Schluß des Waldes nie unterbrochen werde, sieht v. Thünen gerade in der stetig vorzunehmenden Raumerweiterung der im Bestande verbleibenden Stämme das beste Mittel, um die Wirtschaft rentabeler zu gestalten. Tatsächlich sind auch im Laufe des 19. Jahrhunderts namhafte Forstwirte in der Literatur und Praxis als Begründer einer freieren Haltung der Bestände aufgetreten. Es sei hier an v. Seebach und Kraft, an G. Wagener und Vogl, an Graf v. Reventlow und andere dänische Forstwirte, an Homburg und W. Jäger, erinnert. Im Walde legen die Schläge der natürlichen Verjüngung, insbesondere bei Buche und Tanne, die Lichtungsbetriebe im Bereich von Eiche und Kiefer, der Überhaltbetrieb lichtkroniger Holzarten, der gepflegte Mittel- und Plenterwald Zeugnis ab von dem Einfluß richtig geführter Lichtungen auf Zuwachs und Rentabilität. In der Folgezeit wird voraussichtlich noch reichlich Veranlassung gegeben werden, um diesen Einfluß zur Geltung zu bringen. Sobald das deutsche Wirtschaftsleben wieder mehr Ordnung und Stetigkeit zeigt, als es in der Gegenwart der Fall ist, wird es sich empfehlen, daß die Untersuchungen der Hiebsreife in Verbindung mit der Art und dem Grade der Durchforstungen planmäßig in größerem Umfang zur Durchführung gelangen. Für die Versuchs- und Forsteinrichtungsanstalten liegt hierin eine reiche Quelle fruchtbarer Arbeit.

Sechster Abschnitt.

Die Ermittelung der Abnutzung.

I. Geschichtliche Entwicklung.

Die Ermittelung des Ertrags, mit der die Feststellung des jährlichen Hiebssatzes verbunden wird, ist eine der allgemeinsten und wichtigsten Aufgaben der forstlichen Betriebsregelung. Es treten zwar — nicht nur auf den frühesten Stufen der Volkswirtschaft, sondern auch späterhin, bei höheren Kulturzuständen — noch andere Zwecke hervor, welche bei der Regelung des Betriebes zu beachten sind. Aber sobald die Behandlung der Forsten einen wirtschaftlichen Charakter annimmt und die Besorgnis entsteht, daß Mangel an Holz eintreten werde, müssen auch in der Forstwirtschaft die allgemeinen Regeln der Erzeugung und Verteilung der Wirtschaftsgüter befolgt werden. Sie sind zunächst auf die Nachhaltigkeit der Holznutzungen und die Wirtschaftlichkeit der forstlichen Maßnahmen gerichtet.

Wegen der Menge der in den deutschen Waldungen vorliegenden Standorts- und Bestandesverhältnisse, der Verschiedenheit der wirtschaftlichen Kulturstufen, der Zunahme der Bevölkerung, der Schwierigkeit des Holztransportes und anderer Verhältnisse waren die Wege, welche zu einer planmäßigen Regelung der Nutzung und Bewirtschaftung eingeschlagen wurden, sehr verschieden. Bei einem Vergleich der forstlichen Verhältnisse wird sich allerdings oft ergeben, daß Wirtschaftspläne, die sich äußerlich sehr verschieden darstellen, im Grunde weit mehr Gemeinsames haben, als die äußere Erscheinung vermuten läßt.

Die wichtigsten Verfahren der Ertragsregelung, die in der Geschichte der forstlichen Literatur und Praxis eine Rolle gespielt haben, sind: 1. die Flächenteilung; 2. die Fachwerksmethoden; 3. die Vorrats- oder Formelmethoden.

1. Flächenteilung.

Auf die Flächenteilung wurde bereits im Abschnitt über die wirtschaftliche Einteilung Bezug genommen. Der Wald oder die Hauptteile desselben werden in eine der Umtriebszeit entsprechende Zahl von örtlich festzulegenden Schlägen eingeteilt, von denen jährlich einer genutzt wird. Wenn nicht besondere Gründe zu Abweichungen vorliegen, erhalten die einzelnen Schläge gleiche Ausdehnung. Mit Rücksicht auf die häufig vorherrschenden ungleichmäßigen Verhältnisse machte sich jedoch schon frühzeitig das Bestreben geltend, nicht die Fläche, sondern den auf ihr zu erwartenden Ertrag gleichmäßig zu gestalten.

Die Flächenteilung ist die älteste Methode der Ertragsregelung. Sie hat vom 16. bis 18. Jahrhundert in Nord- und Süddeutschland weitgehende Anwendung gefunden. In den von den Regierungen erlassenen Forstordnungen, in den Schriften mancher alten Jäger, in den bekannten Instruktionen Friedrichs des Großen und in vielen größeren und kleineren Wirtschaftsgebieten wurde sie angeordnet und ausgeführt. Die Massen der Schläge konnten meist nach den Ergebnissen vorausgegangener Schläge eingeschätzt werden. Für die Gegenwart hat das Verfahren der Flächenteilung, abgesehen von Niederwaldungen, keine Bedeutung.

Bei einem Rückblick auf die Entstehung und Durchführung der vorliegenden Methode stellen sich der Kritik günstige und ungünstige Seiten dar. Zu jenen gehört die von den gründlichsten Kennern des damaligen Waldes gewonnene Überzeugung, daß sie das beste Mittel gebildet hat, um den regellosen Plenterbetrieb (das Ausleuchten, plätzige Hauen), dessen Nachteile vielfach in starken Farben geschildert werden, aufzuheben und den schlagweisen Betrieb einzuführen. Zugleich wurden dadurch die Bedingungen für einen geregelten Kulturbetrieb geschaffen, dessen Unausführbarkeit im Plenterwald von Beckmann und anderen Schriftstellern jener Zeit überzeugend dargelegt ist. Für den Mittel- und Niederwald mit kurzer Umtriebszeit und regelmäßiger jährlicher Schlagführung war das Verfahren durchaus geeignet. Bei der Übertragung auf den Hochwald traten jedoch Nachteile hervor, die seine Anwendung bald einschränkten oder aufhoben. Die wesentlichsten Mängel sind folgende:

1. Die Umtriebszeit muß bei der Flächenteilung, die ihre Jahresschläge dauernd abgrenzt und versteint, als eine nicht zu verändernde Größe angesehen werden. Im Hochwaldbetrieb ist sie aber eine variable Größe; sie unterliegt nach Holzart, technischer Behandlung, Wirtschaftszielen und äußeren Einflüssen im Laufe längerer Zeit manchen Abweichungen, wie aus der Geschichte der Hochwaldungen, in denen Flächenteilungen stattgefunden haben, zu ersehen ist.

2. Den waldbaulichen Forderungen, die an die Betriebsregelung zu stellen sind, kann bei dieser Methode nicht genügend Rechnung getragen werden. Selbst beim regelmäßigen Kahlschlag müssen oft Abweichungen von der gleichmäßigen Aneinanderreihung der Schläge stattfinden. Noch weniger können die künstlich abgegrenzten Jahresschläge bei der natürlichen Verjüngung zur Grundlage der Betriebsführung dienen, weil hier die gleichzeitig in Angriff zu nehmenden Verjüngungsflächen durch die Standorts- und Bestandesverhältnisse und das Eintreten der Samenjahre so bestimmt vorgeschrieben werden, daß künstliche Abgrenzungen für längere Zeit nicht tunlich sind. Auch andere Hiebe (Lichtungshiebe, Durchforstungen, Einschläge infolge von Naturschäden) bewirken Abweichungen in der Größe der Abtriebsschläge.

3. Im Gebirge mit wechselndem Terrain ist die Bildung gleicher oder sachgemäß reduzierter Schläge in bezug auf Form und Zusammengehörigkeit der Flächenteile nicht durchführbar.

In der neueren Forstwirtschaft bleibt die Flächenteilung auf den Nieder- und Mittelwald beschränkt. Mit der Überführung dieser Betriebsarten in den Hochwald schwindet ihre Berechtigung in der Neuzeit mehr und mehr. — Auch für den Plenterwald bildet die Einteilung in Schläge die örtliche Grundlage der Ertragsregelung.

2. Fachwerk.

Wer, wie ich, fast ein halbes Jahrhundert in Schriften und Aufsätzen, in Vorlesungen und auf Lehrausflügen gegen das Fachwerk Stellung genommen und seine Beseitigung befürwortet hat, muß sich vor allem über die Ursachen, welche seine Entstehung und lange Erhaltung bewirkt haben, im klaren sein. Das Fachwerk ist von den bedeutendsten Begründern der Forstwirtschaft vertreten worden; es ist in fast allen deutschen Staaten, fast während des ganzen 19. Jahrhunderts das herrschende Verfahren der Betriebsregelung gewesen und es hat auf den Zustand der deutschen Forsten und von ihnen aus auf die Waldungen anderer Länder bedeutenden Einfluß ausgeübt.

Das Fachwerk ist die Frucht forsttechnischer und volkswirtschaft- licher Erwägungen. Als die wichtigste Ursache seiner Einführung muß die Forderung der Nachhaltigkeit der Nutzungen des Waldes bezeichnet werden. Wegen der Unentbehrlichkeit des Nutz- und Brennholzes, der Beschränktheit des Absatzes, der Schwierigkeit, Ersatzstoffe für Holz zu beschaffen und der Belastung der meisten Wälder mit Servituten, welche den Eingang von Erträgen in jährlich gleicher Höhe erforderlich machten, mußte eine möglichst gleichmäßige Verteilung der Nutzungen auf die Jahre oder Perioden der Zukunft angestrebt werden. Insbeson- dere wurden an die Staatswaldungen nach dieser Richtung strenge An- forderungen gestellt, da die Sorge für die Befriedigung des Holzbedarfs als eine wichtige Aufgabe der Forstpolitik angesehen wurde.

Neben der Nachhaltigkeit der Nutzungen war auch die Herstellung der räumlichen Ordnung ein wichtiges Ziel für die Anordnungen des Fachwerkes. Sie wurde in Preußen durch die vom Oberlandforstmeister v. Reuß im Jahre 1836 erlassene Anleitung zur Betriebsregelung vor- geschrieben, welche von da an bis fast zum Ende des 19. Jahrhunderts Geltung gehabt hat.

Endlich hat das Fachwerk in Verbindung mit der Einteilung der Reviere in Wirtschaftsfiguren dem ganzen Betriebe ein größeres Maß von Ordnung und Übersichtlichkeit gegeben. Die technischen Maß- nahmen der Verjüngung, Kultur und Bestandespflege konnten auf Grund der Fachwerksmethode und der systematischen Einteilung in Jagen weit besser durchgeführt werden, als es sonst möglich gewesen wäre.

Das Fachwerk ist bekanntlich in verschiedenen Arten zur Anwen- dung gelangt, die in verschiedenen Teilen Deutschlands neben- und nacheinander bestanden haben. Je nachdem auf die periodische Gleich- stellung der Flächen, der Massen oder beider Faktoren das entscheidende Gewicht gelegt wurde, sind in den verschiedenen deutschen Staaten und in der Literatur Flächen-, Massen- und kombiniertes Fachwerk unter- schieden worden. Wenn hier nur auf das Fachwerk im allgemeinen ohne jene Unterscheidung eingegangen wird, so geschieht es deshalb, weil unter allen Umständen bei der Ertragsregelung auf Fläche und Masse Rücksicht genommen werden muß und weil die Unterschiede der einzelnen Arten des Fachwerks gegenüber seiner Bedeutung im ganzen nur geringfügig sind. Wichtiger als diese sind die gegensätzlichen Richtungen, welche sich ergeben, je nachdem bei der Regelung der Verjüngungsflächen auf eine Zusammenlegung oder eine Trennung hin- gewirkt wird. Auf diese Unterschiede wurde bereits früher eingegangen.

Die Fachwerkmethoden haben in den meisten Ländern einer geord- neten Betriebsführung zur Grundlage gedient und dadurch weitgehen- den Einfluß auf die Zustände der deutschen Forsten ausgeübt. Unter den Verhältnissen der neueren Zeit haben sie jedoch mehr und mehr an

Bedeutung verloren. Gegen alle drei Arten des Fachwerks ist folgendes geltend zu machen:

1. Das Fachwerk entspricht nicht der wichtigsten Forderung, die an die Methode der Betriebsregelung gestellt werden muß, daß sie sich nämlich den waldbaulichen Maßnahmen der Wirtschaftsführung anpaßt und unterordnet.

Weder bei der natürlichen noch bei der künstlichen Bestandesbegründung kann sich die Wirtschaftsführung der Forderung des Fachwerks, daß die Verjüngung einer Bestandesabteilung im Laufe einer 20jährigen Periode durchgeführt werden soll, anpassen. Bei der natürlichen Verjüngung ist die Dauer von der ersten Inangriffnahme eines Bestandes bis zur definitiven Räumung der Mutterbäume meist länger als die 29jährige Periode des Einrichtungszeitraums. Sie ist abhängig von dem Eintritt der Samenjahre, dem Zustand des Bodens, dem Wertzuwachs der Stämme, der Entwicklung des Jungwuchses und läßt sich deshalb im voraus nicht festsetzen.

Bei der künstlichen Bestandesgründung scheinen die Verhältnisse für das Fachwerk günstiger zu liegen; es stehen hier seiner Anwendung seitens der Natur keine zwingenden Hindernisse entgegen. Aber eine Übereinstimmung zwischen den Forderungen der Wirtschaft und der Betriebsregelung findet auch hier nicht statt. Die Regeln der Schlagführung gehen dahin, daß bei schutzbedürftigen Holzarten die Schläge nicht zu breit angelegt, und daß sie allmählich aneinander gereiht werden. Ein neuer Schlag soll erst geführt werden, wenn der vorausgegangene gegen die Gefahren der ersten Jugend gesichert ist. Über den Zeitraum, der hierzu erforderlich erscheint, lassen sich im voraus für längere Zeit keine Bestimmungen festsetzen. Tatsächlich erfolgt aber die Schlagführung in einer größeren Abteilung meist langsamer, als der Periode des Fachwerks entspricht.

Auch bei den übrigen Erträgen ergeben sich Gegensätze zwischen dem Fachwerk und der Wirtschaftsführung. Die Durchforstungen werden bekanntlich jetzt oft so geführt, daß sie in den herrschenden Bestand eingreifen. Die Massen der Endhiebe werden dadurch vermindert. Die Ergebnisse solcher Durchforstungen müssen daher bei der Taxation in Rechnung gestellt und auch der wirksamen Kontrolle unterworfen werden. Beim Fachwerk finden aber solche unter allen Umständen zur Hauptnutzung zählende Erträge, sofern die betreffenden Abteilungen späteren Perioden angehören, in der Regel keinen Ausdruck.

In noch höherem Grade als der Durchforstungsbetrieb befindet sich der Lichtungsbetrieb zur Ertragsregelung nach dem Fachwerk im Gegensatz. Scharfe Grenzen zwischen Haubarkeits- und Vornutzungen können hier noch weniger gezogen werden als bei den Durchforstungen. Ein Bestand, der gelichtet und unterbaut wird, gehört nicht einer bestimmten Periode an, wie es beim Fachwerk angenommen wird, sondern es finden in allen Perioden Hiebe statt, welche bei der Ertragsregelung berücksichtigt werden müssen.

Endlich bieten auch die Erträge, die durch zufällige Ereignisse erfolgen, der Anwendung des Fachwerks Schwierigkeiten dar. Sie müssen nach Maßgabe der Standorts- und Bestandesverhältnisse und unter Berücksichtigung der bisherigen Wirtschaftsergebnisse eingeschätzt werden. Im Fachwerksrahmen ist für diese Erträge kein Raum vorhanden.

2. Bei Anwendung des Fachwerks wird der ökonomischen Bedeutung des Vorrats nicht genügend Rechnung getragen. Nach der Reinertragslehre, die den Vorrat als Betriebskapital auffaßt, müssen die älteren Bestände bei der Ertragsregelung auf ihre Hiebsreife untersucht werden. Ihre Leistungsfähigkeit, die im Massen- und Wertzuwachs ihren Ausdruck findet, ist der entscheidende Faktor für den Gang der Nutzung und die Höhe des Etats. Einer Vereinigung des Fachwerks mit der Reinertragslehre, welche eine Verzinsung des Vorrats verlangt, stehen deshalb unter unregelmäßigen Verhältnissen große, auf prinzipiellen Gegensätzen beruhende Schwierigkeiten entgegen.

3. Zur Begründung der Nachhaltigkeit ist das Fachwerk nicht erforderlich. Wenn man bei 100 jähriger Umtriebszeit ein Fünftel, bei 120 jähriger ein Sechstel der ganzen Fläche der ersten 20 jährigen Periode zuweist und für die übrigen vier Fünftel oder fünf Sechstel die ihrem Alter entsprechende wirtschaftliche Behandlung vorschreibt, so darf man erwarten, daß den Ansprüchen der zukünftigen Generation Genüge geleistet wird, wenn anders Kultur und Bestandespflege in der rechten Weise vollzogen werden. Eine Gleichstellung der jährlichen oder periodischen Erträge in dem Sinne, wie sie im vorigen Jahrhundert von den meisten leitenden Forstwirten vertreten wurde, hat in der Neuzeit infolge der allgemeinen volkswirtschaftlichen Entwicklung für das einzelne Forstrevier nach Aufhebung der Servituten, Einführung von Ersatzstoffen, Eingreifen des Handels usw. sehr verloren.

4. Auch für den Nachweis der Hiebsfolge ist das Fachwerk nicht erforderlich. Die Hiebszüge, die als eine Reihe von Periodenflächen dargestellt wurden, waren meist zu lang. Auf die Sicherheit der Bestände gegen Sturmschaden ist durch andere Mittel mehr eingewirkt worden, als durch die Anordnung der Perioden. In der Herstellung und Begrenzung der Wirtschaftsfiguren durch genügend breite Gestelle, an deren Rändern sich sturmfeste Mäntel bilden können, und in der Regelung der Hiebsfolge sind die besten Mittel zum Schutz gegen Sturm gegeben. Das Ideal der Einrichtung geht dahin, daß jede Abteilung für sich bewirtschaftet werden kann oder daß sie mit nur einer anderen zu einem Hiebszug vereinigt wird. Was weiter zu geschehen hat, um die Bestände

zu schützen und genügende Anhiebsflächen zu schaffen, kann aus der Lagerung der Altersklassen am besten erkannt werden. Die Bestandeskarten, welche diese darstellen, sind zur Begründung der Anlage von Loshieben und Umhauungen besser geeignet als Periodenzahlen.

3. Die Vorratsmethoden.

Während die Fachwerkmethoden das ganze 19. Jahrhundert hindurch in fast allen deutschen Staaten herrschend gewesen sind, haben die Vorratsmethoden in der großen Praxis fast nirgends Anwendung gefunden. Man nennt sie Vorrats- oder Normalvorratsmethoden, weil bei ihnen die Herstellung des normalen Vorrats[1] einen wichtigen Bestimmungsgrund für die Feststellung des Abnutzungssatzes bildet. Da dieser auf dem Wege der Rechnung, unter Zugrundelegung einer Formel ermittelt wird, werden sie auch Formelmethoden genannt.

Die Elemente für den Nachweis des Hiebsatzes bilden Vorrat (v) und Zuwachs (z). Die Berechnung von v erfolgt entweder aus dem Produkt von Haubarkeitsdurchschnittszuwachs und Alter oder nach Ertragstafeln. Das Bestreben bei der Einrichtung nach den Vorratsmethoden geht dahin, einen normalen Zustand herzustellen, der durch das Vorhandensein des normalen Vorrats (nv) und des normalen Zuwachses (nz) charakterisiert wird. Diesen normalen Größen soll der wirkliche Vorrat (nv) möglichst nahegebracht werden.

Die wichtigsten hierher gehörigen Methoden, die in den Lehrbüchern der Forsteinrichtung ausführlich behandelt werden, sind die österreichische Kameraltaxation, die Verfahren von K. Heyer, Karl, Hundeshagen und Breymann. Sie haben durch die wissenschaftliche Begründung der von ihnen vertretenen Gedanken noch immer Bedeutung.

Da auf die bleibende Grundlage der Etatsbegründung, Zuwachs und Vorrat, im nachfolgenden (unter II. dieses Abschnitts) Bezug genommen wird, so nehme ich hier von einer weiteren Besprechung der einzelnen Methoden Abstand. Für eine allgemeine Auffassung derselben ist folgendes zu bemerken:

Alle Vorratsmethoden leiden an dem Fehler, daß in den Formeln, die sie aufstellen, lediglich die mathematischen Beziehungen von Zuwachs und Vorrat nachgewiesen werden, während häufig die Beschaffenheit der Bestände und wirtschaftliche Verhältnisse, die nicht in mathematische Form gebracht werden können, für den Etat viel wichtiger sind. Auch bei gleicher Höhe des Vorrats können sich je nach seiner Zusammensetzung — wenn er z. B. einerseits aus Althölzern und Jungwuchs, andrerseits aus Mittelhölzern besteht — in der Praxis sehr verschiedene Folgerungen für die Höhe der Abnutzung ergeben. Von

---

[1] Vgl. den 3. Abschnitt (Waldkapital).

Bedeutung für die praktische Behandlung des Gegenstandes bleibt ferner der Umstand, daß eine Begründung des Normalzustandes, wie sie zur zahlenmäßigen Durchführung erforderlich ist, seither nicht hat gegeben werden können. Der Normalzustand ist nicht nur von der Umtriebszeit, sondern auch von dem Grade der Bestandesdichte während der verschiedenen Altersstufen abhägnig. Keiner Ertragstafel kann Allgemeingültigkeit zugesprochen werden, so daß man sie als Norm in dieser Hinsicht ansehen dürfte. Neben objektiven sind auch subjektive Bestimmungsgründe von Einfluß. Nur innerhalb gewisser Grenzen und unter gewissen Voraussetzungen läßt sich dem Begriff des Normalen zahlenmäßig Ausdruck geben,

Um aber die Stellung der hervorragendsten und für die Entwicklung der deutschen Forstwirtschaft einflußreichsten der genannten Forstwirte gehörig zu würdigen, darf man nicht verkennen, daß die meisten derselben ihre Auffassung über die Bestimmung des Hiebsatzes nicht in dem Sinne, wie ein Schüler seine Rechnungsexempel löst, angewandt wissen wollte. Für K. Heyer[1] ist die Begründung sehr charakteristisch, die er der Aufstellung der nach ihm benannten Formel folgen läßt. Er schreibt in seiner Ertragsrechnung: „In diesen einfachen Grundzügen erblicke man nur den arithmetischen Nachweis der Regeln zur Herstellung und Sicherung des Normalzustandes im allgemeinen, also keineswegs die Möglichkeit einer jederzeitigen strengen Durchführung dieser Verfahren in allen Fällen und glaube überhaupt nicht, daß die praktische Etatsordnung mit gutem Erfolg in die engen Grenzen einer mathematischen Formel sich einzwängen lasse." Hundeshagens hervorragende Bedeutung für die forstliche Betriebslehre liegt weit mehr in der naturwissenschaftlichen, ökonomischen und forsttechnischen Begründung des gesamten Forstwesens, als in der Aufstellung und Anwendung der nach ihm genannten Formel.

Ein weiterer Mangel der meisten Vorratsmethoden besteht darin, daß die Berechnungen auf die Enderträge beschränkt bleiben. Auf denjenigen Teil des Ertrags, welcher periodisch aus den Beständen ausscheidet, wird keine Rücksicht genommen. Dieser Teil des Ertrags nimmt aber mit dem Fortschritt der wirtschaftlichen Verhältnisse durch Regelmäßigkeit der Begründung und Pflege, mit der Ausbreitung des Absatzes, der Erweiterung der Transportmittel und dem Eingreifen des Handels zu und muß deshalb bei der Etatsbegründung gebührend berücksichtigt werden.

Gegen einzelne Vorratsmethoden ist endlich geltend zu machen, daß ihre Vertreter keine speziellen Wirtschaftspläne aufgestellt wissen oder diesen nicht die ihnen gebührende Bedeutung zuerkennen wollten.

---

[1] Die Waldertragsregelung, 3. Aufl., S. 216.

Solche sind aber zur Begründung des Hiebssatzes und aller damit zusammenhängenden Rechnungen und Nachweise unerläßlich, wenn diese nicht allgemein und schematisch gehalten werden soll.

Trotzdem aus den vorliegenden Gründen eine unmittelbare Anwendung der Vorrats- und Formelmethoden im Sinne ihrer Autoren in den meisten großen Forstbezirken nicht möglich ist, gebührt diesen doch das Verdienst, daß sie die wichtigsten Begriffe und Ziele der Ertragsregelung erkannt und festgestellt, daß sie insbesondere die forsttechnische und ökonomische Bedeutung des Vorrats und Zuwachses hervorgehoben haben. Der Normalzustand, den sie begründen, kann zwar nie verwirklicht werden; die ihm eigentümlichen Gedanken werden aber stets Beachtung erfordern.

II. Bleibende Grundlagen.

Den allgemeinsten Bestimmungsgrund für die Höhe der Abnutzung bildet der Zuwachs. Wenn keine besonderen Gründe vorliegen, welche Abweichungen nach der einen oder anderen Richtung begründen, so soll gerade der Zuwachs, nicht mehr und nicht weniger, an Holzmasse genutzt werden. Ursachen zu Abweichungen liegen aber fast immer vor. Zunächst durch schädliche Einwirkungen der organischen und anorganischen Natur. Da sie fast nie mit Bestimmtheit vorausgesehen werden können, so trägt man der Möglichkeit oder Wahrscheinlichkeit ihres Eintretens dadurch Rechnung, daß man bei den Ertragsschätzungen nicht normale, sondern mittlere, sachgemäß reduzierte Sätze zugrunde legt.

Von größerer und allgemeinerer Bedeutung für den Grad der Abnutzung ist der Zustand des Holzvorratskapitals. Der Forsteinrichter soll bestrebt sein, dasselbe auf einen normalen Zustand zu bringen. Dies geschieht dadurch, daß, wenn der wirkliche Vorrat größer ist als der normale, mehr als der Zuwachs genutzt wird; im entgegengesetzten Falle weniger.

1. Zuwachs.

Biolley beginnt seine Schrift über Forsteinrichtung mit den Worten: „Holzerzeugung! Dies Wort umschließt die ganze Aufgabe des Forstmannes; ihm sollte sein ganzes Streben und Schaffen gelten." In diesem Grundsatz können sich fast alle Zweige und Richtungen der Forstwirtschaft vereinigen. In unmittelbarem Abhängigkeitsverhältnis steht er zu Bodenkunde und Standortslehre. Seine Bildung wird durch die pflanzenphysiologischen Gesetze bestimmt, durch die alles organische Leben Gestalt gewinnt. Alle waldbaulichen Maßnahmen sind auf ihn von Einfluß. In der Ertragsregelung bildet der Zuwachs die wichtigste Grundlage der Abnutzung.

Auf Einzelheiten in der seitherigen Behandlung des Stoffes kann hier wegen Mangels an Zeit und Raum nicht eingegangen werden; nur auf die einflußreichsten Begründer der neueren Forstwirtschaft sei kurz hingewiesen. G. L. Hartig fügte der Abschätzungsinstruktion von 1819 einen Abschnitt über die Untersuchung des Zuwachses ein, in welchem einerseits (in älteren Beständen) die Bedeutung der Jahrringbreite hervorgehoben, andererseits (in mittleren und jüngeren Beständen) die Ausführung von Zuwachsuntersuchungen auf Probeflächen angeordnet wurde. Mehr noch als Hartig hat H. Cotta die Forstwirtschaft auf dem vorliegenden Gebiete befruchtet. Er führte aus, daß für die Schätzung eines Waldes die Kenntnis des Zuwachses eine ebenso unentbehrliche Bedingung sei, wie die Ermittlung der Massen. Beide Operationen sollen gleichzeitig ausgeführt werden. Bei den weiteren Erörterungen kommt er jedoch zu dem Schluß, daß der Zuwachs in feste Regeln und mathematische Formeln von allgemeiner Gültigkeit nicht gefaßt werden könne. Man dürfe sich nicht verhehlen, daß alle Berechnungen nur dazu führten, uns der Wahrheit zu nähern, ohne sie jemals zu erreichen. In diesen Worten liegt die Erklärung für Cottas fortschreitende Entwicklung, die dahin ging, daß er mit zunehmender Einsicht und Erfahrung bei der Betriebsregelung mehr Wert auf die Fläche und die räumliche Ordnung legte, als auf eine genaue Ermittlung der Masse und des Hiebsatzes, der ja in jeder Zeit nach den Erfahrungen der Wirtschaft berichtigt werden kann.

In weit stärkerem Maße als Cotta hat sich Pfeil[1] gegen scharfe Zuwachsberechnungen, sofern damit der Anspruch auf allgemeine Anwendung erhoben wird, ausgesprochen. Gemäß seiner bekannten Richtung, daß in der Forstwirtschaft stets die besonderen, örtlichen Verhältnisse zu berücksichtigen seien, richtet sich Pfeil gegen alle Bestrebungen, die dahin zielen, exakte Nachweise über den Zuwachs in Anlehnung an Formeln zu geben. Er trat damit namentlich den Vertretern der Vorratsmethoden auf das entschiedenste entgegen.

Um ein zutreffendes Urteil über Höhe und Verlauf des Zuwachses zu gewinnen, muß man einmal auf den Gesamtzuwachs eingehen, sodann die Verteilung desselben zwischen End- und Vornutzung der Erörterung unterziehen.

a) *Der Gesamtzuwachs.*

Wenn der Zuwachs auf Grund positiver Untersuchung durch Messung der Durchmesser und Höhen geeigneter Probestämme ermittelt wird, so ist das Ergebnis derselben der gesamte laufende Zuwachs, der stets den ganzen, auf Haupt- und Nebenbestand sich erstreckenden Zuwachs einer bestimmten Zeit umfaßt. Gegenstand der Nutzungen ist aber nicht

---

[1] Kritische Blätter, 41. Band.

der laufende Zuwachs einzelner Jahre, sondern der Zuwachs aller Altersstufen einer Betriebsklasse oder eines anderen Verbandes. Indem man
den Zuwachs derselben zusammenfaßt und das Ergebnis auf die Flächen-
und Zeiteinheit repartiert, ergibt sich der auf diese entfallende Durchschnittszuwachs, und dieser ist es, welcher der zulässigen Gesamt-
abnutzung, wenigstens im Prinzip, den richtigsten Ausdruck gibt.

Die forstlichen Versuchsanstalten haben zwar seit einem halben
Jahrhundert die verschiedenen Seiten des Zuwachses, die hier angedeutet
wurden, gründlich bearbeitet. Aber in die Praxis der Forsteinrichtung
sind die Folgerungen, die sich hieraus ergeben, noch nicht genügend eingedrungen, was häufig zur Erschwerung der Verständigung Anlaß gegeben hat. Anstatt vieler Beispiele der großen Praxis, die der Kritik
Stoff darbieten, will ich hier nur einige wenige, die mich unmittelbar
berührt haben, hervorheben.

1. In der Oberförsterei Jesberg, die ich von 1881 bis 1893 verwaltete,
habe ich 7 Jahre hindurch den 5—6fachen Etat an Vornutzung eingeschlagen. Für die preußischen Staatsforsten war damals die Bestimmung getroffen, daß die wirksame Kontrolle auf die Haubarkeits-
nutzung beschränkt bleiben sollte. Nie ist eine ministerielle Verfügung
von jungen, durchforstungsfreudigen Oberförstern lebhafter begrüßt
worden, als die vorliegende. Die Hemmung, welche früher dem Wirtschafter bei der Ausführung der Durchforstungen auferlegt war, wurde
mit einem Male aufgehoben. Aber daß die hiermit verbundene starke
Überschreitung des Etats und des Zuwachses nicht richtig sei und auf lange
Dauer nicht aufrechterhalten werden könne, ist mir schon damals nicht
zweifelhaft gewesen.

2. In manchen Zeitschriften wurde in der neueren Zeit hervorgehoben, daß die in Sachsen eine Reihe von Jahren hindurch erfolgten
Nutzungen den Zuwachs überschritten hätten. Legt man aber die
sächsische Ertragsstatistik und die preußischen Ertragstafeln einer
dahingehenden kritischen Vergleichung zugrunde, so erhält eine solche
Ansicht keine Bestätigung. Die durchschnittliche jährliche Abnutzung
auf einen Hektar Holzbodenfläche in Sachsen hat betragen in den
Jahrzehnten

	1864—73	1874—83	1884—93	1894—03	1904—13	1914—23
Derbholz ..	4,28	4,72	4,88	5,03	5,11	3,72 fm
Gesamtmasse	5,18	5,98	6,03	6,05	5,96	4,38 fm

Für die in Sachsen weitaus vorherrschende Holzart (Fichte) ist auf
IV. Standortsklasse der Durchschnittszuwachs nach den Ertragstafeln
von Schwappach für

	$u =$ 80	90	100	110
an Derbholz. ...	5,4	5,7	5,9	6,0 fm
„ Gesamtmasse .	7,8	7,9	8,0	7,9 fm

Hiernach bleibt die tatsächliche Nutzung gegen die Sätze der IV. Standortsklasse noch erheblich zurück. Die Unterstellung einer Überschreitung der Abnutzung kann sich bei dem vorliegenden Bestandeszustand nicht auf die gesamte Nutzung erstrecken. Sie hat ihren Grund vielmehr darin, daß wohl die Endnutzungen zu stark geführt worden sind, wogegen die Vornutzungen dem jetzigen Stand der Forstwirtschaft nicht voll genügt haben.

3. Als Möller im Jahre 1920 in der Zeitschrift für Forst- und Jagdwesen seinen Artikel über Kieferndauerwaldwirtschaft niederlegte, wurde in bezug auf die Zeit vor 1884 ein Zuwachs von 2,2 fm für 1 Jahr und 1 ha berechnet. Für die Jahre von 1884 bis 1913 betrug derselbe 6,3 fm. Darnach schien es, als habe sich der Zuwachs der neuen gegen die frühere Wirtschaft reichlich verdoppelt. Aber auch hier wird der Hauptgrund des gestiegenen Ertrags darin zu suchen sein, daß unter den Verhältnissen der früheren Zeit die Durchforstungen nur unvollkommen ausgeführt werden konnten, während unter der ständigen Aufsicht des jetzigen Besitzers eine auf das ganze Revier bezügliche Bestandespflege eingesetzt hat.

4. Wenn man Gelegenheit hat, die Betriebswerke verschiedener Staaten mit Bezug auf den vorliegenden Gegenstand einer vergleichenden Untersuchung zu unterziehen, so gelangt man zu der Ansicht, daß die Zuwachsnachweise meist beschränkt sind auf die Bestände, welche im nächsten Wirtschaftszeitraum zur Verjüngung herangezogen werden sollen. Nur in Baden wurde schon in der Dienstweisung von 1912 und später in der von 1924 die Bestimmung getroffen, daß der Zuwachs zwecks Bonitierung in Hochwaldungen als durchschnittlicher Gesamtzuwachs auf Grund der Bestandesmittelhöhe und des Wirtschaftsalters nach den Ertragstafeln in Ansatz zu bringen sei. Gewiß ist der Zuwachs der in der nächsten Periode zu verjüngenden Bestände für viele Aufgaben der Forsteinrichtung, insbesondere die Frage der Hiebsreife, die Wahl der Holzarten, die Art der Bestandesbegründung u. a., von besonderer Bedeutung. Aber der Zuwachs, der für den Etat bestimmend sein soll, ist nicht der Zuwachs einzelner Bestände oder Altersklassen, sondern der Zuwachs eines ganzen Revieres.

Wenn auch die Ansicht Cottas, daß der Zuwachs nicht mit mathematischer Schärfe berechnet werden kann, noch immer Geltung hat und stets behalten wird, so ist doch die von ihm aufgestellte Forderung zu beachten, daß wir uns der Wahrheit, wenn sie auch nicht erreicht wird, möglichst nähern sollen. Mit der Schätzung der Massen soll auch eine solche des Zuwachses vorgenommen werden. Wie die Verhältnisse auch liegen mögen, die betreffenden Untersuchungen haben sich auf den gesamten Zuwachs zu erstrecken. Strenggenommen haben sich diese auch auf das Reisholz zu beziehen. Da dies aber bei regelmäßigem Hochwald in Prozenten des Derbholzes zugesetzt werden kann, so wird es häufig für die Ertragsregelung genügen, daß sie auf das Derbholz beschränkt wird.

b) *Haubarkeits-Durchschnittszuwachs.*

Trotzdem der Gesamtzuwachs Grundlage und Maßstab des Einschlags ist, hat die forstliche Praxis zu jeder Zeit Wert darauf gelegt, die Nutzungen gemäß ihrer wirtschaftlichen Bedeutung und der Zeit ihres Eingangs getrennt zu halten, und zwar derart, daß derjenige Teil des Ertrags, welcher auf die Endnutzung entfällt, von denjenigen gesondert wird, welcher im Wege der Durchforstung entnommen wird. Eine scharfe Trennung dieser beiden Teile des Ertrags, denen auch der Zuwachs entspricht, ist allerdings nicht immer möglich. Es gibt, wie an anderer Stelle hervorgehoben wurde, viele Nutzungen, deren Zugehörigkeit zu dem einen oder anderen Teile nicht mit Sicherheit erwiesen werden kann. Dahin gehören insbesondere kräftige Durchforstungen in älteren Beständen, Lichtungshiebe in Kiefern und Eichen, die unterbaut werden sollen, stärkere Einschläge infolge von Naturschäden u. a.

Die Einschläge in Beständen, welche im nächsten Wirtschaftszeitraum zur Verjüngung herangezogen werden sollen, verlangen in bezug auf die auszuführenden forsttechnischen Maßnahmen eine eingehendere Behandlung als solche, die nur durchforstet werden. Aber in bezug auf die Zuwachsberechnung ist dies nicht entscheidend; in jedem Falle soll der volle Zuwachs nachgewiesen werden. Unter K. Heyers Einfluß hat sich in weiten Kreisen die Ansicht gebildet, man brauche bei Untersuchungen von Beständen nur die Enderträge, die von ihnen zu erwarten sind, zu berücksichtigen. Heyer[1] schreibt: „Da die Bestände erst im Haubarkeitsalter genutzt werden, so hängt deren Fähigkeit, einen vorausbestimmten Ertrag zu liefern, nicht von dem gegenwärtigen sondern von dem auf die Haubarkeit bezogenen Zuwachs ab. Es muß daher für die Zwecke der Ertragsregelung, sowohl der normale, wie der wirkliche Zuwachs, „als Haubarkeits-Durchschnittszuwachs veranschlagt werden". Die Vorrats- und Zuwachsnachweise gestalten sich bei diesem Verfahren sehr einfach. Wenn die Enderträge gegeben sind, wird der Zuwachs als jährlich gleichbleibende Größe eingesetzt. Entsprechendes gilt auch für den Vorrat. Auf die Vornahme von positiven Untersuchungen hat dies Verfahren hemmend eingewirkt. Indessen der Haubarkeits-Durchschnittszuwachs wird die Herrschaft, die er früher bei vielen Methoden der Ertragsregelung gehabt hat, voraussichtlich nicht behaupten können. Mit der Richtung, welche auf dem Gebiete der Bestandeserziehung schon jetzt maßgebend ist und in Zukunft voraus-

---

[1] Waldertragsregelung, 3. Aufl. § 15

sichtlich an Bedeutung gewinnen wird, läßt sich ein solcher Standpunkt nicht vereinbaren. Die allmählichen Übergänge zwischen den Stämmen des Haupt- und Nebenbestandes, die kräftigen Durchforstungen, wie sie jetzt in guten Wirtschaften häufig ausgeführt werden, die Lichtungen und Nachlichtungen, welche in unterbauten Beständen in verschiedenem Alter vorzunehmen sind, der Überhalt von Wertstämmen, die Unbestimmtheit der Zeit der Hiebsreife — alle diese und andere Verhältnisse und Maßnahmen, welche in der neueren Literatur und Praxis geltend gemacht und ausgeführt worden sind, nehmen dem Haubarkeits-Durchschnittszuwachs die Bestimmtheit, die vorliegen muß, um ihn als Maßstab des Hiebsatzes geeignet erscheinen zu lassen. Wie sehr, ganz abgesehen von allen wirtschaftlichen Besonderheiten, die subjektive Auffassung des Forsteinrichters auf den Haubarkeits-Durchschnittszuwachs von Einfluß ist, ergibt sich aus den vorliegenden Ertragstafeln. Während sich der Durchschnittszuwachs an Gesamtmasse ($G\,d\,z$) sehr gleichmäßig verhält, zeigt der Haubarkeits-Durchschnittszuwachs ($H\,d\,z$) namentlich bei starken Durchforstungen eine bedeutende Abnahme. Als Beispiele seien hier nur die Zuwachsangaben einiger Tafeln von Schwappach hervorgehoben:

Holzart Buche. Tafeln von 1911. II. Standortsklasse.

		$u =$	80	100	120	140	
Hdz	Tafel	A	3,5	3,3	3,1	2,8 fm	Derbholz
		B	4,5	4,3	4,2	3,9 fm	,,
Gdz	Tafel	A	6,9	7,6	8,0	8,1 fm	,,
		B	6,4	6,6	6,7	6,7 fm	,,

Holzart Fichte. II. Standortsklasse.

		$u =$	60	80	100	120	
Hdz	Tafel	1890	8,4	8,4	8,0	7,6 fm	Derbholz
		1902	6,8	6,8	6,1	5,2 fm	,,
Gdz	Tafel	1890	9,8	10,6	10,5	10,1 fm	,,
		1902	8,7	10,3	10,6	10,4 fm	,,

Holzart Kiefer. II. Standortsklasse.

		$u =$	60	80	100	120	140	
Hdz	Tafel	1908	4,4	4,0	3,6	3,1	2,6 fm	Derbholz
Gdz	Tafel	1908	6,4	6,5	6,4	6,1	5,6 fm	,,

Buche und Fichte zeigen hiernach ein sehr gleichmäßiges Verhalten in bezug auf ihre Zuwachsleistung an Gesamtmasse, wie es auch den Grundbedingungen der Zuwachsbildung durchaus entspricht. Bei der Kiefer ergeben sich allerdings mit zunehmendem Alter auch für den Durchschnittszuwachs an Gesamtmasse negative Wirkungen. Auf geringen Standorten und für schlechtwüchsige Bestände führt diese Tatsache zu niedrigen Umtriebszeiten. Für Bestände, die zu gutem Schneideholz erzogen werden können, ist es aber Regel, daß die Kiefer mit der Buche oder einer anderen Schattenholzart unterbaut wird. Hierdurch

ist die Möglichkeit geboten, den vereinigten Forderungen der Starkholz-
erzeugung und der Erhaltung des Bodens im guten Zustand gerecht zu
werden.

c) *Der auf die Vornutzungen entfallende Zuwachs.*

Die Urteile über das Verhältnis, in welchem die auf die Vornutzungen
entfallenden Zuwachsanteile zum Gesamtzuwachs und demgemäß auch
die Durchforstungserträge zum Gesamtertrag stehen, werden die deutschen Forstwirte in Zukunft voraussichtlich weit mehr beschäftigen, als
es seither der Fall gewesen ist. Früher, bei einer extensiven, oft ziemlich regellos betriebenen Wirtschaft, waren die Bedingungen für einen
geregelten Durchforstungsbetrieb gar nicht vorhanden; noch weniger
konnte seinen Erträgen zahlenmäßiger Ausdruck gegeben werden. Auch
nach der Begründung einer geordneten Fortswirtschaft konnten die Erträge aus den Durchforstungen nicht mit der erforderlichen Bestimmtheit nachgewiesen und in die Praxis eingeführt werden. Bei der waldbaulichen Lehre von G. L. Hartig, daß die Durchforstungen mit 40
oder 50 Jahren beginnen, nur alle 20 Jahre wiederholt und so geführt werden sollten, daß der obere Schluß des Waldes nicht unterbrochen wurde, mußten die Durchforstungserträge sehr niedrig bleiben.
Auch in der Neuzeit sind die Verhältnisse, durch welche die Durchforstungserträge geregelt werden, noch nicht genügend in die Praxis
eingedrungen. Vielfach begnügt man sich mit einem Nachweis der
Flächenabnutzung, obwohl gute Bestände oft das Mehrfache an Erträgen
leisten wie mangelhafte auf gleichem Standort.

Um die Erträge der Durchforstungen im nächsten Wirtschaftszeitraum zahlenmäßig zu erfassen, erscheint es zunächst angezeigt, daß
sie an Ort und Stelle, bei den Bestandesbeschreibungen eingeschätzt
werden. Dies hat die Folge, daß sich der Taxator ein gründlicheres
Urteil über die Beschaffenheit der Bestände bilden muß, als es geschieht,
wenn nur einzelne Faktoren (Höhe, Bodenzustand u. a.) in den Beschreibungen angegeben werden. Neben solchen auf einzelne Bestände
gerichteten Arbeiten ist es aber auch erwünscht, daß über den Durchforstungsbetrieb ganzer Reviere und größerer Wirtschaftsgebiete eingehende Gutachten für die Hauptholzarten in reinen und gemischten
Beständen gegeben werden.

Eine sehr wertvolle Hilfe für die Ertragsschätzung der Durchforstungen bieten die Ertragstafeln dar. Seitdem im Jahre 1872 der
Verein der forstlichen Versuchsanstalten gegründet war, sind von den
Vertretern des Versuchswesens in Nord- und Süddeutschland umfangreiche Arbeiten über Zuwachs und Ertrag in Angriff genommen und
durchgeführt worden.

Nach dem Arbeitsplan für die Aufstellung von Holzertragstafeln von

1874 hat sich die Erhebung von Masse und Zuwachs auf möglichst normale und gleichartige Bestände zu erstrecken. Zur Erhebung der Masse wird in der Regel das Probestammverfahren angewandt. Bei demselben werden nach Ausscheidung und Aufarbeitung des im Wege der Durchforstung zu entnehmenden Nebenbestands Stammklassen (in der Regel 5) mit gleichen Stammzahlen gebildet und der genaueren Untersuchung unterworfen.

Die erste Holzart, welche von den Vertretern der Versuchsanstalten zu Untersuchung von Masse und Zuwachs herangezogen wurde, war die Fichte. Die auf sie bezüglichen Arbeiten von Baur und Kunze gaben nur den auf den Haubarkeitsertrag entfallenden Teil des Zuwachses an. Die später aufgestellten Fichtenertragstafeln enthielten aber neben den Haubarkeitserträgen auch die ausscheidenden Massen und den Gesamtzuwachs. Wie bei der Fichte so wurden auch für Kiefer, Buche, Tanne, später auch Eiche und Erle vollständige Ertragstafeln aufgestellt, so daß solche jetzt für die wichtigsten bestandbildenden deutschen Holzarten vorliegen. Auch die Vertreter des Versuchswesens anderer Staaten, namentlich Österreichs und der Schweiz, haben durch Aufstellung von Ertragstafeln an den Fortschritten dieses wichtigen Gebiets der Forstwirtschaft mitgewirkt. Auch unabhängig vom Zwecke vollständiger Ertragstafeln haben die Vertreter des Versuchswesens und andere Fachgenossen sich der Untersuchung des Zuwachses gewidmet. Aus der neuesten Zeit ist in dieser Beziehung insbesondere die Arbeitsgemeinschaft für Zuwachsförderung zu erwähnen.

Die Tafeln von Schwappach bezeichnen namentlich deshalb einen bedeutsamen Fortschritt für die Geschichte der Betriebsregelung, weil aus ihnen die Verteilung des Zuwachses auf Haubarkeits- und Vorertrag hervorgeht. Den Tafeln von 1890 lagen Bestände mit mäßigen Durchforstungsgraden, denen von 1902 solche mit starken Durchforstungsgraden bzw. auch mit freierer Durchforstungsart zugrunde. Der Zuwachs bzw. Ertrag gestaltete sich für Fichte auf II. Standortsklasse bei $u = 100$ folgendermaßen:

Ertragstafeln	Haubarkeits-ertrag	Summe der Vorerträge	Im Ganzen	
von 1890	800	250	1050 fm	Derbholz
„ 1902	606	453	1059 fm	„

Hiernach zeigen die beiden Ertragstafeln in ihren Endzahlen eine außerordentliche Gleichmäßigkeit, die in konkreten Fällen oft nicht zutrifft, aber doch die Tatsache zum Ausdruck bringt, daß bei mäßigen und starken Durchforstungen die Zuwachs erzeugenden Organe, deren Umfang durch regelmäßige Kegeloberflächen dargestellt werden können, in beiden Fällen auf der Flächeneinheit nur wenig differieren. Viele andere Zuwachsnachweisungen lassen ähnliches erkennen. Die von

Schwappach für die Buche aufgestellten Ertragstafeln wurden nach der Art des Kronenschlusses getrennt gehalten. Es wurden unterschieden Tafel A, Bestände mit lockerem Schluß, und Tafel B, Bestände mit gewöhnlichem Schluß. Zufolge der Fähigkeit der Buche, auf jede Erweiterung des Wachsraums sofort zu reagieren, ergaben sich für $u = 140$ folgende Zahlen auf II. Standortsklasse:

	Endertrag	Summe der Vorerträge	Im Ganzen
Tafel A . .	395	744	1139 fm Derbholz
Tafel B . .	547	386	933 fm ,,

Aus der neuesten Zeit sind die Ertragstafeln von Gehrhardt in der vorliegenden Richtung von weitgehendem Interesse. Gehrhardt stellte die aus verschiedenen Durchforstungsgraden hervorgehenden Zahlen für $u = 100$ nebeneinander.

Für die Fichte wurden auf II Standortsklasse drei Grade unterschieden:

	Endertrag	Summe der Vorerträge	Im Ganzen
mäßige Durchforstung . .	726	369	1095
starke Durchforstung . .	618	558	1176
sehr starke (Schnellwuchs)	510	748	1258

Hiernach sind die starken Durchforstungsgrade den mäßigen und die sehr starken Grade den starken entschieden überlegen. Bei der Buche wurden gleichfalls 3 Grade unterschieden, die für $u = 120$ auf II. Standortsklasse folgende Zahlen ergaben:

	Endertrag	Summe der Vorerträge	Im Ganzen
schwache Durchforstung .	563	311	874
mäßige Durchforstung . .	523	403	926
starke Durchforstung . .	484	493	977

Ich selbst habe in meiner forstlichen Statik den Satz vertreten, daß die Stammgrundfläche, welche in den Beständen verbleibt, nach Herstellung einer guten Schaftform, etwa von Beginn der zweiten Hälfte der Umtriebszeit, keine wesentliche Änderung erleiden soll. Alsdann nehmen die Bestände nur in dem Maße zu, als die Richthöhen größer werden. Die hieraus hervorgehende Mehrung der Masse ist der Maßstab für den in den bleibenden Bestand übergehenden Zuwachs. Dieser ist, um den auf die Durchforstungen entfallenden Zuwachs zu bestimmen, vom Gesamtzuwachs abzuziehen. Ist Z der Zuwachs in der Zeit, für die der Betriebsplan Geltung haben soll, m die zu Anfang, M die am Schluß derselben vorhandene Masse, so beträgt der im Wege der Durchforstungen (einschließlich kleinerer, aus Naturschäden eingehender Stämme) zu nutzende Teil des Zuwachses $= Z - (M - m)$, während diese letztere Differenz den in den bleibenden Bestand eingehenden Zuwachs bezeichnet.

2. Vorrat.

Unter normalen Verhältnissen, wenn der Vorrat bleiben soll, wie er ist, findet der Hiebssatz seinen Ausdruck durch den Gesamtzuwachs. Soll der Vorrat im Laufe der nächsten Wirtschaftsperiode steigen, so muß die Abnutzung kleiner sein als der Zuwachs; im entgegengesetzten Falle muß sie den Zuwachs übertreffen. In dieser Beziehung haben die Gedanken, die in der österreichischen Kameraltaxation, den Verfahren von K. Heyer u. a. ausgesprochen sind, bleibende Gültigkeit.

Die Regelung der Nutzung und des normalen Vorrats bietet manche Analogien zum sozialen und politischen Leben. Geht man auf die Geschichte der Forsteinrichtung näher ein, so erkennt man leicht, daß sie (abgesehen von manchen Einzelheiten) unter dem Einfluß von zwei einander entgegengesetzten Richtungen gestanden hat, einer konservativen und einer fortschrittlichen. Jene sucht das Bestehende tunlichst lange zu erhalten, diese die Herbeiführung neuer Zustände zu beschleunigen. Zeitweise hat die eine, zeitweise die andere Richtung das Übergewicht; aber beachtenswert und wirksam sind sie überall und zu allen Zeiten beide.

Die Nachteile jeder der genannten Richtungen treten am stärksten auf, wenn sie in extremer Weise zur Anwendung gebracht werden. Die Forstgeschichte liefert hierfür zahlreiche Belege. Ein übertriebener Konservatismus war z. B. der Überhalt so vieler Alteichen in den Buchenwaldungen. Diese haben zwar an vielen Orten den Nachkommen sehr gutes Holz erhalten; aber unter ihrem Einfluß ist die Kultur der Eiche im ganzen 18. und in der ersten Hälfte des 19. Jahrhunderts zurückgehalten, so daß jetzt in den meisten Waldungen an 100- bis 150jährigen Eichen Mangel herrscht. Eine wesentliche Schädigung des Waldzustandes trat in reinen Beständen von Lichtholzarten, insbesondere von Kiefern, durch hohe Umtriebszeiten ein. Pfeil sprach sich mit Rücksicht auf ihr Verhalten zum Boden gegen ihre allgemeine Durchführung aus; aber erst nach seinen Lebzeiten wurden die entsprechenden Folgerungen durch Einführung des Unterbaues gezogen. Bei den Verjüngungen in Mischbeständen wirkte ein zu langes Halten der Mutterbäume oft schädlich, so daß manche lichtbedürftigen Holzarten, insbesondere die Eiche, aus dem Walde verschwanden. Hinsichtlich der Durchforstungen hat eine zu konservative Richtung der Betriebsführung durch Verzögerung des Beginns derselben durch Seltenheit der Wiederholung und schwächliche Ausführung ungünstig auf die Bestandesentwicklung, namentlich der Durchmesser, gewirkt.

Gegenüber den genannten Nachteilen eines zu weitgehenden Konservatismus hat aber auch das Prinzip des schnellen Fortschreitens zu schädlichen Wirkungen Anlaß gegeben, und es kann wohl nicht bezweifelt werden, daß die hierdurch eintretenden Gefahren einschneidender werden können, als die Folgen zu langsamen Vorgehens. Wenn man in größeren Revieren alle Bestände, die nach ihrem Weiserprozent hiebsreif erscheinen, in derselben Periode nutzen wollte, so würde die räumliche Ordnung, die in den meisten deutschen Staaten im Laufe des letzten Jahrhunderts eingeschlagen worden ist, im starken Grade gestört, insbesondere in bezug auf die Ausdehnung der Schläge und die Hiebsfolge.

Für die Richtung, welche auf dem vorliegenden Gebiete eingeschlagen werden soll, sind auch die Wirkungen ins Auge zu fassen, die sich ergeben, je nachdem die erforderlichen Erörterungen auf einen einzelnen Bestand oder auf ein Ganzes (Revier, Betriebsklasse) bezogen werden. Der bekannte Satz, daß das Ganze gleich sei der Summe seiner Teile, findet beim nachhaltigen Betrieb keine unmittelbare Anwendung in streng mathematischem Sinne. Die Frage der Hiebsreife, die Führung der Schläge, die Bildung der Hiebszüge spielt in großen nachhaltig bewirtschafteten Revieren eine andere Rolle als beim Einzelbestand, wo manche Dinge, die für jenen von großer Bedeutung sind, zurücktreten. Ähnlich verhält es sich auch in bezug auf die Eigentumsverhältnisse. In der allgemeinen Wirtschaftslehre und Wirtschaftspolitik hat die Anschauung über das Verhältnis zwischen dem Ganzen und seinen Teilen jederzeit große Bedeutung gehabt. Gewiß bestehen auch hier Beziehungen, die dem Axion der Übereinstimmung zwischen dem Ganzen und seinen Teilen durchaus entsprechen. Gleichwohl bilden die bedeutendsten Erscheinungen auf dem Gebiete der Wirtschaftslehre einen Gegensatz gegen jenes Axiom, dem Friedrich List mit der größten Entschiedenheit Ausdruck gab. Er stellte sein System der politischen Ökonomie der von A. Smith vertretenen Lehre, daß in der Nationalökonomie die Summe der Einzelwirtschaften mit der Volkswirtschaft identisch sei, entgegen und vertrat den Standpunkt, daß die Einheit der Nation das Band sei, welches die Individuen zu einer höheren Einheit zusammenfüge.

Aus allen die Abnutzung betreffenden Aufgaben geht hervor, daß die Anwendung einer strengen mathematischen Methode auf dieselbe nur in beschränktem Maße anwendbar ist. Wenn auch die einfach gefaßten Grundgedanken über die Bestimmung der Hiebssätze durch mathematische Formen präzis und treffend ausgedrückt werden können, so spielen doch bei den konkreten Aufgaben des forstlichen Betriebs, insbesondere bei der Etatsbegründung, die Regeln der Physiologie und Standortslehre, der privaten und nationalen Ökonomie, der Politik, Verwaltung und Forstbenutzung eine wichtige Rolle. Diese können in ihrem Zusammenwirken nicht durch eine mathematische Formel ausgedrückt, sondern müssen durch ein wissenschaftlich und praktisch durchgeführtes Gutachten bearbeitet werden. Hierbei kann eine geschichtliche Methode wesentliche Hilfe leisten.

***Die Forsteinrichtung.** Von Geh. Forstrat Dr. **H. Martin,** Professor der Forstwissenschaft i. R. Vierte, umgearbeitete und erweiterte Auflage. Mit 5 Textabbildungen und 11 Tafeln. X, 286 Seiten. 1926.   Geb. RM 18,—

***Die forstliche Statik.** Ein Handbuch für leitende und ausführende Forstwirte sowie zum Studium und Unterricht. Von Geh. Forstrat Dr. **H. Martin,** Professor der Forstwissenschaft i. R. Zweite Auflage. Mit 8 Textabbildungen. XV, 486 Seiten. 1918.   RM 16,—

***Waldbau auf ökologischer Grundlage.** Ein Lehr- und Handbuch. Von Professor Dr. **Alfred Dengler,** Eberswalde. Mit 247 Abbildungen im Text und 2 farbigen Tafeln. X, 560 Seiten. 1930.   Geb. RM 39,—

***Der Waldbau.** Vorlesungen für Hochschul-Studenten. Von Dr. phil. **Alfred Möller** †, weil. Professor der Botanik, Oberforstmeister und Direktor der Forstakademie Eberswalde.

Erster Band: **Naturwissenschaftliche Grundlagen des Waldbaues.** Mit einem Bildnis, 6 farbigen und 15 schwarzen Tafeln sowie 60 Textabbildungen. Nach dem Tode Alfred Möllers bearbeitet und herausgegeben von Helene Möller geb. Soenke, und Dr. phil. Erhard Hausendorff, Preuß. Oberförster, Grimnitz, U./M. XIV, 560 Seiten. 1929.   Geb. RM 42,—

***Edelrassen des Waldes.** Ein Wegweiser zur Zuchtwahl für Forstmänner und Jäger. Ein Führer zur Walderkenntnis für Naturfreunde. Von **Walter Seitz,** Preußischer Forstmeister, Havelberg. Mit 98 Abbildungen auf 51 Tafeln. IV, 64 Seiten. 1927.   Geb. RM 14,—

***Deutsche Waldwirtschaft.** Ein Rückblick und Ausblick von Dr. phil. **Erhard Hausendorff,** Preuß. Oberförster, Grimnitz, U./M. Mit physiologischen Untersuchungen von Dr. agr. G. Görz, Diplomlandwirt an der Preuß. Geologischen Landesanstalt, und Dr. phil. W. Benade, Chemiker an der Bodenkundl. Abt. der Preuß. Geologischen Landesanstalt. Mit 9 Abbildungen und einer farbigen Tafel. VIII, 90 Seiten. 1927.   RM 4,80

***Der Dauerwald.** Von **Philipp Silber,** Fürstlich reußischer Forstmeister. XI, 110 Seiten. 1928.   RM 4,20

***Der Dauerwaldgedanke.** Sein Sinn und seine Bedeutung. Von Professor Dr. **Alfred Möller** †, weil. Oberforstmeister und Direktor der Forstakademie zu Eberswalde. II, 84 Seiten. 1922.   RM 1,60

***Die Kohlenstofffernährung des Waldes.** Von Dr. phil. **Th. Meinecke** d. J., Doktor der Forstwissenschaft, Diplomforstwirt. Mit 22 Textabbildungen und 26 Tabellen. VII, 176 Seiten. 1927.   Geb. RM 7,80

---

* Auf die Preise aller vor dem 1. Juli 1931 erschienenen Bücher wird ein Notnachlaß von 10% gewährt.

***Handbuch der Forstpolitik** mit besonderer Berücksichtigung der Gesetzgebung und Statistik. Von Dr. **Max Endres,** o. ö. Professor an der Universität München. Zweite, neubearbeitete Auflage. XVI, 906 Seiten. 1922.

Geb. RM 25,—

***Lehrbuch der Waldwertrechnung und Forststatik.** Von Dr. **Max Endres,** o. ö. Professor an der Universität München. Vierte, verbesserte Auflage. Mit 7 Abbildungen. XIV, 326 Seiten. 1923.

Geb. RM 12,—

***Die Waldbautechnik im Spessart.** Eine historisch-kritische Untersuchung ihrer Epochen. Von Dr. rer. pol. et phil. **K. Vanselow,** ordentl. Professor an der Universität Gießen. Mit 11 Textabbildungen und 4 Tafeln. IV, 234 Seiten. 1926. RM 15,—

***Die Berechnung des Waldkapitals** und ihr Einfluß auf die Forstwirtschaft in Theorie und Praxis. Von Dr. **Theodor Glaser,** bayr. Forstamtsassessor, Bayreuth. Mit 2 Textfiguren. VII, 131 Seiten. 1912.

RM 5,—

***Leitfaden der Holzmeßkunde.** Von Professor Dr. **Adam Schwappach,** Geheimer Regierungsrat in Eberswalde. Dritte, umgearbeitete Auflage. Mit 20 Textabbildungen. VI, 147 Seiten. 1923. RM 5,—

***Ertragstafeln** für reine und gleichartige Hochwaldbestände von Eiche, Buche, Tanne, Fichte, Kiefer, grüner Douglasie und Lärche von Professor Dr. **E. Gehrhardt,** Hann.-Münden. Zweite, vermehrte und verbesserte Auflage. 73 Seiten. 1930. Geb. RM 5,80

Zeitschrift für Forst- und Jagdwesen. Zugleich Organ für forstliches Versuchswesen. Begründet von **Bernhard Danckelmann.** Herausgegeben unter Mitarbeit der Professoren der Forstlichen Hochschulen zu Eberswalde und Hann.-Münden, sowie nach amtlichen Mitteilungen von Professor Dr. **A. Dengler** an der Forstlichen Hochschule zu Eberswalde.

Erscheint monatlich im Umfang von etwa 70 Seiten. Preis vierteljährlich RM 6,—; (Einzelheft RM 2,50) zuzüglich Porto.

Centralblatt für das gesamte Forstwesen. Zugleich Organ der staatl. Forstlichen Versuchsanstalt in Mariabrunn und der forstlichen Lehrkanzeln an der Hochschule für Bodenkultur in Wien. Schriftleitung: Reg.-Rat Dr. **Leo Tschermak** der Forstl. Versuchsanstalt, a. o. Professor an der Hochschule für Bodenkultur in Wien und Dr. **Wilh. Graf zu Leiningen-Westerburg,** ord. Professor an der Hochschule für Bodenkultur in Wien.

Erscheint monatlich im Umfang von etwa 40 Seiten. Preis halbjährlich RM 7,50; (Einzelheft RM 1,80) zuzüglich Porto.

---

* Auf die Preise aller vor dem 1. Juli 1931 erschienenen Bücher wird ein Notnachlaß von 10% gewährt.